# 新材料产业专利分析

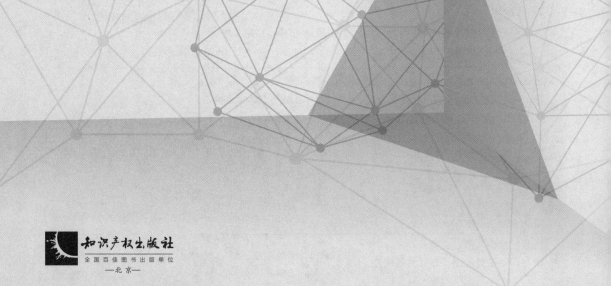

国家知识产权局知识产权运用促进司
国家知识产权局专利局专利审查协作天津中心 ◎组织编写

雷筱云　魏保志◎主编

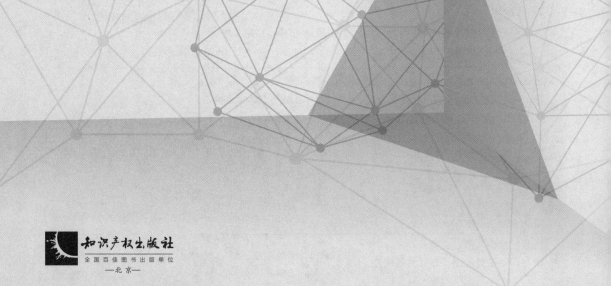

知识产权出版社
全国百佳图书出版单位
—北京—

图书在版编目（CIP）数据

新材料产业专利分析/雷筱云，魏保志主编. —北京：知识产权出版社，2020.10
ISBN 978-7-5130-7230-4

Ⅰ.①新…　Ⅱ.①雷…②魏…　Ⅲ.①新材料应用—专利—研究—中国　Ⅳ.①G306.72②TB3

中国版本图书馆 CIP 数据核字（2020）第 194219 号

内容提要

　　本书以新材料产业为研究对象，通过对产业、技术、专利、运营状况等进行多维度分析，对新材料产业重点省（区、市）专利运营状况进行特色分析，结合赴企业调研、与业内专家充分交流和文献调研多种方式，全面、准确地揭示新材料产业现存的问题和面临的风险，分别从产业层面、企业层面、技术发展层面给产业转型升级提供建议和举措。本书是了解当下新材料产业技术发展和专利现状的必备工具，为我国新材料产业转型升级提供有力的支撑，加速新材料产业的创新进程，保障新材料产业的健康发展。

　　读者对象：政府部门、新材料产业相关企事业单位工作人员等。

责任编辑：张利萍　　　　　　　　责任校对：谷　洋
封面设计：博华创意·张冀　　　　责任印制：刘译文


新材料产业专利分析

国家知识产权局知识产权运用促进司
国家知识产权局专利局专利审查协作天津中心　组织编写
雷筱云　魏保志　主编

| | | | |
|---|---|---|---|
| 出版发行 | 知识产权出版社 有限责任公司 | 网　　址 | http://www.ipph.cn |
| 社　　址 | 北京市海淀区气象路 50 号院 | 邮　　编 | 100081 |
| 责编电话 | 010-82000860 转 8387 | 责编邮箱 | 65109211@qq.com |
| 发行电话 | 010-82000860 转 8101/8102 | 发行传真 | 010-82000893/82005070/82000270 |
| 印　　刷 | 三河市国英印务有限公司 | 经　　销 | 各大网上书店、新华书店及相关专业书店 |
| 开　　本 | 787mm×1092mm　1/16 | 印　　张 | 29.75 |
| 版　　次 | 2020 年 10 月第 1 版 | 印　　次 | 2020 年 10 月第 1 次印刷 |
| 字　　数 | 630 千字 | 定　　价 | 139.00 元 |

ISBN 978-7-5130-7230-4

# 编 委 会

主　编：雷筱云　魏保志

副主编：赵梅生　李　昶　周胜生

编　委：胡军建　刘　梅　饶波华
　　　　张　玉　温国永　方　勇

# 编　写　组

## 一、项目指导

国家知识产权局知识产权运用促进司

国家知识产权局专利局专利审查协作天津中心

## 二、项目研究组

负责人：雷筱云　魏保志

组　长：刘　梅　饶波华

副组长：张　玉　李　皓　温国永　方　勇　王俊峰

成　员：曲　丹　高　欣　李　莹　王换方　张德强

李　瑶　唐　郡

## 三、研究分工

数据检索：张　玉　李　皓　温国永　方　勇　王俊峰　曲　丹　高　欣

数据清理：李　莹　王换方　张德强　李　瑶　唐　郡

数据标引：张　玉　李　皓　温国永　方　勇　王俊峰　曲　丹　高　欣

李　莹　王换方　张德强　李　瑶　唐　郡

图表制作：曲　丹　高　欣　李　莹　王换方　张德强　李　瑶　唐　郡

撰　写：张　玉　李　皓　温国永　方　勇　王俊峰　曲　丹　高　欣

陈　伟　和家慧　李　莹　王换方　张德强　李　瑶　唐　郡

统　稿：刘　梅　饶波华

审　稿：雷筱云　魏保志

## 四、撰写分工

张　玉：前言、第一章第三～四节、第三章第一～二节、第三章第八节、第八章

李　皓：第二章、第三章第六～七节、第三章第九节、第四章第七节

温国永：第四章第二～四节、第五章第七节

方　勇：第四章第六节、第五章第六节、第六章第二节

王俊峰：第四章第一节、第四章第八～十节、第七章第二节

曲　丹：第一章第二节、第八章

高　欣：第一章第一节、第四章第九节

李　莹：第五章第十节、第六章第一节、第六章第三节

陈　伟：第五章第二～三节

和家慧：第三章第五节

王换方：第四章第五节、第五章第一节、第五章第四～五节

张德强：第五章第八～九节、第七章第四节

李　瑶：第七章第一节、第三～五节

唐　郡：第三章第三～四节、第三章第九节

# 前　言

新材料产业是我国七大战略性新兴产业之一，也是《中国制造2025》重点发展的十大领域之一。作为国民经济的战略性、基础性产业，新材料产业对新能源、高端设备、新一代信息技术等产业的发展起着引导、支撑和相互依存的关键作用，是科技强国及战略性新兴产业的重要支撑。加快发展新材料产业，对推动技术创新、促进传统产业转型升级、建设制造强国具有重要战略意义。

与传统材料相比，新材料产业具有技术高度密集、研发投入高、产品附加值高等特点。我国新材料产业从无到有，不断壮大，在体系建设、产业规模和技术进步等方面取得显著成就，现已成为名副其实的材料大国，但是目前仍然存在原始创新能力不足、高端产品自给率不高、新材料投资分散、产业链不完整等问题，处于由大到强转变的关键时期。

新材料产业涵盖关系国计民生的多个领域，产业链覆盖范围广，可以从结构组成、功能和应用领域等多种不同角度对其进行分类，不同的分类方式之间存在相互交叉的情况。本书以《新材料产业发展指南》为主要依据，同时参考《战略性新兴产业分类（2018）》《新材料产业"十三五"发展规划》等，对新材料产业进行技术分解，划分为先进基础材料、关键战略材料、前沿新材料三个一级分支，并进一步细分为先进钢铁材料、先进化工材料、稀土功能材料、增材制造材料等二十三个二级分支，明晰各技术分支的技术边界。在此基础上，基于新材料产业的技术发展周期，本书聚焦近20年来新材料产业的技术演进路线和研发热点，从专利视角出发，通过专利文献的检索和专利数据的分析，从全球、中国、各省（区、市）、重要申请人等不同层面，结合各类创新主体的实地调研、行业发展协会的座谈交流等，对新材料产业的专利申请态势、专利布局特点、技术研发方向、专利运营状况等进行分析和梳理。此外，本书还分别从先进基础材料、关键战略材料、前沿新材料三个产业中选取聚酰亚胺材料、稀土磁性材料和金属增材制造材料进行了专项分析。

本书通过大量翔实的数据、生动直观的图表，将专利分析和产业发展深度融合，使读者能够快速、准确地了解新材料产业发展现状、存在问题和研发动向，以明晰产业竞争格局，确定产业发展定位，提高产业创新能力，强化知识产权对产业发展的支撑作用，促进新材料产业的知识产权创造、保护和运用。

在本书的编写过程中，编写组全体成员对本书的形成投入大量心血，但由于专利文献检索手段和检索工具的局限性，加之编者水平有限，报告的数据、结论和建议仅供社会各界同仁参考，不足之处敬请批评指正。

本书编写组

2020 年 10 月

■ CONTENTS **目　录**

# 第一章 绪 论

## 第一节 新材料产业技术概况

材料工业是国民经济的基础产业，新材料产业是材料工业发展的先导，是重要的战略性新兴产业。"十三五"时期，是我国材料工业由大变强的关键时期。加快培育和发展新材料产业，对于引领材料工业升级换代、支撑战略性新兴产业发展、保障国家重大工程建设、促进传统产业转型升级、构建国际竞争新优势，具有重要的战略意义。新材料是指新出现的具有优异性能或特殊功能的材料，或是传统材料改进后性能明显提高或产生新功能的材料。

新材料作为国民经济先导性产业和高端制造及国防工业等的关键保障，是各国战略竞争的焦点。"一代材料、一代产业"，从材料的应用历程可以看出，每一次生产力的发展都伴随着材料的进步。新材料的发现、发明和应用推广，与技术革命和产业变革密不可分。在全球新一轮科技和产业革命兴起的大背景下，欧、美、韩、日、俄等全球20多个主要国家/地区纷纷制定了与新材料有关的产业发展战略，启动了100多项专项计划，大力促进新材料产业的发展❶。

在我国，新材料产业是七大战略新兴产业之一，新材料产业规模不断壮大。尽管2012年以来，全球经济仍未摆脱低迷，但新材料产业发展并未因此而受到明显影响，仍保持着稳中有升的持续发展态势。随着全球高新技术产业的快速壮大和制造业的不断升级以及可持续发展的持续推进，新材料的需求将更加旺盛，新材料的产品、技术、模式将不断更新迭代，市场将更加广阔，产业将继续快速增长❷。进入21世纪以来，2016年我国新材料产业生产总值为26500亿元，2017年达到33020亿元，同比增长

---

❶ 屠海令：《新材料产业培育与发展研究报告》，科学出版社，2015年4月版，第1页。

❷ 国家发展和改革委员会高技术产业司、工业和信息化部原材料工业司、中国材料研究学会：《中国新材料产业发展报告（2017）》，化学工业出版社，2018年7月版，第3页。

25%❶。其中，稀土功能材料、先进储能材料、光伏材料、有机硅、超硬材料、特种不锈钢、玻璃纤维及其复合材料等产能居世界前列，部分关键技术取得重大突破。我国自主开发的钽铌铍合金、非晶合金、高磁感取向硅钢、二苯基甲烷二异氰酸酯（MDI）、超硬材料、间位芳纶和超导材料等生产技术已达到或接近国际水平。新材料品种不断增加，高端金属结构材料、新型无机非金属材料和高性能复合材料保障能力明显增强，先进高分子材料和特种金属功能材料自给水平逐步提高。

国家高度重视新材料产业的发展，先后将其列入国家高新技术产业、重点战略性新兴产业和《中国制造2025》十大重点领域，并制定了许多规划和政策大力推动新材料产业的发展，新材料产业的战略地位持续提升。经过几十年奋斗，我国新材料产业从无到有，不断发展壮大，在体系建设、产业规模、技术进步等方面取得明显成就，为国民经济和国防建设做出了重大贡献，具备了良好发展基础。但是，我国新材料产业起步晚、底子薄、总体发展慢，仍处于培育发展阶段，总体发展水平仍与发达国家有较大差距，产业发展面临一些亟待解决的问题，主要表现在：新材料自主开发能力薄弱，大型材料企业创新动力不强，关键新材料保障能力不足；产学研用相互脱节，产业链条短，新材料推广应用困难，产业发展模式不完善；新材料产业缺乏统筹规划和政策引导，研发投入少且分散，基础管理工作比较薄弱。新材料产业发展的滞后，已成为制造强国建设的重要瓶颈。在国民经济需求的百余种关键材料中，目前约有1/3在国内处于完全空白，约有一半性能稳定性较差，部分产品受到国外严密控制。当前，我国正处在经济转型和结构提升的关键期，加快发展新材料，对推动技术创新、支撑产业升级、建设制造强国具有重要战略意义❷。

根据《新材料产业发展指南》，新材料按照发展方向分为先进基础材料、关键战略材料、前沿新材料。先进基础材料目前的发展相对较为成熟，但对于关键技术仍需大力发展。未来政策扶持以及产业发展的重点在于关键战略材料。从我国当前的经济发展阶段以及《中国制造2025》规划来看，制造业升级、装备材料国产化提升将是未来发展重点，党的十九大也明确提出我国要由制造大国向制造强国迈进，促进我国产业迈向全球价值链中高端，培育若干世界级先进制造业集群。从市场角度来看，近年来我国先进制造业不断进步，新能源汽车产业引领全球，消费电子、家电品牌不断崛起，航空航天产业的商业化不断推进，先进制造在未来较长一段时间内仍将是我国经济发展的动力源泉。另外，我国高端制造快速发展背后的一个现实却是上游关键战略材料始终受人掣肘，国产化率、自给率不高，以集成电路产业为例，我国虽然诞生出如华为、小米、OPPO、vivo、联想等众多消费品牌，但在上游半导体领域缺芯少屏，每年进口额高达2200亿美元，且贸易逆差额仍有扩大趋势。也正因为此，《新材料产业发

---

❶ 国家发展和改革委员会创新和高技术发展司、工业和信息化部原材料工业司、中国材料研究学会：《中国新材料产业发展报告（2018）》，化学工业出版社，2019年7月版，第10页。

❷ 国家发展和改革委员会高技术产业司、工业和信息化部原材料工业司、中国材料研究学会：《中国新材料产业发展报告（2017）》，化学工业出版社，2018年7月版，第3页。

展指南》把新一代信息技术材料、稀土磁性材料、航空航天装备材料等确立为未来急需突破的重点任务。预计关键战略材料有望成为下一个产业化重点,其市场规模有望迎来从 1 到 10,甚至从 10 到 100 的突破❶。2017 年 8 月 31 日,工信部、财政部和保监会联合发布关于开展重点新材料首批次应用保险机制补偿试点工作的通知,明确指导保险公司提供定制化的新材料产品质量安全责任保险产品,内容包括新材料质量风险、责任风险承保、政府补贴的责任上限达 5 亿元、保费补贴等,并于 9 月 12 日指定三家保险公司(中国人保、平安保险、太平洋保险)开展试点工作。"有材不好用,好材不敢用"问题将得到缓解,前沿新材料产业化有望加速。新材料进入市场初期,需要经过长期的应用考核与大量的资金投入,下游用户首次使用存在一定风险,客观上导致了生产与应用脱节、产品应用推广困难等问题。而此次建立新材料首批次保险机制,将从制度安排上对新材料应用示范的风险做出分担,突破新材料应用的初期市场瓶颈,激活和释放下游行业对新材料产品的有效需求。从产业化进程来看,碳材料前沿领域的石墨烯、碳纤维、碳硅材料由于技术难度和材料的非标化,前期产业化推进较慢,而该保险补偿机制则有望加速推进其商业化进程。我国新材料产业发展方向如图 1-1-1 所示。

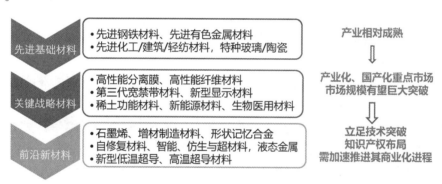

图1-1-1 我国新材料产业发展方向

目前全球新材料产业存在如下情形❷:

(1)产业规模不断扩大,地区差异日益明显。2001 年全球新材料市场规模超过 4000 亿美元,到 2016 年已经接近 2.15 万亿美元,平均每年以 10% 以上的速度增长。随着全球高新技术产业的快速壮大和制造业的不断升级以及可持续发展的持续推进,新材料的需求将更加旺盛,新材料的产品、技术、模式将不断更新迭代,市场将更加广阔,产业将继续快速增长。新材料产业的创新主体是美国、日本和欧洲等发达国家和地区,其长时间处于领先地位,拥有绝大部分大型跨国公司,在经济实力、核心技

---

❶ "2017 年中国新材料行业发展现状及发展前景分析",http://www.chyxx.com/industry/201712/598058.html(2019 年 11 月 11 日最后访问)。

❷ 国家发展和改革委员会高技术产业司、工业和信息化部原材料工业司、中国材料研究学会:《中国新材料产业发展报告(2017)》,化学工业出版社,2018 年 7 月版,第 3 页。

术、研发能力、市场占有率等多方面占据绝对优势，形成全球市场的垄断地位。其中，全面领跑的国家是美国，日本在纳米材料、电子信息材料等方面有明显优势，欧洲则在结构材料、光学与光电材料等方面有明显优势。中国、韩国、俄罗斯紧随其后，目前属于全球第二梯队。十几年来，世界各国的新材料产业快速扩张、高速增长，并呈现出专业化、复合化、精细化、智能化、绿色化特征。受全球经济疲软影响，我国新材料产业增速有所放缓，但仍保持增长态势，2016 年我国新材料产业总产值达 26 万亿元，产生了若干创新能力强、具有核心竞争力、新材料销售收入超过 100 亿元的综合性龙头企业，培育了一批新材料销售收入超过 10 亿元的专业型骨干企业，建成了一批主业突出、产业配套齐全、年产值超过 30 亿元的新材料产业集聚区和特色产业群。

（2）集约化、集群化发展，高端材料垄断加剧。随着全球经济一体化进程加快，集约化、集群化和高效化成为新材料产业发展的突出特点，我国新材料产业也正朝着这一趋势迈进。新材料产业呈现横向、纵向扩展，上、下游产业联系也越来越紧密，产业链日趋完善，多学科、多部门联合进一步加强，形成了新的产业战略联盟，有利于产品开发与应用拓展的融合，但是也形成了寡头垄断。一些世界著名的材料企业纷纷结成战略伙伴，开展全球化合作，通过并购、重组及产业生态圈构建，整体上把控着全球新材料产业的优势格局。如，世界新材料主要生产商美国铝业、美国杜邦、德国拜耳、美国 GE 塑料、美国陶氏化学、日本帝人、日本 TORAY、韩国 LG 等大型跨国公司，凭借其技术研发、资金和人才等优势，纷纷结成战略联盟，开展全球化合作，通过并购、重组及产业联盟，构筑系列专利壁垒，加速对全球新材料产业的垄断，并在高技术含量、高附加值的新材料产品市场中保持主导地位。

（3）交叉融合创新加速，研发模式加快转变。基础学科突破、多学科交叉、多技术融合快速推进了新材料的创制、新功能的发现和传统材料性能的提升，新材料研发日益依赖于多专业的协同创新。值得注意的是，针对现有研发思路和方法的局限性（性能、周期、资源），借鉴人类基因组工程，以高通量计算、高通量制备、高通量表征、数据库与大数据等技术为支撑，立足把握材料成分—原子排列—显微组织—材料性能—环境参数—使用寿命之间关系的材料基因组工程快速发展，将推动新材料的研发、设计、制造和应用的创新模式发生重大变革，使新材料研发周期和研发成本大幅度缩减，并将加快探索发现前沿材料、实现材料新功能，加速新材料的创新过程。

（4）全生命周期绿色化，资源能源高效利用。进入 21 世纪以来，面对日益严重的资源枯竭、不断恶化的生态环境和大幅提升的人均需求等发展困境，绿色发展和可持续发展等理念已经成为全人类共识。材料发展更加关注可持续性，资源、能源、环境对材料生产、应用、失效的承载能力，战略性元素的绿色化高效获取、利用、回收再利用以及替代等受到空前重视。因此，世界各国都积极将新材料的发展与绿色发展紧密结合，高度重视新材料与资源、环境和能源的协调发展，大力推进与绿色发展密切相关的新材料开发与应用，例如：欧洲首创材料全寿命周期技术，对钢铁、有色金属、水泥等大宗基础材料的单产能耗、环境载荷要求降低 20% 以上；提倡新能源材料、环保节能材料等，高度重视新材料从生产到使用全生命周期的低消耗、低成本、少污染和综合利用等。

## 第二节　国外新材料产业发展概况

### 一、全球新材料产业

21 世纪以来，世界先进材料技术的研发与创新进入持续快速发展的轨道，新材料产业已然成为最重要、发展最快的高新产业之一，新材料技术对新能源、高端设备、新一代信息技术等高技术和新兴产业的发展起着引导、支撑和相互依存的关键性作用，美国、欧盟、日本等发达国家和地区都十分重视新材料产业的发展，将其作为推动产业进步、促进国民经济发展和保障国防安全的重大保障。发展新材料成为各个国家科技发展战略的重要组成部分，鉴于材料的战略性和基础性作用，全球主要国家都积极制定相应的新材料发展战略和研究计划，竭力抢占新材料产业的制高点。

新材料产业涉及多个工业领域，覆盖范围广，各行业对新材料的需求不断增加，促进了新材料产业规模的不断扩大。2001 年全球新材料市场规模超过 4000 亿美元，10 年后市场规模已经超过 1 万亿美元，到 2017 年，全球新材料行业规模已达到 2.23 万亿美元，平均每年增长率保持在 10% 以上。即便在 2008—2012 年全球经济发展缓慢的时期，新材料产业规模仍保持良好发展态势，特别是在后金融危机时期，重振制造业繁荣和高端制造业回归的浪潮，使各国纷纷加大对新材料产业的政策支持力度，也使得新材料产业成为国际竞争的关键领域[1]。

随着全球经济一体化进程加快，集约化、集群化和高效化成为新材料产业发展的突出特点。新材料产业呈现横向、纵向扩展，上下游产业联系也越来越紧密，产业链日趋完善，多学科、多部门联合进一步加强，形成了新的产业战略联盟，有利于产品开发与应用拓展的融合，但是也形成了寡头垄断。一些世界著名的材料企业纷纷结成战略伙伴开展全球化合作，通过并购、重组及产业生态圈构建，整体上把控着全球新材料产业的优势格局。如，世界新材料主要生产商美国铝业公司、杜邦公司、拜耳集团、巴斯夫集团、陶氏化学、住友化学、三菱化学控股公司、韩国 LG、SK 集团等大型跨国公司，加速对全球新材料产业的垄断，并在高技术含量、高附加值的新材料产品市场中保持主导地位[2]。

---

❶ 国家发展和改革委员会高技术产业司、工业和信息化部原材料工业司、中国材料研究学会：《中国新材料产业发展报告（2017）》，化学工业出版社，2018 年 7 月版，第 9 页。
❷ 李强，周少雄，曾宏："全球新材料产业发展态势"，载《中国经济报告》2018 年第 7 期。

## 二、美国新材料产业

美国在全球新材料产业中占据领先地位,依靠其强大的经济与科技实力,在化工材料、陶瓷材料、信息材料、生物材料等领域均处于行业发展前列,相关大型跨国集团公司占据行业龙头位置,引领新材料产业的发展方向。

对新材料产业稳定的政策支持保证了美国长期处于世界科技的领先地位。长久以来,美国科研的主导方向是为国防领域服务,所以材料研究与开发主要集中在国防和核能领域,这使得美国航空航天、计算机及信息技术等行业的相关材料应用得到迅速发展。1991 年,美国提出了通过改进材料制造方法、提高材料性能来达到提高国民生活质量、加强国家安全、提高工业生产率、促进经济增长的目的。各时期美国主要新材料科技发展战略见表 1-2-1。

表 1-2-1 各时期美国主要新材料科技发展战略[1]

| 时间 | 计划或政策名称 | 涉及新材料领域 | 与资金相关的内容 |
|---|---|---|---|
| 1990—2007 年 | 先进技术计划(ATP) | 复合材料、重型制造业中的材料加工技术 | 科技经费拨款的侧重点由军事科技开发与应用转向民用技术的商业化。该计划执行期间共资助了 824 个项目,其中美国政府投入资金超过 24 亿美元,加上承担项目的公司按要求配套一半以上的投入,计划的实际投入资金应超过 48 亿美元,至 2004 年已取得 1500 项专利。 |
| 1992 年开始 | 先进材料与工艺技术计划(AMPP) | 生物材料以及生物分子材料、陶瓷材料、复合材料、电子材料、磁性材料、金属材料、光学材料等 | 该计划经费在 1993 财年预算为 18.214 亿美元。在制订计划的过程中,将资源合理分配到有关领域,以保持在材料 R&D 领域中的均势。拨专项款支持国家试验设施的建设和运行。 |
| 1996—2010 年 | 光伏建筑物计划 | 新能源材料 | 主要是太阳能光伏发电系统和太阳能热利用系统。1997 年,美国政府仅在太阳能光伏发电这一项目上的研究经费就有 6000 万美元。 |
| 1997 年开始 | 先进汽车材料计划 | 低成本碳纤维复合材料、高强度钢、铝合金、锰合金、钛合金 | 该计划包括 8 个领域 15 个子计划,重点开发汽车用轻型材料,以及用轻型材料制造汽车零部件的相关工艺技术。该计划 2002 财年的预算为 4190 万美元,2003 财年的预算为 5000 万美元。 |
| 2000 年开始 | 未来工业材料计划(IMF) | 抗衰退材料、热物理学数据库与模型、分离材料、工程应用材料 | 引领全国的工作,研究、设计、开发、制造、测试新型和改良材料,同时积极探索对现有材料的更为有效的利用,提升工业生产和制造过程的能源效率。 |

---

❶ 李思源:"新材料企业金融支持政策的中美比较与启示",载《产业经济评论》2015 年第 1 期。

续表

| 时间 | 计划或政策名称 | 涉及新材料领域 | 与资金相关的内容 |
|---|---|---|---|
| 2001 年至今 | 国家纳米技术计划（NNI） | 纳米材料 | 该计划在美国各地创建了 70 多个与纳米技术研究有关的学院和管理中心。在第一年得到了 4.64 亿美元的拨款，到 2010 年，年度预算已稳步上升到 17 亿美元。 |
| 2002—2025 年 | 国家半导体照明研究计划（SSL） | 发光材料 | 2000—2010 年耗资 5 亿美元发展半导体照明企业。主要研究内容是降低 LED 成本和提升 LED 转换效率等。 |
| 2003 年开始 | 21 世纪纳米技术研究开发法案 | 纳米材料 | 批准联邦政府在从 2005 财政年度开始的 4 年中共投入约 37 亿美元，用于促进纳米技术的研究开发。 |
| 2003—2008 年 | 氢燃料电池研究计划（HFI） | 储氢材料 | 为期 5 年，价值近 30 亿美元。研发生产、储存和配送氢的技术及几乎无污染和温室气体排放的汽车燃料电池技术。 |
| 2011 年至今 | 先进制造伙伴关系计划（AMP） | 材料基因组计划（MGI） | 旨在打造关键国家安全工业的国内制造力，缩短先进材料研制与部署时间，为下一代机器人技术投资，研发创新型节能制造工艺流程。该计划利用了现有项目和议案，将投资 5 亿多美元推动这项工作。 |
| 2012 年至今 | 国家纳米技术计划 2013 预算补充说明 | 纳米材料 | 重点预算大概包括：纳米器件和系统及纳米制造共计将投资超过 5 亿美元；2011—2013 年，在仪器研究、计量标准、主要研究设施和仪器采购上的投资分别保持在约 7000 万美元和 1.8 亿美元；2013 财年预算中，3 项 NSI 的资助超过 3 亿美元；太阳能能量收集和转化纳米技术 1.12 亿美元；可持续纳米制造 8400 万美元；2020 年及未来纳米电子器件 1.1 亿美元。这代表着对 NSI 的投资比 2011 年实际增长 24%。 |
| 2013 年至今 | 国家制造业创新网络 | 碳纤维复合材料等轻质材料 | 2014 财年一次性投资 10 亿美元，建立一个由 15 个国家创新制造业所构成的国家制造业创新网络，以确保美国领跑 21 世纪制造业。 |

2014 年，美国总统直属的科学技术委员会颁布《材料基因组计划战略规划》（MGI），这是美国国家层面的最高级科技战略规划。该战略规划公布了 9 大关键材料研究领域下的 63 个重点方向，其中树脂基复合材料、关联材料、电子和光子材料、储能材料以及轻质结构材料这 5 类材料涉及的 37 个重点方向对国家安全影响重大。MGI 是继 2001 年"国家纳米技术计划"（NNI）之后，美国政府提出的又一个国家级材料技术发展计划。美国实施 MGI 和 NNI 计划，意在提前部署材料基础研究，抢占发展先机，从而稳固美国在国家安全、人类健康和福利、清洁能源、基础设施和消费品的世界领先地位。

2016 年，美国发布了《国家制造业创新网络战略规划》，组建了轻质现代金属制造创新研究所、复合材料制造创新研究所等，重点发展先进合金、新兴半导体、碳纤维复合材料等重点材料领域。

从美国新材料产业发展模式来看，其逐步形成先提出前瞻性的国家目标，然后依托能源部、国防部、航空航天局等重要部门，联合大学、企业、科研机构等单位组建联盟，以实现国家目标为主要目的，共同推进新材料的研究与发展的模式架构。美国新材料产业主要分布在五大湖区和太平洋沿岸地区，拥有埃克森美孚、陶氏化学、杜邦公司、3M 公司、美国铝业公司等全球领先的材料公司，西北大学、麻省理工学院、加利福尼亚大学伯克利分校、斯坦福大学、康奈尔大学、佐治亚理工学院分校材料工程专业研究实力和成果斐然。同时，美国在新材料研究领域科研机构共有 210 所，其中包括橡树岭国家实验室、阿贡国家实验室、埃姆斯实验室等多个科研实力全球名列前茅的国家实验室。

### 三、欧盟新材料产业

欧盟作为与美国"比肩"的重要科技创新力量，长期以来通过稳定、持续的科研创新框架计划等战略布局材料领域，资助材料前沿研究和产业化开发，助力其在全球保持第一梯队地位。

欧盟全社会对新材料研发的重要性有着广泛的共识。政府部门、企业界和科研机构都充分认识到，新材料的研发是推动经济发展、社会进步的重要力量。只有在材料创新方面取得进展和突破，企业才能在日益全球化的市场竞争和科技研发能力竞争方面立于不败之地，社会生活水准才能不断得到改善，社会财富才能不断得以积累。全社会普遍认为，确保和扩大在材料研发方面的领先地位是在国际竞争中取得成功的一把钥匙。

欧盟先进材料技术工业研发与创新政策确定了科研三大目标——能源安全、自然资源和大众健康，其创新活动可分为：先进材料技术，如生物材料、金属合金和先进聚合物材料等；工业生产工艺及技术，如冶金、化工工业生物技术等；技术应用行业，如能源、卫生和交通行业等。欧盟确定的先进材料技术目前暂时可主要分为五大类型——先进金属材料、先进合成高分子材料、先进陶瓷材料、新型复合材料、先进生物聚合物材料。

为抢占未来的新兴市场，欧盟委员会于 2009 年 9 月公布了《为我们的未来做准备：发展欧洲关键使能技术总策略》的文件，该文件首次将关键使能技术作为推动欧盟材料领域发展的框架指导，将纳米技术、先进材料技术、微（纳米）电子技术与半导体技术、光电技术、工业生物技术与融合上述技术的先进制造技术认定为关键使能技术（KETs）。欧盟委员会指出，KETs 的技术外溢效应及其所产生的加成效果，可以同时提升通信技术、钢铁、医疗器材、汽车及航天等领域的发展，因此对欧盟地区未来的经济持续发展有着重大影响。

欧盟先进材料技术持续的研发创新及推广应用，不断向欧盟先进制造工业的各行各业扩散和渗透，将继续推动欧盟各重大产业和先进制造工业的产业发展与研发创新，如新能源、航空航天、汽车制造、机械设备、先进纺织、电子电气、医药卫生、家用电器等，保证欧盟先进材料技术工业的世界领先水平和竞争力。欧委会通过建立欧盟、成员方和区域之间、产学研之间、科研网络平台之间的紧密联系，以及创新集群和科研基础设施建设等手段，整合、优化和协同欧盟的研发资源，努力创造欧盟先进材料技术研发创新的优良环境，强化欧盟先进材料技术工业的坚实基础。

德国是欧盟成员中新材料产业发展较为突出的国家，2013 年 4 月，德国颁布了《关于实施工业 4.0 战略的建议》白皮书。之后德国将工业 4.0 项目纳入了《高技术战略2020》的 10 个未来项目中，推动以智能制造、互联网、新能源、新材料、现代生物为特征的新工业革命。2016 年 3 月，德国发布了《数字化战略 2025》（*Digital Strategy* 2025），确定了实现数字化转型的步骤及具体实施措施，其中重点支柱项目包括工业 3D 打印等。德国是世界最大的化工产品出口国，是欧洲首选的化工投资地区，拥有完善的基础设施、研究机构和高素质劳动力，巴斯夫、赢创工业、汉高、西格里集团等跨国公司均处于行业领先地位。

**四、日本新材料产业**

日本是新材料生产的主要国家，日本政府高度重视新材料技术的发展，把开发新材料列为国家高新技术的第二大目标。日本新材料科技战略目标是保持产品的国际竞争力，注重实用性，在尖端领域赶超欧美。日本 21 世纪新材料发展规划中，主要考虑环境、资源和能源问题，把研发的具体材料是否有利于资源与环境的有效利用、是否污染环境、是否有利于回收再利用作为主要考核和评判目标。

日本的新材料政策以其工业政策为导向，其目标是占有世界市场，因此选择的重点是使市场潜力巨大和高附加值的新材料领域尽快专业化、工业化。目前，日本目标明确且已保持领先优势的领域有精细陶瓷、碳纤维、工程塑料、非晶合金、超级钢铁材料、有机 EL 材料、镁合金材料❶。

日本的新材料产业中半导体材料尤为突出，生产半导体芯片需要 19 种必需的材料，缺一不可，且大多数材料具备极高的技术壁垒，因此半导体材料企业在半导体行业中占据着至关重要的地位。而日本企业在硅晶圆、合成半导体晶圆、光罩、光刻胶、药业、靶材料、保护涂膜、引线架、陶瓷板、塑料板、TAB、COF、焊线、封装材料 14 种重要材料方面均占有 50% 及以上的份额，日本半导体材料行业在全球范围内长期保持着绝对优势。全球半导体材料几乎被日本企业垄断，信越化学、三菱住友株式会社、住友电木、日立化学、京瓷化学等均为半导体材料产业中的行业带头企业。

---

❶ 崔成，牛建国："日本新材料产业发展政策及启示"，载《中国科技投资》2010 年第 9 期。

### 五、其他国家新材料产业

韩国材料技术相关的规划主要有韩国科技发展长远规划——2025 年构想、新产业发展战略、纳米科技推广计划、纳米技术综合发展计划、G7 计划（先导技术开发计划）、生物工程科学发展计划、国家重点研究开发计划、原子能开发计划等。2009 年 1 月，韩国政府颁布国家《新增长动力前景及发展战略》，将可再生能源等 17 个产业确定为引领未来发展的新增长动力产业，新材料产业被纳入其中。近年来，韩国材料产业形成以大企业为中心、以通用型材料为主的生产结构，由于世界材料产业的核心技术掌控在少数发达国家企业手中，韩国尖端材料仍然依赖进口。

俄罗斯的矿产资源十分丰富，煤、石油、天然气、泥炭、铁、锰、铜、铅、锌、镍、钴、钒、钛、铬的储量均居世界前列，在发展新材料产业方面，俄罗斯当前把发展新材料等相关技术产业作为国家战略和国家经济的主导产业进行大力扶持、推动和实施，并取得了初步成效。2012 年，俄罗斯颁布的《2013—2020 年国家科技发展技术》中将新材料和纳米技术确定为未来 8 年俄罗斯发展探索研究和应用研究 8 大领域的优先方向。其中新材料的研发方向可分为结构材料和功能材料两个方面，结构材料包括高强度材料、高热稳定性材料、轻质材料、构筑物保护材料、智能机可调谐型结构材料、动力与能源用结构材料；功能材料包括传感器材料、能源和电气工程材料、光学材料和照明材料、磁性材料、功能性材料和复合材料、用于原料深加工的纳米催化剂、纳米薄膜材料。在确定科技优先领域和关键技术的同时，俄罗斯也陆续制定了一系列的专项计划，包括"纳米产业基础设施联邦专项计划""新一代核能技术联邦专项计划""民用航空技术联邦专项计划""民用海洋技术联邦专项计划"等❶。

## 第三节　国内新材料产业发展概述

新材料产业涉及多个工业领域，产品市场前景广阔，是全球最重要、发展最快的高技术产业领域之一。我国作为全球最大的新兴经济体，新材料产业正处于强劲发展阶段，市场空间广阔。我国的稀土功能材料、先进储能材料、光伏材料、超硬材料、特种不锈钢、玻璃纤维及其复合材料等产业产能居世界前列。同时，新兴应用领域不断涌现，数据中心、AI、智能汽车、5G、VR 等已成为拉动新一代半导体、稀土新材料等关键战略材料发展的新动力源❷。

---

❶ 张丽娟、李斐斐："俄罗斯高技术领域联邦专项计划综述"，载《全球科技经济瞭望》2015 年第 3 期。
❷ 国家发展和改革委员会创新和高技术发展司、工业和信息化部原材料工业司、中国材料研究学会：《中国新材料产业发展报告（2018）》，化学工业出版社，2019 年 7 月版，第 10 页。

## 一、国内政策

我国政府非常重视新材料产业,根据《中华人民共和国国民经济和社会发展第十二个五年规划纲要》和《国务院关于加快培育和发展战略性新兴产业的决定》的总体部署,工业和信息化部会同发展改革委、科技部、财政部等有关部门和单位相继发布了新材料产业、战略性新兴产业发展规划及科技发展规划。进入"十三五"后,为促进新材料产业发展更上一层楼,相关政策频频加码。从发布《"十三五"国家战略性新兴产业发展规划》,明确加快新材料等战略新兴产业发展,到成立国家新材料产业发展领导小组;从发布《新材料产业发展指南》,到为中国制造2025增添百亿元专项基金,不断在政策上为新材料产业提供支持。"十三五"以来,我国新材料产业详细政策见表1-3-1。

表1-3-1 我国与新材料产业相关的政策

| 时间 | 发布单位 | 政策文件 |
|---|---|---|
| 2018.03 | 工信部、发改委、科技部、中科院、国家标准委等九部委 | 《新材料标准领航行动计划(2018—2020年)》 |
| 2017.07 | 工信部 | 《重点新材料首批次应用示范指导目录(2017年版)》 |
| 2017.05 | 科技部 | 《"十三五"材料领域科技创新专项规划》 |
| 2016.12 | 工信部、发改委、科技部、财政部 | 《新材料产业发展指南》 |
| 2016.12 | 国务院办公厅 | 《关于成立国家新材料产业发展领导小组的通知》 |
| 2016.12 | 国务院 | 《"十三五"国家战略性新兴产业发展规划》 |
| 2015.09 | 国家制造强国建设战略咨询委员会 | 《〈中国制造2025〉重点领域技术路线图》 |
| 2015.05 | 国务院 | 《中国制造2025》 |
| 2014.01 | 发改委、财政部、工信部 | 《关键材料升级换代工程实施方案》 |

2017年9月12日,工信部原材料工业司公布《重点新材料首批次应用示范指导目录(2017年版)》,入围先进基础材料92种、关键战略材料31种、前沿新材料6种,共计129种新材料。

截至2018年6月30日,全国新材料相关协会超过84家,其中高分子材料相关数量最多,拥有46家,从区域分布来看,主要集中在国内华北、华东、华南以及西南,其中华北分布42家。行业协会的成立,有力促进了行业内企业和政府部门的沟通交流,对促进行业内企业的创新发展,起到重要推动作用。

## 二、各地区发展现状

近年来,我国的新材料产业在原有地域空间上进行资源整合,已形成集群式、园区式的良好发展态势,基本形成了东部沿海集聚、中西部特色发展的产业集群分布,加速了产业链向上下游逐步延伸,带动了相关配套产业的发展。

### (一) 环渤海地区

环渤海地区拥有多家大型企业总部和重点科研院校，是国内科技创新资源最为集中的地区，技术创新推动最为明显。

北京市新材料产业拥有众多新材料生产、研发单位，具有全国领先的创新能力以及强大的科研能力，新材料产业领域申请专利数量位居全国前列，为北京市新材料产业的发展提供了独特的优势。北京目前已形成了以石化新材料科技产业基地、永丰国家新材料高新技术产业化基地为核心的产业集群，在石墨烯、碳纳米管、生物医用材料、超导材料等前沿材料领域居于全国领先地位。

天津市建成了中国有色集团天津新材料产业园、立中车轮工业园、英利光伏产业园等产业园区，形成了金属新材料、功能膜材料、新型电池材料、海洋材料、电子信息材料、生物医用材料等八大重点开发领域。

河北省在 LED 半导体照明、高性能纤维、电子材料和优势金属新材料四个方面研制开发出在国内外有竞争优势的产品，初步形成了完整的产业链。

新材料为山东省工业转型升级四大新兴产业之一，涉及新材料省级以上园区 23 个，其中国家级 3 个，省级 20 个。山东省的聚氨酯、高性能氟硅材料、先进陶瓷材料、特种玻璃、高性能玻璃纤维等领域的研究开发及产业化方面在国内占有优势地位，拥有烟台万华、东岳集团、泰山玻璃纤维有限公司等一批产能居于世界前列、研发实力较强的龙头企业。

### (二) 长三角地区

长三角地区工业基础雄厚、交通物流便利、产业配套齐全，是我国新材料产业基地数量最多的地区。目前已经形成了包括航空航天、新能源、电子信息、新兴化工等领域的新材料产业集群。

上海市的高校和科研院所创新资源丰富，有 28 家新材料相关实验室和研究中心及技术平台，新材料产业企业众多，产业规划形成了"3+X"的产业集群空间布局，"3"指的是上海化工区、宝山区和金山区，"X"指的是松江区、嘉定区、奉贤区、浦东新区和青浦区，从产业定位应用领域来看，主要为集成电路、新能源汽车、航空航天、生物医用、节能环保以及高端装备等领域。

江苏省是新材料的制造大省和需求大省，具有良好的产业基础和市场空间，技术水平和综合实力位居全国前列，全省形成 20 多个以新材料为特色的产业基地，新型电子信息材料、新能源材料、高性能纤维复合材料、功能陶瓷材料、纳米材料等新材料产业发展迅猛，在光纤光棒、多晶硅、碳纤维、高温合金、陶瓷膜等战略性高端产品的研发上均处于国内领先地位，初步形成国际竞争力。

浙江省是国内第一大磁性材料生产省份，其中永磁铁氧体、稀土永磁材料、软磁铁氧体材料三大系列有明显的产业竞争优势。浙江省拥有众多的铜材加工企业，开发成功的高精度电子铜带已成为我国电子工业所需的导电、高导热、低成本的新型铜基材料。另外，浙江省的氟硅新材料、工程塑料、新型建筑材料等产业优势突出。

### (三) 珠三角地区

珠三角地区的新材料产业主要分布于广州、深圳、佛山等地，以外向出口型为主，新材料产业集中度高，下游产业拉动明显，形成了较为完整的产业链，在电子信息材料、陶瓷材料等领域具有较强优势。其中，广州新材料产业基础发展良好，集聚了金发科技、白云化工、广州赛聚龙、LG 化学等一批国际新材料龙头企业，形成了南沙钢铁基地、广州开发区等高端金属材料生产及深加工基地，以及广州科学城、从化明珠工业园的先进改性塑料产业基地。深圳新型功能材料产业规模较大，在电子信息材料、新能源材料、生物材料、功能材料等方面具有一定优势。佛山作为广东的制造业中心，对新材料产业的需求很大，目前已有一定的发展基础，形成了汽车材料、智能装备、生物医用、电子信息等方向的产业集聚。

### (四) 东北地区及中西部地区

东北地区依托原有老工业基地奠定的传统材料基础，哈尔滨形成了轻型合金新材料、高性能碳纤维及其复合材料、高档焊接新材料等产业基地；长春形成了以汽车新材料、化工新材料、光电子材料为核心的产业基地；沈阳、大连形成了轻体节能镁质金属材料和新型建筑材料产业集群。

中西部地区矿产与能源丰富，依托资源优势形成了一批特色功能材料产业基地。内蒙古建立稀土新材料产业园，在稀土精矿、稀土永磁、抛光、储氢、催化助剂和稀土合金等领域具备较高产能，产业链向下游延伸，成为全国最大的稀土原材料科研、生产基地和应用产品研发基地。另外，湖南、江西、广西建立有色金属新材料、稀土新材料和硬质合金材料产业基地，云南、贵州着力打造稀贵金属新材料产业链，建设有色金属和稀贵金属新材料产业基地。

# 第四节 研究内容及方法

## 一、研究内容

本报告的研究主题为新材料产业，根据 2016 年 12 月由工信部、发改委、科技部、财政部联合印发的《新材料产业发展指南》，研究内容主要分为以下三个方向：

（1）先进基础材料。主要涵盖以下领域：基础零部件用钢、高性能海工用钢等先进钢铁材料，高强铝合金、高强韧钛合金、镁合金等先进有色金属材料，高端聚烯烃、特种合成橡胶及工程塑料等先进化工材料，先进建筑材料、先进轻纺材料。

（2）关键战略材料。主要涵盖以下领域：耐高温及耐蚀合金、高强轻型合金等高端装备用特种合金，反渗透膜、全氟离子交换膜等高性能分离膜材料，高性能碳纤维、芳纶纤维等高性能纤维及复合材料，高性能永磁、高效发光、高端催化等稀土功能材料，宽禁带半导体材料和新型显示材料，以及新型能源材料、生物医用材料。

（3）前沿新材料。主要涵盖以下领域：石墨烯、金属及高分子增材制造材料，形状记忆合金、自修复材料，智能、仿生与超材料，液态金属、新型低温超导及低成本高温超导材料。

## 二、技术分解

新材料产业涵盖关系国计民生的多个领域，为准确界定各个研究方向的技术边界、开展针对性的研究和分析，课题组参考《新材料产业发展指南》《战略性新兴产业分类（2018）》《新材料产业"十三五"发展规划》以及相关行业标准、专业书籍，同时兼顾专利数据检索和标引，制定了新材料产业技术分解表（见表1-4-1）。

表1-4-1　新材料产业技术分解表

| | 一级分支 | 二级分支 | 三级分支 |
|---|---|---|---|
| 新材料产业 | 先进基础材料 | 先进钢铁材料 | 先进制造基础零部件用钢 |
| | | | 高技术船舶及海洋工程用钢 |
| | | | 先进轨道交通用钢 |
| | | | 新型高强塑汽车钢 |
| | | | 能源用钢 |
| | | | 能源油气钻采集储用钢 |
| | | | 石化压力容器用钢 |
| | | | 新一代功能复合化建筑用钢 |
| | | | 高性能工程、矿山及农业机械用钢 |
| | | | 高品质不锈钢及耐蚀合金 |
| | | | 其他先进钢铁材料 |
| | | 先进有色金属材料 | 铝合金 |
| | | | 钛合金 |
| | | | 镁合金 |
| | | | 铜合金 |
| | | | 稀有金属材料 |

续表

| | 一级分支 | 二级分支 | 三级分支 |
|---|---|---|---|
| 新材料产业 | 先进基础材料 | 先进有色金属材料 | 贵金属材料 |
| | | | 硬质合金 |
| | | | 其他有色金属材料 |
| | | 先进化工材料 | 高端聚烯烃 |
| | | | 特种合成橡胶 |
| | | | 特种工程塑料 |
| | | 特种玻璃 | 特种玻璃制品 |
| | | | 技术玻璃制品 |
| | | 特种陶瓷 | 结构陶瓷 |
| | | | 功能陶瓷 |
| | | 先进建筑材料 | 水泥基材料 |
| | | | 新型墙体材料 |
| | | | 新型建筑防水材料 |
| | | | 隔热隔音材料 |
| | | | 轻质建筑材料 |
| | | 先进轻纺材料 | 高端产业用纺织品 |
| | | | 功能纺织新材料 |
| | | | 生物化学纤维 |
| | 关键战略材料 | 高端装备用特种合金 | 耐高温及耐蚀合金 |
| | | | 高强轻型合金 |
| | | 高性能分离膜材料 | 反渗透膜 |
| | | | 全氟离子交换膜 |
| | | 高性能纤维及复合材料 | 高性能碳纤维及复合材料 |
| | | | 芳纶纤维及复合材料 |
| | | | 超高分子量聚乙烯纤维及复合材料 |
| | | 稀土功能材料 | 稀土磁性材料 |
| | | | 稀土光功能材料 |
| | | | 稀土催化材料 |
| | | | 稀土储氢材料 |
| | | 宽禁带半导体材料 | SiC |
| | | | GaN |
| | | | 金刚石 |
| | | | AlN |

| | 一级分支 | 二级分支 | 三级分支 |
|---|---|---|---|
| 新材料产业 | 关键战略材料 | 宽禁带半导体材料 | ZnO |
| | | | $Ga_2O_3$ |
| | | 新型显示材料 | LCD 用材料 |
| | | | OLED 用材料 |
| | | | 其他前沿材料 |
| | | 新型能源材料 | 先进太阳能电池材料 |
| | | | 锂电池材料 |
| | | | 燃料电池材料 |
| | | | 其他新能源（热电、风电、核电）材料 |
| | | 生物医用材料 | 医用金属材料 |
| | | | 生物陶瓷材料 |
| | | | 医用高分子材料 |
| | | | 天然衍生材料 |
| | | | 医用复合材料 |
| | 前沿新材料 | 石墨烯 | 石墨烯薄膜 |
| | | 增材制造材料 | 金属类增材制造材料 |
| | | | 高分子类增材制造材料 |
| | | 形状记忆合金 | Ni 基形状记忆合金 |
| | | | Cu 基形状记忆合金 |
| | | | Fe 基形状记忆合金 |
| | | | 其他形状记忆合金 |
| | | 自修复材料 | 陶瓷混凝土基自修复材料 |
| | | | 高分子基自修复材料 |
| | | 智能、仿生与超材料 | 智能材料 |
| | | | 仿生材料 |
| | | | 超材料 |
| | | 液态金属材料 | 镓基液态金属材料 |
| | | | 铟基液态金属材料 |
| | | | 铋基液态金属材料 |
| | | | 其他液态金属材料 |
| | | 新型低温超导材料 | Nb 基低温超导材料 |
| | | | Mg 基超导材料 |
| | | | 其他低温超导材料 |

续表

| 新材料产业 | 一级分支 | 二级分支 | 三级分支 |
|---|---|---|---|
| | 前沿新材料 | 低成本高温超导材料 | Fe 基超导材料 |
| | | | 铜氧化物系高温超导材料 |
| | | | 其他高温超导材料 |

### 三、数据检索

基于新材料产业的技术发展周期，确定检索时间为 2000 年 1 月 1 日—2019 年 8 月 1 日，以聚焦近 20 年来新材料产业技术发展演进路线和研究热点。采用的数据库为 incoPat 数据库。

#### （一）检索策略及检索要素

本报告的检索由初步检索、全面检索和补充检索三个阶段构成，充分了解相关技术和数据库特点，避免检索数据遗漏。

初步检索阶段：初步选择关键词和分类号对该技术主题进行检索，对检索到的专利文献关键词和分类号进行统计分析，并抽样对相关专利文献进行人工阅读，提炼关键词；初步检索阶段还要进行的就是检索策略的调整、反馈，总结各检索要素在检索策略中所处的位置，在上述工作基础上制定全面检索策略。

全面检索阶段：选定精确关键词、扩展关键词、精确分类号和扩展分类号作为主要检索要素，合理采用检索策略及其搭配，充分利用截词符和算符，对该技术主题在外文和中文数据库进行全面而准确的检索。

补充检索阶段：在全面检索的基础上，统计本领域主要申请人，以申请人为入口进行补充检索，保证重要申请人检索数据的全面和完整。

#### （二）检索结果验证

为了对检索的结果进行评估和验证，采用了查全率和查准率两项指标对本报告的检索结果进行验证。

查准率验证方式如下：

查准率=（检出的符合特征的文献数量/检出的全部文献数量）×100%。

通过检索得到初步检索文献集合 $A$，数量记为 $N$。由于检索数据量 $N$ 很大，无法进行逐一核对，因此通过随机方式进行抽样，设抽样集合为 $a$，数量为 $n$，人工阅读样本集合，符合特征的检索结果数量为 $b$，查准率 $p=（b/n）×100\%$。

查全率验证方式如下：

通过验证部分结果的查全率来估计初步检索文献集合 $A$ 的查全率。①确定重要申请人。对初步检索结果进行分析能够得到大致的申请人排名，选取排名靠前的非自然人申请人为重要申请人。②确定母样本检索式。利用选取的重要申请人构建母样本检索式，若重要申请人的专利申请只分布在该特定技术领域，则直接用申请人确定母样本数据集，否则，还需要结合上位分类号或关键词来确定母样本数据集。母样本的检索式检索策略需与现有检索式不同，否则查全率不准确。对于一些申请量大且涉及领域广的企业，通过限定一定申请年份获得数量合适的母样本。③人工筛选确定母样本。利用母样本检索式进行检索得到检索结果，通过人工浏览，确定与主题相关的、全面的、准确的母样本 $t$（数量也为 $t$），并提取出相应的专利公开号或申请号。④确定子样本。用待验证检索式与所提取的 PN 号进行"逻辑与"运算确定子样本，即待验证检索式的检索结果中落在母样本范畴内的专利文献，得到子样本 $b$（数量也为 $b$），漏检的专利数量则为 $c=t-b$。⑤计算查全率。查全率 $r=（b/t）\times100\%$。

## 四、数据筛选与数据处理

确定检索式后，通过 incoPat 数据库对检索数据集进行分析，按照技术分支 IPC 分类号的数据量进行排序，对排序在前 20 位的 IPC 分类号下的专利文献进行粗筛，分析该分类号下的文献与检索主题的相关度，根据分析结果对检索式进行调整。

本报告对重点技术分支和重点申请人进行了技术改进方向、技术手段、应用领域等归类标引，技术方向是对专利文献中提及的发明技术内容所要解决的领域技术难题或技术难点的聚类，聚类和梳理后形成的技术方向具有重要的研究价值，通过对技术方向的分析可以获得某一分类下技术发展的脉络以及技术发展的基本走向和趋势，进一步为企业研发过程中研发方向的选择提供参考和帮助。技术手段是对专利文献中技术方案的提炼和浓缩，以期获得技术方案中核心的技术创新点，通过对技术手段的提炼、加工和分析，可以获得解决技术难题或难点的手段和途径，为企业开展创新研发提供技术层面的参考或建议。通过对应用领域的标引可了解材料的应用现状，便于新材料的推广和产业化生产。

## 五、相关事项和约定

同族专利：同一项发明在多个国家申请专利而产生的一组内容相同或基本相同的专利文献出版物，称为一个专利族或同族专利。属于同一专利族的多件专利申请可视为同一项技术。在本报告中，针对技术和专利技术原创国进行分析时，对同族专利进行了合并统计；针对专利在国家或地区的公开情况进行分析时，各件专利进行了单独统计。

技术目标国：以专利申请的公开国家或地区来确定。

技术来源国：以专利申请的首次申请优先权国别来确定，没有优先权的专利申请以该申请的最早申请国别来确定。

项：同一项发明可能在多个国家或地区提出专利申请。incoPat 同族数据库将这些相关的多件专利申请作为一条记录收录。在进行专利申请数量统计时，对于数据库中以一族数据的形式出现的一系列专利文献，计算为"1项"。

件：在进行专利申请数量统计时，例如为了分析申请人在不同国家、地区或组织所提出的专利申请的分布情况，将同族专利申请分开进行统计时，所得到的结果对应于申请的件数。一项专利申请可能对应于1件或多件专利申请。

日期约定：依照最早优先权日确定每年的专利数量，无优先权日的以最早申请日为准。

图表数据约定：由于2018年和2019年数据不完整，不能代表整体的专利申请趋势，因此在与年份有关的趋势图中并未对2018年和2019年的数据进行分析。

# 第二章

# 新材料产业专利整体分析

## 第一节　新材料产业背景

　　新材料是国民经济的战略性、基础性产业，是建立科技强国及当前各战略性新兴产业的重要支撑，新材料产业是我国重点打造的战略新兴产业之一。2010 年全球新材料产业的市场规模超过 4000 亿美元，到了 2016 年已接近 2.15 万亿美元，平均每年以 10% 以上的速度快速增长。我国 2015 年新材料产业规模达到 2 万亿元，2016 年为 2.65 万亿元，2017 年达到了 3.3 万亿元（见图 2-1-1），预测到 2025 年产业规模将达到 10 万亿元，年增长率保持在 20% 以上。新材料产业已然成为最重要、发展最快的高新产业之一，新材料技术对新能源、高端设备、新一代信息技术等高技术和新兴产业的发展起着引导、支撑和相互依存的关键性作用。新材料产业在全球的分布较不均衡。新材料产业具有知识与技术密集度高、与新工艺和新技术关系密切、更新换代快、品种式样变化多、产品附加值高等特点，而美国、日本和欧洲等发达国家和地区拥有绝大部分的大型跨国公司，这些大型跨国公司在经济实力、核心技术、研发能力、市场占有率等多方面占据绝对优势，并通过持续创新在高技术含量、高附加值的新材料市场中保持着主导地位。中国、韩国、俄罗斯属于全球第二梯队。中国在半导体照明、稀土永磁材料、人工晶体材料方面具有比较优势；但总体来讲，我国新材料产业整体处于"大而不强的态势"，在产业规模、市场需求巨大的背景下，高端产品自给能力严重不足❶。

---

❶　国家发展和改革委员会创新和高技术发展司、工业和信息化部原材料工业司、中国材料研究学会：《中国新材料产业发展报告（2018）》，化学工业出版社，2019 年 7 月版，第 10-17 页。

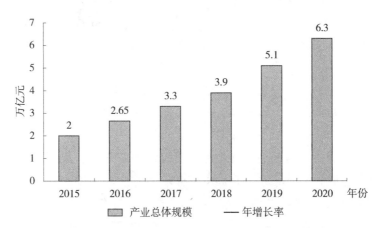

图2-1-1　2015—2019年中国新材料产业市场规模

## 一、先进基础材料

《新材料产业发展指南》中指出："加快推动先进基础材料工业转型升级，以基础零部件用钢、高性能海工用钢等先进钢铁材料，高强铝合金、高强韧钛合金、镁合金等先进有色金属材料，高端聚烯烃、特种合成橡胶及工程塑料等先进化工材料，先进建筑材料、先进轻纺材料等为重点，大力推进材料生产过程的智能化和绿色化改造，重点突破材料性能及成分控制、生产加工及应用等工艺技术，不断优化品种结构，提高质量稳定性和服役寿命，降低生产成本，提高先进基础材料国际竞争力。"根据《新材料产业发展指南》《战略性新兴产业分类（2018）》，先进基础材料分为先进钢铁材料、先进有色金属材料、先进化工材料、特种玻璃、特种陶瓷、先进建筑材料、先进轻纺材料七个二级分支。

在先进基础材料方面，时速350km动车组轮轴用钢实现自主创新；成功制成性能与进口产品相当的笔尖钢，解决了李克强总理关心的圆珠笔头上"圆珠"用高质量钢材问题。

## 二、关键战略材料

紧紧围绕新一代信息技术产业、高端装备制造业等重大需求，以耐高温及耐蚀合金、高强轻型合金等高端装备用特种合金，反渗透膜、全氟离子交换膜等高性能分离膜材料，高性能碳纤维、芳纶纤维等高性能纤维及复合材料，高性能永磁、高效发光、高端催化等稀土功能材料，宽禁带半导体材料和新型显示材料，以及新型能源材料、生物医用材料等为重点，突破材料及器件的技术关和市场关，完善原辅料配套体系，提高材料成品率和性能稳定性，实现产业化和规模应用。

关键战略材料方面，中铝公司的关键铝合金材料广泛应用于航空航天领域，有力支撑了"运-20"大型运输机、"C919"大型客机、"悟空""天眼"等重点工程项目的实施；南山集团铝合金厚板通过波音公司认证并签订供货合同；中船重工兆瓦级稀土永磁电机体积比传统电机减小50%、重量减轻40%；世界首座具有第四代核电特征的高温气冷堆核电站关键装备材料国产化率超过85%。

半导体显示材料进入产业、政策共振双周期，下游国产品牌崛起，带动上游产业升级。下游品牌崛起为产业链升级奠定基础。目前我国电子产业链上设备、元器件、材料的竞争对手主要来自日本和韩国，而这些地方无一例外曾拥有过强大的下游电子消费品牌，如日本的NEC、松下，韩国的三星、LG。

目前，我国下游消费电子品牌逐步屹立全球，中游面板、模组不断崛起，上游零部件、材料发展可期。我国下游电子品牌不断崛起，手机端的华为、小米、OPPO、vivo，移动PC端的联想，智能家电领域的格力、美的、海尔等，在成为全球著名品牌、影响力不断外扩的同时也在不断挤压传统日、美、韩的市场份额，本土品牌竞争力不断增强。从中游来看，我国面板产业的崛起则预示着产业链本土化有望进入上游领域。在经历了前期的高投资、价格战、高折旧之后，国内液晶面板企业已经迎来春天，盈利能力显著提升，龙头企业京东方2017年前三季度更是实现归母净利润64.76亿元，华星光电前三季度则实现息税折旧摊销前利润（EBITDA）85.9亿元。国内面板企业出货量大幅提升的同时，产品质量也逐渐获得了国外企业的认可，如京东方下游客户包括三星、LG、戴尔、惠普等，华星光电客户则涵盖了三星和LG。中、日、韩消费电子产业链情况如图2-1-2所示。

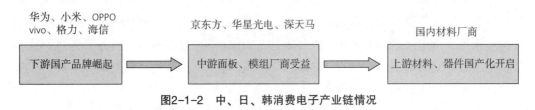

图2-1-2 中、日、韩消费电子产业链情况

### 三、前沿新材料

以石墨烯，金属及高分子增材制造材料，形状记忆合金，自修复材料，智能、仿生与超材料，液态金属，新型低温超导及低成本高温超导材料为重点，加强基础研究与技术积累，注重原始创新，加快在前沿领域实现突破。积极做好前沿新材料领域知识产权布局，围绕重点领域开展应用示范，逐步扩大前沿新材料应用领域。

前沿新材料方面，石墨烯改性防腐涂料、轮胎、纤维、储能材料、触点材料实现批量化生产，改性重防腐涂料关键技术指标国际领先；超材料专利申请量占全球85%；液态金属在3D打印、柔性智能机器、血管机器人等领域实现初步应用；新型镁锂合金成功应用于2016年12月我国发射的首颗全球二氧化碳监测科学实验卫星上。

近年来，我国持续出台多项政策支持3D打印产业的发展。在2017年发布的《重大技术装备关键技术产业化实施方案》中，指出由骨干企业牵头，联合相关单

位，研制工业级铸造 3D 打印设备，满足大型发动机、航天航空等领域黑色及铝合金
铸件的需求。

# 第二节　新材料产业整体专利分析

## 一、新材料产业申请趋势分析

### （一）全球专利申请趋势

新材料是指新出现的具有优异性能或特殊功能的材料，或是传统材料改进后性能
明显提高或产生新功能的材料。新材料的发现、发明和应用推广，与技术革命和产业
变革密不可分。加快发展新材料，对推动技术创新、支撑产业升级、建设制造强国具
有重要战略意义。图 2-2-1 示出了新材料产业全球专利申请趋势，从图中可以看出，
进入 21 世纪以后，前沿新材料、先进基础材料以及关键战略材料都经历了稳步的增
长，但是增长速率有所差别，在 2000—2010 年，前沿新材料、先进基础材料、关键战
略材料发展比较缓慢，前沿新材料的专利申请量由 941 项增长到了 2587 项，先进基础
材料的专利申请量由 19395 项增长到了 22134 项，关键战略材料由 23287 项增长到了
41032 项；相对于关键战略材料和前沿新材料 10 年翻了一倍的专利申请量而言，先进
基础材料的增长较慢，一方面是由于基础研究需要投入大量的研发时间和研发资金，
基础研究同时需要经过比较长的时间才能产业化应用，不能及时为企业带来利益，企
业积极性不高，大多存在于高校和研究所中；另一方面，基础材料的研发存在一定的
技术壁垒，是一个需要长期投入时间和精力的研究过程。但是，在 2010 年以后，随着
全球经济的快速发展，各个国家相继提出了各自的产业政策，来促进经济的发展，越
来越多的企业逐渐意识到专利的重要性，逐渐开始了专利的布局，先进基础材料、关
键战略材料、前沿新材料专利申请量开始了大幅的增长，到了 2017 年，先进基础材料
的专利申请量为 44335 项、关键战略材料的专利申请量达到了 67390 项、前沿新材料的
专利申请量达到了 9041 项；相对于 2000 年，先进基础材料的专利申请量增长了 1.28
倍、关键战略材料的专利申请量增长了 1.89 倍、前沿新材料的专利申请量增长了
8.6 倍。

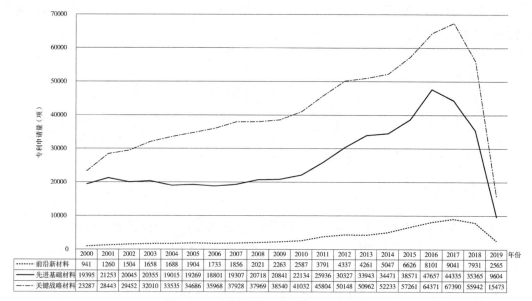

| 年份 | 2000 | 2001 | 2002 | 2003 | 2004 | 2005 | 2006 | 2007 | 2008 | 2009 | 2010 | 2011 | 2012 | 2013 | 2014 | 2015 | 2016 | 2017 | 2018 | 2019 |
|---|---|---|---|---|---|---|---|---|---|---|---|---|---|---|---|---|---|---|---|---|
| 前沿新材料 | 941 | 1260 | 1504 | 1658 | 1688 | 1904 | 1733 | 1856 | 2021 | 2263 | 2587 | 3791 | 4337 | 4261 | 5047 | 6626 | 8101 | 9041 | 7931 | 2565 |
| 先进基础材料 | 19395 | 21253 | 20045 | 20355 | 19015 | 19269 | 18801 | 19307 | 20718 | 20841 | 22134 | 25936 | 30327 | 33943 | 34471 | 38571 | 47657 | 44335 | 35365 | 9604 |
| 关键战略材料 | 23287 | 28443 | 29452 | 32010 | 33535 | 34686 | 35968 | 37928 | 37969 | 38540 | 41032 | 45804 | 50148 | 50962 | 52233 | 57261 | 64371 | 67390 | 55942 | 15473 |

图2-2-1　新材料产业全球专利申请趋势

## （二）国内专利申请趋势

"十二五"以来，我国新材料产业发展取得了长足进步，创新成果不断涌现，龙头企业和领军人才不断成长，整体实力大幅提升，有力支撑了国民经济发展和国防科技工业建设。我国政府非常重视新材料产业，根据《中华人民共和国国民经济和社会发展第十二个五年规划纲要》和《国务院关于加快培育和发展战略性新兴产业的决定》的总体部署，工业和信息化部会同发改委、科技部、财政部等有关部门和单位相继发布了新材料产业、战略性新兴产业发展规划及科技发展规划。《"十三五"国家战略性新兴产业发展规划》以及《中国制造2025》等政策的实施，为我国新材料产业的发展提供了坚定的政策支持。

图2-2-2示出了新材料产业专利申请国内专利申请趋势，与全球专利申请趋势基本一致，我国在前沿新材料、先进基础材料、关键战略材料方面的专利申请量均实现了稳步的增长，经过十几年的发展，前沿新材料专利申请量由2000年的98项增长到了2017年的6017项，增长了60倍，先进基础材料专利申请量由2000年的1163项增长到了2017年的32170项，增长了27倍，关键战略材料专利申请量由2000年的1302项增长到了2017年的39103项，增长了29倍。我国前沿新材料、先进基础材料、关键战略材料的专利申请量的增长速度远远超过了上述产业在全球专利的增长速率，经过十多年的发展，我国创新能力稳步增强。以企业为主体、市场为导向、产学研用相互结合的新材料创新体系逐渐完善，新材料国家实验室、工程（技术）研究中心、企业技术中心和科研院所实力大幅提升，在重大技术研发及成果转化中的促进作用日益突出，我国也逐渐增长为前沿新材料、先进基础材料、关键战略材料领域的专利申请大国，

我国专利申请数量提高了，但是大量的专利申请仅是围绕国外的核心专利做了一些专利申请布局，属于外围专利，在核心专利以及高价值专利的申请上，相对于国外专利大国，尤其是日本，还有较大的差距。

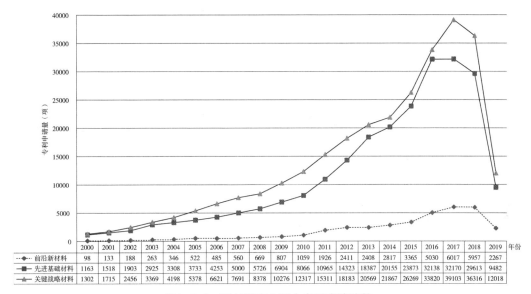

| 年份 | 2000 | 2001 | 2002 | 2003 | 2004 | 2005 | 2006 | 2007 | 2008 | 2009 | 2010 | 2011 | 2012 | 2013 | 2014 | 2015 | 2016 | 2017 | 2018 | 2019 |
|---|---|---|---|---|---|---|---|---|---|---|---|---|---|---|---|---|---|---|---|---|
| 前沿新材料 | 98 | 133 | 188 | 263 | 346 | 522 | 485 | 560 | 669 | 807 | 1059 | 1926 | 2411 | 2408 | 2817 | 3365 | 5030 | 6017 | 5957 | 2267 |
| 先进基础材料 | 1163 | 1518 | 1903 | 2925 | 3308 | 3733 | 4253 | 5000 | 5726 | 6904 | 8066 | 10965 | 14323 | 18387 | 20155 | 23873 | 32138 | 32170 | 29613 | 9482 |
| 关键战略材料 | 1302 | 1715 | 2456 | 3369 | 4198 | 5378 | 6621 | 7691 | 8378 | 10276 | 12317 | 15311 | 18183 | 20569 | 21867 | 26269 | 33820 | 39103 | 36316 | 12018 |

**图2-2-2　新材料产业国内专利申请趋势**

## 二、新材料分支产业申请量占比分析

图2-2-3显示了新材料各一级分支申请量占比情况，整体来看，全球的先进基础材料和关键战略材料的占比较大，分别占全球总申请量的37%和58%，前沿新材料的占比较少，占全球总申请量的5%。先进基础材料分为先进钢铁材料、先进有色金属材料、先进化工材料、特种玻璃、特种陶瓷、先进建筑材料、先进轻纺材料七个二级分支，关键战略材料包括高端装备用特种合金、高性能分离膜材料、高性能纤维及复合材料、稀土功能材料、宽禁带半导体材料、新型显示材料、生物医用材料七个二级分支，可见上述先进基础材料和关键战略材料都是发展相对成熟的产业，先进基础材料是国民经济和国防建设各个领域应用广泛的基础材料，是支撑航空航天、现代交通、海洋工程、先进能源等高端制造业和战略新兴产业发展的关键材料，关键战略材料涉及国家在国民经济和生产以及在世界各国竞争的支柱和基础产业，其材料的研发起步也相对较早，并且两个领域上下游的产业链比较完善，因此其申请量也相对较多。前沿新材料涉及石墨烯，增材制造材料，形状记忆合金，自修复材料，智能、仿生与超材料，液态金属，新型低温超导及低成本高温超导材料等，这些材料基本都研究起步较晚。例如，自2010年石墨烯发明人获得诺贝尔奖之后，石墨烯相关的专利申请呈现快速增长态势；增材制造材料是3D打印产业的重要原材料，3D打印技术出现在20世纪90年代中期；自修复材料主要涉及陶瓷混凝土基自修复复合材料、聚合物基自修复

材料，目前还处于研发的状态，产业程度较低；智能、仿生与超材料，液态金属材料，新型低温超导，低成本高温超导材料，形状记忆合金等领域也都主要处于科学研究状态或初步产业化。因此，前沿新材料的整体占比较低，只有 5%。但是，历史表明，新材料的发现、发明和应用推广与技术革命和产业变革密不可分，前沿新材料领域涉的材料普遍具有其特殊的功能性，可以预期在未来的产业化过程中，必将发挥重要的作用。

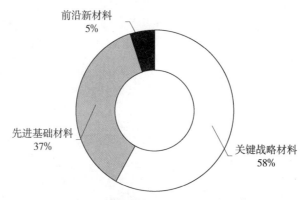

图2-2-3　新材料各一级分支产业占比

### 三、新材料各二级分支产业申请量占比分析

图 2-2-4 显示了新材料每个一级分支各二级分支的占比。可以看出，先进基础材料中各分支占比分别为：先进钢铁材料 11%、先进有色金属材料 14%、先进化工材料 12%、特种玻璃 4%、特种陶瓷 5%、先进建筑材料 20%、先进轻纺材料 34%，其中先进轻纺材料占比最多，其次是先进建筑材料。先进纺织材料对国民经济、国防军工建设起着重要的支撑和保障作用，先进纺织材料经过多年发展，其中包括的功能纤维材料既是全球化纤工业必争的科技制高点，又是我国新材料、新能源、环保等战略性新兴产业发展的关键领域之一，具有广阔的市场空间和增长潜力，目前我国"十三五"规划、《中国制造 2025》国家战略的实施，将加快推动功能纤维材料的快速发展，引导其发展，借助多项政府的支持，目前我国已设立了多层次的、功能互补的科研平台，例如国家重点实验室有纤维材料改性国家重点实验室（依托东华大学）和生物源纤维制造技术国家重点实验室（依托中国纺织科学研究院），国家工程技术中心有国家合成纤维工程技术研究中心（依托中国纺织科学研究院建设）和合成纤维国家工程中心（依托上海石化建设）。建材工业是国民经济的重要基础产业，是改善人居条件、治理生态环境和发展循环经济的重要支撑，先进建筑材料发展较早，总体申请量也较大，检索得到 2000—2019 年共有 110110 项申请，因此其申请量占比较大。

关键战略材料各分支占比分别为：高端装备用特种合金 3%、高性能分离膜材料

3%、高性能纤维及复合材料 4%、稀土功能材料 21%、宽禁带半导体材料 2%、新型显示材料 11%、生物医用材料 13%、新型能源材料 43%。其中新型能源材料的申请量远远高于其他分支的申请量。新型能源材料主要涉及先进太阳能电池材料、锂电池、燃料电池和其他材料，由于当今社会能源问题，各个国家都纷纷出台各项政策鼓励新能源产业的发展，进而带动新型能源材料的发展，因此，其占比远高于其他分支。稀土功能材料也是一种关键的战略材料，被称为"工业维生素"，是各个国家争抢的战略资源，其主要包括稀土磁性材料、稀土光功能材料、稀土催化材料、稀土储氢材料、其他稀土材料。

前沿新材料各分支占比分别为：石墨烯 21%，增材制造材料 15%，形状记忆合金 2%，自修复材料 6%，智能、仿生与超材料 45%，液态金属材料 5%，新型低温超导材料 2% 及低成本高温超导材料 4%。可见，前沿新材料中，智能、仿生与超材料的占比遥遥领先。智能、仿生与超材料是发展迅速的前沿材料，在生物工程、传感器、显示材料、国防工程等领域具有广阔的发展前景。

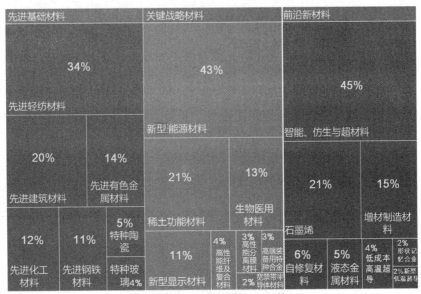

图2-2-4　新材料各二级分支产业占比

四、新材料各二级分支产业重要分类号

表 2-2-1 显示了新材料每个一级分支各二级分支重要分类号及专利数量。可以看出，先进基础材料中先进钢铁材料、先进有色金属材料的重要分类号均为 C22C，先进化工材料为 C08L，特种玻璃为 C03C，特种陶瓷和先进建筑材料为 C04B，先进轻纺材料为 D01F。关键战略材料中高端装备用特种合金为 C22C，高性能分离膜材料为 H01M，高性能纤维及复合材料为 C08L，稀土功能材料为 B01J，宽禁带半导体材料为 H01L，新型显示材料为 G02F，新型能源材料为 H01M，生物医用材料主要为 A61F。前

沿新材料中，石墨烯为C01B，增材制造材料为B33Y，形状记忆合金为C22C，自修复材料为C08L，智能、仿生与超材料为H01L，液态金属材料为B22D，新型低温超导材料和低成本高温超导材料均为H01B。

表2-2-1　新材料各二级分支重要分类号及专利数量

| 一级分支 | 二级分支 | 重要分类号 | 专利数量（项） |
|---|---|---|---|
| 先进基础材料 | 先进钢铁材料 | C22C | 56649 |
| | | C21D | 32397 |
| | 先进有色金属材料 | C22C | 69273 |
| | | C22F | 23528 |
| | 先进化工材料 | C08L | 49708 |
| | | C08K | 38234 |
| | 特种玻璃 | C03C | 11061 |
| | 特种陶瓷 | C04B | 26745 |
| | 先进建筑材料 | C04B | 55995 |
| | | E04B | 36634 |
| | | E04C | 23778 |
| | 先进轻纺材料 | D01F | 29545 |
| | | D03D | 25348 |
| | | C08L | 22264 |
| 关键战略材料 | 高端装备用特种合金 | C22C | 21053 |
| | 高性能分离膜材料 | H01M | 17335 |
| | 高性能纤维及复合材料 | C08L | 20147 |
| | 稀土功能材料 | B01J | 35594 |
| | | C07C | 18923 |
| | | C09K | 18061 |
| | 宽禁带半导体材料 | H01L | 14252 |
| | 新型显示材料 | G02F | 56955 |
| | | H01L | 36272 |
| | | C09K | 35976 |
| | | G02B | 35673 |
| | 新型能源材料 | H01M | 178672 |
| | 生物医用材料 | A61F | 53293 |
| | | A61L | 40366 |

续表

| 一级分支 | 二级分支 | 重要分类号 | 专利数量（项） |
|---|---|---|---|
| 前沿新材料 | 石墨烯 | C01B | 13213 |
| | 增材制造材料 | B33Y | 7128 |
| | 形状记忆合金 | C22C | 1132 |
| | 自修复材料 | C08L | 725 |
| | | C09D | 715 |
| | | C08G | 630 |
| | 智能、仿生与超材料 | H01L | 6662 |
| | | G02B | 4713 |
| | | C08G | 4273 |
| | 液态金属材料 | B22D | 382 |
| | | H01L | 321 |
| | | C22C | 296 |
| 前沿新材料 | 新型低温超导材料 | H01B | 1227 |
| | 低成本高温超导材料 | H01B | 2368 |

# 第三节　小　结

1）全球先进基础材料、关键战略材料、前沿新材料的专利申请量均呈现了不同程度的稳步增长。进入21世纪以后，经过十几年的发展，相对于2000年年初，先进基础材料的专利申请量增长了1.28倍、关键战略材料的专利申请量增长了1.89倍，尤其是前沿新材料的专利申请量增长了8.6倍，增长幅度最大。

2）我国前沿新材料、先进基础材料、关键战略材料的专利申请量的增长速度远远超过了上述产业在全球专利的增长速率，经过十多年的稳步发展，我国创新能力稳步增强。国内专利申请中，先进基础材料、关键战略材料、前沿新材料的专利申请量均呈现了大幅度的增长，前沿新材料专利申请量由2000年的98项增长到了2017年的6017项，增长了60倍，先进基础材料专利申请量由2000年的1163项增长到了2017年的32170项，增长了26倍，关键战略材料专利申请量由2000年的1302项增长到了2017年的39103项，增长了29倍。

3）新材料按照发展方向分为先进基础材料、关键战略材料、前沿新材料。全球的先进基础材料和关键战略材料的占比较大，分别占全球总申请量的37%和58%，前沿新材料的占比较小，占全球总申请量的5%。可见，全球的先进基础材料和关键战略材料的发展基础较好并且比较成熟，前沿新材料产业还需要加大研发力度，加强校企合作，提高产业化进程，为产业的更新换代提供动力。由各二级分支的比例可以得出，其中功能纤维材料，先进建筑材料，新型能源材料，智能、仿生与超材料分别占比较高，是比较热门的研究领域。

# 第三章

# 先进基础材料专利分析

## 第一节　先进基础材料技术分支与技术重点

### 一、技术分支定义及二级、三级分支介绍

根据《新材料产业发展指南》《战略性新兴产业分类（2018）》，本章将先进基础材料分为先进钢铁材料、先进有色金属材料、先进化工材料、特种玻璃、特种陶瓷、先进建筑材料、先进轻纺材料 7 个二级分支；将先进钢铁材料分为先进制造基础零部件用钢、高技术船舶及海洋工程用钢、先进轨道交通用钢、新型高强塑性汽车钢、能源用钢、能源油气钻采集储用钢、石化压力容器用钢、新一代功能复合化建筑用钢、高性能工程、矿山及农业机械用钢、高品质不锈钢及耐蚀合金、其他先进钢铁材料 12 个三级分支；将先进有色金属材料分为铝合金、钛合金、镁合金、铜合金、稀有金属材料、贵金属材料、硬质合金、其他有色金属材料 8 个三级分支；将先进化工材料分为高端聚烯烃、特种合成橡胶、特种工程塑料 3 个三级分支；将特种玻璃分为特种玻璃制品、技术玻璃制品 2 个三级分支；将特种陶瓷分为结构陶瓷、功能陶瓷 2 个三级分支；将先进建筑材料分为水泥基材料、新型墙体材料、新型建筑防水材料、隔热隔音材料、轻质建筑材料 5 个三级分支；将先进轻纺材料分为高端产业用纺织品、功能纺织新材料、生物化学纤维 3 个三级分支。

### 二、技术热点与重点应用领域

《新材料产业发展指南》中提出先进基础材料的发展方向为：加快推动先进基础材料工业转型升级，以基础零部件用钢、高性能海工用钢等先进钢铁材料，高强铝合金、高强韧钛合金、镁合金等先进有色金属材料，高端聚烯烃、特种合成橡胶及工程塑料等先进化工材料，先进建筑材料、先进轻纺材料等为重点，大力推进材料生产过程的智能化和绿色化改造，重点突破材料性能及成分控制、生产加工及应用等工艺技术，

不断优化品种结构，提高质量稳定性和服役寿命，降低生产成本，提高先进基础材料国际竞争力。

## 第二节　先进钢铁材料专利申请分析

### 一、专利申请态势分析

#### （一）全球专利申请态势分析

通过对相关专利数据库进行检索并筛选后，得知全球先进钢铁材料相关专利申请56353 项；其中国内专利申请 31623 项。由于 2018 年和 2019 年的专利申请存在未完全公开的情况，故本节所列图表中 2018 年、2019 年的相关数据不代表这两个年份的全部申请。图 3-2-1 是先进钢铁材料 2000—2019 年全球专利申请趋势，整体呈现上升发展态势。2000—2004 年，专利申请量出现了一段缓慢降低，2004 年之后申请量逐渐迅速增长，2016 年达到最高，共有 5294 项，2017 年有小幅下降。同时，从申请人数量走势上可以看出，申请人数量的走势基本与申请总量趋势相同，在 2016 年达到最高，为3137 个，可见该领域专利申请人活跃度直接影响专利申请量态势。

钢铁材料属于传统合金材料，已有数千年历史，最近几十年来，特别是进入 21 世纪以来，随着工业技术迅速发展，对钢铁材料的强度、耐腐蚀性等性能要求的提高，全球各国对先进钢铁材料开展了大量投入和研究。从图 3-2-1 可以看出，先进钢铁材料在 2000—2004 年平稳发展之后，迎来了一波快速发展，行业目前已经度过成长期，进入成熟期，预期未来几年专利申请量会有波动或者下降。

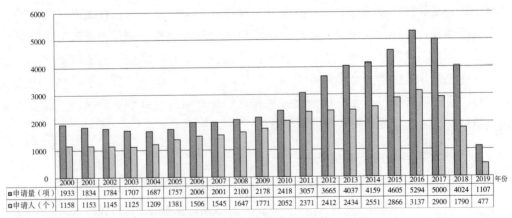

| 年份 | 2000 | 2001 | 2002 | 2003 | 2004 | 2005 | 2006 | 2007 | 2008 | 2009 | 2010 | 2011 | 2012 | 2013 | 2014 | 2015 | 2016 | 2017 | 2018 | 2019 |
|---|---|---|---|---|---|---|---|---|---|---|---|---|---|---|---|---|---|---|---|---|
| 申请量（项） | 1933 | 1834 | 1784 | 1707 | 1687 | 1757 | 2006 | 2001 | 2100 | 2178 | 2418 | 3057 | 3665 | 4037 | 4159 | 4605 | 5294 | 5000 | 4024 | 1107 |
| 申请人（个） | 1158 | 1153 | 1145 | 1125 | 1209 | 1381 | 1506 | 1545 | 1647 | 1771 | 2052 | 2371 | 2412 | 2434 | 2551 | 2866 | 3137 | 2900 | 1790 | 477 |

图3-2-1　全球专利申请趋势

（二）国内专利申请态势分析

1. 国内专利申请趋势

图 3-2-2 是先进钢铁材料 2000—2019 年国内专利申请趋势。由该图可以看出，在21 世纪初，先进钢铁材料国内专利申请较少，2000—2004 年都不足 500 项，到 2009 年才超过 1000 项，之后几年申请量迅速增长，到 2016 年达到最高，共有 4002 项申请，2017 年有小幅下降。国内专利申请趋势与全球趋势吻合，一方面说明中国先进钢铁材料产业与全球接轨，另一方面说明国内专利申请体量较大，直接影响了全球专利申请趋势。从整体趋势看，先进钢铁材料行业目前已经度过成长期，进入成熟期，预期未来几年专利申请量会有波动或者下降。

同时，从申请人数量走势上可以看出，申请人数量的走势与申请总量趋势基本相同，在 2017 年达到最高，为 1327 个，可见该领域专利申请人活跃度直接影响专利申请量态势。

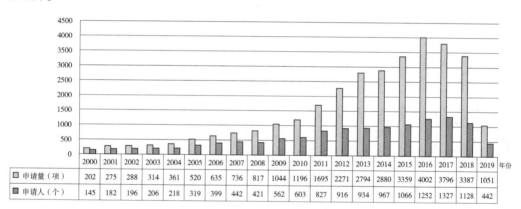

**图3-2-2 国内专利申请趋势**

2. 国内外申请人国内专利申请量对比

图 3-2-3 为国内外申请人国内专利申请量趋势，从中可以看出，在 21 世纪前几年，国外申请人是先进钢铁材料国内专利申请的主力，2000—2004 年先进钢铁材料国内申请的国外申请人申请量远远超过国内申请人申请量，直到 2005 年，国内申请人申请量才超过国外申请人。这说明国外申请人，尤其是大型跨国企业、集团意识到中国这一巨大的新兴市场，在中国先进钢铁材料技术发展初期，纷纷来华进行专利布局，占领技术制高点，掌握核心专利技术，以期利用专利壁垒排挤竞争对手同时获取高额利润回报。

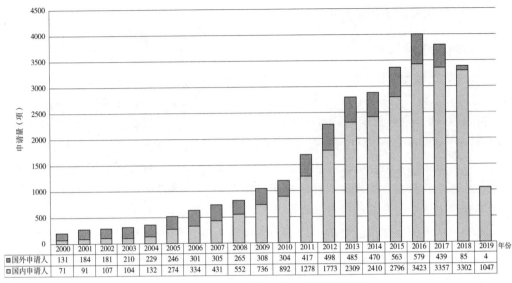

| | 2000 | 2001 | 2002 | 2003 | 2004 | 2005 | 2006 | 2007 | 2008 | 2009 | 2010 | 2011 | 2012 | 2013 | 2014 | 2015 | 2016 | 2017 | 2018 | 2019 |
|---|---|---|---|---|---|---|---|---|---|---|---|---|---|---|---|---|---|---|---|---|
| 国外申请人 | 131 | 184 | 181 | 210 | 229 | 246 | 301 | 305 | 265 | 308 | 304 | 417 | 498 | 485 | 470 | 563 | 579 | 439 | 85 | 4 |
| 国内申请人 | 71 | 91 | 107 | 104 | 132 | 274 | 334 | 431 | 552 | 736 | 892 | 1278 | 1773 | 2309 | 2410 | 2796 | 3423 | 3357 | 3302 | 1047 |

**图3-2-3 国内外申请人国内专利申请量趋势**

2005 年之后，国内申请人申请量迅速增加，申请量开始超过国外申请人申请量。整体来看，国外申请人申请量增长相对缓慢。国内申请人申请量占国内专利申请人申请量的比例越来越高，2017 年占比达到 88.4%。先进钢铁材料的优良性能激起了研究人员的极大研究兴趣；随着中国政府、科研机构以及相关企业对先进钢铁材料相关技术的重视，国内正在迎来先进钢铁材料研发的高潮，有可能使得中国在未来世界先进钢铁材料研究和产业发展过程中占据主导地位。

## 二、专利区域分布分析

### （一）全球专利申请区域分布分析

1. 各国家、地区、组织专利申请量对比

图 3-2-4 为主要国家专利申请量对比，从中可以看出，日本开始先进钢铁材料专利申请时间较早，技术起步及专利申请时间明显早于其他国家。韩国、美国专利申请量一直处于缓慢的增长状态。中国自介入先进钢铁材料技术领域后，专利申请量强势崛起，经过 2000—2004 年的技术发展酝酿，2005 年后专利申请量出现爆发式增长，中国申请在全球申请量占比越来越高，2009 年起中国先进钢铁材料相关专利申请数量开始超出日本，成为该领域主要专利申请国。

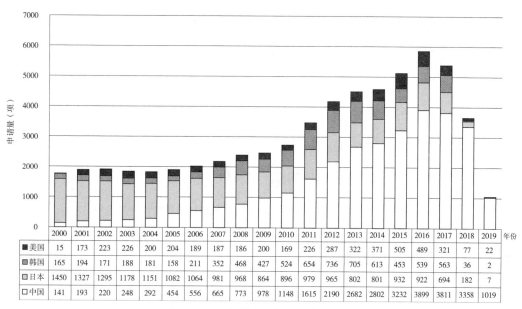

| 年份 | 2000 | 2001 | 2002 | 2003 | 2004 | 2005 | 2006 | 2007 | 2008 | 2009 | 2010 | 2011 | 2012 | 2013 | 2014 | 2015 | 2016 | 2017 | 2018 | 2019 |
|---|---|---|---|---|---|---|---|---|---|---|---|---|---|---|---|---|---|---|---|---|
| 美国 | 15 | 173 | 223 | 226 | 200 | 204 | 189 | 187 | 186 | 200 | 169 | 226 | 287 | 322 | 371 | 505 | 489 | 321 | 77 | 22 |
| 韩国 | 165 | 194 | 171 | 188 | 181 | 158 | 211 | 352 | 468 | 427 | 524 | 654 | 736 | 705 | 613 | 453 | 539 | 563 | 36 | 2 |
| 日本 | 1450 | 1327 | 1295 | 1178 | 1151 | 1082 | 1064 | 981 | 968 | 864 | 896 | 979 | 965 | 802 | 801 | 932 | 922 | 694 | 182 | 7 |
| 中国 | 141 | 193 | 220 | 248 | 292 | 454 | 556 | 665 | 773 | 978 | 1148 | 1615 | 2190 | 2682 | 2802 | 3232 | 3899 | 3811 | 3358 | 1019 |

**图3-2-4 主要国家专利申请量对比**

2. 技术流向

从图 3-2-5 中可以看出，中国虽然是先进钢铁材料领域专利申请第一大国，但是相关专利申请主要集中在国内，国内有 25419 项，在日本、韩国和美国三国一共仅 370 项，占比非常低。这一方面反映了国内创新主体的海外知识产权保护意识和保护力度亟须加强；另一方面也反映了中国先进钢铁材料专利申请的质量与日本、韩国、美国仍存在差距，在核心技术研发、抢占技术制高点的道路上还有很长的路要走。

相反，日本、韩国和美国则非常重视专利申请的海外布局，在另外三国都有相当数量的专利申请，其中日本、韩国和美国在中国的申请量甚至都超过了各自本土申请量。这一方面是由于三个国家相关申请人更为重视拓展海外市场，在先进钢铁材料研究重点技术领域具备很强的研发实力；另一方面则是三个国家专利制度更为成熟，相关申请人也更重视海外市场知识产权保护。

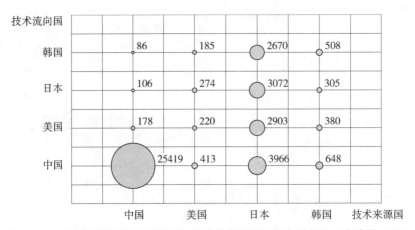

图3-2-5  先进钢铁材料专利技术主要技术来源国目标市场布局（申请量：项）

## （二）国内专利申请区域分布分析

### 1. 主要国家、地区、组织专利申请量对比

图3-2-6为主要国家国内专利申请量趋势，从中可以看出，日本始终是国内申请量最大的国家，其申请量呈波动性增长趋势；韩国2000—2013年申请量增长缓慢，还出现了一些波动，但在2014年开始突然爆发增长；美国国内申请量整体比较平稳，没有明显变化规律。从总量来看，国外申请人国内专利申请总量趋势与图3-2-2中先进钢铁材料2000—2019年国内的专利申请趋势基本相同，在2016年之前整体呈增长趋势，2017年后开始下降。从21世纪初主要国家/地区已经开始在中国进行专利布局，并呈现逐年增加的态势，表明了对中国这个巨大新兴市场的重视。

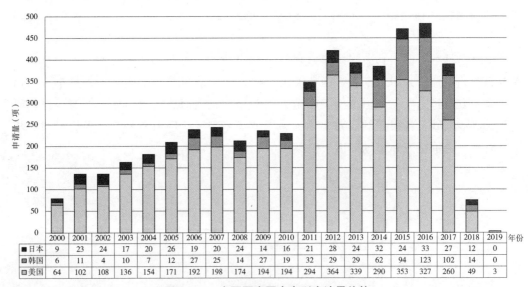

图3-2-6  主要国家国内专利申请量趋势

### 2. 技术来源

从图3-2-7先进钢铁材料国内专利申请的来源国家/地区分布情况来看，共有6204项申请来自中国以外的其他国家或地区，占申请总量的19.6%左右。国内申请的国外申请人主要来源于以下国家/地区，依次为：日本3966项，韩国647项，美国413项，其他国家或地区1178项。日本占外国申请总量的63.9%，韩国占比为10.4%，美国占比为6.7%。

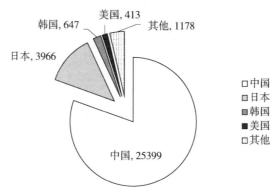

图3-2-7 国内申请来源国申请量（单位：项）

### 3. 地区分布

图3-2-8为专利申请量前10省市排名情况，江苏在先进钢铁材料方面的专利申请量最大，以5039项排名第1，约占国内专利申请总量的19.8%，在该领域占据优势地位。安徽以2917项位居第2。从专利申请排名的省市来看，先进钢铁材料专利申请量有鲜明的地域特色，江苏、辽宁、山东、河北是生产重点区域；安徽知识产权保护力度较大，专利资助政策突出，也是促使申请人注重专利申请的重要因素之一；江苏、北京、上海作为经济发达地区，科技研发投入也相对比较多，同时，这些城市高等院校相对集中，研发团队优势明显。

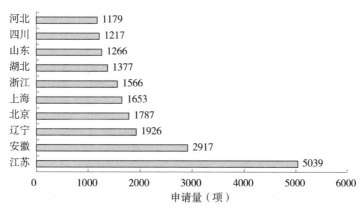

图3-2-8 专利申请量前10省市

## 三、技术分布分析

先进钢铁材料是指在环境性、资源性和经济性的约束下，采用新型钢铁材料的制造技术生产的具有高洁净度、超细晶粒、高均匀度特征的钢材，其强度和韧性比常用钢材高，使用寿命更长，能满足 21 世纪国家经济和社会发展的需求。从表 3-2-1 可以看出，先进钢铁相关专利申请的分类号主要分布在以下分支，其中 C22C 作为合金材料中最主要的分类号，数量最多，几乎所有专利都涉及该分类号。而 C21D、B21B、C23C、B22D、B22F、B21C 主要涉及钢铁材料在生产制造过程中的各工艺环节，H01F、F16C 则表明电磁电气、机械传动是钢铁材料实际应用的两个重要方向。

表3-2-1　先进钢铁材料专利申请技术分布分析

| 技术领域 | IPC分类 | 技术主题 |
|---|---|---|
| 先进钢铁<br><br>56734 32449 5435 4214 3842 3746 2322 1924 1268 1209<br>申请量（项）<br>C22C C21D B21B C23C C21C B22D H01F B22F F16C B21C | C22C | 合金 |
| | C21D | 改变黑色金属的物理结构；黑色或有色金属或合金热处理用的一般设备 |
| | B21B | 金属的轧制 |
| | C23C | 对金属材料的镀覆；用金属材料对材料的镀覆 |
| | C21C | 生铁的加工处理；熔融态下铁类合金的处理 |
| | B22D | 金属铸造；用相同工艺或设备的其他物质的铸造 |
| | H01F | 磁体；电感；变压器；磁性材料的选择 |
| | B22F | 金属粉末的加工；由金属粉末制造制品；金属粉末的制造 |
| | F16C | 轴；软轴；在挠性护套中传递运动的机械装置 |
| | B21C | 用非轧制的方式生产金属板、线、棒、管、型材或类似半成品 |

## 四、申请人分析

### （一）全球专利申请人分析

#### 1. 全球专利申请申请人排名

图 3-2-9 为全球先进钢铁材料专利申请量前 10 位的申请人排名，从全球主要申请人的国别构成来看，全球先进钢铁材料专利申请量排名前 10 位中，日本和中国各占据 4 个，比例各占到了 40%；剩余 2 个申请人都来自韩国。由于钢铁材料产业化水平较

高，因此在全球范围内，先进钢铁材料的申请主要依靠大型企业，前 10 位的申请人类型也都是企业。

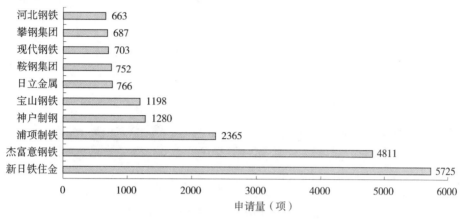

图3-2-9 专利申请量前 10 位的申请人排名

从国外申请人的构成来看，日本、韩国目前在先进钢铁材料技术领域的研发和专利布局走在世界前列，在先进钢铁材料技术领域中投入了相当的研发资源并进行了一定的专利布局，说明对先进钢铁材料技术的市场价值也抱有一定预期，并且积极投入了一定的研发力度，在该领域布局了大量专利，以日本的新日铁住金、杰富意钢铁，韩国的浦项制铁为代表的企业研发活动相当活跃，可以看出日本和韩国的企业和科研机构对先进钢铁材料技术的市场化前景持有相当乐观的态度。国内的宝山钢铁等企业虽然申请量也较大，但其专利申请主要分布在国内，申请质量与日韩企业相比仍有一定差距。

图中申请量排名中所列的 10 家企业，也是先进钢铁材料领域的重要企业，后续将会在"重要企业分析"部分对其进行详细介绍。

2. 全球申请人申请趋势对比

在先进钢铁材料领域，各申请人主体进入这一领域的时间大不相同，持续时间等特点也存在差异。在新兴技术领域一贯保持抢眼表现的日本、韩国，在该领域也一样有着强势发展态势，从图 3-2-10 中可以看出，新日铁住金、杰富意钢铁、浦项制铁等公司专利申请时间较早，从 2000 年至今，持续进行了先进钢铁材料专利技术的研发，虽然申请量也有一定波动，但整体非常持续和稳定。国内的申请人在专利申请时间上开始较晚，大规模的申请出现在 2004 年之后，但增长较快，短短几年间申请量已经进入世界前列。

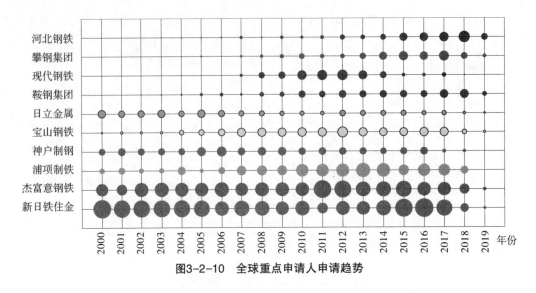

图3-2-10 全球重点申请人申请趋势

**3. 重要全球申请人区域布局策略对比**

不同的申请人，其目标市场往往有所不同。通过分析排名靠前的申请人的目标市场布局状况，能够摸清市场的情况，为企业抢占市场提供判断，为市场风险提供先期预警。排名前4位的申请人分别来自日本和韩国，分别是新日铁住金、杰富意钢铁、浦项制铁和神户制钢，这4个申请人非常重视专利布局，从图3-2-11可以看出，其在中、美、日、韩都分别申请了相当数量的专利申请，尤其重视中国市场，4家公司在中国的专利申请量都是最高的，都超过了本土。第6位的日立金属布局情况也类似。而排名第8位的现代钢铁，则在专利布局上呈现相对明显的本土化特点，其在韩国本土申请了1061项，而在中、美、日三国一共申请了200项。

排名前10位的4家中国企业在专利布局上呈现非常明显的本土化特点，专利申请都主要集中在国内，其中鞍钢集团和河北钢铁甚至没有在国外申请专利。相比之下，国内申请人对专利的重视程度不够，未能积极地在海外进行专利布局，在今后需要积极改善。

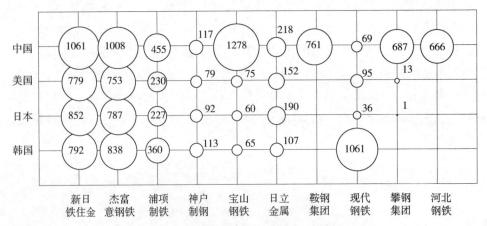

图3-2-11 重要全球申请人区域布局（申请量：项）

### （二）国内专利申请人分析

#### 1. 国内专利申请申请人排名

从图3-2-12来看，宝山钢铁以1198项的申请量位居首位，杰富意钢铁和新日铁住金分别以988项和775项分列第2位和第3位，随后是鞍钢集团、攀钢集团、河北钢铁和武汉钢铁，申请量分别为752项、687项、663项和658项。

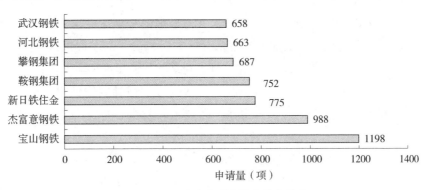

**图3-2-12　国内专利申请申请人排名**

#### 2. 重要国内申请人区域布局策略对比

从图3-2-13可以看出，国内申请人中除了宝山钢铁和攀钢集团在国外申请了少量专利之外，其他国内申请人都是仅在中国进行申请，仅进行本土布局。相对而言，国内申请人针对专利进行布局的意识较弱，对专利价值的重视程度不够，该现状还需改善。反过来，日本的新日铁住金和杰富意钢铁则非常重视专利布局，在中、美、日、韩都分别申请了相当数量的专利申请，尤其重视中国市场，4家公司在中国的专利申请量都是最高的，都超过了本土。相比之下，国内申请人对专利的重视程度不够，对海外市场重视程度不足，未能积极地在海外进行专利布局，在今后需要积极改善。

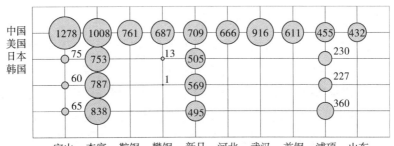

**图3-2-13　重要国内申请人区域布局策略（申请量：项）**

（三）重要企业分析

1. 全球重要企业分析

在先进钢铁材料领域，日本的新日铁住金、杰富意钢铁和韩国的浦项制铁是申请量最大的三家公司，同时也是先进钢铁材料领域在全球排名前 10 位的巨头企业，年产量都在千万吨级别。三家公司的产品品类齐全，应用涉及各个行业，所申请专利也都在全球范围内进行积极布局。表 3-2-2 为先进钢铁材料领域全球重要企业，以新日铁住金为例，是先进钢铁材料领域国际市场竞争力最强的企业之一，无论从企业的研发能力、管理水平，还是从产品的质量和技术含量方面来讲，都堪称钢铁界的一面旗帜，新日铁住金的专利申请量也以 5725 项在该领域位居第 1。其专利除了在日本本土布局，韩国是其最大的技术流向国，一方面说明新日铁住金重视韩国钢铁市场，另一方面则是由于韩国的浦项制铁存在，两家公司在产品技术研发和多种产品市场争夺中存在多方面竞争，使得新日铁住金在韩国进行了大量专利布局。

相对而言，安塞乐米塔尔钢铁作为产能和市场占有率都在全球排名前 10 位的钢铁巨头，却仅有 167 项先进钢铁相关专利申请，说明安塞乐米塔尔钢铁虽然产品得到市场接受和认可，但在专利方面还不够重视，意识较为薄弱，与同水平的其他竞争对手之间差距明显。

表3-2-2 全球重要企业分析

| 序号 | 企业名称 | 申请量（项） | 全球布局 | 研发方向 |
|---|---|---|---|---|
| 1 | 新日铁住金 | 5725 | 日本、韩国、欧洲 | 钢轨、工型钢圆钢、冷轧钢板等，品类齐全 |
| 2 | 杰富意钢铁 | 4811 | 日本、韩国、印度尼西亚 | 汽车用钢为主要产品品类 |
| 3 | 浦项制铁 | 2365 | 韩国、美国、日本、欧洲 | 热轧钢卷、钢板、钢条等品类 |
| 4 | 安塞乐米塔尔钢铁 | 167 | 韩国、美国、加拿大 | 汽车、建筑用钢 |

2. 我国重要企业分析

表 3-2-3 列举了我国先进钢铁材料领域重要企业，其中宝山钢铁是国内企业的龙头老大，其总产能和多种产品的市场占有率都在国内首屈一指。在专利申请方面，宝山钢铁也以 1198 项专利位居国内相关企业第 1 位，其申请专利中 58% 的有效专利比例也在国内众多钢铁企业中名列前茅。宝山钢铁产品齐全，从粗钢到细分市场的电工钢等领域都有不错的占有率。在专利运营方面，宝山钢铁共有 224 件专利转让，都是宝山钢铁集团内部不同子公司之间的权属转让，另外还有 1 件许可。除了在中国本土外，宝山钢铁还针对特定产品在美国、日本和韩国进行了布局，说明宝山钢铁在专利布局方面已经有一定重视。

鞍钢集团和河北钢铁作为国内另外两家大型钢铁企业，虽然专利申请量也较大，但专利的有效性明显较低，河北钢铁更是仅有 20% 的专利有效。而在专利运营方面，鞍钢集团和河北钢铁业明显不如宝山钢铁活跃。而沙钢作为国内最大的钢铁行业民营企业，虽然产能和市场占有率都名列前茅，但在专利申请和运营方面明显不够重视，仅有 167 项专利申请，也仅有 3 件转让和 2 件许可。此外，这三家企业的专利仅在国内进行布局，在国外都没有专利申请，说明在专利布局方面这三家企业意识较为薄弱，还未引起足够重视。

表3-2-3 我国重要企业

| 序号 | 企业名称 | 申请量（项） | 法律状态 | | | 研发方向 | 专利运营 | 海外布局 |
| --- | --- | --- | --- | --- | --- | --- | --- | --- |
| | | | 有效 | 在审 | 失效 | | | |
| 1 | 宝山钢铁 | 1198 | 58% | 14% | 28% | 粗钢、汽车钢板、电工钢 | 转让 224 件，许可 1 件 | 美国、日本、韩国 |
| 2 | 鞍钢集团 | 758 | 41% | 30% | 29% | 不锈钢、特钢 | 转让 1 件 | 无 |
| 3 | 河北钢铁 | 663 | 20% | 43% | 37% | 棒材、高线、型钢、涂镀层板材 | 转让 15 件 | 无 |
| 4 | 沙钢 | 167 | 45% | 35% | 20% | 宽厚板、卷板、线材等 | 转让 3 件，许可 2 件 | 无 |

## 五、小结

2000—2019 年，全球先进钢铁材料领域专利申请量共有 56353 项，其中国内专利申请 31623 项，其整体呈现上升发展态势。先进钢铁材料在 2000—2004 年平稳发展之后，迎来了一波快速发展，行业目前已经度过成长期，进入成熟期，预期未来几年专利申请量会有波动或者下降。申请人数量的走势基本与申请总量趋势相同，可见该领域专利申请人活跃度直接影响专利申请量态势。

先进钢铁材料专利申请技术来源国主要为中国、日本、韩国和美国。中国有 26066 项先进钢铁材料相关专利，申请数量位居全球第 1，日本以 14456 项专利位居第 2。但从技术流向来看，国内申请人所申请专利主要集中在国内，相反，日本、韩国和美国则非常重视专利申请的海外布局。

从全球主要申请人的国别构成来看，全球先进钢铁材料专利申请量排名前 10 位中，日本和中国各占据 4 个，剩余 2 个申请人则来自韩国。日本、韩国目前在先进钢铁材料技术领域的研发和专利布局走在世界前列，国内宝山钢铁等企业虽然申请量也较大，但其专利申请主要分布在国内，申请质量与日韩企业相比仍有一定差距。此外，国外申请人的共同申请数量更多，共同申请人类型也更多元，国内申请人的共同申请人则主要为相关领域科研院所，且申请数量明显少于国外申请人。

在国内申请中，以省市划分，江苏在先进钢铁材料方面的专利申请量最大，在该领域占据优势地位，安徽位居第 2。从专利申请排名的省市来看，江苏、辽宁、山东、河北是生产重点区域；安徽知识产权保护力度较大，专利资助政策突出，也是促使申请人注重专利申请的重要因素之一；江苏、北京、上海作为经济发达地区，科技研发投入也相对比较多，同时，这些城市高等院校相对集中，研发团队优势明显。

总体来说，虽然我国在先进钢铁材料领域专利申请量巨大，但在专利布局、共同申请、专利运营方面还存在明显薄弱环节，与我国排名第一的申请量不相匹配。这一方面反映了中国先进钢铁材料专利申请的质量与日本、韩国、美国仍存在差距，另一方面也反映了国内创新主体的知识产权保护意识和保护力度亟须加强，未来还有很长的路要走。

# 第三节　有色金属材料专利申请分析

## 一、专利申请态势分析

### （一）全球专利申请态势分析

通过对相关专利数据库进行检索并筛选后，得到全球有色金属材料相关专利申请47195项。由于2018年和2019年的专利申请存在未完全公开的情况，故本节所列图表中2018年、2019年的相关数据不代表这两个年份的全部申请。图3-3-1是有色金属材料2000—2019年在全球的专利申请趋势，2000—2010年，专利申请呈现波动式平稳发展，维持在2000~3000项。自2011年起专利申请量迅速增长，至2017年到达峰值7269项。同时，从图3-3-1申请人数量变化趋势上可以看出，申请人数量趋势基本与申请总量趋势相同，增长率要小于专利申请量增长速度。

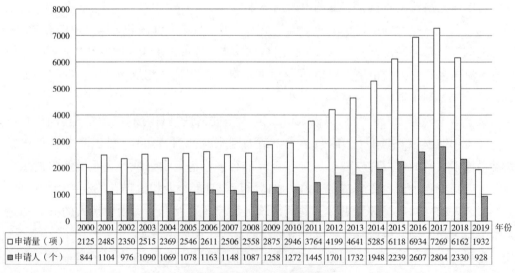

| 年份 | 2000 | 2001 | 2002 | 2003 | 2004 | 2005 | 2006 | 2007 | 2008 | 2009 | 2010 | 2011 | 2012 | 2013 | 2014 | 2015 | 2016 | 2017 | 2018 | 2019 |
|---|---|---|---|---|---|---|---|---|---|---|---|---|---|---|---|---|---|---|---|---|
| □申请量（项） | 2125 | 2485 | 2350 | 2515 | 2369 | 2546 | 2611 | 2506 | 2558 | 2875 | 2946 | 3764 | 4199 | 4641 | 5285 | 6118 | 6934 | 7269 | 6162 | 1932 |
| ■申请人（个） | 844 | 1104 | 976 | 1090 | 1069 | 1078 | 1163 | 1148 | 1087 | 1258 | 1272 | 1445 | 1701 | 1732 | 1948 | 2239 | 2607 | 2804 | 2330 | 928 |

图3-3-1　全球专利申请趋势

（二）国内专利申请态势分析

从图3-3-2可以看出，国内专利申请量变化趋势与全球申请量变化趋势基本一致，2010年之前呈小幅增长，从2000年的298项增长至2010年的1541项。从申请人数量趋势上可以看出，申请人数量的走势在2000—2010年之间增幅不大，随着有色金属材料技术研发领域的不断扩展和研发深度的不断加深，该领域专利申请人数量也随之增多，2017年申请人数量达到最高，为2169个。

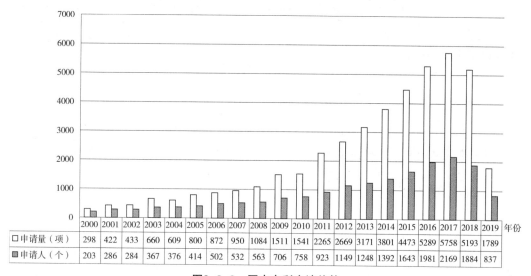

| 年份 | 2000 | 2001 | 2002 | 2003 | 2004 | 2005 | 2006 | 2007 | 2008 | 2009 | 2010 | 2011 | 2012 | 2013 | 2014 | 2015 | 2016 | 2017 | 2018 | 2019 |
|---|---|---|---|---|---|---|---|---|---|---|---|---|---|---|---|---|---|---|---|---|
| □申请量（项） | 298 | 422 | 433 | 660 | 609 | 800 | 872 | 950 | 1084 | 1511 | 1541 | 2265 | 2669 | 3171 | 3801 | 4473 | 5289 | 5758 | 5193 | 1789 |
| ■申请人（个） | 203 | 286 | 284 | 367 | 376 | 414 | 502 | 532 | 563 | 706 | 758 | 923 | 1149 | 1248 | 1392 | 1643 | 1981 | 2169 | 1884 | 837 |

**图3-3-2 国内专利申请趋势**

## 二、专利区域分布分析

（一）全球专利申请区域分布分析

1. 主要国家专利申请趋势

图3-3-3为主要国家专利申请趋势，从中可以看出，美国、日本、韩国专利申请起步较早，近10年专利申请量随时间变化不大，在有色金属领域研发较平稳，从数量上来看，日本相关专利申请数量较多。我国专利申请虽在早期数量较少，但2011年左右年申请量已超过其他国家/地区，此后迎来爆发期，申请量已超过上述地区总和。

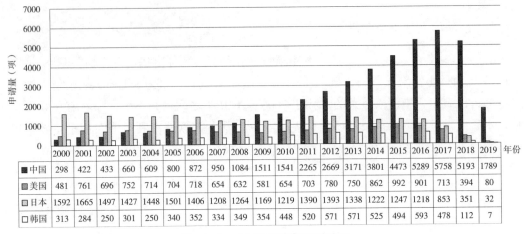

| | 2000 | 2001 | 2002 | 2003 | 2004 | 2005 | 2006 | 2007 | 2008 | 2009 | 2010 | 2011 | 2012 | 2013 | 2014 | 2015 | 2016 | 2017 | 2018 | 2019 |
|---|---|---|---|---|---|---|---|---|---|---|---|---|---|---|---|---|---|---|---|---|
| 中国 | 298 | 422 | 433 | 660 | 609 | 800 | 872 | 950 | 1084 | 1511 | 1541 | 2265 | 2669 | 3171 | 3801 | 4473 | 5289 | 5758 | 5193 | 1789 |
| 美国 | 481 | 761 | 696 | 752 | 714 | 704 | 718 | 654 | 632 | 581 | 654 | 703 | 780 | 750 | 862 | 992 | 901 | 713 | 394 | 80 |
| 日本 | 1592 | 1665 | 1497 | 1427 | 1448 | 1501 | 1406 | 1208 | 1264 | 1169 | 1219 | 1390 | 1393 | 1338 | 1222 | 1247 | 1218 | 853 | 351 | 32 |
| 韩国 | 313 | 284 | 250 | 301 | 250 | 340 | 352 | 334 | 349 | 354 | 448 | 520 | 571 | 571 | 525 | 494 | 593 | 478 | 112 | 7 |

图3-3-3　主要国家专利申请趋势

## 2. 技术流向

从图3-3-4可以看出，美国和日本有色金属领域在其他国家专利布局更加均衡，专利布局数量也最大，日本在美国、中国、韩国申请达3000～5000项，韩国虽也在各国有专利布局，在美国和日本均有300～500项申请，但受限于申请量，并不占据主导地位。

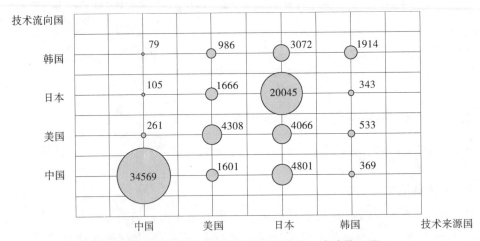

图3-3-4　主要技术来源国目标市场布局（申请量：项）

中国向国外技术输出落后于美、韩、日，海外布局相对薄弱。中国虽然为有色金属材料技术领域全球第一技术来源大国，在本国申请达34569项，但其向其他国家布局的专利相对于其他产出大国是最小的，在美、日、韩三国申请总和仍不足500项，远落后于日、美，甚至低于申请量远小于中国的韩国。我国虽然有广阔的国内市场，但随着国际化大潮，国内创新主体的海外知识产权保护意识和保护力度亟须加强，在苦练技术内功的同时，也应高度关注专利的布局。

（二）国内专利申请区域分布分析

1. 各主要国家、地区、组织专利申请量对比

图 3-3-5 为国内主要国家专利申请量趋势，从中可以看出，国外申请人在中国的专利申请量在 2010 年之前保持较平稳状态，年申请量维持在 300 项左右，2011 年起超过 500 项，并持续维持在高位，这表明，国外企业更加注重我国市场，随着我国知识产权制度的完善，国外企业国内申请专利积极性更加高涨。日本在有色金属领域技术研发起步早，一直处于领先地位，其国内申请在各个年份也较其他国家更多，其中 2000 年为 72 项，2012—2016 年维持在 400 项左右。

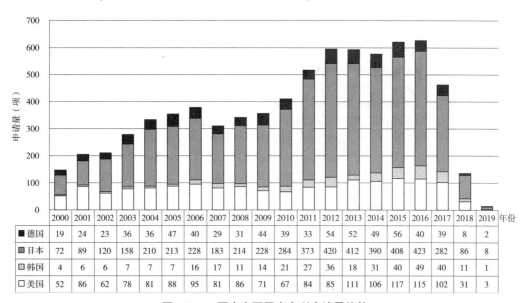

| | 2000 | 2001 | 2002 | 2003 | 2004 | 2005 | 2006 | 2007 | 2008 | 2009 | 2010 | 2011 | 2012 | 2013 | 2014 | 2015 | 2016 | 2017 | 2018 | 2019 |
|---|---|---|---|---|---|---|---|---|---|---|---|---|---|---|---|---|---|---|---|---|
| ■德国 | 19 | 24 | 23 | 36 | 36 | 47 | 40 | 29 | 31 | 44 | 39 | 33 | 54 | 52 | 49 | 56 | 40 | 39 | 8 | 2 |
| ■日本 | 72 | 89 | 120 | 158 | 210 | 213 | 228 | 183 | 214 | 228 | 284 | 373 | 420 | 412 | 390 | 408 | 423 | 282 | 86 | 8 |
| ▦韩国 | 4 | 6 | 6 | 7 | 7 | 7 | 16 | 17 | 11 | 14 | 21 | 27 | 36 | 18 | 31 | 40 | 49 | 40 | 11 | 1 |
| □美国 | 52 | 86 | 62 | 78 | 81 | 88 | 95 | 81 | 86 | 71 | 67 | 84 | 85 | 111 | 106 | 117 | 115 | 102 | 31 | 3 |

图3-3-5　国内主要国家专利申请量趋势

2. 技术来源

从图 3-3-6 来看，国内申请达到 34569 项，占申请总量的 79.3%，占据绝对主导地位。国内申请的国外申请人主要来源于以下国家/地区，依次为：日本 4801项，美国 1601 项，德国 701 项，韩国 369 项，其他国家或地区 1548 项。

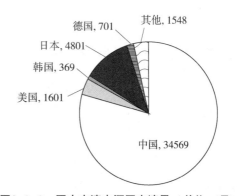

图3-3-6　国内申请来源国申请量（单位：项）

3. 地区分布

图 3-3-7 为各省市专利申请量排名，江苏在有色金属材料方面的专利申请量最大，达到 6411 项，在该领域占据绝对优势地位，其次为北京、安徽、广东，申请量在 2500 项左右。江苏在有色金属材料方面的专利申请领先于其他省市，在该领域技术研发起步早，发展稳定，江苏有多个有色金属材料产业聚集地，明显促进了相关技术的发展和专利申请量的提高。

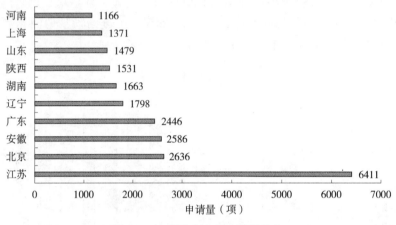

图3-3-7 各省市专利申请量排名

## 三、技术分布分析

表 3-3-1 为有色金属专利技术构成，列出了有色金属材料领域主要的技术分支。其中涉及 C22C（冶金）、C22F（改变有色金属或有色合金的物理结构）、B22F（金属粉末的加工）、C23C（对金属材料的镀覆）、B23K（钎焊或脱焊）、B22D（金属铸造）、H01B（电缆）、H01L（半导体器件）、C21D（改变黑色金属的物理结构）、H01M（用于直接转变化学能），涉及有色金属的组成、制备以及应用领域。

表3-3-1 有色金属专利技术构成

| IPC 分类号 | 申请量（项） | 分类号含义 |
| --- | --- | --- |
| C22C | 69273 | 冶金 |
| C22F | 23528 | 改变有色金属或有色合金的物理结构 |
| B22F | 10245 | 金属粉末的加工 |
| C23C | 8209 | 对金属材料的镀覆 |
| B23K | 5799 | 钎焊或脱焊 |
| B22D | 5206 | 金属铸造 |
| H01B | 3311 | 电缆 |
| H01L | 3139 | 半导体器件 |

续表

| IPC 分类号 | 申请量（项） | 分类号含义 |
|---|---|---|
| C21D | 3108 | 改变黑色金属的物理结构 |
| H01M | 2609 | 用于直接转变化学能 |

### 四、申请人分析

#### （一）全球专利申请人分析

##### 1. 全球专利申请申请人排名

从图 3-3-8 来看，日本处于遥遥领先位置，全球有色金属材料专利申请量排名前 10 位中，共有 8 位为日本申请人，其中前 6 名的申请人均来自日本，位于首位的为三菱公司，达到 1616 项。其余两位为我国申请人，为中南大学和中科院，分别为 663 项和 562 项。从申请人的构成来看，日本目前在有色金属材料技术领域的研发和专利布局走在世界前列，在有色金属领域有雄厚的科研和产业基础，再加之其出口型贸易结构，促使其在全球进行专利布局。

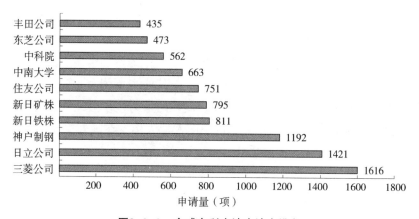

**图3-3-8　全球专利申请申请人排名**

##### 2. 全球申请人申请趋势对比

从图 3-3-9 可以看出，日本申请人在各年份申请较平均，其研发投入稳定，该领域已进入持续发展阶段。我国两位申请人专利申请起步较日本企业晚，但近年来申请量已赶超日本企业。但是也需要看到，国内两个申请人均为高校、科研院所，尚未出现能够撼动日本巨头的企业。

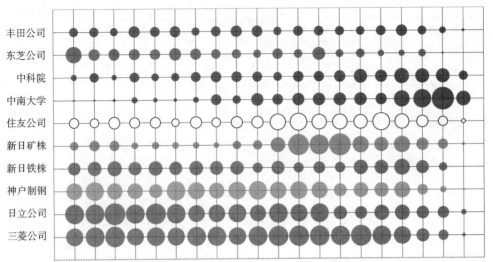

图3-3-9　全球重点申请人申请趋势

3. 重要全球申请人区域布局策略对比

不同的申请人，其目标市场往往有所不同。日本在有色金属领域深耕多年，其产品遍布世界各地，三菱、日立、神户制钢等公司均为该领域龙头企业，具有举足轻重的地位，其专利布局也放眼全球，在各地均有一定数量的专利申请。从图3-3-10可以看出，三菱公司在日本本国申请量为1343项，在其他主要国家也有数量可观的申请，其中我国292项、美国247项、韩国205项。而我国申请人在国外申请数量处于较低水平，国外专利布局不足其申请量的1%，以中南大学为例，在国外主要国家申请中仅为美国2项、日本1项。

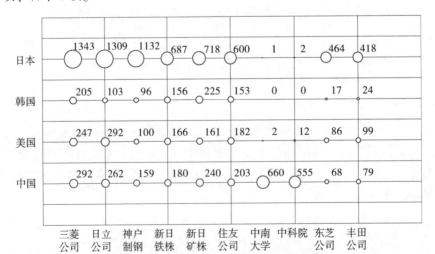

图3-3-10　重要全球申请人区域布局（申请量：项）

（二）国内专利申请人分析

1. 国内专利申请申请人排名

从图 3-3-11 列出的国内有色金属材料专利重要申请人排名来看，我国企业占据主导优势。在申请人的类型方面，包括 6 个高校、2 个科研院所、2 个企业，申请量最大的为中南大学，累计专利申请 660 项。我国在该领域部分技术还处于研究阶段，基础研发的投入也会促使该领域技术研究加快，后续应进一步提高产业开发，使更多专利技术得到应用。相关国内生产单位申请量不足，受到日本龙头企业影响，在技术不占优势的情况下，很难产生有影响的有色金属企业，这也给相关人员以警示，要想培育我国大型的有色金属行业企业，要注重科研成果的转化，促进科研高校技术落地，同时也要加快生产类企业的发展。

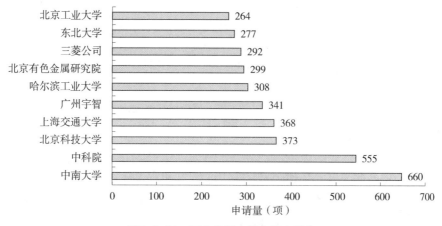

图3-3-11　国内专利申请申请人排名

2. 重要国内申请人区域布局策略对比

为进一步分析重要国内申请人区域布局策略，选取国内专利申请量前 10 的申请人并对其在中国、美国、日本、韩国的专利情况进行分析，图 3-3-12 为重要国内申请人区域布局策略对比。我国申请人仅关注国内市场，在国外的相关专利申请数量非常少，海外专利布局不够，这也是后续发展应该高度关注的问题。

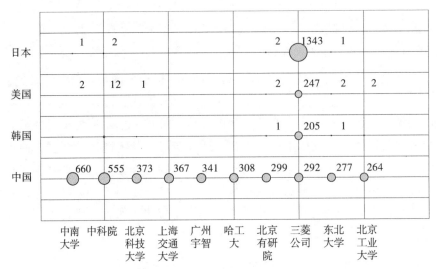

图3-3-12　重要国内申请人区域布局策略（申请量：项）

### (三) 重要企业分析

#### 1. 全球重要企业分析

全球有色金属材料专利申请量排名前10位中，日本企业占8位，包括三菱、日立、新日铁、住友等大型企业。福布斯发布的全球企业500强榜单中，有色金属企业的前三名为嘉能可（第64位）、必和必拓（第108位）和力拓（第111位）。上述三家企业均为矿业巨头，控制全球有色金属矿产。嘉能可是全球大宗商品交易巨头，成立于1974年，总部设于瑞士巴尔，在全球范围内广泛从事金属及矿产、能源产品及农产品营销、生产、精炼、加工、存储及运输活动。嘉能可三大业务部中的金属及矿产业务部，由冶炼、精炼、采矿和选矿企业组成，主要负责锌、铜、铅、氧化铝、铁合金、镍、钴、铁矿等产品的生产和销售。在相关目标市场，嘉能可销售的产品占有较大的市场份额：金属锌约占60%、金属铜约占50%、金属铅约占45%、锌精矿约占50%、铜精矿约占30%、铅精矿约占45%、铬铁约占16%、镍约占14%、钴约占23%。

必和必拓由两家巨型矿业公司（BHP和Billiton）合并而成，现在已经是全球最大的采矿业公司。其中，BHP公司成立于1885年，总部设在墨尔本，是澳大利亚历史最悠久、规模最庞大的公司之一。必和必拓活跃在原铝产业链中的每一个环节：铝矾土开采、氧化铝精炼和金属铝冶炼。必和必拓公司是世界上氧化铝和金属铝的主要供应商，主要资产位于澳大利亚、巴西、莫桑比克、南非和苏里南。必和必拓是世界前三大铜生产商和世界前五大银、铅、锌生产商之一。必和必拓公司向欧洲、亚洲和南美洲冶炼厂提供高质量的金属精矿，并向黄铜和铜线生产商提供高质量的阴极铜板，拥有大规模、低成本的优良资产，极具发展潜力。

2. 我国重要企业分析

全球有色金属材料专利申请量排名前 10 位中，共有 2 位为我国申请人，为中南大学和中科院，无中国企业上榜，这也反映出我国有色金属行业企业对专利申请布局及科研创新的重视不足。

《财富》杂志世界 500 强排行榜中上榜的 129 家中国企业中，有 8 家有色企业。这 8 家有色企业是中国五矿集团公司、正威国际集团、中国铝业（601600）集团、山东魏桥创业集团、江西铜业（600362）集团、金川集团、铜陵有色（000630）金属集团、海亮集团，它们分别位居第 112 位、第 119 位、第 251 位、第 273 位、第 358 位、第 369 位、第 461 位、第 473 位。上述企业均为矿产冶炼企业，处于整个行业上游产业链。

五矿有色金属股份有限公司成立于 2001 年 12 月 27 日，注册资本 12.7 亿元人民币，是由中国五矿集团公司为主发起人（占总股份的 90.27%），联合国内其他五家企业依照现代企业制度共同出资组建的股份制企业。五矿有色已拥有开发管理大型资源型、生产型矿产企业的丰富经验，目前直接控股投资企业 23 家，直接参股企业 3 家，涉及铜、铝、钨、锑、稀土、锡、钽铌等多种金属产业。其主营产品的市场占有率在国内名列前茅并在国际市场上颇具影响。五矿有色已初步完成了向完全市场化经营和以稀缺有色矿产资源为整合对象的资源型企业过渡的产业化布局。公司对国内优势资源钨、稀土等的产业整合取得了初步成果，已经形成较为完整的产业链；对国内紧缺的、长期需要的铜、氧化铝等资源的海外开发，目前也取得了相当大的成绩：从美铝公司获得了每年 40 万 t、为期 30 年的氧化铝长期产能投资项目；与智利国家铜业公司签订了联合开发智利铜资源的合资协议，获得了总量约 84 万 t、为期 15 年的金属铜供应；联合江铜收购了加拿大北秘鲁铜业公司 100% 股权；与波兰铜业集团公司签署了 2009 年度电解铜采购协议，此次采购协议包括 5 万 t 电解铜年度合同以及 8000t 现货进口合同；2009 年，与保加利亚企业签订 6 年期合同，电解铜采购总金额达 8 亿美元，成功收购了澳大利亚 OZ 公司主要资产，使公司在铅、锌、铜资源获取方面取得重大进展，被亚洲金融杂志评为 2009 年最佳并购项目；2009 年年底成功战略重组了湖南有色，成为推动我国有色金属行业企业重组的合作典范，重组后的新公司将成为有国际话语权的钨、锑资源商，中国铅锌工业的领头羊和世界最大的中重离子稀土资源基地。

中国铝业集团有限公司在做大做强铝业的同时，积极向其他有色金属产业拓展，形成技术先进、规模较大的钼、钛、铜、铅、锌、金、银、锆、钨、钽、铌、铪、镍等有色金属产品的生产和加工能力。中铝集团铝业实力全球第一，铜业综合实力国内第一，铅锌锗综合实力亚洲第一、世界第四，已经成为全球最大的有色金属企业。此外，中铝集团和中铝股份还同时获得全球有色金属行业的最高国际评级。

## 五、小结

从专利申请趋势来看，2000—2010 年，专利申请呈现波动式平稳发展，自 2011 年起专利申请量迅速增长，至 2017 年到达峰值。有色金属材料专利申请技术来源国主要为中国、美国、日本、德国和韩国。中国申请数量位居全球第一，远远超过了其他国家，但中国向国外技术输出落后于美、韩、日，海外布局相对薄弱。美国和日本在其他国家专利布局更加均衡，专利布局数量也最大，日本在美国、中国、韩国申请达 3000~5000 项，全球有色金属材料专利申请量排名前 10 位的申请人中，共有 8 位为日本申请人，其中前 6 名的申请人均来自日本企业，而国内主要申请人集中在高校及科研院所。专利申请量排名靠前的均为该领域深加工企业，对技术创新要求较高，而作为有色金属行业巨头的大型公司则均为矿产企业，这也体现了这一行业对原料的高度依赖性。

有色金属新材料是新材料的一个极其重要的组成部分，对国民经济的发展具有极其重要的战略意义。在这种环境下必将加速产业的革新，企业加强自主创新能力建设，加大研发投入，推广使用新技术、新工艺，增强创新能力建设，积极开发短流程、高效、低耗、低碳、生态型有色冶金和加工技术。利用重点产业振兴和技术改造专项资金，加快产品结构调整，大力发展新材料、新产品，满足战略性新兴产业及高端制造业发展对有色金属材料的需求，才能够在激烈的市场竞争中生存下来。

# 第四节　先进化工材料专利申请分析

先进化工材料不仅是航空航天、高速铁路、大飞机、新能源、电子信息等高新技术产业发展的重要材料，同时也是促进传统产业实现节能减排和发展低碳经济的主要材料，包含材料种类繁杂多样。目前我国高性能聚烯烃、氟硅树脂、特种合成橡胶等先进化工材料子行业已经取得了一定程度的发展。与传统基础化工低门槛、过度竞争的路径不同，先进化工材料的共性特征是小批量生产、高技术含量，再加上需求的替代，行业盈利前景明朗。

根据《新材料产业发展指南》及《战略性新兴产业分类（2018）》，先进化工材料主要包括高端聚烯烃、特种合成橡胶和特种工程塑料等。其中，高端聚烯烃包括高端聚乙烯、高端聚丙烯、聚异丁烯、聚 4-甲基戊烯-1 和聚环化烯烃；特种合成橡胶分为丁基橡胶、乙丙橡胶、异戊橡胶、丁腈橡胶及氢化丁腈橡胶、丙烯酸酯橡胶、卤化合成橡胶（涵盖卤化丁腈橡胶、氯丁橡胶、氯磺化聚乙烯橡胶、氯化聚乙烯橡胶）、氟橡胶、硅橡胶、高端苯乙烯系弹性体、聚氨酯橡胶；特种工程塑料分为聚酰亚胺、聚醚醚酮、聚砜和聚苯硫醚。

## 一、专利申请态势分析

### (一) 全球专利申请态势分析

图 3-4-1 是先进化工材料领域 2000—2019 年在全球的专利申请趋势，从中可以看出，该领域年申请量整体呈现先平稳发展再稳步上升的发展态势。2000—2010 年，专利申请的增长率出现了一段停滞，申请量基本保持在 1500～2000 项，此阶段为技术发展的平稳期。从 2010 年开始，该领域专利申请量表现出逐步上升的趋势，申请量由 2010 年的 2155 项，增长至 2016 年的 7539 项，此时该技术的发展处于快速发展期。由于专利申请的公开具有滞后性，后面几年的申请量统计数据不全，没有参考意义。

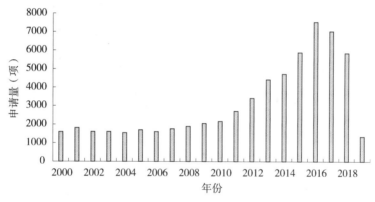

**图3-4-1  全球专利申请趋势**

### (二) 国内专利申请态势分析

#### 1. 国内专利申请趋势

图 3-4-2 是先进化工材料领域 2000—2019 年国内的专利申请趋势。从中可以看出，国内先进化工材料虽然起步较晚，但年申请量呈逐步上升的趋势，尤其是自 2009 年开始，申请量增长幅度明显增大，国内先进化工材料领域进入快速发展期。

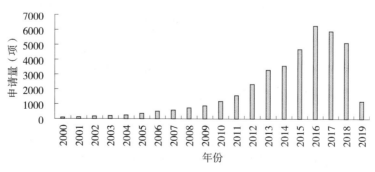

**图3-4-2  国内专利申请趋势**

2. 国内外国内专利申请量对比

图 3-4-3 是国内外申请人国内专利申请量趋势，从中可以更加清晰地看出，2005年前，国内专利申请主要以国外申请人为主，从 2005 年开始，国内申请人申请量明显增加，且增加幅度明显，而国外申请人申请量随时间变化并不明显，整体呈现相对稳定态势。

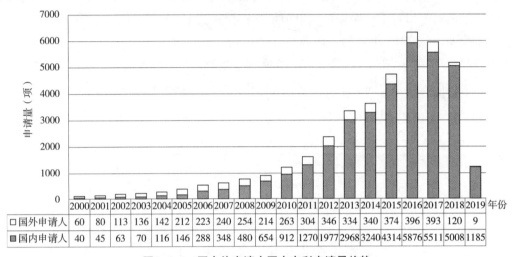

| 年份 | 2000 | 2001 | 2002 | 2003 | 2004 | 2005 | 2006 | 2007 | 2008 | 2009 | 2010 | 2011 | 2012 | 2013 | 2014 | 2015 | 2016 | 2017 | 2018 | 2019 |
|---|---|---|---|---|---|---|---|---|---|---|---|---|---|---|---|---|---|---|---|---|
| □国外申请人 | 60 | 80 | 113 | 136 | 142 | 212 | 223 | 240 | 254 | 214 | 263 | 304 | 346 | 334 | 340 | 374 | 396 | 393 | 120 | 9 |
| ■国内申请人 | 40 | 45 | 63 | 70 | 116 | 146 | 288 | 348 | 480 | 654 | 912 | 1270 | 1977 | 2968 | 3240 | 4314 | 5876 | 5511 | 5008 | 1185 |

图3-4-3 国内外申请人国内专利申请量趋势

## 二、专利区域分布分析

### (一) 全球专利申请区域分布分析

1. 各国家、地区、组织专利申请量对比

先进化工材料涉及应用范围广泛，且多为基础应用材料，技术成熟度较高。从图 3-4-4 主要国家专利申请量趋势可以看出，我国在先进化工材料方面虽然起步较晚，但申请量增长速度较快，2008 年后成为该领域申请量最多的国家。

国外方面，日本一直保持相对较高的申请量，在 2000—2010 年申请量相对较为平稳，从 2010 年之后，申请量稍有下降，这与该领域技术日趋成熟、申请活跃度有所下降有关。美国、韩国在该领域也均有较高申请量，且申请量较为平稳。

通过上面分析可以看出，国外申请人已经在先进化工材料领域布局较早，国内申请量后来居上，相关研究主体应加强高端先进化工材料的研发进度，争取在该领域能够有更加广泛的布局，从而提高市场占有率。

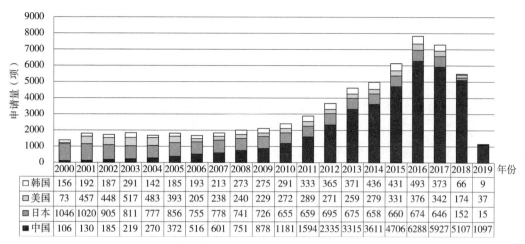

| 年份 | 2000 | 2001 | 2002 | 2003 | 2004 | 2005 | 2006 | 2007 | 2008 | 2009 | 2010 | 2011 | 2012 | 2013 | 2014 | 2015 | 2016 | 2017 | 2018 | 2019 |
|---|---|---|---|---|---|---|---|---|---|---|---|---|---|---|---|---|---|---|---|---|
| 韩国 | 156 | 192 | 187 | 291 | 142 | 185 | 193 | 213 | 273 | 275 | 291 | 333 | 365 | 371 | 436 | 431 | 493 | 373 | 66 | 9 |
| 美国 | 73 | 457 | 448 | 517 | 483 | 393 | 205 | 238 | 240 | 229 | 272 | 289 | 271 | 259 | 279 | 331 | 376 | 342 | 174 | 37 |
| 日本 | 1046 | 1020 | 905 | 811 | 777 | 856 | 755 | 778 | 741 | 726 | 655 | 659 | 695 | 675 | 658 | 660 | 674 | 646 | 152 | 15 |
| 中国 | 106 | 130 | 185 | 219 | 270 | 372 | 516 | 601 | 751 | 878 | 1181 | 1594 | 2335 | 3315 | 3611 | 4706 | 6288 | 5927 | 5107 | 1097 |

图3-4-4 主要国家专利申请量趋势

## 2. 技术流向

从图3-4-5可以看出，中国、日本、美国和韩国为先进化工材料领域的主要技术来源国和技术流向国。从申请量来看，中国虽然申请量远远大于其他国家，达到了3万项以上，但同时可以看出，其技术主要集中在国内，流向其他国家的很少，这表明国内的技术研发实力还相对较弱，专利的价值相对较低，专利对于市场的贡献率也相应较小。反观国外申请，虽然申请量相对较小，但其除在本国布局较多外，均在其他国家有相应布局，尤其是日本申请，其不仅申请量较高，而且在不同国家均有布局，这表明国外企业专利价值较高，专利对于市场的贡献率同样较高，能够占据不同市场主体，提高其在该领域的核心竞争力。

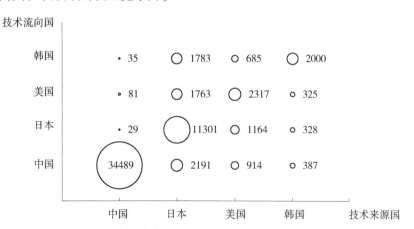

图3-4-5 主要技术来源国目标市场布局（申请量：项）

（二）国内专利申请区域分布分析

1. 各国家、地区、组织专利申请量对比

从图3-4-6可以看出，除中国外，国内主要申请国家为日本、美国、韩国和德国，日本的申请量占最主要的部分，这与其相对较强的塑料和橡胶研发实力是相一致的。申请趋势方面，各国国内申请量均随时间呈现逐步上升的趋势，这表明各国在中国的专利布局均逐渐加强，更加重视中国的市场占有率。

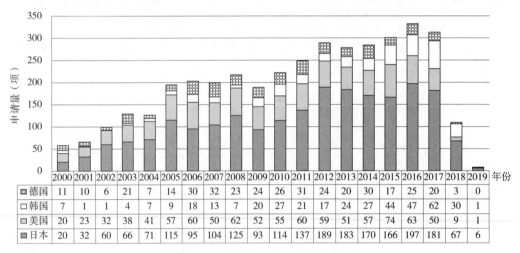

| 年份 | 2000 | 2001 | 2002 | 2003 | 2004 | 2005 | 2006 | 2007 | 2008 | 2009 | 2010 | 2011 | 2012 | 2013 | 2014 | 2015 | 2016 | 2017 | 2018 | 2019 |
|---|---|---|---|---|---|---|---|---|---|---|---|---|---|---|---|---|---|---|---|---|
| 德国 | 11 | 10 | 6 | 21 | 7 | 14 | 30 | 32 | 23 | 24 | 26 | 31 | 24 | 20 | 30 | 17 | 25 | 20 | 3 | 0 |
| 韩国 | 7 | 1 | 1 | 4 | 7 | 9 | 18 | 13 | 7 | 20 | 27 | 21 | 17 | 24 | 27 | 44 | 47 | 62 | 30 | 1 |
| 美国 | 20 | 23 | 32 | 38 | 41 | 57 | 60 | 50 | 62 | 52 | 55 | 60 | 59 | 51 | 57 | 74 | 63 | 50 | 9 | 1 |
| 日本 | 20 | 32 | 60 | 66 | 71 | 115 | 95 | 104 | 125 | 93 | 114 | 137 | 189 | 183 | 170 | 166 | 197 | 181 | 67 | 6 |

图3-4-6　国内主要国家专利申请量趋势

2. 技术来源

图3-4-7展示了国内申请不同来源国的申请量，从中可以看出，先进化工材料领域国内申请主要来源于中国，占据绝大多数，这表明我国在该领域存在较大量的申请，活跃度较高。国外来源方面，日本、美国、韩国和德国为主要申请来源国，这几个国家也是先进化工材料的主要研发国家，技术发展早且较为成熟，其在中国均有一定程度的技术布局。

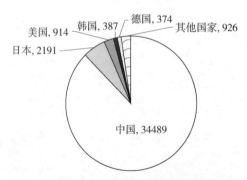

图3-4-7　国内申请来源国申请量（申请量：项）

3. 地区分布

从图 3-4-8 可以看出，安徽、江苏、广东分别占据前三位，特别是安徽、江苏，其申请量均在 6000 项以上，安徽省、江苏省在先进化工材料方面的优势明显。另外，广东、山东、浙江、北京、上海、四川的申请量也相对较大，均达到了 1000 项以上。

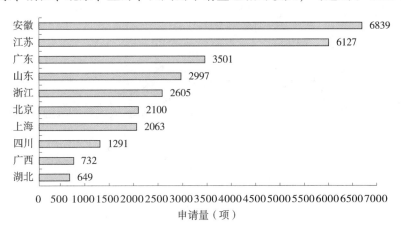

图3-4-8　各省市专利申请量排名

## 三、技术分布分析

根据《新材料产业发展指南》及《战略性新兴产业分类（2018）》，先进化工材料分为高端聚烯烃、特种合成橡胶和特种工程塑料三个技术分支。以下将对高端聚烯烃、特种合成橡胶和特种工程塑料的技术分布情况进行分析。从图 3-4-9 可以看出，特种合成橡胶占比最高，达到 46%，高端聚烯烃占比为 30%，特种工程塑料占比为 24%。

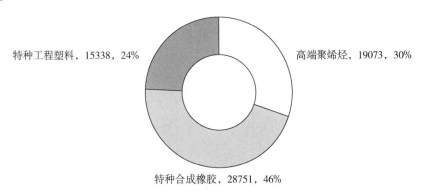

图3-4-9　先进化工材料领域技术分布（申请量：项）

高端聚烯烃相关的技术主题中，涉及高端聚烯烃的组合物（C08L）占比最多，关于高端聚烯烃的配料和助剂（C08K）、材料的制备（C08F）以及材料的处理、配料、成型和交联等（C08J）也有较多的涉及。另外，关于高端聚烯烃塑料的成型或连接

（B29C）、层状产品（B32B）、成型材料的准备或预处理、电缆（H01B）、图纹面所用材料等（G03F）也有一定的涉及。

特种合成橡胶相关的技术主题中，关于特种合成橡胶的组合物（C08L）以及相关的配料和助剂（C08K）的申请占据了绝大部分。另外，涉及特种合成橡胶的处理、配料、成型、交联等（C08J），合成（C08G、C08F），轮胎（B60C），应用材料（C09K）以及层状制品（B32B）也有较高申请量，见表3-4-1。

表3-4-1　先进化工材料领域技术分布

| 技术领域 | IPC分类 | 技术主题 |
|---|---|---|
| 高端聚烯烃<br>申请量（项）<br>C08L 15301　C08K 11082　C08F 5966　C08J 3887　B29C 3255　B32B 1300　B29B 1138　H01B 1130　H01L 831　G03F 821 | C08L | 高端聚烯烃的组合物 |
| | C08K | 高端聚烯烃的配料和助剂 |
| | C08F | 高端聚烯烃的制备 |
| | C08J | 高端聚烯烃的处理、配料、成型、交联等 |
| | B29C | 高端聚烯烃塑料的成型或连接 |
| | B32B | 高端聚烯烃层状产品 |
| | B29B | 高端聚烯烃成型材料的准备或预处理；制作颗粒或预型件 |
| | H01B | 包含高端聚烯烃的电缆；导体；绝缘体；导电、绝缘或介电材料的选择 |
| | H01L | 包含高端聚烯烃的半导体器件 |
| | G03F | 图纹面的所用材料包含高端聚烯烃 |
| 特种合成橡胶<br>申请量（项）<br>C08L 26113　C08K 22380　C08J 4050　C08G 2816　C08F 2725　B60C 2630　H01B 2578　B29C 2276　C09K 1215　B32B 1090 | C08L | 特种合成橡胶的组合物 |
| | C08K | 特种合成橡胶的配料和助剂 |
| | C08J | 特种合成橡胶的处理、配料、成型、交联等 |
| | C08G | 特种合成橡胶的合成 |
| | C08F | 特种合成橡胶的合成 |
| | B60C | 特种合成橡胶轮胎 |
| | H01B | 包含特种合成橡胶的电缆；导体；绝缘体；导电、绝缘或介电材料的选择 |
| | B29C | 特种合成橡胶的成型或连接 |
| | C09K | 特种合成橡胶的应用材料 |
| | B32B | 特种合成橡胶层状产品 |

续表

| 技术领域 | IPC 分类 | 技术主题 |
|---|---|---|
|  | C08L | 特种工程塑料的组合物 |
|  | C08G | 特种工程塑料的合成 |
|  | C08K | 特种工程塑料的配料和助剂 |
|  | C08J | 特种工程塑料的处理、配料、成型、交联等 |
|  | B32B | 特种工程塑料层状产品 |
|  | H05K | 包含特种工程塑料的印刷电路；电设备的外壳或结构零部件 |
|  | B29C | 特种工程塑料的成型或连接 |
|  | H01L | 包含特种工程塑料的半导体器件 |
|  | G02F | 包含特种工程塑料的用于控制光的强度、颜色、相位、偏振或方向的器件或装置 |
|  | C09D | 包含特种工程塑料的涂料组合物 |

特种工程塑料

申请量（项）

9542　9382　5851　4888　1670　1253　1164　1047　841　748

C08L　C08G　C08K　C08J　B32B　H05K　B29C　H01L　G02F　C09D

特种工程塑料领域中，涉及特种工程塑料的组合物（C08L）、合成方法（C08G）占据最高申请量，申请量均达到 9000 项以上，涉及特种工程塑料的配料和助剂（C08K）以及特种工程塑料的处理、配料、成型、交联等（C08J）也有较高申请量，申请量达到 5000 项左右。另外，涉及特种工程塑料的层状产品（B32B）、印刷电路及其外壳或零部件（H05K）、成型或连接（B29C）、半导体器件（H01L）、器件或装置（G02F）以及涂料组合物（C09D）也有部分涉及。由此可以看出，电子电器设备也属于特种工程塑料的主要应用领域。

## 四、申请人分析

### （一）全球专利申请人分析

图 3-4-10 为先进化工材料全球专利申请申请人排名，前 10 名申请人分别为住友公司、中国石化、东丽公司、普利司通、三井公司、三菱公司、钟化公司、中科院、信越化学和 LG 化学。前 10 名申请人中有 2 位是中国申请人，其中中国石化作为前 10 名中的唯一一家中国企业，其申请量排名第 2 位，这表明其作为先进化工材料领域的主要申请人，其研发实力和专利意识均较强。中科院在该领域的申请量同样较高，研发实力较为雄厚，国内相关企业可以寻求与其进行一定程度的技术合作、专利许可、转让等，从而快速提升自身的专利价值。

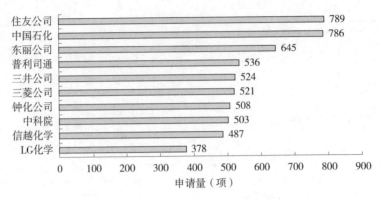

图3-4-10　全球专利申请申请人排名

（二）国内专利申请人分析

图3-4-11为国内专利申请申请人前10名，分别为中国石化、中科院、金发科技、住友公司、北京化工大学、北欧化工、中国石油、四川大学、普利特和东华大学。其中，前10名申请人中中国企业占据了4名，中国石化申请量遥遥领先，在该领域占据绝对优势。另外，科研院所占据了4名，这表明国内科研院所对于该领域同样存在较高的研究热度。国外申请人占据了2名，表明该领域国内专利申请主要以国内申请人为主。

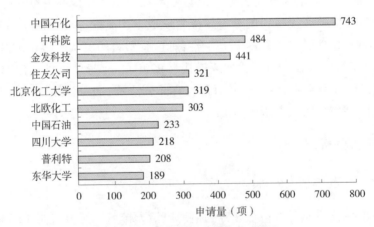

图3-4-11　国内专利申请申请人排名

（三）重要企业分析

1. 全球重要企业分析

表3-4-2为国外重点企业专利申请状况一览，以专利族项数为指标筛选出了排名前5位的重点企业。从表中可以看出，专利族数排名前5位的企业均为日本企业，这表明日本在先进化工材料领域具有遥遥领先的优势。

表3-4-2　国外重点企业专利申请状况一览

| 申请人 | 申请量（项） | 专利申请量（件） | 全球布局 | 研发方向 |
|---|---|---|---|---|
| 住友公司 | 789 | 1255 | 日本、中国、韩国、美国等 | 用于轮胎、橡胶辊等的橡胶，用于电力电器等的聚烯烃、工程塑料，研究方向广泛 |
| 东丽公司 | 645 | 1016 | 日本、中国、韩国、美国等 | 以聚苯硫醚、聚酰亚胺等特种工程塑料为主，也涉及橡胶和聚烯烃制品 |
| 普利司通 | 536 | 790 | 日本、中国、美国、韩国等 | 以各种应用的橡胶制品为主 |
| 三井公司 | 524 | 773 | 日本、中国、美国、韩国等 | 以高端聚烯烃制品为主 |
| 三菱公司 | 521 | 709 | 日本、中国、韩国、美国等 | 聚烯烃、特种合成橡胶和工程塑料多领域 |

住友公司在先进化工材料领域具有最高的专利族数量，达到789项。其研发方向涉及用于轮胎、橡胶辊等的橡胶以及用于电力电器等的聚烯烃、工程塑料等，研究方向广泛。从全球布局来看，其在日本、中国、韩国和美国等均有大量的专利布局，表明其不仅在该领域具有较高的研发力度，同样注重海外市场的专利布局，这为其更好地开拓海外市场提供了有力的知识产权保障。JP2009138053A是住友公司被引证超过60次的一项重要专利，其涉及一种高阻尼橡胶组合物，具有温度依赖性小的弹性模量和优异的阻尼能力。

东丽公司的主要研发方向涉及聚苯硫醚、聚酰亚胺等特种工程塑料，同样也涉及橡胶和聚烯烃制品。其专利申请数量达到645项。从全球布局来看，其在日本、中国、韩国和美国等均有大量专利布局。东丽公司专利价值度同样较高，其在2007年申请的专利WO2007034800A1已经被引证超过80次，该专利主要涉及一种工业上有用的具有窄的分子量分布、高分子量和纯度高的聚亚芳基硫醚和用于其生产的方法。

普利司通公司是一家世界知名的轮胎生产商，其专利的研发方向同样以各种应用的橡胶制品为主，专利族数量达到500项以上。其在日本、中国、美国和韩国具有大量的专利布局。WO2004058874A1是普利司通被引证超过80次的一项重要专利，涉及具有低气体渗透性的一种聚合物组合物，该组合物包括一种剥离的有机改性黏土、丁基橡胶和一种聚合物剥落剂。

三井公司在先进化工材料领域同样具有较高的专利申请量，专利族数量达到524项，主要研发方向以高端聚烯烃制品为主。从全球布局来看，其在日本、中国、美国和韩国等同样均有大量专利布局。JP2002105131A是三井公司被引证超过80次的一项重要专利，涉及一种环状烯烃聚合物，它具有低双折射、优异的机械特性、精度成型性、水分电阻（低水吸收）非常高的透明性。

三菱公司是在日本国内和海外约80个国家拥有200多个分支机构的最大的综合商社，其专利的研发方向涉及聚烯烃、特种合成橡胶和工程塑料多领域，专利族数量达到500项以上。从全球布局来看，其在日本、中国、韩国和美国等同样均有大量专利布局。JP2003168800A 是三菱公司被引证超过 80 次的一项重要专利，涉及薄膜晶体管领域，在由薄膜晶体管构成的基板上，形成具有特殊结构的薄膜晶体管聚酰亚胺。

通过上述分析可以看出，上述公司均在日本、中国、美国和韩国具有大量的专利布局，且均具有被引证 60 次以上甚至 80 次以上的核心高价值专利，这为其打开国内国际市场奠定了良好的知识产权基础。

2. 我国重要企业分析

表 3-4-3 为国内申请量较高或产业化较好的重点企业专利申请状况一览。中国石化是一家老牌特大型石化企业，设有多家子公司及研究院，其在合成树脂以及合成橡胶领域的产能均在国内乃至世界名列前茅。公司依靠上游原料的优势，在先进化工材料领域具有很强的研发实力，专利申请量高达 743 项，排名国内第一。其研发方向涉及聚烯烃、合成橡胶和工程塑料等多个领域，且其专利有效性高达 58%，另有 28% 处于在审状态，失效率仅为 14%，在国内企业中属于专利有效率很高的企业。

表3-4-3　国内重点企业专利申请状况一览

| 申请人 | 申请量（项） | 法律状态 | | | 研发方向 | 专利运营 | 海外布局 |
|---|---|---|---|---|---|---|---|
| | | 有效 | 在审 | 失效 | | | |
| 中国石化 | 743 | 58% | 28% | 14% | 聚烯烃、合成橡胶和工程塑料多领域 | 质押 1 件，转让 1 件 | 1 件进入日本 |
| 金发科技 | 441 | 39% | 31% | 30% | 改性塑料 | 许可 5 件，转让 36 件，质押 0 件 | 无 |
| 中国石油 | 233 | 65% | 22% | 13% | 聚烯烃、合成橡胶和工程塑料多领域 | 许可 1 件，转让 8 件，质押 0 件 | 无 |
| 国家电网公司 | 136 | 26% | 25% | 49% | 电力电器相关的聚烯烃和橡胶材料 | 转让 12 件，许可 0 件，质押 0 件 | 无 |
| 万华化学 | 47 | 17% | 83% | 0 | 以聚氨酯相关塑料和橡胶为主，同时涉及聚烯烃及其他特种工程塑料 | 无 | 无 |

从表 3-4-4 中国石化专利被引证次数情况来看，有将近一半的专利存在被引证，引证次数在 1~10 次内的占 38.01%，引证次数在 10 次以上的占 6.63%，其中引证次数高达 30 次以上的专利共 6 件，均涉及聚烯烃领域，分别为 CN102888055A、CN101654492A、CN101519578A、CN101429309A、CN101104716A 和 CN101058654A。

表3-4-4 中国石化专利被引证次数情况

| 被引证次数（次） | 占比（%） |
|---|---|
| 31～40 | 0.76 |
| 21～30 | 1.15 |
| 11～20 | 4.72 |
| 1～10 | 38.01 |
| 0 | 55.36 |

海外布局方面，虽然中国石化总体研发能力和生产能力均属于行业翘楚，但其在海外布局方面并不理想，目前共申请了4件WO专利，仅有1件进入了日本，可以说谈不上海外布局。未来，企业可以通过不断加强海外布局，进一步提高其在国际市场上的占有率和竞争优势。

金发科技是一家主营高性能改性塑料研发、生产和销售的高科技上市公司，现拥有5家子公司，是中国最大的改性塑料生产企业，也是全球改性塑料品种最为齐全的企业之一，年生产改性塑料能力达80万t。其是先进化工材料领域专利申请量仅次于中国石化的企业。可见，其不仅具有较高的生产能力、市场占有率，同时也具有相当大的研发投入和较强的研发实力。从其专利申请的法律状态来看，39%处于有效状态，31%处于在审状态，30%处于失效状态，专利有效率较高。专利运营方面，金发科技目前共有专利转让36件，专利许可5件，专利质押0件。专利转让和许可的领域均主要集中为改性聚烯烃领域。虽然金发科技已经具有较大的专利申请量和较高的产能，但其不存在海外布局，海外竞争力较弱。

中国石油与中国石化一样，同样属于特大型石油石化企业集团，其在国内重要申请人中排名第7位，同样具有较强的专利布局意识和研发实力。研发方向涉及聚烯烃、合成橡胶和工程塑料等多领域。其申请的233项专利中，有效专利占65%，在审22%，失效13%。专利运营方面，中国石油目前共有专利转让8件，专利许可1件。

国家电网公司涉及先进化工材料领域的专利申请共136项，主要涉及领域为电力电器相关的聚烯烃和橡胶材料，其中有效专利占比为26%，在审专利占比25%，失效专利占比49%，有效专利相比于前几家企业相对较低。专利运营方面，国家电网公司共存在专利转让12件，无专利许可和质押，专利运营情况一般。另外，国家电网公司同样不存在海外专利布局，海外竞争力较弱。

万华化学主要从事MDI为主的异氰酸酯系列产品、芳香多胺系列产品、热塑性聚氨酯弹性体系列产品的研究开发、生产和销售，是全球最大的MDI制造企业。目前，公司共有3套MDI装置，产能达到200万t/a，产品质量和单位消耗均达到国际先进水平。其申请的先进化工材料相关专利共47件，主要研发方向以聚氨酯相关塑料和橡胶为主，同时涉及聚烯烃及其他特种工程塑料，涉及领域较多。47项专利中，有效专利占比17%，在审专利占比83%。这表明，万华化学虽然申请专利总量并不大，但其专利有效性高，每一件专利均能带来实际生产效益，专利价值度高。专利运营方面，万华化学不存在先进化工材料领域的专利许可、转让和质押。海外布局方面，万华化学同样不存在海外专利布局，未来发展中，企业可进一步加强海外专利布局，不断增强海外竞争优势。

### 五、小结

先进化工材料属于传统化工行业，其发展历史悠久，产业成熟度较高，广泛应用于交通运输、电子电气、机电工业、包装工业、汽车工业、纺织工业、化工设备、医用和办公设备、精密仪器、膜工业、石油化工以及食品工业等各领域。随着国际经济环境逐渐好转和一批核心技术的突破，市场对于先进化工材料的需求力度逐年加大，先进化工材料产业掀起一轮快速发展。

从专利发展态势来看，先进化工材料相关专利申请量近年来增幅较大，且大部分为国内申请，但从专利的引证、被引证次数、共同申请情况等来看，不同专利之间引证关系单一，技术路线不明确，申请价值度较低，专利对于市场的贡献率较小，这与国家以及地方的相关鼓励政策等有关系。日本在先进化工材料领域不仅起步较早，而且在技术上始终保持领先优势。另外，美国、韩国和德国等工业发达国家，同样在先进化工材料领域具有较大的专利申请量。

从专利布局现存问题及面临的风险来看，国内大部分专利其申请仅在国内，几乎不存在海外专利布局，而日本、美国、韩国和德国等工业发达国家不仅在本国具有较大的申请量，同时在中国、美国和韩国等主要经济体中均具有较为广泛的海外专利布局。另外，国内企业虽然申请量巨大，但是真正的行业领军企业则较少，企业与企业之间的共同研发、共同申请等合作较少，同时企业与高校科研院所之间在该领域的知识产权转化运用严重不足。

从产业发展建议来看，随着电子电器不断向小型化发展、电路集成度更高、高强高模量特种工程塑料逐渐代替传统金属基材料、环境保护意识不断增强的发展态势下，未来更高性能工程塑料、可回收工程塑料、生物基工程塑料、增材制造材料、特种橡胶、新的聚烯烃合成工艺及催化剂等可能成为发展的重点方向。未来中国企业应进一步提高研发实力，增强创新意识，增强专利的产业化能力，整合高校科研院所的创新资源，不同企业之间应加强合作与互补，争取在实现专利申请量大幅增长的同时，实现专利质量的不断提升。另外，在提升专利质量的同时，应进一步提高知识产权保护意识以及海外布局意识，为大力开拓海外市场奠定基础。最后，各专利运营城市应发挥其地域、政策以及技术方面的优势，探索多种专利转化途径，提高专利运营能力，真正让专利为智慧之火浇上利益之油。

# 第五节　特种玻璃专利申请分析

特种玻璃是相对普通玻璃而言的，具有特殊功能和特殊用途的玻璃，如节能玻璃、防火玻璃等。节能玻璃是在传统平板玻璃基础上经过镀膜、结构复合等研发出的具有高附加值的新产品，其具备显著的保温和隔热性能，评价参数包括热传导率、太阳能透过率、遮蔽系数等。Low-E玻璃、真空玻璃和高性能中空玻璃是目前主流的节能玻璃产品，近年来电致变色玻璃和气凝胶玻璃等新产品也得到一定程度的发展。Low-E玻璃主要生产工艺有离线磁控溅射镀膜和在线化学气相沉积法，生产技术相对成熟；真空玻璃制造主要依据杜瓦瓶基本原理和工艺，但工艺复杂效率低，目前难以实现高效全自动化生产，且真空玻璃支撑物和封接工艺仍是待攻克的关键问题；高性能中空玻璃是按照普通中空玻璃制造工艺、使用Low-E玻璃或真空玻璃为基片玻璃、采用暖边间隔条技术的复合中空玻璃；电致变色玻璃和气凝胶玻璃代表着新型节能玻璃的发展方向，但关键的工艺技术主要被国外公司掌握。防火玻璃的作用主要是控制火势的蔓延或隔烟，是一种措施型的防火材料，其防火的效果以耐火性能进行评价。它是经过特殊工艺加工和处理，在规定的耐火试验中能保持其完整性和隔热性的特种玻璃。

## 一、专利申请态势分析

### （一）全球专利申请态势分析

本章专利数据检索截自2000年1月1日—2019年8月1日，特种玻璃领域的全球专利申请量为18597项。图3-5-1显示了特种玻璃领域全球专利申请发展趋势，全球的特种玻璃领域发展可分为平稳成长期和快速发展期两个阶段。2000—2009年，每年专利申请量基本在700项左右，2010年以后，特种玻璃领域的专利申请大幅增长，申请量呈快速上升趋势。

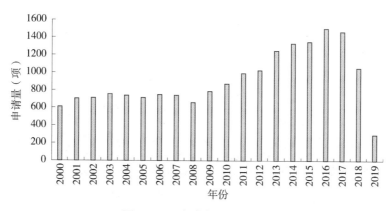

**图3-5-1　全球专利申请趋势**

（二）国内专利申请态势分析

1. 国内专利申请趋势

图 3-5-2 显示了特种玻璃领域国内的发展趋势，从专利申请的发展趋势看，国内的特种玻璃领域发展可分为萌芽期、平稳成长期和快速发展期三个阶段。2000 年，国内的申请量不到 100 项，随后 10 年内，特种玻璃的申请量稳步增长，但是增幅较小，2009 年以后，特种玻璃领域的专利申请量大幅增长，申请量呈快速上升趋势。

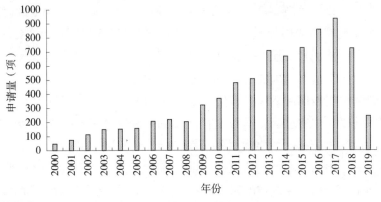

图3-5-2　国内专利申请趋势

2. 国内外国内专利申请量对比

图 3-5-3 显示了特种玻璃领域国内外国内申请量的对比，从该对比图中可以看出，2000—2007 年，国外申请量占比较大，而 2007 年以后，国内申请量快速增长。随着我国加大科研投入，科研人员积极性被激发，国内申请数量增量明显，从 2007 年开始申请数量开始大幅超过国外申请人，目前国内专利申请中国内申请人申请已占绝对优势地位。

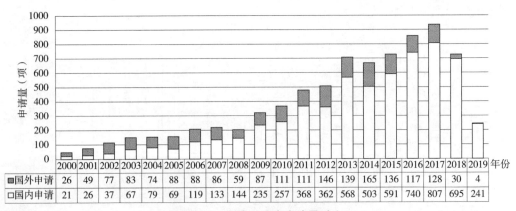

| | 2000 | 2001 | 2002 | 2003 | 2004 | 2005 | 2006 | 2007 | 2008 | 2009 | 2010 | 2011 | 2012 | 2013 | 2014 | 2015 | 2016 | 2017 | 2018 | 2019 |
|---|---|---|---|---|---|---|---|---|---|---|---|---|---|---|---|---|---|---|---|---|
| 国外申请 | 26 | 49 | 77 | 83 | 74 | 88 | 88 | 86 | 59 | 87 | 111 | 111 | 146 | 139 | 165 | 136 | 117 | 128 | 30 | 4 |
| 国内申请 | 21 | 26 | 37 | 67 | 79 | 69 | 119 | 133 | 144 | 235 | 257 | 368 | 362 | 568 | 503 | 591 | 740 | 807 | 695 | 241 |

图3-5-3　国内外国内申请量对比

## 二、专利区域分布分析

### （一）全球专利申请区域分布分析

图 3-5-4 显示了各国家专利申请量对比情况，中国、美国、日本和韩国为申请量位列前 4 位的国家，从申请量趋势可以看出，美国、日本和韩国在 2009 年以前占比较大，2009 年以后，中国申请逐渐占领国际专利市场。且美国、日本专利申请随时间变化不大，可见上述地区在特种玻璃领域研发较平稳，我国专利申请虽在早期数量较少，但从 2007 年开始年申请量已超过其他国家/地区，此后更加迎来爆发期，申请量已超过上述地区总和。

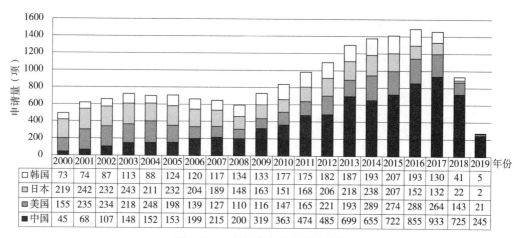

图3-5-4　各国家专利申请量趋势

### （二）国内专利申请区域分布分析

#### 1. 各国家、地区、组织专利申请量对比

图 3-5-5 显示了国内申请的技术来源国的申请量对比和申请趋势，其中除了中国之外，日本的国内专利申请量远超过其他国家，申请量达到了 768 项，美国和德国紧随其后，以 380 项、185 项分别位列第 2 位和第 3 位。

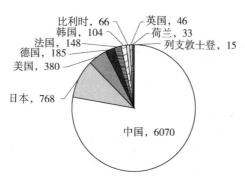

图3-5-5　国内申请技术来源国申请量（单位：项）

## 2. 地区分布

图 3-5-6 显示了特种玻璃领域国内专利申请量排名情况，整体而言，我国特种玻璃产业专利申请量总体上呈现东高西低的态势，在全国所有的省（区、市）中江苏、广东的申请量远高于其他地区，专利申请量分别达到 914 项、910 项，其次分别为浙江、上海、安徽和山东等，广东、江苏作为经济发达地区，经济实力较强，高等院校相对集中、科技研发投入也相对比较多，导致上述地区在特种玻璃产业领域发展较快。

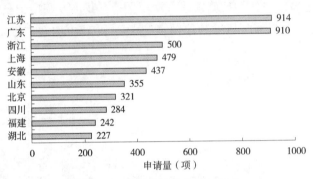

**图3-5-6 部分省市专利申请排名**

## 三、申请人分析

### （一）全球专利申请人分析

#### 1. 全球专利申请申请人排名

图 3-5-7 显示了全球申请人申请量排名前 9 位的分布情况，由全球申请人排名可以看出，在该领域全球排名前 9 位的申请人中，只有 1 名中国申请人，且位列第 8 位，可见，虽然中国申请总量位列第一，但是申请人在全球申请人中并不突出，位列第 8 位的戴长虹毕业于东北大学冶金物理化学专业，博士，建设部新型建材制品应用技术专家委员会委员，在特种玻璃领域取得突出成就。

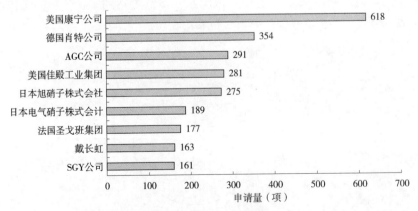

**图3-5-7 全球专利申请申请人排名**

2. 共同全球申请人分析

特种玻璃领域专利申请量排名前 10 位的申请人中，其中 4 个申请人的联合申请量比较多，其共同申请情况见表 3-5-1。总体来说，国外申请人的共同申请数量更多，共同申请人类型也更多元，涉及了相关领域的科研院所如卢森堡玻璃和陶瓷研究中心、法国国家科学中心等，相关领域的玻璃公司如分子间公司、日立化学有限公司和松下电器有限公司等。

表3-5-1　共同全球申请人

| 申请人 | 联合申请人 | 申请量（项） |
|---|---|---|
| 美国佳殿工业集团 | 卢森堡玻璃和陶瓷研究中心 | 64 |
| | 分子间公司 | 15 |
| 日本旭硝子株式会社 | 日立化学有限公司 | 31 |
| 法国圣戈班集团 | 法国国家科学中心 | 3 |
| 日本电气硝子株式会社 | 霍亚公司 | 6 |
| | 松下电器有限公司 | 5 |

其中国外申请人以美国佳殿工业集团为代表，其主要与卢森堡玻璃和陶瓷研究中心进行合作，共同的专利申请量达到 64 项，以卢森堡玻璃和陶瓷研究中心的高科技研发技术为依托，美国佳殿工业集团在特种玻璃领域的发展占据世界领先水平。

（二）国内专利申请人分析

1. 国内专利申请申请人排名

图 3-5-8 显示了国内申请人申请量排名情况，由国内申请人排名可以看出，在该领域全球排名前 10 位的申请人中，日本的申请人占了 2 个，分别是日本旭硝子株式会社和日本电气硝子株式会社，位列第 1 位和第 10 位，法国的申请人 1 个——法国圣戈班集团，位列第 4 位，其他 7 位申请人均是中国申请人，且有 5 个是企业申请人，1 个是高校申请人，1 个是个人申请，可见在该领域我国开展的研究比较广泛，申请人专利保护意识较强。

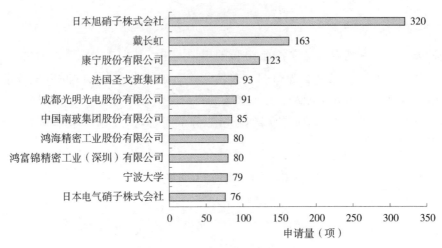

图3-5-8　国内专利申请申请人排名

### 2. 共同国内申请人分析

特种玻璃领域国内专利申请量排名前10位的申请人中，其中3个申请人的联合申请量比较多，其共同申请情况见表3-5-2。总体来说，国内申请人的共同申请数量远远小于全球申请人的共同申请数量，其中国内申请人以中国南玻集团股份有限公司为代表，其主要与吴江南玻华东工程玻璃有限公司和河北视窗玻璃有限公司进行合作，共同的专利申请量分别为8项和3项，武汉理工大学主要与河北省沙河玻璃技术研究院和湖北三峡新型建材股份有限公司进行合作，共同专利申请数量分别是9项和2项。

表3-5-2　共同国内申请人

| 申请人 | 联合申请人 | 申请量（项） |
| --- | --- | --- |
| 法国圣戈班集团 | 法国国家科学中心 | 1 |
| 中国南玻集团股份有限公司 | 吴江南玻华东工程玻璃有限公司 | 8 |
| | 河北视窗玻璃有限公司 | 3 |
| 武汉理工大学 | 河北省沙河玻璃技术研究院 | 9 |
| | 湖北三峡新型建材股份有限公司 | 2 |

### （三）重要企业分析

特种玻璃是相对普通玻璃而言，具有特殊功能和特殊用途的玻璃，如节能玻璃、防火玻璃等。Low-E玻璃、真空玻璃和高性能中空玻璃是目前主流的节能玻璃产品，Low-E玻璃主要生产工艺有离线磁控溅射镀膜和在线化学气相沉积法，生产技术相对成熟，我国离线Low-E玻璃生产技术和设备已经达到国际先进水平，但在线Low-E玻璃生产技术与国外相比还存在一定差距。真空玻璃制造主要依据杜瓦瓶基本原理和工艺，真空玻璃是我国玻璃工业中为数不多的具有自主知识产权的前沿产品，无论是技术工艺水平还是整体产业发展速度，目前均处于世界领先水平。防火玻璃的作用主要是控制火势的蔓延或隔烟，是一种措施型的防火材料，其防火的效果以耐火性能进行评价。

1. 全球重要企业分析

表 3-5-3 显示了全球重要企业的情况，康宁公司的前身是 1851 年成立的玻璃公司，是世界 500 强企业之一，于 2014 年 1 月 5 日上市。康宁生命科学为全球研究人员带来创新实验室科技，同时通过在聚合物科学、生物化学和分子生物学、玻璃熔融和成型、表面改性以及表征科学等领域提供创新型高品质产品与服务。康宁公司在美国和其他国家，许多发明都获得了专利。虽然康宁以前的许多专利现在有的已经过期，但康宁继续寻求并获得保护其创新的专利。康宁在玻璃灯罩领域也称霸近半个世纪。苹果手机用的康宁大猩猩玻璃只是特种玻璃板块下的一个子产品，而显示玻璃才是康宁公司营收最高、最赚钱的业务及产品。

德国肖特集团是一家跨国高科技集团公司，1884 年成立，在特种玻璃、材料以及先进技术领域拥有 130 年的行业经验，其主要业务领域包括家用电器、医药、电子、光学以及交通等。肖特玻璃厂（Schott Glaswerke AG）是德国制造光学玻璃的工厂，最初的肖特玻璃目录只有不到 50 种光学玻璃。现在的美茵兹肖特玻璃厂是世界上最大的光学玻璃厂，其肖特玻璃目录上有 100 多种光学玻璃。肖特玻璃厂的光学玻璃是设计和制造光学透镜的重要材料。

旭硝子公司于 1907 年 9 月创立，母公司是三菱集团。1971 年首先发明了旭法，在日本本土拥有 13 条浮法玻璃生产线。目前，旭玻璃公司不仅在亚洲的中国、印度尼西亚、泰国、越南等均有该公司的股份及工厂，而且在欧洲也有它的子公司，欧洲的比利时格拉威尔公司已成为旭玻璃公司的股份公司（旭玻璃公司占 67.52%）。旭玻璃公司共有 20 条浮法线。在平板玻璃、汽车玻璃、显示器玻璃（CRT、TFT、PDP）等领域，集团已经拥有领先世界的市场占有率。此外，在应用范围广泛的玻璃、氟化学和其他相关领域中，集团也掌握着全球顶尖的技术水平。

法国圣戈班集团（Saint-Gobain）在 1665 年由 Colbert 先生创立，并于当年承建了凡尔赛宫的玻璃画廊。圣戈班是实用材料的设计、生产及销售的世界领先集团。生产销售的材料包括汽车和建筑玻璃、玻璃瓶、管道系统、砂浆、石膏、耐火陶瓷以及晶体。集团由五大业务部组成：平板玻璃、玻璃包装、建筑产品、建材分销和高功能材料，亚太地区是圣戈班国际业务中增长最快的地区。北起中国、日本和韩国，南到澳大利亚和新西兰，通过提供拥有品牌优势、技术优势和针对性的客户服务，该企业的业务和合资企业正孕育着新的增长点。日本是亚太地区代表处的总部。圣戈班集团在那里有将近 1000 名员工从事着平板玻璃、玻璃增强纤维、陶瓷与塑料和磨料磨具等领域的工作，向尖端工业提供成熟的产品和技术服务。

表3-5-3　全球重要企业分析

| 序号 | 申请人 | 专利族（项） | 专利申请（件） | 全球布局 | 研发方向 |
|---|---|---|---|---|---|
| 1 | 美国康宁公司 | 489 | 618 | 美国、中国、韩国、欧洲、日本、澳大利亚、加拿大、德国、印度、法国 | 特殊玻璃材料，比如耐热玻璃 |
| 2 | 德国肖特公司 | 201 | 354 | 美国、德国、中国、日本、欧洲、韩国 | 中空玻璃，夹层玻璃，光学玻璃 |
| 3 | 日本旭硝子株式会社 | 116 | 275 | 法国、美国、日本、中国、印度 | 浮法生产 |
| 4 | 法国圣戈班集团 | 89 | 177 | 法国、欧洲、日本、中国、韩国、新西兰、澳大利亚 | 平板玻璃，玻璃纤维 |

2. 我国重要企业分析

表3-5-4 显示了我国重要企业的情况，我国 Low-E 玻璃、中空玻璃的发展优势主要有技术和政策引导两方面。技术水平方面，国内已经具有一批大规模生产 Low-E 玻璃、中空玻璃的龙头企业，在产品研发、加工设备和检测仪器等方面保持与世界同步水平；政策方面，国家颁布的指导文件有利于推动 Low-E 玻璃、中空玻璃等节能玻璃的推广和应用，近期政策如 2016 年 5 月《国务院办公厅关于促进建材工业稳增长调结构增效益的指导意见》（国办发〔2016〕34 号）中指出要发展高端玻璃。为提高建筑节能标准，推广应用低辐射镀膜（Low-E）玻璃板材、真（中）空玻璃、安全玻璃、个性化幕墙、光伏光热一体化玻璃制品，以及适应既有建筑节能改造需要的节能门窗等产品，2016 年 9 月工信部《建材工业发展规划（2016—2020 年）》（工信部规〔2016〕315 号）中提出要推广双银及多银低辐射镀膜（Low-E）玻璃、安全真（中）空玻璃等节能门窗。

Low-E 和中空玻璃的主要生产企业有中国南玻集团股份有限公司、中国耀华玻璃集团有限公司、金晶（集团）有限公司、中国玻璃控股有限公司、上海耀皮玻璃集团股份有限公司等。其中，中国南玻集团股份有限公司在天津、东莞等地区建有建筑节能玻璃加工基地，其产品基本涵盖了建筑玻璃的全部种类。

真空玻璃仍属新兴类产品，技术与资金门槛较高，目前仍然面临市场认可度较低、相关技术难题未彻底解决以及成本较高的问题，生产真空玻璃的企业少，产业规模小，总产能达到百万平方米。北京新立基真空玻璃技术有限公司在北京经济技术开发区建设真空玻璃产业示范基地和企业技术中心，产品成功应用于德国斯图加特市 Sobek 主动房项目和住建部示范项目"青岛大荣中心"等近百项建筑工程，创造了真空玻璃建筑应用工程的多项世界第一。

目前，我国防火玻璃的生产企业有广东金刚玻璃有限公司、北京冠华东方玻璃科技有限公司、山东金晶格林防火玻璃有限公司等 140 多家，生产夹层及灌注式复合防火玻璃企业约 40 多家。2017 年，蚌埠玻璃工业设计研究院采用自主开发的核心技术与成套装备投资建设一条 50t/d 高端硼硅酸盐防火玻璃生产线。

目前我国已经形成明显的 Low-E 玻璃及中空玻璃的生产聚集区，主要分布在天津、秦皇岛、淄博、芜湖、上海、深圳、蚌埠，以南玻、信义、耀华、金晶、中国建材等实力雄厚的优势大企业为主体。真空玻璃的生产企业主要有北京新立基真空玻璃技术有限公司、青岛乐克玻璃科技股份有限公司（新亨达、新沽上）、洛阳兰迪玻璃机器股份有限公司等，目前还没有形成明显的产业集聚区。我国生产新型复合型灌注式复合防火玻璃的企业主要集中在广东珠三角、上海长三角以及山东、河北、河南和北京等地区，但整体产业集中度仍然不高。

表3-5-4 我国重要企业分析

| 申请人 | 申请量（项） | 法律状态 | | | 研发方向 | 专利运营 | 海外布局 |
| --- | --- | --- | --- | --- | --- | --- | --- |
| | | 有效 | 在审 | 失效 | | | |
| 中国南玻集团股份有限公司 | 248 | 31% | 55% | 14% | Low-E 玻璃，中空玻璃，浮法玻璃 | 转让 41 件，许可 2 件 | 无 |
| 中国耀华玻璃集团有限公司 | 27 | 26% | 11% | 63% | Low-E 玻璃，中空玻璃 | 转让 2 件 | 无 |
| 金晶集团有限公司 | 3 | 0 | 0 | 100% | 浮法玻璃 | 无 | 无 |
| 广东金刚玻璃科技股份有限公司 | 24 | 42% | 30% | 28% | 防火玻璃 | 转让 2 件，许可 1 件 | 无 |
| 北京新立基真空玻璃技术有限公司 | 0 | 0 | 0 | 0 | 真空玻璃 | 无 | 无 |

## 四、小结

特种玻璃领域全球专利申请总量呈不断增长趋势，美国、日本和韩国的专利申请量在 2009 年以前占比较大，2009 年以后，中国申请逐渐占领国际专利市场，这也说明中国特种玻璃领域的专利申请虽然起步较其他三个国家晚，但是近年来发展势头强劲。但是申请人主要集中在高校和科研院所，主要技术处于研发初级阶段，企业研发脱离。全球申请人排名中，中国申请人只占一位。在国内，江苏省特种玻璃专利申请总量在全国城市中排第 1 名，广东省和浙江省位列第 2 名和第 3 名，这些地区依托沿海城市经济的发展，特种玻璃专利申请数量也名列前茅。

为适应我国经济社会发展和建材结构调整的重大需求，仍要加快推进先进玻璃产品的产业发展，通过加强自主创新能力、提升产业发展能力、推进重大科技工程、调整改革与行业监管等一系列举措，针对目前存在的问题，突破关键技术、攻克成套装备体系，促进先进玻璃产品向功能化、规模化发展，能够在重点领域替代进口，成为未来建材行业发展新的增长点。布局方面，我国应借鉴美国康宁公司、德国肖特公司等的全球布局经验。国内应以相关重点科研院所、高校、技术研发能力强的骨干企业为依托，通过政策支持、财政补贴等方式大力扶持各单位开展关键技术攻关，推动产学研落地和科技成果转化，不断发展形成具有自主知识产权的基础性研究成果和产品，进一步完善真空玻璃和防火玻璃产品的市场准入制度，使得性能优异的真空玻璃和防火玻璃产品能够得到市场的认可和广泛应用。

# 第六节　特种陶瓷专利申请分析

特种陶瓷材料是以精制的高纯、超细、人工合成的无机化合物为原料，采用精密控制的制备工艺烧成，具有特定性能的陶瓷。

按照其特性和用途，可分为两大类：结构陶瓷和功能陶瓷。结构陶瓷是具有优良的力学性能、热稳定性及化学稳定性，适合制备在不同温度下使用的结构部件的先进陶瓷。它具有高强度、高硬度、高弹性模量、耐高温、耐磨损、抗热震等特性。结构陶瓷大致分为氧化物系、非氧化物系和结构用陶瓷基复合材料。功能陶瓷是一类利用其电、磁、声、光、弹等直接效应及其耦合效应所提供的一种或多种性质来实现某种使用功能的先进陶瓷。近年来，电火花加工、超声波加工、激光加工和化学加工等精密加工技术逐步得到应用，高质量、高效率、低成本的陶瓷材料精密加工技术已经成为国内外陶瓷领域的研究热点。

## 一、专利申请态势分析

### （一）全球专利申请态势分析

本节专利数据检索截自 2000 年 1 月 1 日—2019 年 8 月 1 日，特种陶瓷领域的全球专利申请量为 26542 项。图 3-6-1 显示了特种陶瓷领域全球专利申请发展趋势，从专利申请的发展趋势看，全球的特种玻璃领域发展可分为平稳成长期和快速发展期两个阶段。2000—2013 年保持平稳状态，年平均申请量在 1000 项左右，2014 年以后，特种陶瓷领域的专利申请大幅增长，申请量呈快速上升趋势。

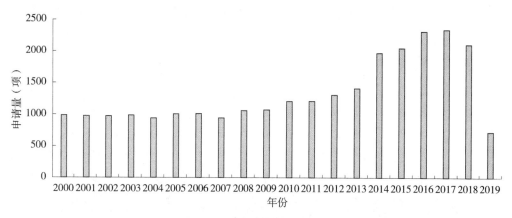

**图3-6-1　全球专利申请趋势**

## （二）国内专利申请态势分析

### 1. 国内专利申请趋势

图 3-6-2 显示了特种陶瓷领域国内专利申请趋势，从图中可以看出，该领域的专利申请量一直保持增长趋势，2000 年国内的申请量不到 100 项，2000—2004 年专利申请年增长量在 30 项左右，增长速度较慢，2005 年以后年增长量小幅增加，2013 年以后，特种陶瓷领域的专利申请量大幅增长，申请量呈快速上升趋势。说明中国的特种陶瓷市场需求急剧扩大，促进了特种陶瓷材料技术的发展以及专利申请量的增长。

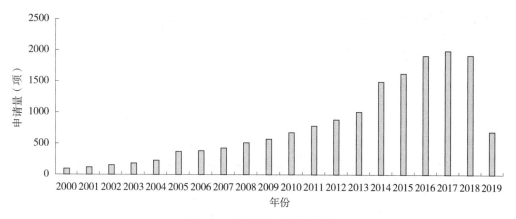

**图3-6-2　国内专利申请趋势**

### 2. 国内外国内专利申请量对比

图 3-6-3 显示了特种陶瓷领域国内外国内专利申请量情况，从该对比图中可以看出，2000—2001 年，国内申请人和国外申请人国内的专利申请量相当且都较低，甚至 2001 年国内申请人的国内申请量要低于国外申请人的国内申请量，而 2002 年以后，国内申请量快速增加，且保持快速增长趋势。国内申请数量的增多，也说明国内相关申请人

对特种陶瓷专利技术的研究正在进一步深入，该项技术也越来越多地受到国内申请人的重视。

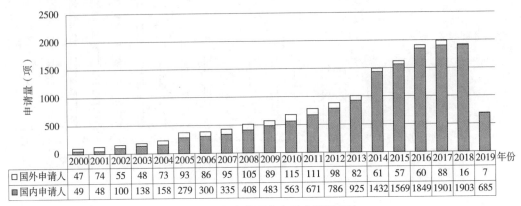

图3-6-3　国内外国内专利申请量对比

## 二、专利区域分布分析

### （一）全球专利申请区域分布分析

图3-6-4显示了主要国家专利申请量情况，中国、日本、美国和韩国为申请量位列前4位的国家，从申请量趋势中可以看出，日本、美国和韩国在2002年以前占比较大，2002年以后，中国申请逐渐占领国际专利市场。日本特种陶瓷材料技术起步及专利申请时间明显早于其他国家，且日本在特种陶瓷领域申请量呈逐年降低态势，这主要是由于特种陶瓷技术发展相对成熟，专利布局较为稳定，相关技术研发投入较低。

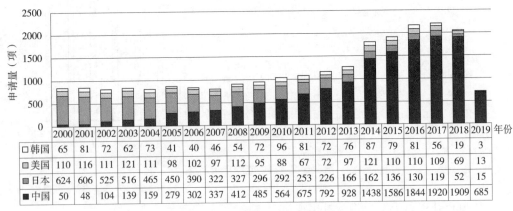

图3-6-4　各国专利申请量对比

### （二）国内专利申请区域分布分析

#### 1. 各国家、地区、组织专利申请量对比

图3-6-5显示了国内申请的技术来源国的申请趋势，国外申请人中日本的国内申请量占据首位，其进军中国市场较早，在2011年其相关专利申请量达到峰值，随后专利申请量呈现逐年下降态势；美国、德国和韩国专利申请量分别位列第2位、第3位和第4位，相比之下，其进入中国市场较晚，专利数量目前处于稳定阶段。

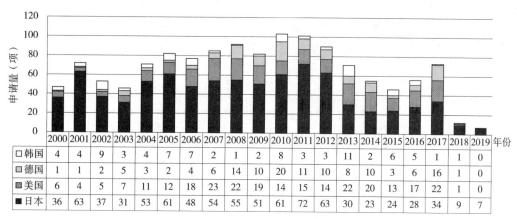

| | 2000 | 2001 | 2002 | 2003 | 2004 | 2005 | 2006 | 2007 | 2008 | 2009 | 2010 | 2011 | 2012 | 2013 | 2014 | 2015 | 2016 | 2017 | 2018 | 2019 |
|---|---|---|---|---|---|---|---|---|---|---|---|---|---|---|---|---|---|---|---|---|
| □ 韩国 | 4 | 4 | 9 | 3 | 4 | 7 | 7 | 2 | 1 | 2 | 8 | 3 | 3 | 11 | 2 | 6 | 5 | 1 | 1 | 0 |
| ▨ 德国 | 1 | 1 | 2 | 5 | 3 | 2 | 4 | 6 | 14 | 10 | 20 | 11 | 10 | 8 | 10 | 3 | 6 | 16 | 1 | 0 |
| ▥ 美国 | 6 | 4 | 5 | 7 | 11 | 12 | 18 | 23 | 22 | 19 | 14 | 15 | 14 | 22 | 20 | 13 | 17 | 22 | 1 | 0 |
| ■ 日本 | 36 | 63 | 37 | 31 | 53 | 61 | 48 | 54 | 55 | 51 | 61 | 72 | 63 | 30 | 23 | 24 | 28 | 34 | 9 | 7 |

图3-6-5　国内申请技术来源国

#### 2. 地区分布

图3-6-6显示了特种陶瓷领域国内申请量排名，整体而言，江苏的特种陶瓷领域申请量位于全国第1，广东和山东位列第2名和第3名，相关专利申请量分别为1767项、1685项、1193项。从专利申请排名来看，特种陶瓷专利申请量与经济、科技的发展水平情况密切相关，江苏、广东作为经济发达地区，特种陶瓷专利申请数量也名列前茅。

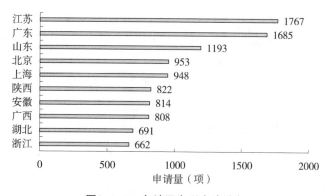

图3-6-6　各地区专利申请排名

### 三、申请人分析

#### (一) 全球专利申请人分析

##### 1. 全球专利申请申请人排名

图 3-6-7 为全球申请人专利申请量排名情况，在该领域全球排名前 8 位的申请人中，中国申请人占 4 位，分别为桂林理工大学、中国科学院上海硅酸盐研究所、天津大学、哈尔滨工业大学，可见，虽然中国申请总量位列第 1，仍以科研院所及高校为主，尚未有专利申请储备较大的龙头企业，说明我国企业与国外企业相比仍存在不少差距，国内相关企业可以寻求科研院所及高校进行合作，以提高特种陶瓷材料的市场占有率。

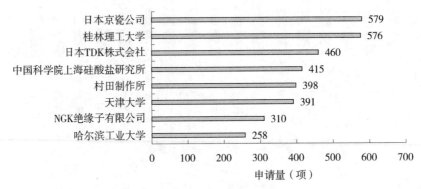

图3-6-7　全球专利申请申请人排名

##### 2. 共同全球申请人分析

特种陶瓷领域专利申请量排名前 10 位的申请人中，其中 5 个申请人的联合申请量比较多，具体共同申请情况见表 3-6-1。总体来说，国外申请人的共同申请数量更多，共同申请人类型也更多元。

国外申请人以日本京瓷公司为代表，其主要与日本出光兴产株式会社、日本中央资源研究所和米诺陶瓷有限公司进行合作，共同的专利申请量分别达到 34 项、4 项和 1 项，而 TDK 公司主要与日本航空航天研究所和名古屋理工学院等科研院所进行合作，共同的专利申请量分别达到 3 项、1 项；国内代表申请人为中国科学院上海硅酸盐研究所，主要与肖特玻璃科技（苏州）有限公司、浙江嘉康电子股份有限公司和康宁股份有限公司进行合作，共同的专利申请量分别达到 4 项、2 项和 2 项。

表3-6-1 共同全球申请人

| 申请人 | 联合申请人 | 申请量（项） |
|---|---|---|
| 日本京瓷公司 | 日本出光兴产株式会社 | 34 |
| | 日本中央资源研究所 | 4 |
| | 米诺陶瓷有限公司 | 1 |
| TDK 公司 | 日本航空航天研究所 | 3 |
| | 名古屋理工学院 | 1 |
| 中国科学院上海硅酸盐研究所 | 肖特玻璃科技（苏州）有限公司 | 4 |
| | 浙江嘉康电子股份有限公司 | 2 |
| | 康宁股份有限公司 | 2 |
| 哈尔滨工业大学 | 平顶山市友盛精密陶瓷有限公司 | 2 |

### （二）国内专利申请人分析

**1. 国内专利申请申请人排名**

图3-6-8显示了国内申请人申请量排名情况，在该领域全球排名前10位的申请人中，日本的申请人占位2个，分别是株式会社村田制作所和TDK株式会社，位列第5位、第9位，其他8位申请人均是中国的，且均为高校和科研院所，可见，在该领域，申请人仍以科研院所及高校为主，技术的市场化程度还有待提高，企业应该加强与高校科研院所的合作，转化技术市场应用。

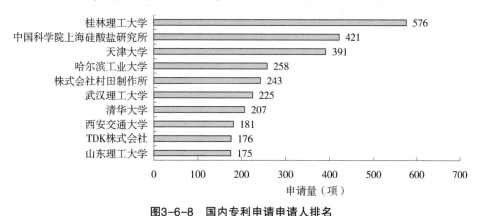

图3-6-8 国内专利申请申请人排名

**2. 共同国内申请人分析**

特种陶瓷领域国内专利申请量排名前10位的申请人中，其中4个申请人的联合申请量比较多。总体来说，国内申请人主要以科研院所为主，共同申请人类型单一，主要是陶瓷领域的公司。其中国内申请人以中国科学院上海硅酸盐研究所为代表，主要与肖特玻璃科技（苏州）有限公司、浙江嘉康电子股份有限公司和康宁股份有限公司进行合作，共同的专利申请量分别达到 4 项、2 项和 2 项，武汉理工大学主要与新疆宝安新能源矿业有限公司和淄博高新产业技术开发区先进陶瓷研究院进行合作，共同专利申请数量分别是 2 项和 1 项（见表3-6-2）。

表3-6-2 共同国内申请人

| 申请人 | 联合申请人 | 申请量（项） |
| --- | --- | --- |
| 中国科学院上海硅酸盐研究所 | 肖特玻璃科技（苏州）有限公司 | 4 |
| | 浙江嘉康电子股份有限公司 | 2 |
| | 康宁股份有限公司 | 2 |
| 武汉理工大学 | 新疆宝安新能源矿业有限公司 | 2 |
| | 淄博高新产业技术开发区先进陶瓷研究院 | 1 |
| 哈尔滨工业大学 | 平顶山市友盛精密陶瓷有限公司 | 2 |
| 清华大学 | 西安西电避雷器有限责任公司 | 5 |
| | 日本丰田汽车株式会社 | 3 |
| | 无锡鑫圣慧龙纳米陶瓷技术有限公司 | 3 |

（三）重要企业分析

1. 全球重要企业分析

日本京瓷公司创立于 1959 年，最初为一家技术陶瓷生产厂商，主营精密陶瓷零部件，精密陶瓷是将高度精炼、合成的原料高温烧制而成的。与塑料或金属等材料相比，具有耐磨损、不易变形、耐热、耐腐蚀等卓越的材质特性。其使用的原料纯度高、粒子均一，制造过程也受到精细的控制。此外，通过改变不同的原料及烧制方法，越来越多的精密陶瓷产品被开发出来。继美国和欧洲之后，备受瞩目的第三大海外市场是中国。京瓷集团于 1995 年在上海设立了"上海京瓷电子有限公司"，作为电子和半导体零部件的生产基地；其后又陆续设立了光学、通信和信息设备等的生产基地，积极拓展中国业务。随着加入 WTO，中国将不再仅局限于生产基地的概念，更向世界展现出了一个"世界市场"的形象。京瓷集团开创全球外资企业之先河，成立了负责统一销售包括国内生产以及进口的京瓷集团全线产品的"京瓷（天津）商贸有限公司"。至此，从生产、销售到服务，京瓷国内的完整业务体系已经形成。如今，京瓷正在同这一日渐强大的市场一道，为获得更大的发展而不懈努力。

TDK 是世界上首个把采用铁氧体的磁性元件铁氧体磁芯成功产品化的综合电子元件制造商。主力产品包括陶瓷电容器、铝电解电容器、薄膜电容器、铁氧体及电感器、高频元件、压电和保护器件以及传感器和传感器系统等各类被动元器件、电源装置。TDK 在技术方面的造诣主要体现在铁氧体材料、磁带、积层元件、磁头这四大革新。

现在 TDK 拥有可实现代替 SQUID 的生物磁性传感器，世界首例成功通过常温传感器实现心脏磁场分布可视化；磁共振方式产业设备用无线电力传输技术，实现向移动体进行高效无线电力传输；厚度为 50μm 以下、柔性且具有强抗弯曲性的基板内置用超薄型薄膜电容器。中国是 TDK 最重要的海外市场，中国市场的需求直接影响到 TDK 集团的营收规模。从 20 世纪 80 年代开始，TDK 正式在中国大陆开展业务，至今已分别在华东、华南以及华北等多个地区相继建立了大型生产据点，业务扩展全国。

村田制作所是日本一家电子零件专业制造厂，其总部设在京都府长冈京市。该公司于 1944 年 10 月创立，1950 年 12 月正式改名为村田制作所。创业者是村田昭，主力商品是陶瓷电容器，高居世界首位。其他具领导地位的零件产品有陶瓷滤波器、高频零件、感应器等。村田制作所是全球领先的电子元器件制造商。村田制作所的客户分布在 PC、手机、汽车电子等领域。随着消费电子领域竞争的不断加剧，产品更新换代的速度不断加快，而作为上游电子元器件供应商，能够随时了解客户需求，甚至走在客户之前开发出更新产品，成为村田制作所业务持续增长的关键。不断推出新产品是村田制作所的竞争力源泉，而不断推出市场需要的产品则是其业绩保持增长的保障。

2. 我国重要企业分析

目前，我国先进陶瓷研究领域广泛，几乎涉猎了所有先进陶瓷材料的研究、开发和生产。精密小尺寸产品、大尺寸陶瓷器件的成型、烧结技术、低成本规模化制备技术，陶瓷加工系统等领域不断打破国外垄断和技术封锁，如凝胶注模工艺生产的大尺寸熔融石英陶瓷方坩埚打破了美国赛瑞丹、日本东芝两大公司的技术垄断。我国在某些尖端先进陶瓷的理论研究和实验水平达到国际先进水平，氮化硅陶瓷、陶瓷坩埚等先进陶瓷产品我国已能大批量生产，产品质量较稳定，并占据一定的国际市场，如大尺寸熔融石英陶瓷方坩埚产能居于全球第 1 位。目前，国内先进陶瓷产业主要集中在山东、江西、广东、江苏、浙江、河北、福建等几个省份，2017 年这些省份产值比例约占全国总产值的 70%。其中，华东地区较大的先进陶瓷产业基地有山东淄博、江苏宜兴，华中地区较大的先进陶瓷产业基地有江西萍乡，华南地区较大的先进陶瓷产业基地有广东佛山。近年来，国内先进陶瓷制备技术快速提升，包括高纯陶瓷粉末的合成、先进的成型工艺、烧结技术及陶瓷部件的精密加工技术，已经可以生产各类复杂形状的陶瓷部件，其中一部分结构陶瓷产品出口到美国、欧洲等发达国家/地区。

先进陶瓷产业的区域特色逐渐形成，其中广东、江苏、山东三省的结构陶瓷集中度较高，在产品和技术方面最具竞争力。广东省企业在结构陶瓷零部件制造上具有一定优势，如陶瓷柱塞、陶瓷球阀、陶瓷刀具等占据了很大的市场。目前，共有企业大约 100 家，规模化的公司有潮州三环集团、广东东方锆业科技股份有限公司等，还有一批在精密成型和精密加工方面具有特色的中小型企业。

江苏宜兴、苏州、常州、常熟等地区在化工用结构陶瓷部件、尾气净化用蜂窝陶瓷、防弹陶瓷、环保陶瓷等领域具有优势。代表企业有宜兴非金属化工机械厂有限公司、宜兴市九荣特种陶瓷有限公司、江苏金盛陶瓷科技有限公司、江苏省陶瓷研究所有限公司等。宜兴陶瓷产品门类涵盖了纺织瓷、装置瓷、耐磨瓷、环保陶瓷、化工陶瓷等多个领域。其中，纺织机械陶瓷和汽车尾气净化用蜂窝陶瓷在国内占有优势和领先水平，全市先进陶瓷总产值近 40 亿元。

山东淄博、潍坊是先进陶瓷产业聚集区，拥有先进陶瓷企业 100 余家，主要产品有耐磨氧化铝、氧化锆陶瓷、烟气及水处理用环保陶瓷、冶金铸造用过滤器、升液管、石油化工用陶瓷、透波石英陶瓷和氮化硅陶瓷、耐热蚀领域用反应烧结碳化硅陶瓷等。代表企业有山东工业陶瓷研究设计院、山东硅苑新材料科技股份有限公司、淄博华创精细陶瓷有限公司等。

此外，江西萍乡在石油化工陶瓷和高压电瓷领域聚集度高，在国内外市场占据较高份额。湖南娄底市，集聚着近 100 家电子陶瓷生产企业。仅湖南新化鑫星电子陶瓷有限公司一家企业生产的放电管就占据全球 40%、全国 60% 的市场份额。另外，该地区企业的陶瓷水阀片、温控器、离子烫发热板、瓷棒、放电管瓷管、金属放电管、电阻瓷基体等，年生产能力达 6 亿件，占据国内半壁江山。

### 四、小结

特种陶瓷领域全球专利申请总量呈不断增长趋势，21 世纪以前，日本、美国和韩国为特种陶瓷的主要申请强国，尤其是日本，申请量居全球第一。进入 21 世纪，各国专利申请量都进入高速发展期，中国的专利增长量也非常迅速，成为现在申请总量排第一的国家，但是申请人主要集中在高校和科研院所，主要技术处于研发初级阶段，企业研发脱离。在国内，江苏省特种陶瓷专利申请总量在全国城市中排第 1 名，广东省和山东省位列第 2 名和第 3 名，这些地区依托沿海城市经济的发展，特种陶瓷专利申请数量也名列前茅。

从世界范围来看，特种陶瓷材料在向新的领域不断扩展。虽然我国在特种陶瓷材料开发上取得了长足的进步，与国际特种陶瓷领域领先国家的距离进一步缩小，但仍然缺乏批量化、低成本、高效制备优质特种陶瓷材料的先进技术、装备和管理水平，高品质陶瓷粉体及高附加值的特种陶瓷产品仍依赖进口，粉体方面如氮化硅、氧化铝、氧化锆等，高附加值产品如手机中使用的片式压电陶瓷滤波器等仍需进口。我国特种陶瓷生产企业虽然多，但规模都不大，以中小企业居多，由于缺乏高水平的专业技术人员，研发能力较弱，在对市场需求的响应方面不能像国外公司那样快速而又有保障。

## 第七节　先进建筑材料专利申请分析

建材工业是国民经济的重要基础产业，是改善人居条件、治理生态环境和发展循环经济的重要支撑。传统建筑材料有水泥、砖、砂、混凝土预制或现浇板、钢筋等。

先进建筑材料目前尚无明确定义，但一般是指适应于重大工程、节能建筑和战略性新兴产业迫切需求的新材料，包括超高性能结构材料、特种功能材料以其具有科技含量高、附加值高、绿色节能、产业涉及面广等特点。先进建筑材料种类繁多，本节主要介绍特种水泥和高性能混凝土、先进墙体材料、新型建筑防水材料、隔热隔音材料和轻质建筑材料五大类的专利信息分析。

**一、专利申请态势分析**

**（一）全球专利申请态势分析**

本节专利数据检索截自 2000 年 1 月 1 日—2019 年 8 月 1 日，先进建筑材料领域的全球专利申请量为 110110 项。图 3-7-1 显示了先进建筑材料领域全球的专利申请发展趋势，全球的先进建筑材料在 2000—2010 年相关专利申请量较为平稳，2011 年以后专利申请小幅增长，在 2016 年相关专利申请量达到 10490 项。

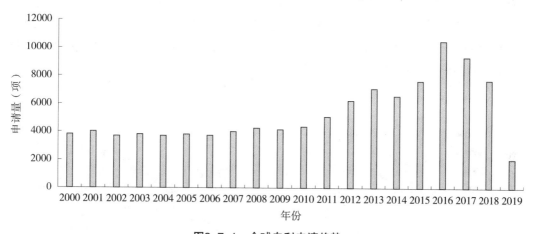

**图3-7-1　全球专利申请趋势**

**（二）国内专利申请态势分析**

**1. 国内专利申请趋势**

图 3-7-2 显示了先进建筑材料领域国内的发展趋势，从专利申请的发展趋势看，国内的先进建筑材料领域发展可分为萌芽期、平稳成长期和快速发展期三个阶段。2000 年，国内的申请量为 207 项，2002—2009 年，先进建筑材料的申请量稳步增长，2009 年以后，先进建筑材料领域的专利申请大幅增长，申请量呈快速上升趋势。

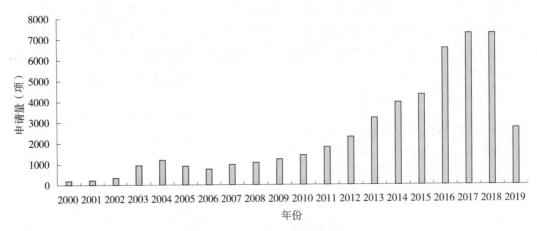

图3-7-2 国内专利申请趋势

2. 国内外国内专利申请量对比

图3-7-3 显示了先进建筑材料领域国内外国内专利申请量的对比情况，从中可以看出，国内申请人一直占据国内相关专利主要份额，国外申请人申请量变化较小，自2006 年以后相关专利申请量呈现稳定态势。

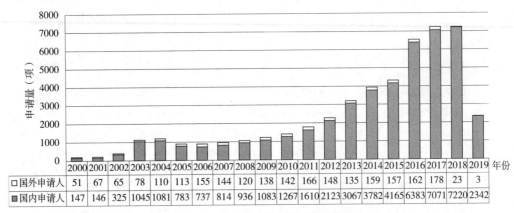

| | 2000 | 2001 | 2002 | 2003 | 2004 | 2005 | 2006 | 2007 | 2008 | 2009 | 2010 | 2011 | 2012 | 2013 | 2014 | 2015 | 2016 | 2017 | 2018 | 2019 |
|---|---|---|---|---|---|---|---|---|---|---|---|---|---|---|---|---|---|---|---|---|
| □国外申请人 | 51 | 67 | 65 | 78 | 110 | 113 | 155 | 144 | 120 | 138 | 142 | 166 | 148 | 135 | 159 | 157 | 162 | 178 | 23 | 3 |
| ■国内申请人 | 147 | 146 | 325 | 1045 | 1081 | 783 | 737 | 814 | 936 | 1083 | 1267 | 1610 | 2123 | 3067 | 3782 | 4165 | 6383 | 7071 | 7220 | 2342 |

图3-7-3 国内外国内专利申请量对比

## 二、专利区域分布分析

### (一) 全球专利申请区域分布分析

图3-7-4 显示了各国专利申请量对比情况，中国、日本、美国和韩国为申请量位列前4 位的国家，从申请量趋势可以看出，日本、韩国和美国在2009 年以前占比较大，2009 年以后，专利申请量占据全球相关专利申请量的一半，中国在先进建筑材料领域逐渐发展为重要的技术来源国，中国市场相对比较活跃，发展迅速，美国、韩国市场相对稳定，日本在该领域发展较早，目前处于衰退期。

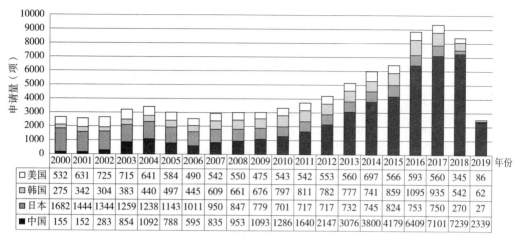

图3-7-4　各国专利申请量对比

| 年份 | 2000 | 2001 | 2002 | 2003 | 2004 | 2005 | 2006 | 2007 | 2008 | 2009 | 2010 | 2011 | 2012 | 2013 | 2014 | 2015 | 2016 | 2017 | 2018 | 2019 |
|---|---|---|---|---|---|---|---|---|---|---|---|---|---|---|---|---|---|---|---|---|
| 美国 | 532 | 631 | 725 | 715 | 641 | 584 | 490 | 542 | 550 | 475 | 543 | 542 | 553 | 560 | 697 | 566 | 593 | 560 | 345 | 86 |
| 韩国 | 275 | 342 | 304 | 383 | 440 | 497 | 445 | 609 | 661 | 676 | 797 | 811 | 782 | 777 | 741 | 859 | 1095 | 935 | 542 | 62 |
| 日本 | 1682 | 1444 | 1344 | 1259 | 1238 | 1143 | 1011 | 950 | 847 | 779 | 701 | 717 | 717 | 732 | 745 | 824 | 753 | 750 | 270 | 27 |
| 中国 | 155 | 152 | 283 | 854 | 1092 | 788 | 595 | 835 | 953 | 1093 | 1286 | 1640 | 2147 | 3076 | 3800 | 4179 | 6409 | 7101 | 7239 | 2339 |

## （二）国内专利申请区域分布分析

### 1. 各国家、地区、组织专利申请量对比

图3-7-5显示了国内申请的技术来源国的申请量对比和申请趋势，其中除中国之外，日本的国内申请占据首位，且申请量逐年增长，美国、德国和韩国紧随其后，分别位列第2、第3和第4位。相比较来说，日本、美国在该领域进军中国市场较早，目前，国外创新主体在中国市场的申请量处于稳定状态。

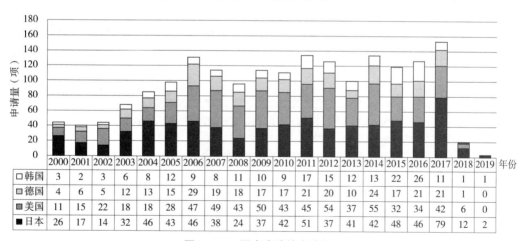

| 年份 | 2000 | 2001 | 2002 | 2003 | 2004 | 2005 | 2006 | 2007 | 2008 | 2009 | 2010 | 2011 | 2012 | 2013 | 2014 | 2015 | 2016 | 2017 | 2018 | 2019 |
|---|---|---|---|---|---|---|---|---|---|---|---|---|---|---|---|---|---|---|---|---|
| 韩国 | 3 | 2 | 3 | 6 | 8 | 12 | 9 | 8 | 11 | 10 | 9 | 17 | 15 | 12 | 13 | 22 | 26 | 11 | 1 | 1 |
| 德国 | 4 | 6 | 5 | 12 | 13 | 15 | 29 | 19 | 18 | 17 | 17 | 21 | 20 | 10 | 24 | 17 | 21 | 21 | 1 | 0 |
| 美国 | 11 | 15 | 22 | 18 | 18 | 28 | 47 | 49 | 43 | 50 | 43 | 45 | 54 | 37 | 55 | 32 | 34 | 42 | 6 | 0 |
| 日本 | 26 | 17 | 14 | 32 | 46 | 43 | 46 | 38 | 24 | 37 | 42 | 51 | 37 | 41 | 42 | 48 | 46 | 79 | 12 | 2 |

图3-7-5　国内申请技术来源国

### 2. 地区分布

图3-7-6显示了先进建筑材料领域国内申请趋势和申请量排名，中国申请中各地区排名前10位的分别是江苏（7112项）、广东（3880项）、安徽（3731项）、湖南（3403项）、北京（3216项）、山东（3175项）、浙江（2395项）、上海（2021项）、四川（1855项）、湖北（1677项）。整体而言，江苏在先进建筑材料领域的专利申请量

在全国处于遥遥领先地位，在该领域占据绝对优势地位。

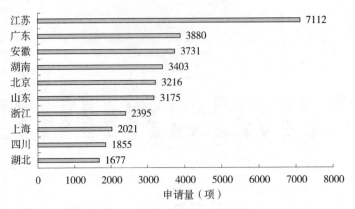

**图3-7-6　各省市专利申请排名**

## 三、申请人分析

### (一) 全球专利申请人分析

1. 全球专利申请申请人排名

图 3-7-7 显示了全球申请人申请量排名情况，在该领域全球排名前 9 位的申请人中，中国申请人占 2 位，分别为武汉理工大学、沈阳建筑大学，可见，虽然中国申请总量位列第一，但是申请人在全球申请人中并不突出，且均为高校申请，并未有相关企业入围，未来应进一步加强产学研结合，加大企业和高校的合作力度，以增强企业在专利等方面的核心竞争力。

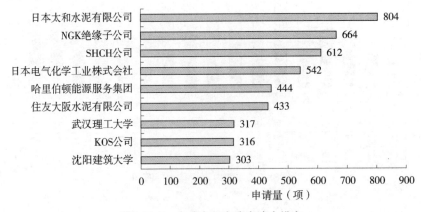

**图3-7-7　全球专利申请申请人排名**

2. 共同全球申请人分析

先进建筑材料领域专利申请量排名前 10 位的申请人中，其中 4 个申请人的联合申请量比较多，具体共同申请情况见表 3-7-1。总体来说，国外申请人的共同申请数量更多，共同申请人类型也更多元，涉及了相关领域的科研院所如东京大学等，相关领域的建筑公司如 DC 株式会社、东方建筑有限公司和鹿岛建设株式会社等。

其中国外申请人以日本太和水泥有限公司为代表，其主要与日本陶瓷有限公司、DC 株式会社、东方建筑有限公司和第一水泥有限公司进行合作，共同的专利申请量分别为 13 项、8 项、7 项和 5 项；住友大阪水泥有限公司的共同申请人包括鹿岛建设株式会社、东京大学和安藤·间株式会社，共同的专利申请量分别为 11 项、10 项和 7 项，住友大阪水泥有限公司以东京大学的科研水平为依托在先进建筑材料领域的发展势头迅猛。

表3-7-1 共同全球申请人

| 申请人 | 联合申请人 | 申请量（项） |
| --- | --- | --- |
| 日本太和水泥有限公司 | 日本陶瓷有限公司 | 13 |
| | DC 株式会社 | 8 |
| | 东方建筑有限公司 | 7 |
| | 第一水泥有限公司 | 5 |
| 住友大阪水泥有限公司 | 鹿岛建设株式会社 | 11 |
| | 东京大学 | 10 |
| | 安藤·间株式会社 | 7 |
| 武汉理工大学 | 武汉亿胜科技有限公司 | 5 |
| | 中博建设集团有限公司 | 4 |
| | 安徽建筑大学 | 4 |
| 沈阳建筑大学 | 北京工业大学 | 2 |
| | 中国建筑第八工程局有限公司 | 1 |

（二）国内专利申请人分析

1. 国内专利申请申请人排名

图 3-7-8 显示了国内申请人申请量排名情况，从申请人的类型分布来看，国内专利申请量排名前 9 位的申请人中，均为国内申请人，其中包括 8 个高校、1 个个人申请，可见，在该领域，国内以科学研究为主的申请格局凸显中国企业对先进建筑材料技术研发整体参与度不高，技术的市场化程度还有待提高，企业应该加强与高校科研院所的合作，转化技术市场应用。

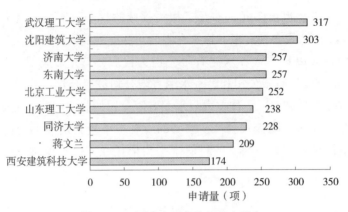

图3-7-8　国内专利申请申请人排名

2. 共同国内申请人分析

先进建筑材料领域国内专利申请量排名前几位的申请人中，其中5个申请人的联合申请量比较多，具体共同申请情况见表3-7-2。总体来说，国内申请人主要以科研院所为主，共同申请人类型多元化，涉及相关领域的科研院所和先进建筑材料领域的公司。其中国内申请人以武汉理工大学为代表，主要与武汉亿胜科技有限公司、中博建设集团有限公司和安徽建筑大学进行合作，共同的专利申请量分别达到5项、4项和4项，沈阳建筑大学主要与北京工业大学和中国建筑第八工程局有限公司进行合作，共同专利申请数量分别是2项和1项，东南大学主要与南京彼卡斯建筑科技有限公司、中国十七冶集团有限公司和中国建筑第二工程局有限公司进行合作，共同专利申请数量分别是5项、2项和2项。

表3-7-2　共同国内申请人

| 申请人 | 联合申请人 | 申请量（项） |
|---|---|---|
| 武汉理工大学 | 武汉亿胜科技有限公司 | 5 |
| | 中博建设集团有限公司 | 4 |
| | 安徽建筑大学 | 4 |
| 沈阳建筑大学 | 北京工业大学 | 2 |
| | 中国建筑第八工程局有限公司 | 1 |
| 东南大学 | 南京彼卡斯建筑科技有限公司 | 5 |
| | 中国十七冶集团有限公司 | 2 |
| | 中国建筑第二工程局有限公司 | 2 |
| 济南大学 | 深圳港创建材股份有限公司 | 8 |
| | 德州汇特环保科技有限公司 | 2 |
| 北京工业大学 | 安徽四建控股集团有限公司 | 4 |
| | 沈阳建筑大学 | 2 |

（三）重要企业分析

1. 全球重要企业分析

表3-7-3 显示了全球重要企业的情况，日本太平洋水泥公司利用垃圾灰作原料建成"生态水泥厂"（Eco～Cement），投产后运转正常。这是世界上第一座"生态水泥厂"，建设在千叶县境内的水原生态小区，原料是城市垃圾灰和石灰石，0.6t 垃圾灰和0.8t 石灰石可制造 1t 水泥，设计年产能力为 11 万 t。该厂的产品有两种。一种是清除了氯成分的普通型生态水泥，另一种是含氯的快速硬化型生态水泥，均可用作建造房屋、道路、桥梁和改良土壤的材料等。该厂投产后，生产情况正常，从 2002 年 4 月 1日起，生产能力可达到设计标准。生态水泥厂的建设既能够减少城市垃圾等废弃物对环境的污染，又可以生产有用物质，收到了环保的效果。

表3-7-3　全球重要企业分析

| 申请人 | 申请量（项） | 申请量（件） | 全球布局 | 研发方向 |
|---|---|---|---|---|
| 日本太平洋水泥株式会社 | 312 | 444 | 日本、美国、中国、韩国 | 生态水泥 |
| 住友大阪水泥有限公司 | 301 | 433 | 日本、美国、中国、韩国 | 水泥生产 |
| 拉法基集团 | 97 | 211 | 法国、美国、中国 | 水泥、石膏板、骨料与混凝土 |

日本住友是拥有 400 多年历史的世界 500 强之一的住友集团旗下的建设机械厂家，在世界范围享有盛誉。住友大阪水泥是其核心公司之一。

拉法基集团于 1833 年在法国成立，水泥、石膏板、骨料与混凝土分支均居世界领先地位。作为世界建材行业的领导者，其四个分支在业内均位处前列：水泥和屋面系统位居世界第一、混凝土与骨料位居世界第二、石膏建材位居世界第三。拉法基集团于 1994 年进入中国，旗下拥有拉法基瑞安水泥有限公司、上海拉法基石膏建材有限公司和北京易成拉法基混凝土有限公司。

2. 我国重要企业分析

目前，我国仍处于国民经济平稳快速发展时期，全国房屋建设、市政公用基础设施特别是高铁、水电、核电等国家重大基础设施建设不断提速，成为拉动我国经济的重要支撑点。随着我国基础建设的深入和扩大，工程使用寿命要求的不断提高，我国土木工程和基础设施正向超大规模和在极端环境下使用的方向发展，如超大体积、超大跨度、超高、超深的工程建筑和水下、海洋、盐碱地以及其他严酷环境条件，对水泥混凝土的性能提出了更高的要求，也为特种水泥和高性能混凝土的科技创新和技术进步提供了重要机遇。新型保温隔热材料、装配式建筑部品和高利废墙体制品是近年行业发展的热点，以满足近零能耗建筑、装配式建筑和减排降耗等行业需求。目前，从国际上看，建筑主要向超低能耗的近零能耗房屋、健康住宅和建筑工业化等方向发展。提升建筑围护材料关键性能和技术应用的重点方向应包括：①结构功能一体化墙板：重点发展超高性能混凝土基墙板部品，并将高强墙板与轻集料、保温材料等结合，形成结构功能一体化墙板。②部品化节能复合墙板：重点研发多功能建筑用复合板材和超低能耗建筑用复合板材，如导热系数低于 0.003W/（m·K）的复合墙板等。③地域性原材料利用：利用火山灰渣、植物秸秆等地域性原材料制备绿色建筑板材、解决环境污染的同时，针对地域原材料的区域特点进行产业化发展，促进精准扶贫。

受市场指向驱动，我国特种水泥和高性能混凝土产业布局大体与区域工程发展重点相一致。例如，四川、云南等省份具有较多水利资源和水电工程，当地布局了大量的水工水泥企业；沿海城市布局了大量的海工水泥企业；核电站规划地附近城市布局了大量的核电水泥企业；高性能混凝土则重点分布在重大工程聚集、中东部等经济发展地区。随着经济的发展、工程建设的推进，相关产业形成了主次相互支持的网络结构。

在特种水泥和高性能混凝土迅速发展的形势下，仍存在产业布局不均衡的问题。西南地区近年来特种水泥和高性能混凝土发展迅速，但较东部浙江、安徽等省份仍有一定差距；西北地区依然落后于全国平均水平。

我国特种水泥重点集聚区根据水泥品种略有不同。水工水泥集中在四川、云南等地，主要企业有嘉华特种水泥股份有限公司、葛洲坝集团水泥有限公司、四川峨胜水泥集团股份有限公司、华新水泥股份有限公司等；白色硅酸盐水泥集中在安徽、江西等地，主要企业有阿尔博波特兰（安庆）有限公司、江西银杉白水泥有限公司、苏州光华水泥厂有限公司等；海工水泥集中在海南、广东、广西等地，主要企业有宁波科环新型建材股份有限公司、福建水泥股份有限公司、丹东海工硅酸盐水泥有限公司、广西云燕特种水泥有限公司等；油井水泥分布较广，在四川、山东、新疆、辽宁等地，主要企业有嘉华特种水泥股份有限公司、大连水泥集团有限公司、新疆青松建材化工（集团）股份有限公司、葛洲坝集团水泥有限公司、抚顺水泥股份有限公司、新疆天山水泥股份有限公司等。

特种水泥和高性能混凝土经过数十年发展，建设了多层次的研发平台。国家重点实验室有绿色建筑材料国家重点实验室、高性能土木工程材料国家重点实验室、硅酸盐建筑材料国家重点实验室、材料化学工程国家重点实验室等；国家技术中心有中交公路长大桥建设国家工程研究中心；另外，还建立了新型建筑材料与工程建设部重点实验室、道路结构与材料交通行业重点实验室、土木工程安全与耐久教育部重点实验室、江苏省土木工程材料重点实验室等省部、行业重点实验室。这些平台的建立，为行业整体技术的提升、产业健康有序的发展提供了有效保障。

四、分类号分析

图 3-7-9 显示了先进建筑材料相关专利申请技术领域分布情况。先进建筑材料相

关的技术主题中，C04B（石灰；氧化镁；矿渣；水泥；其组合物，例如：砂浆、混凝土或类似的建筑材料；人造石；陶瓷）占比最多，且申请量达到 55995 项，远远超过其他技术分支；E04B（一般建筑物构造；墙，例如，间壁墙；屋顶；楼板；顶棚；建筑物的隔绝或其他防护）申请量达到 36634 项；E04C（结构构件；建筑材料）申请量达到 23778 项。这三个分类号位列前 3 位，且申请量占先进建筑材料总申请量的大部分，属于研究热点，其他分类号的申请量占比较少。

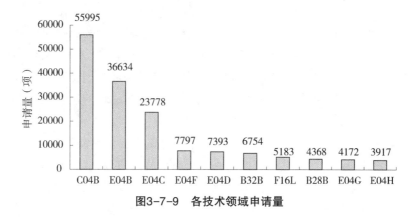

图3-7-9　各技术领域申请量

## 五、小结

先进建筑材料领域全球专利申请总量呈不断增长趋势，21 世纪以前，日本、韩国和美国为先进建筑材料的主要申请强国。进入 21 世纪，各国专利申请量都进入高速发展期，中国的专利增长量非常迅速，成为现在申请总量排名第 1 的国家，但是申请人主要集中在高校和科研院所，主要技术处于研发初级阶段，企业研发脱离，我国应在全国范围内依托国家重点实验室、高等院校、科研院所、检测中心、标准院等单位，将相关技术转化到生产企业，实现技术顺利实施，从而带动整个行业发展。从全球申请人排名可以看出，在该领域全球排名前 10 位的申请人中，中国申请人占 2 位，分别位列第 8、第 10 位，可见，虽然中国申请总量位列第一，但是申请人在全球申请人中并不突出。且中国申请人的申请量稳步增长，国外申请人的申请量逐渐减少，中国申请人逐渐占领国际主导地位。在国内，江苏在先进建筑材料领域的专利申请量位列全国第一，广东省位列第 2 名，且位列前 5 名的江苏、广东、安徽、湖南和北京自 2009 年以后申请量呈快速上升趋势。

我国应鼓励和引导先进建筑材料行业进行技术革新和设备升级，推动产业转型升级，提升竞争力；对落后生产工艺进行改造，实现绿色化、智能化生产，激励先进建筑材料生产企业及研究单位坚持科技创新，加大先进建筑材料的研发力度，满足我国重点工程建设需要，保证工程的安全性和耐久性。布局方面，应借鉴哈里伯顿能源服务集团和住友大阪水泥有限公司的全球布局经验。我国应科学规划，合理布局，按照优化区域布局、协调发展的原则，加快推进资产流动和重组，使生产要素向优势企业集中，通过组织结构调整，提高先进建筑材料的规模化和集约化程度。

# 第八节　先进纺织材料专利申请分析

纺织材料包括纺织加工用的各种纤维、纤维形态的集合体和以纤维材料为主体的复合材料，如一维形态为主的纱、线、缆绳等，二维形态为主的网层、织物、絮片等，三维形态为主的编织物及其增强复合体等。先进纺织材料是指具有优良性能和功能的纺织材料，一般是指用于健康护理、安全防护、环境保护、新能源、交通运输、航空航天、国防军工等领域的纺织纤维及其制品，其对国民经济、国防军工建设起着重要的支撑和保障作用。先进纺织材料的范围十分广泛，根据材料的制备技术和应用领域的不同，重点包括功能纤维材料、生物基纤维材料等。

功能纤维材料既是全球化纤工业必争的科技制高点，又是我国新材料、新能源、环保等战略性新兴产业发展的关键领域之一，具有广阔的市场空间和增长潜力。"十三五"规划、《中国制造 2025》国家战略的实施，将加快推动功能纤维材料的快速发展。功能纤维材料的应用领域正在不断由传统的服装、家纺领域，向交通、新能源、医疗卫生、基础设施、安全防护、环境保护、航空航天等领域拓展。随着我国经济结构的深度调整和对外开放、城镇化进程加快，以及以中产阶级、老龄消费、年轻时尚等为代表的个性化、差异化、功能化的需求升级，我国功能纤维的需求潜力将不断释放。国家"十三五"发展规划提出创新、协调、绿色、开放、共享五大发展理念，绿色发展不仅是我国经济持续发展的必要条件，而且还是人民对美好生活追求的重要体现。生物基纤维材料具有绿色、环境友好、原料可再生以及生物降解等优良特性，有助于解决当前全球经济社会发展所面临的严重的资源和能源短缺、环境污染等问题，在国家推动绿色发展的当今，为生物基纤维的发展提供了良好契机。

## 一、专利申请态势分析

### （一）全球专利申请态势分析

本节专利数据检索截自 2000 年 1 月 1 日—2019 年 8 月 1 日，先进纺织材料领域的全球专利申请量为 105306 项。图 3-8-1 显示了先进纺织材料领域全球的发展趋势，除了 2006—2007 年出现小幅回落，近 20 年间申请量呈稳步增长状态，该领域目前处于稳步发展期。

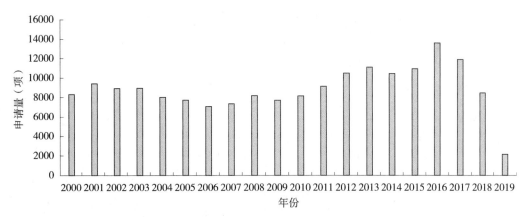

**图3-8-1　全球专利申请趋势**

### （二）国内专利申请态势分析

#### 1. 国内专利申请趋势

图 3-8-2 显示了先进纺织材料领域国内的发展趋势，从专利申请的发展趋势看，国内的先进纺织材料领域发展可分为平稳成长期和快速发展期两个阶段。2000—2001 年，国内每年专利申请量 200 项左右，2002—2009 年，先进纺织材料的申请量稳步增长，2010 年以后，先进纺织材料领域的专利申请量大幅增长，申请量呈快速上升趋势。

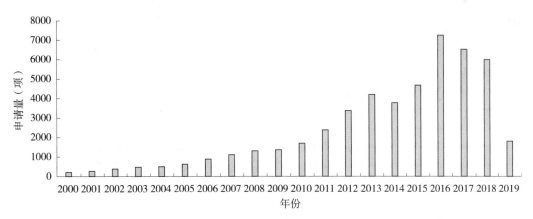

**图3-8-2　国内专利申请趋势**

#### 2. 国内外国内专利申请量对比

图 3-8-3 显示了先进纺织材料领域国内外国内专利申请量情况，从该对比图中可以看出，国内申请的迅速增长主要依赖于国内相关专利申请数量的增长，2000—2001 年，国外申请人国内专利申请量多于国内申请人申请量，2002 年国外与国内专利申请量基本持平，经过 10 多年的快速发展，国内申请人的专利申请量所占据国内专利申请量的比例逐年增大。中国作为国际上规模最大的纺织品服装生产、消费和出口国，是

纺织产业链最完整、门类最齐全的国家，随着我国纺织产业的纵深发展，先进纺织材料研发深入，也促进了相关专利申请量的急剧增长。

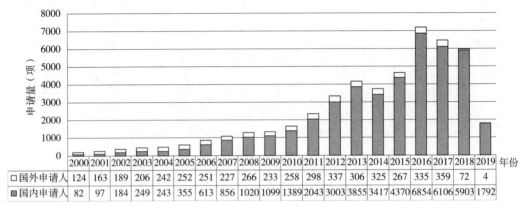

| | 2000 | 2001 | 2002 | 2003 | 2004 | 2005 | 2006 | 2007 | 2008 | 2009 | 2010 | 2011 | 2012 | 2013 | 2014 | 2015 | 2016 | 2017 | 2018 | 2019 |
|---|---|---|---|---|---|---|---|---|---|---|---|---|---|---|---|---|---|---|---|---|
| 国外申请人 | 124 | 163 | 189 | 206 | 242 | 252 | 251 | 227 | 266 | 233 | 258 | 298 | 337 | 306 | 325 | 267 | 335 | 359 | 72 | 4 |
| 国内申请人 | 82 | 97 | 184 | 249 | 243 | 355 | 613 | 856 | 1020 | 1099 | 1389 | 2043 | 3003 | 3855 | 3417 | 4370 | 6854 | 6106 | 5903 | 1792 |

图3-8-3　国内外国内专利申请量

## 二、专利区域分布分析

### （一）全球专利申请区域分布分析

图3-8-4显示了各国专利申请量对比，中国、日本、美国和韩国为申请量位列前4位的国家，从申请量趋势可以看出，2000—2008年日本一直处于申请量第一的位置，2009年以后专利申请量有一定下滑。中国在先进纺织材料领域专利申请起步较晚，但发展迅速，2009年起超过日本成为全球相关领域专利申请量最多的国家。

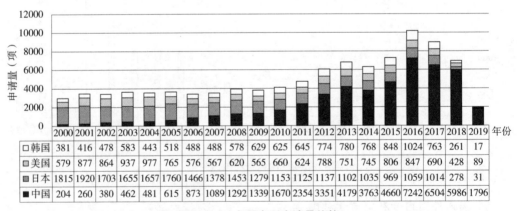

| | 2000 | 2001 | 2002 | 2003 | 2004 | 2005 | 2006 | 2007 | 2008 | 2009 | 2010 | 2011 | 2012 | 2013 | 2014 | 2015 | 2016 | 2017 | 2018 | 2019 |
|---|---|---|---|---|---|---|---|---|---|---|---|---|---|---|---|---|---|---|---|---|
| 韩国 | 381 | 416 | 478 | 583 | 443 | 518 | 488 | 488 | 578 | 629 | 625 | 645 | 774 | 780 | 768 | 848 | 1024 | 763 | 261 | 17 |
| 美国 | 579 | 877 | 864 | 937 | 977 | 765 | 576 | 567 | 620 | 565 | 660 | 624 | 788 | 751 | 745 | 806 | 847 | 690 | 428 | 89 |
| 日本 | 1815 | 1920 | 1703 | 1655 | 1657 | 1760 | 1466 | 1378 | 1453 | 1279 | 1153 | 1125 | 1137 | 1102 | 1035 | 969 | 1059 | 1014 | 278 | 31 |
| 中国 | 204 | 260 | 380 | 462 | 481 | 615 | 873 | 1089 | 1292 | 1339 | 1670 | 2354 | 3351 | 4179 | 3763 | 4660 | 7242 | 6504 | 5986 | 1796 |

图3-8-4　各国专利申请量趋势

### （二）国内专利申请区域分布分析

#### 1. 各国专利申请量对比

图3-8-5显示了国内申请的技术来源国的申请量对比情况，其中除了中国之外，

日本的国内申请占据首位，且申请量逐年增长，美国、德国和韩国紧随其后。相比较来说，日本、美国在该领域进军中国市场较早，目前，国外创新主体在中国市场的申请量处于稳定状态。

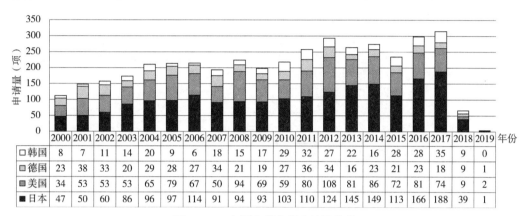

| | 2000 | 2001 | 2002 | 2003 | 2004 | 2005 | 2006 | 2007 | 2008 | 2009 | 2010 | 2011 | 2012 | 2013 | 2014 | 2015 | 2016 | 2017 | 2018 | 2019 |
|---|---|---|---|---|---|---|---|---|---|---|---|---|---|---|---|---|---|---|---|---|
| 韩国 | 8 | 7 | 11 | 14 | 20 | 9 | 6 | 18 | 15 | 17 | 29 | 32 | 27 | 22 | 16 | 28 | 28 | 35 | 9 | 0 |
| 德国 | 23 | 38 | 33 | 20 | 29 | 28 | 27 | 34 | 21 | 19 | 27 | 36 | 34 | 16 | 23 | 21 | 23 | 18 | 9 | 1 |
| 美国 | 34 | 53 | 53 | 53 | 65 | 79 | 67 | 50 | 94 | 69 | 59 | 80 | 108 | 81 | 86 | 72 | 81 | 74 | 9 | 2 |
| 日本 | 47 | 50 | 60 | 86 | 96 | 97 | 114 | 91 | 94 | 93 | 103 | 110 | 124 | 145 | 149 | 113 | 166 | 188 | 39 | 1 |

图3-8-5　各国在华专利申请量趋势

2. 地区分布

图3-8-6显示了先进纺织材料领域国内申请量排名情况，江苏在先进纺织材料方面专利申请量最大，以15120项专利申请量排名第一，浙江、安徽、上海位列第二梯队，分别有4845项、3604项、3402项专利申请量。整体而言，江苏的先进纺织材料领域申请量在全国处于遥遥领先地位，在该领域占据绝对优势地位。

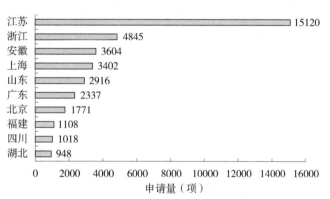

图3-8-6　各省市专利申请排名

### 三、申请人分析

#### （一）全球专利申请人分析

1. 全球专利申请申请人排名

图3-8-7显示了全球申请人申请量排名情况，在该领域全球排名前10位的申请人

中，中国申请人中东华大学表现突出，以 1504 项专利申请量位居第 2 位，东华大学集中了我国纺织类绝大多数国家重点学科、国家重点实验室、国家工程中心，其纺织学科群在全国乃至全世界都有良好声誉。东丽纤维研究所（中国）有限公司属于外资研发机构，是中国纺织行业最大的研究所。

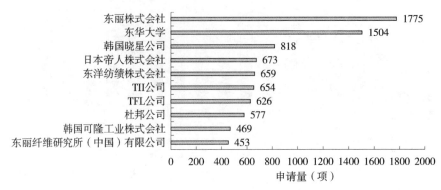

图3-8-7　全球专利申请申请人排名

2. 共同全球申请人分析

先进纺织材料领域专利申请量排名前 10 位的申请人中，其中 5 个申请人的联合申请量比较多，其共同申请情况见表 3-8-1。其中国外申请人以东丽株式会社为代表，主要与旭化成株式会社、东洋纺株式会社、尤尼吉可纤维株式会社和帝人株式会社进行合作；韩国晓星公司和杜邦公司的共同申请数量为 4 项。东华大学在产学研结合方面也有一定探索，与企业共同研发力度也较强，与上海睿兔电子材料有限公司、南通顶誉纺织机械科技有限公司、广东新会美达锦纶股份有限公司均有一定数量的联合研发和申请。

表3-8-1　共同全球申请人

| 申请人 | 联合申请人 | 申请量（项） |
|---|---|---|
| 东丽株式会社 | 旭化成株式会社 | 16 |
| | 东洋纺株式会社 | 16 |
| | 尤尼吉可纤维株式会社 | 16 |
| | 帝人株式会社 | 12 |
| 东华大学 | 上海睿兔电子材料有限公司 | 21 |
| | 南通顶誉纺织机械科技有限公司 | 18 |
| | 广东新会美达锦纶股份有限公司 | 8 |
| 韩国晓星公司 | 杜邦公司 | 4 |
| | 奇利琴科有限公司 | 3 |
| 帝人株式会社 | 关西大学 | 27 |

续表

| 申请人 | 联合申请人 | 申请量（项） |
|---|---|---|
| 杜邦公司 | 马杰兰系统国际有限公司 | 9 |
| | 韩国晓星公司 | 4 |

### （二）国内专利申请人分析

#### 1. 国内专利申请申请人排名

图 3-8-8 显示了国内申请人申请量排名情况，在该领域全球排名前 10 位的申请人中，美国的申请人占 1 个，是纳幕尔杜邦公司，位列第 8 位，其他 9 位申请人均是中国申请人，且以高校和科研院所为主，可见，在该领域，申请人仍以研究为主，技术的市场化程度还有待提高，企业应该加强与高校科研院所的合作，转化技术市场应用。

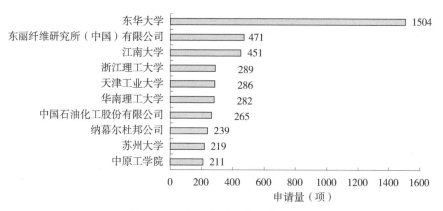

**图3-8-8　国内专利申请申请人排名**

#### 2. 共同国内申请人分析

先进纺织材料国内专利申请量排名前 10 位的申请人中，其中 4 个申请人的联合申请量比较多，共同申请情况见表 3-8-2。总体来说，国内申请人主要以大专院校为主，其共同申请人类型以纺织企业为主，其中国内申请人以东华大学为代表，其主要与上海睿兔电子材料有限公司、南通顶誉纺织机械科技有限公司和广东新会美达锦纶股份有限公司进行合作，共同的专利申请量分别为 21 项、18 项和 8 项，江南大学主要与江阴芗菲服饰有限公司、圣华盾防护科技股份有限公司和江苏云蝠服饰有限公司进行合作，共同专利申请数量分别是 27 项、7 项和 3 项。

表3-8-2 共同国内申请人

| 申请人 | 联合申请人 | 申请量（项） |
|---|---|---|
| 东华大学 | 上海睿兔电子材料有限公司 | 21 |
| | 南通顶誉纺织机械科技有限公司 | 18 |
| | 广东新会美达锦纶股份有限公司 | 8 |
| 江南大学 | 江阴芗菲服饰有限公司 | 27 |
| | 圣华盾防护科技股份有限公司 | 7 |
| | 江苏云蝠服饰有限公司 | 3 |
| 浙江理工大学 | 浙江东凯纺织科技有限公司 | 4 |
| | 浙江东华纤维制造有限公司 | 3 |
| 华南理工大学 | 摩登大道时尚集团股份有限公司 | 4 |
| | 广东新会美达锦纶股份有限公司 | 3 |

（三）重要企业分析

1. 全球重要企业分析

表3-8-3显示了全球重要企业的情况，该产业的重点集聚区为美国、日本、中国（长三角地区）及韩国，国外重点企业有杜邦、东丽、帝人、旭化成、晓星等。

美国杜邦公司是生物基纤维的先行者，在全球PDO（1，3-丙二醇）、PTT市场上一家独大。PTT聚合工艺从DMT法间歇工艺，经PTA法3釜连续工艺，发展为5釜连续工艺，年产能达到10万t，但其产品的纺丝稳定性有待进一步提高，纺丝也主要采用切片纺丝。2016年以来，杜邦除了进行PTT聚合生产及纤维开发以外，主要着力于PTT在工程塑料上的应用，推出了SoronaEP™，目标市场为汽车零部件；另外，杜邦也与帝人合作一起开发了PTT薄膜。东丽则在持续开发PTT复合纤维。在应用方面，一方面在扩大T-400复合纤维的生产与销售，另一方面在推广其Primeflex®弹性面料方面也非常活跃，如申请环境标志、积极出展等。但东丽至今还聚焦于PTT复合纤维及其面料。帝人集团通过其子公司帝人富瑞特在加速其PTT纤维及面料的开发和推广，2016年成功开发出超轻量高反弹性新型膨松纤维，2017年则推出新型蓄热保温面料。另外，帝人还通过其与杜邦合资公司杜邦帝人薄膜公司在加快PTT薄膜的开发。

表3-8-3　全球重要企业分析

| 申请人 | 专利族（项） | 专利申请（件） | 全球布局 | 研发方向 |
|---|---|---|---|---|
| 美国杜邦公司 | 356 | 577 | 美国、中国、日本、韩国、欧洲、德国、印度、加拿大、澳大利亚 | PTT聚合生产及纤维开发 |
| 日本东丽株式会社 | 1045 | 1775 | 日本、美国、中国、欧洲、韩国 | PTT复合纤维及其面料 |
| 帝人集团 | 479 | 673 | 日本、美国、中国、欧洲、印度、韩国 | 超轻量高反弹性新型膨松纤维 |
| 韩国晓星公司 | 632 | 818 | 韩国、美国、中国、日本 | FIT连续聚合、PTT组备物方面 |

**2.　我国重要企业分析**

表3-8-4显示了我国重要企业的情况，我国功能纤维材料的重点集聚区为长三角、珠三角和福建等地区。超仿棉聚酯纤维的主要代表企业有中石化仪征化纤有限责任公司、江苏斯尔克集团股份有限公司、中纺院（天津）科技发展有限公司等。原液着色纤维的主要代表企业有滁州安兴环保彩纤有限公司、浙江恒逸集团有限公司、浙江华欣新材料股份有限公司、中石化仪征化纤有限责任公司、福建锦江科技有限公司、广东新会美达锦纶股份有限公司、唐山三友集团兴达化纤有限公司。阻燃纤维的主要代表企业有江苏中鲈科技发展股份有限公司、上海德福伦化纤有限公司、唐山三友集团兴达化纤有限公司。高性能聚酯与聚酰胺工业丝的主要代表企业有浙江古纤道新材料有限公司、浙江尤夫高新纤维股份有限公司、江苏恒力化纤股份有限公司、浙江海利得新材料股份有限公司、神马实业股份有限公司。

功能纤维材料经过多年发展，已设立了多层次的、功能互补的科研平台。国家重点实验室有纤维材料改性国家重点实验室（依托东华大学）和生物源纤维制造技术国家重点实验室（依托中国纺织科学研究院），国家工程技术中心有国家合成纤维工程技术研究中心（依托中国纺织科学研究院）和合成纤维国家工程中心（依托上海石化）。

此外，中国纺织科学研究院累计投资超过3亿元，在天津建设了纤维新材料产业化技术研发基地，采用公司化运行。这些平台的建立，为功能纤维材料的发展提供了强力的科技支撑，为推进行业整体的科技进步提供了有效保障。

我国生物基纤维材料的重点集聚区为长三角地区和华北地区，莱赛尔纤维的主要代表企业有中纺院绿色纤维股份公司、保定天鹅新型纤维制造有限公司、山东英利实业有限公司、上海里奥纤维企业发展有限公司、淮安天然丝纺织科技有限公司。聚乳酸纤维的主要代表企业有恒天长江生物材料有限公司、浙江海正生物材料股份有限公司、上海同杰良生物材料有限公司、河南龙都生物科技有限公司、海宁新能纺织科技有限公司、海宁新高纤维有限公司、上海德福伦化纤有限公司、江苏九鼎生物科技有限公司、张家港安顺科技发展有限公司、嘉兴昌新差别化纤维科技有限公司、宁波拓普集团股份有限公司、江阴市杲信化纤有限公司。PTT 纤维的主要代表企业有盛虹集团、张家港美景荣化学工业有限公司、泉州海天轻纺集团、溧阳市新力化纤有限公司、苏州中晟科技股份有限公司、苏州方圆化纤有限公司。

生物基纤维材料方面建有生物源纤维制造技术国家重点实验室,该实验室依托中国纺织科学研究院,主要研究开发生物源纤维制造技术领域的关键工艺和设备,解决我国生物源纤维产业化过程中的技术瓶颈,获取具有自主知识产权的工程化技术。

表3-8-4 我国重要企业分析

| 申请人 | 申请量（项） | 法律状态 | | | 研发方向 | 专利运营 | 海外布局 |
|---|---|---|---|---|---|---|---|
| | | 有效 | 在审 | 失效 | | | |
| 中石化仪征化纤有限责任公司 | 6 | 67% | 17% | 16% | 超仿棉聚酯纤维 | 无 | 无 |
| 浙江恒逸集团有限公司 | 25 | 55% | 1% | 44% | 原液着色纤维 | 转让 9 件 | 无 |
| 上海德福伦化纤有限公司 | 91 | 37% | 32% | 31% | 阻燃纤维 | 转让 10 件 | 无 |
| 盛虹集团 | 131 | 23% | 1% | 66% | PTT 纤维 | 无 | 无 |

## 四、分类号分析

图 3-8-9 显示了先进纺织材料领域相关技术领域申请量情况,先进纺织材料相关的技术主题中,D01F(制作人造长丝、线、纤维、鬃或带子的化学特征;专用于生产碳纤维的设备)申请量占比最多,且申请量达到 29545 项,可见生物化学纤维是本技术主题的研究热点;D03D(机织织物;织造方法;织机)申请量达到 25348 项;C08L(高分子化合物的组合物)申请量达到 22264 项;D01D(涉及制作化学长丝、线、纤维、鬃或带子的机械方法或设备)申请量达到 19807 项;D02G(涉及纤维;长丝;纱或线的卷曲;纱或线)申请量达到 17238 项。

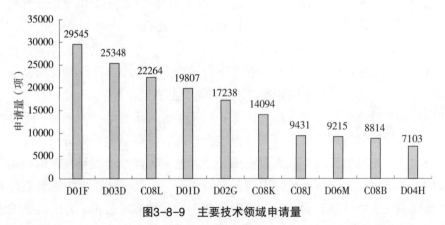

图3-8-9 主要技术领域申请量

### 五、小结

先进纺织材料领域全球专利申请总量先后呈现缓慢增长、快速发展和衰退，21 世纪以前，日本、美国和韩国为先进纺织材料领域的主要申请强国，进入 21 世纪后，日本和美国的申请量比较稳定，韩国申请量逐渐增长，而中国的专利申请量涨幅较大，成为现在申请总量排名第 1 位的国家，但是申请人主要集中在高校和科研院所，主要技术处于研发初级阶段，企业研发脱离，申请人仍以研究为主，技术的市场化程度还有待加强，企业应该加强与高校科研院所的合作，转化技术市场应用。在国内，江苏省先进纺织材料领域专利申请总量在全国排名第 1 位，排名前 3 位的分别是江苏、浙江和上海，这些地区依托沿海城市经济的发展，先进纺织材料专利申请数量也名列前茅。

先进纺织材料的基础研究相对薄弱，作为技术制高点的功能纤维材料要实现对欧美与日本等发达国家/地区的赶超，以应对发达国家/地区"再工业化"战略实施将造成的强力挤压，需深入开展基础研究，开发功能纤维原创性技术。我国功能纤维中的原液着色纤维、高性能聚酯工业丝等品种虽然产量已位居世界首位，但是其产品大都处于价值链的中低端，附加值低，应用水平不高，缺乏产品标准，上下游脱节。布局方面，国外各个知名企业如美国杜邦公司、日本东丽株式会社、帝人集团和韩国晓星公司都在全球进行布局，而国内企业没有进行海外布局，国内产业聚集区为长三角、珠三角、福建和华北等地区，都以中小企业为主，没有龙头企业带头。

先进纺织材料领域应进一步提高企业和科研院所的合作研究，实现产学研相结合，提升产业链整体水平。国内企业应当借鉴美国、日本和韩国企业的布局情况，在提高国内专利申请的情况、提高专利技术水平的情况下积极向国外进行布局，形成完备的产业布局形式。健全完善标准体系，提升产业的整体国际竞争力，提升产业链协同创新水平，以重点企业为基础，通过产业技术创新联盟方式，建立从原料到终端产品完整的产业链、技术创新链，并支持龙头企业的全方面发展。建设完善产业技术创新公共服务平台，为新产品开发、市场规范等提供服务，加快产业整体水平的提升，实现可持续发展。

# 第九节　小　结

## 一、先进基础材料专利发展态势

### （一）先进基础材料专利布局

先进基础材料共分为先进钢铁材料、先进有色金属材料、先进化工材料、特种玻璃、特种陶瓷、先进建筑材料、先进轻纺材料 7 个二级分支，是国民经济和国防建设各个领域应用广泛的基础材料，是支撑航空航天、现代交通、海洋工程、先进能源等高端制造业和战略新兴产业发展的关键材料，代表了一个国家新材料科技的产业水平，也是综合竞争力的重要体现。先进基础材料领域专利发展呈现以下态势。

从专利申请量角度看，在各个领域我国均处于优势地位，我国专利申请起步虽然较晚，但进入 21 世纪后，随着我国知识产权制度的完善以及创新主体专利保护意识的增强，我国的专利增长量也非常迅速，从申请量角度已处于世界领先地位。先进化工材料专利技术主要来源于中国，其占比最高达到 57.7%，特种陶瓷领域占比为 55.86%，先进钢铁材料、先进有色金属材料、先进建筑材料、先进轻纺材料领域均达到了 40% 以上，占比最低的特种玻璃领域也达到了 35.7%。

从我国申请人地区分布角度可以看出东部沿海地区专利申请量处于领先地位，其中江苏引领先进基础材料领域的专利申请。先进钢铁材料、有色金属材料领域、特种玻璃材料领域、特种陶瓷材料领域、先进建筑材料领域、先进纺织材料领域江苏均处于领先地位，先进化工材料领域江苏作为排名第 2 位省份与排名第 1 位的安徽差距微弱，可见江苏作为经济发达省份，在先进基础材料领域处于引领地位。从整体地区分布角度，东部沿海地区普遍较内陆地区申请量大，这也符合我国目前专利申请的总体趋势。

## （二）重点企业专利布局

我国专利申请布局与知识产权发达国家相比还存在明显差距，申请人主要集中在高校和科研院所，企业作为创新主体并不活跃，以有色金属领域为例，全球有色金属材料专利申请量排名前 10 中，共有 8 个为日本企业，其余 2 个为我国申请人，均为大学或科研院所，国内专利申请量排名前 10 的申请人中，有 1 个为国外申请人，有 9 个国内申请人，其中包括 6 个高校、2 个科研院所、1 个企业。

国外申请人的共同申请数量更多，共同申请人类型也更多元，国内申请人的共同申请人则主要为相关领域科研院所，且申请数量明显少于国外申请人。如先进钢铁领域涉及了相关领域科研院所如日本产业技术综合研究所，同领域的钢铁公司如爱知制钢、川崎钢铁，以及下游不同领域的制造企业如本田、丰田、NHK 弹簧公司。先进化工材料领域共同申请的申请人前 20 名中，几乎全部为企业申请，只有北京化工大学作为高等院校申请人排名第 18 位，这表明国内企业缺少与高等院校、科研院所之间的联合开发、申请。存在的共同申请多是同一集团下的不同子公司间的联合申请。

宝山钢铁是国内先进钢铁材料领域企业的龙头老大，其总产能和多种产品的市场占有率都在国内首屈一指。在专利申请方面，宝山钢铁也以 1198 项专利位居国内相关企业第 1 位，其申请专利中 58% 的有效专利比例也在国内众多钢铁企业中名列前茅。宝山钢铁产品齐全，从粗钢到细分市场的电工钢等领域都有不错的占有率。在专利运营方面，宝山钢铁共有 224 件专利转让，都是宝山钢铁集团内部不同子公司之间的权属转让,另外还有 1 件许可。除了在中国本土外,宝山钢铁还针对特定产品在美国、日本和欧洲进行了布局,说明宝山钢铁在专利布局方面已经有一定重视。

有色金属材料专利申请量排名前 10 中,仅 2 个我国申请人,为中南大学和中国科学院,无中国企业上榜。福布斯发布全球企业 500 强榜单中上榜的 129 家中国企业中,有 8 家有色企业。这 8 家有色企业是中国五矿集团公司、正威国际集团、中国铝业集团、山东魏桥创业集团、江西铜业集团、金川集团、铜陵有色金属集团、海亮集团,上述企业均为矿产冶炼企业,处于整个行业产业链的有色金属材料合金工艺的金属冶炼和加工领域的企业从专利申请及产业排名上我国均无突出企业出现。提高我国在该行业的市场话语权,培植龙头企业做大做强是一个重要课题。

先进化工材料领域,中国石化是一家老牌特大型石化企业,设有多家子公司及研究院,其在合成树脂以及合成橡胶领域的产能均在国内乃至世界名列前茅。公司依靠上游原料的优势,在先进化工材料领域具有很强的研发实力,专利申请量高达 700 余项,排名国内第一。其研发方向涉及聚烯烃、合成橡胶和工程塑料等多个领域,且其专利有效性高达 58%,另有 28% 处于在审状态,失效率仅为 14%,在国内企业中属于专利有效率很高的企业。海外布局方面,虽然中国石化总体研发能力和生产能力均属于行业翘楚,但其在海外布局方面并不理想,目前共申请了 4 件 WO 专利,仅有 1 件进入了日本。未来,企业可以通过不断加强海外布局,进一步提高其在国际市场上的占有率和竞争优势。

特种玻璃材料领域,国内已经具有一批大规模生产 Low-E 玻璃、中空玻璃的龙头企业,在产品研发、加工设备和检测仪器等方面保持与世界同步水平;Low-E 和中空玻璃的主要生产企业有中国南玻集团股份有限公司、中国耀华玻璃集团限有限公司、金晶(集团)有限公司、中国玻璃控股有限公司、上海耀皮玻璃集团股份有限公司等。其中,中国南玻集团股份有限公司在天津、东莞等地区建有建筑节能玻璃加工基地,其产品基本涵盖了建筑玻璃的全部种类。

我国先进陶瓷研究领域广泛,几乎涉猎了所有先进陶瓷材料的研究、开发和生产。先进陶瓷产业的区域特色逐渐形成,其中广东、江苏、山东三省的结构陶瓷集中度较高,在产品和技术方面最具竞争力。广东省企业在结构陶瓷零部件制造上具有一定优势,如陶瓷柱塞、陶瓷球阀、陶瓷刀具等占据了很大的市场。目前,共有企业大约 100家,规模化的公司有潮州三环集团、广东东方锆业科技股份有限公司等,还有一批在精密成型和精密加工方面具有特色的中小型企业。

特种水泥和高性能混凝土经过数十年发展,建设了多层次的研发平台。国家重点实验室有绿色建筑材料国家重点实验室、高性能土木工程材料国家重点实验室、硅酸盐建筑材料国家重点实验室、材料化学工程国家重点实验室等;国家技术中心有中交公路长大桥建设国家工程研究中心;另外,还建立了新型建筑材料与工程建设部重点实验室、道路结构与材料交通行业重点实验室、土木工程安全与耐久教育部重点实验室、江苏省土木工程材料重点实验室等省部、行业重点实验室。这些平台的建立,为行业整体技术提升、产业健康有序发展提供了有效保障。

先进纺织材料经过多年发展，已设立了多层次的、功能互补的科研平台。国家重点实验室有纤维材料改性国家重点实验室（依托东华大学）和生物源纤维制造技术国家重点实验室（依托中国纺织科学研究院），国家工程技术中心有国家合成纤维工程技术研究中心（依托中国纺织科学研究院）和合成纤维国家工程中心（依托上海石化）。此外，中国纺织科学研究院累计投资超过 3 亿元，在天津建设了纤维新材料产业化技术研发基地，采用公司化运行。这些平台的建立，为功能纤维材料的发展提供了强力的科技支撑，为推进行业整体的科技进步提供了有效保障。我国生物基纤维材料的重点集聚区为长三角地区和华北地区，生物基纤维材料方面建有生物源纤维制造技术国家重点实验室，该实验室依托中国纺织科学研究院，主要研究开发生物源纤维制造技术领域的关键工艺和设备，解决我国生物源纤维产业化过程中的技术瓶颈，获取具有自主知识产权的工程化技术。

## 二、我国先进基础材料专利布局现存问题及面临的风险

### （一）专利壁垒状况

先进钢铁材料方面，日本和韩国的技术和全球市场占有率处于领先地位，并且在对应市场积极布局专利，而国内几大钢企主要只在本土进行布局，并没有进行海外布局，且高端产品相关专利较少，与新日铁住金等国际巨头存在一定差距。有色金属材料方面，中国申请量最大，核心专利、高价值专利拥有量较少，国内申请人向国外技术输出落后于美国、日本，要开拓国际市场存在一定阻碍。特种玻璃领域，我国在制备高硼硅防火玻璃的微型浮法工艺技术领域仍然落后于国外先进厂商，生产稳定性和产品性能上仍然有显著不足，产品难以获得广泛的市场认可。我国防火玻璃产业集中度较低，生产企业以中小型为主，过低的产业集中度造成了企业间的发展不均衡，过度竞争严重。我国特种陶瓷材料开发上取得了长足的进步，与国际特种陶瓷领域领先国家的距离进一步缩小，但仍然缺乏批量化、低成本、高效制备优质特种陶瓷材料的先进技术、装备和管理水平，高品质陶瓷粉体及高附加值的特种陶瓷产品仍依赖进口，粉体方面如氮化硅、氧化铝、氧化锆等，高附加值产品如手机中使用的片式压电陶瓷滤波器等仍需进口。

### （二）海外布局

我国专利申请大多集中在国内，海外专利布局不足。在先进化工材料领域，这一现象更加突出，我国发明人专利申请达到 30000 项，但作为技术输出国，流向其他国家的专利数量在美、日、韩主要国家均不足百件。先进钢铁材料领域，国内专利申请 25419 项，在日本、韩国和美国三国一共仅有 370 项，占比非常低；相反，日本、韩国和美国则非常重视专利申请的海外布局，在另外三国都有相当数量的专利申请，其中

日本、韩国和美国在中国的申请量甚至都超过了各自本土申请量。美、日、韩三国作为技术来源国，则流出数量较国内申请量更加均衡，其中日本在国内申请为 3072 项，在我国申请量较本土更大，达到 3966 项，在美国、韩国同样达到 2000 余项。中国向国外技术输出落后于美、韩、日，海外布局相对薄弱，这是由于我国拥有广阔的国内市场，我国发明人更加注重国内市场的拓展，他国更加倾向于出口型经济，更加依赖于海外市场，但不可否认的是我国申请人海外市场重视度不足，产品国际竞争力不够。国内创新主体的海外知识产权保护意识和保护力度亟须加强，在苦练技术内功的同时也应高度关注专利的布局。

### （三）创新主体聚集程度和行业领军企业

在先进钢铁领域，宝山钢铁作为龙头企业，专利申请量在国内申请人中同样排名第一，鞍钢、河钢位居其后，该领域集中于我国几家大型国有钢铁企业。有色金属材料专利申请量排名前 10 中，仅 2 位我国申请人，为中南大学和中科院，无中国企业上榜。该领域领军企业均为矿产冶炼企业，而有色金属材料合金工艺的金属冶炼和加工领域无突出企业出现。提高我国在该行业的市场话语权、培植龙头企业做大做强是一个重要课题。先进化工材料领域国内专利申请前 10 名申请人分别为中国石化、中科院所、金发科技、住友公司、北京化工大学、北欧化工、中国石油、四川大学、普利特和东华大学。其中，前 10 名申请人中中国企业占据了 4 位。作为先进化工材料领域领军企业的中国石化在专利申请数量上同样位于领先地位。而特种玻璃、特种陶瓷、先进建筑、先进纺织领域专利申请人排名靠前的均为国内高校研究院或国外大型企业，未处于专利申请数量领先的国内企业，这也表明这几个领域行业内创新主体聚集程度较低较分散，例如，先进纺织材料国内产业聚集区为长三角、珠三角、福建和华北等地区，都以中小企业为主。

### （四）产学研结合及知识产权转化

我国高校及科研院所作为创新主体在专利申请中占据重要席位。我国高校及科研院所拥有大量的专利申请量，但专利运用活动却不足，虽然在国内创新主体中已经处于前列，仍与实现知识产权的转化目标具有较大差距。从专利共同申请人角度，高校与企业的联合申请已经形成了一种发展模式，例如上海交通大学在有色金属领域与多家企业进行联合申请，其中仅上海轻合金精密成型国家工程研究中心有限公司一家就达到 22 家。但这种趋势仍不充分不均衡，先进化工材料领域国内申请人联合研发方面，国内涉及联合申请的申请人前 20 名中，几乎全部为企业申请，只有北京化工大学作为高等院校申请人排名第 18 位。

高校和科研院所实现专利成果转化运用的方式包括专利许可、专利转让、专利质押等形式，与企业的联合申请数量也能在一定程度上反映专利技术转化运用的可能性。先进基础材料领域高校和科研院所的专利成果转化运用情况见表 3-9-1。

表3-9-1　高校和科研院所的专利成果转化运用情况　　　　单位：项

| | 联合申请 | 专利运营 | | | 申请总量 | 占比 |
|---|---|---|---|---|---|---|
| | | 转让 | 许可 | 质押 | | |
| 先进钢铁材料 | 483 | 193 | 81 | 1 | 3956 | 19.2% |
| 先进有色金属 | 1233 | 794 | 103 | 10 | 12505 | 17.11% |
| 先进化工材料 | 759 | 321 | 109 | 6 | 6208 | 19.2% |
| 特种玻璃 | 108 | 42 | 20 | 1 | 1568 | 10.91% |
| 特种陶瓷 | 305 | 200 | 72 | 5 | 7593 | 7.66% |
| 先进建筑材料 | 869 | 372 | 69 | 4 | 10386 | 12.65% |
| 先进纺织材料 | 901 | 504 | 192 | 8 | 10727 | 14.96% |

注：联合申请、转让、许可、质押是指高校和科研院所申请中涉及上述4种情形的专利申请数量；申请总量是指高校和科研院所申请总量；占比为上述4种情形的专利申请数量/高校和科研院所申请总量。

从表3-9-1可以看出，我国高校和科研院所进行专利成果转化的主要途径还是通过与企业的联合申请；其次是专利转让和专利许可，而质押数量很少。总体来说，高校和科研院所的专利成果转化数量还是占比较少。高校和科研院所的研究偏向基础研究、学科研究和自由探索，缺乏与市场需求的有效结合，是导致其专利成果转化受到制约的内在因素。

### 三、先进基础材料领域发展建议

#### （一）紧抓行业调整机遇

先进钢铁、有色金属、化工、建材玻璃领域均为高耗能高污染行业，近年来随着政策变动，产业组织调整、企业兼并重组、技术进步、淘汰落后产能、节能减排趋势明显，在这一背景下企业通过技术革新优化工艺流程，提高产品单位能耗、降低污染排放是大势所趋。特种玻璃、特种陶瓷、先进建筑、先进纺织领域以中小型企业为主，同质竞争严重，为了使企业能够在激烈的竞争中站稳脚跟，依靠科技创新发展具有自主知识产权产品，开拓新市场，不仅能够保证企业的生存，打造自主品牌、自主知识产权产品同样是企业宣传的有力助手。对于钢铁、有色、化工领域内的大型国有领军企业，在国内兼并中小企业、促进行业健康发展的同时，立足国内市场的基础上，也不应仅满足于国内领先，将眼界落在全球市场，响应国家"走出去"战略，这也要求企业要苦练内功，向国际大型跨国企业取经，学习其研发、专利布局经验，为企业走得出去、走得更远做好知识产权领域的准备。

#### （二）多方联合培育重点企业

先进基础材料领域申请人排名靠前的多为国外大型企业或国内高校科研院所，企业在专利申请量上数量不足，有些领域重点企业并不突出，急需培育出各领域重点优势企业，促进其做大做强。我国基础研究力量薄弱，主要集中在高校、科研院所，近年来在大型企业中也建立起一批国家工程中心、创新产业联盟，因应促进各企业与相关重点科研院所、高校的联系，通过政策支持、财政补贴等方式大力扶持、推动产学研落地和科技成果转化，不断发展形成具有自主知识产权的基础性研究成果和产品。政府还可以通过刺激手段促进某一行业在一个地区的集中发展，形成集团优势，以产业园、开发区的形式聚拢企业，通过专利导航等方式帮助企业寻找各自的发力点。同时还要加大对于掌握核心技术、拥有自主知识产权品牌产品企业的扶植力度，促进企业研发以及研究成果落地。

第四章 关键战略材料专利分析

# 第一节　关键战略材料技术分支与技术重点

## 一、技术分支定义及二级、三级分支介绍

《新材料产业发展指南》中指出"紧紧围绕新一代信息技术产业、高端装备制造业等重大需求，以耐高温及耐蚀合金、高强轻型合金等高端装备用特种合金，反渗透膜、全氟离子交换膜等高性能分离膜材料，高性能碳纤维、芳纶纤维等高性能纤维及复合材料，高性能永磁、高效发光、高端催化等稀土功能材料，宽禁带半导体材料和新型显示材料，以及新型能源材料、生物医用材料等为重点，突破材料及器件的技术关和市场关，完善原辅料配套体系，提高材料成品率和性能稳定性，实现产业化和规模应用"。

本章根据《新材料产业发展指南》及相关资料将关键战略材料分为高端装备用特种合金、高性能分离膜材料、高性能纤维及复合材料、稀土功能材料、新型能源材料、宽禁带半导体材料、新型显示材料、生物医用材料8个二级分支；将高端装备用特种合金分为耐高温及耐蚀合金、高强轻型合金2个三级分支；将高性能分离膜材料分为反渗透膜、全氟离子交换膜2个三级分支；将高性能纤维及复合材料分为高性能碳纤维及复合材料、芳纶纤维及复合材料、超高分子量聚乙烯纤维及复合材料3个三级分支；将稀土功能材料分为稀土磁性材料、稀土光功能材料、稀土催化材料、稀土储氢材料和其他稀土材料5个三级分支；将新型能源材料分为先进太阳能电池材料、锂电池、燃料电池和其他能源材料4个三级分支；将宽禁带半导体材料分为SiC、GaN、金刚石、ZnO、AlN和$Ga_2O_3$6个三级分支；将新型显示材料分为LCD用材料、OLED用材料、其他前沿显示材料3个三级分支；将生物医用材料分为医用金属材料、医用陶瓷材料、医用高分子材料、天然衍生材料和医用复合材料5个三级分支。

## 二、技术热点与重点应用领域

《新材料产业发展指南》提出了新材料保障水平提升工程。加强大尺寸硅材料、大

尺寸碳化硅单晶、高纯金属及合金溅射靶材生产技术研发，加快高纯特种电子气体研发及产业化，解决极大规模集成电路材料制约。加快电子化学品、高纯发光材料、高饱和度光刻胶、超薄液晶玻璃基板等批量生产工艺优化，在新型显示等领域实现量产应用。开展稀土掺杂光纤、光纤连接器用高密度陶瓷材料加工技术研发，满足信息通信设备需求。提升镍钴锰酸锂/镍钴铝酸锂、富锂锰基材料和硅碳复合负极材料安全性、性能一致性与循环寿命，开展高容量储氢材料、质子交换膜燃料电池及防护材料研究，实现先进电池材料合理配套。开展碲锌镉晶体、稀土闪烁晶体及高性能探测器件产业化技术攻关，解决晶体质量性能不稳定、成本过高等核心问题，满足医用影像系统关键材料需求。大力发展医用增材制造技术，突破医用级钛粉与镍钛合金粉等关键原料制约。发展苯乙烯类热塑性弹性体等不含塑化剂、可替代聚氯乙烯的医用高分子材料，提高卫生材料、药用包装的安全性。提升医用级聚乳酸、海藻酸钠、壳聚糖生产技术水平，满足发展高端药用敷料的要求。加快新型高效半导体照明、稀土发光材料技术开发。突破非晶合金在稀土永磁节能电机中的应用关键技术，大力发展稀土永磁节能电机及配套稀土永磁材料、高温多孔材料、金属间化合物膜材料、高效热电材料，推进在节能环保重点项目中的应用。开展稀土三元催化材料、工业生物催化剂、脱硝催化材料质量控制、总装集成技术等开发，提升汽车尾气、工业废气净化用催化材料寿命及可再生性能，降低生产成本。

《新材料产业发展指南》专栏5（关键工艺与专用装备配套工程）提出要提升先进半导体材料装备配套能力，开发大尺寸单晶硅直拉生长炉、垂直区熔下降炉、全自动变速拉晶定向凝固炉、大尺寸蓝宝石长晶炉、金属有机化学气相沉积系统、卤化物气相外延系统以及大规格研磨抛光设备。

### 三、技术分支分析

全球关键战略材料领域的专利申请态势大致分为两个阶段。第一阶段为2000—2009年。这一阶段专利申请呈现缓慢增长态势，申请量从2000年的23287项增加至2009年的38540项。第二阶段为2010年以后，随着世界对新型能源材料、稀土功能材料、新型显示材料重视程度的提高，申请量在2010年增长至41032项，并在2017年超过67390项。我国关键战略材料产业起步较晚，2000年申请量为1302项，仅占全球总量的6%。但总体来说，我国专利申请量的增速远远高于全球平均增速，在2009年申请量已达10276项，占全球总量的27%。2010年以后，随着我国创新主体对知识产权的日益重视和我国科技创新体系的不断完善，申请量进入迅速增长阶段，2017年申请量为39104项，占全球总量的58%，如图4-1-1所示。

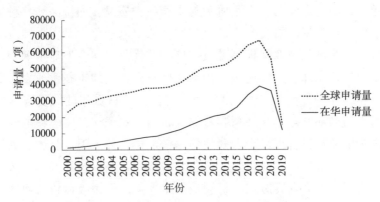

**图4-1-1　关键战略材料全球和中国专利申请态势**

　　分析全球各技术分支占比，新型能源材料（43%）、稀土功能材料（21%）、生物医用材料（13%）和新型显示材料（11%）分列前4位；我国各技术分支占比中，新型能源材料（48%）、稀土功能材料（13%）、生物医用材料（11%）和新型显示材料（10%）同样分列前4位。我国为稀土大国，稀土资源丰富，稀土功能材料占比却比全球低8个百分点，可见我国对于该领域的研发和应用仍有待提高，如图4-1-2所示。

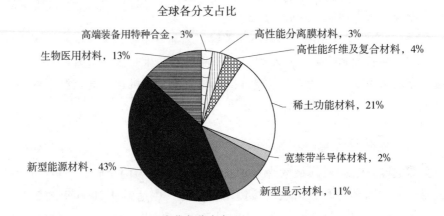

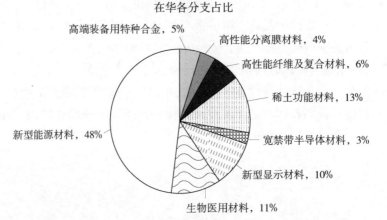

**图4-1-2　全球关键战略材料产业各技术分支申请量的占比**

## 第二节　高端装备用特种合金专利申请分析

### 一、专利申请态势分析

#### （一）全球专利申请态势分析

通过对相关专利数据库进行检索并筛选后，得到全球高端装备用特种合金相关专利申请 20914 项；其中在华专利申请 13777 项。高端装备用特种合金全球专利申请量及申请人数量逐年增加；从增长速度情况来看，2000—2010 年其申请量及申请人数量增速均较为平缓，自 2010 年起，无论是申请量还是申请人数量均有较快增长，其中申请量每年增加约 100 项，申请人约增加 50 个，至 2017 年申请量 2265 项、申请人 1058 个。由于 2018—2019 年相关专利并未完全公开，从技术生命周期分析预测，高端装备用特种合金领域仍然处在快速增长期，在此之后将进入稳定期，如图 4-2-1 所示。

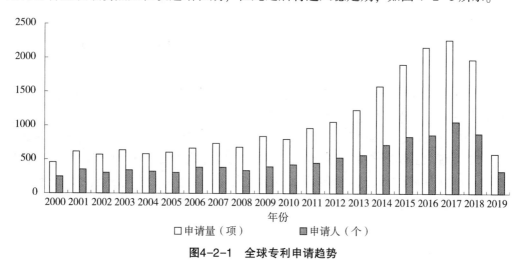

图4-2-1　全球专利申请趋势

#### （二）在华专利申请态势分析

高端装备用特种合金在华专利申请量和申请人数量逐年增长，2017 年分别达到 1874 项及 868 个。与全球申请趋势相似，2000—2010 年申请量及申请人数量增速均较为平缓，自 2010 年开始，申请量和申请人数量具有较快的增速，这与其处在技术增长期有关。在该阶段，各个国家和地区均对该技术投入了一定的研究，如图 4-2-2 所示。

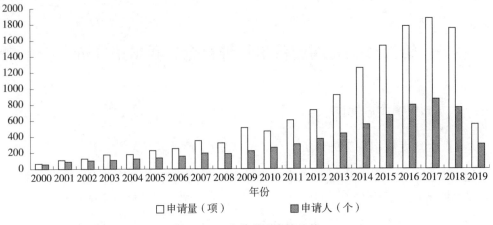

图4-2-2　在华专利申请趋势

## 二、专利区域分布分析

### (一) 全球专利申请区域分布分析

#### 1. 各国家、地区、组织专利申请量对比

各国家/地区的申请量具有较大的差异。从申请量趋势来看,日本和美国总体申请量在2000—2019年处于平稳趋势,每年的申请量比较接近,这与其技术发展相对比较成熟有关;而韩国和中国申请量变化较大,从2000年开始逐步增长,并均在2017年达到最大申请量,分别为74项、1742项,这与其技术处在较快增长阶段有关。从申请量来看,2008年之前,日本是高端装备用特种合金领域的全球最大申请国,其申请量远超中、美、韩,在2001年达到338项;2009年以后,中国逐步成为全球最大申请国,申请量占比越来越大,这也充分证明了中国在高端装备用特种合金领域技术研发的投入和优势,如图4-2-3所示。

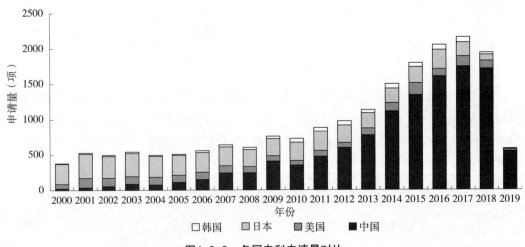

图4-2-3　各国专利申请量对比

2. 技术来源和技术流向

高端装备用特种合金领域的技术来源国主要是中国、日本、美国和韩国。中国申请量位居全球第一，远超其他国家，占全球申请量的57%，为11814项；日本、美国、韩国分别占全球申请量的17%、7%、4%，分别为3621项、1532项、744项。四国占了全球申请量的85%以上，这也凸显了中、日、美、韩在高端装备用特种合金领域的突出地位。中国作为技术来源国，在美、日、韩等国家的申请数量远比在本国的少，其向其他国家布局的专利数量远落后于日、美、韩，分别向美国、日本、韩国申请135项、48项、19项。而美国和日本在各个国家的申请量相对较为均衡，这可能与其在重点国家的专利布局策略均衡性有关，如日本在中国和美国均申请了1000多项相关专利。这也反映了中国在高端装备用特种合金技术方面仍需以更有效的专利布局进一步提高海外知识产权保护的力度。

(二) 在华专利申请区域分布分析

1. 各国家、地区、组织专利申请量对比

日、美两国申请量相比韩国较多，特别是日本的在华专利申请量，远高于韩国，其与日本在高端装备用特种合金领域发展较为成熟及对中国市场的重视程度有关。从申请年份来看，美国各年份其申请量变化不大，为20~50项，而日本总体呈增长趋势，并于2016年达到最高的95项；近10年韩国在华申请相比之前有所提高，这也表明其对于中国市场日渐重视，如图4-2-4所示。

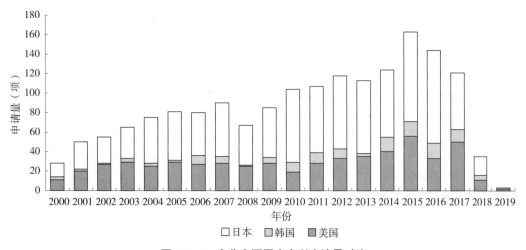

**图4-2-4 在华主要国家专利申请量对比**

2. 地区分布

江苏在高端装备用特种合金专利申请量最大，以2050项排名第1，约占国内申请的1/6；北京、安徽、辽宁、广东分列2~5位，分别为1030项、800项、771项和635

项，这也体现了相关地区对于该方面技术的研究及其区域企业对技术的重视度，如图4-2-5所示。

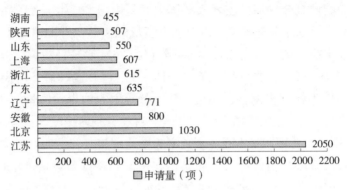

图4-2-5　各省市专利申请排名

### 三、技术分布分析

高端装备用特种合金具有广阔的应用前景和需求，在航天装备、卫星及应用、轨道交通、海洋工程、智能制造设备等方面具有广泛的应用。高端装备用特种合金主要分为高强轻型合金、耐高温及耐腐蚀合金等。通过对高端装备用特种合金相关专利进行技术分布分析，技术领域主要集中在 C22C（合金）、C22F（改变有色金属的物理结构），二者专利量之和占绝大部分；此外，其他分类号主要涉及合金的制备及其应用（见表4-2-1）。

表4-2-1　高端装备用特种合金技术分布情况

| 种类 | IPC 分类号 | 专利申请量（项） | 技术主题 |
|---|---|---|---|
| 高强轻型合金 | C22C | 12958 | 合金 |
| | C22F | 5078 | 改变有色金属的物理结构 |
| | B22D | 1226 | 金属铸造 |
| | B22F | 1167 | 金属粉末的加工、制造、专用装置或设备 |
| | A61L | 476 | 材料或消毒的方法或装置 |
| | B23K | 444 | 焊接 |
| | B21B | 438 | 金属的轧制 |
| | B21C | 414 | 用非轧制的方式生产金属 |
| | H01M | 382 | 转变化学能为电能的方法或装置 |
| | C22B | 353 | 金属的生产或精炼 |

续表

| 种类 | IPC 分类号 | 专利申请量（项） | 技术主题 |
|---|---|---|---|
| 耐高温及耐蚀合金 | C22C | 9029 | 合金 |
| | C22F | 1850 | 改变有色金属的物理结构 |
| | C21D | 1542 | 金属热处理 |
| | C23C | 1387 | 材料的镀覆 |
| | B22F | 836 | 金属粉末的加工、制造、专用装置或设备 |
| | B23K | 629 | 焊接 |
| | B22D | 580 | 金属铸造 |
| | F01D | 375 | 非变容式机器 |
| | B32B | 271 | 层状产品 |
| | B21B | 257 | 金属的轧制 |

## 四、重要申请人及重要企业分析

### （一）全球专利申请人分析

**1. 全球专利申请申请人排名**

排名前 10 位的申请人中，日本公司有 6 个，占比 60%，分别是新日铁、神户制钢、日立公司和日本钢铁、住友公司和三菱公司，其中新日铁以 418 项排名第 1 位；中国有 3 个，分别是中科院、中南大学和上海交通大学，其中中科院以 282 项排名第 3 位；美国公司有 1 个，为通用电气，其申请数为 204 项。新日铁、神户制钢、日立公司和日本钢铁是高端装备用特种合金领域的龙头企业，如图 4-2-6 所示。

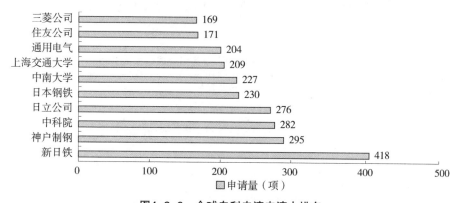

**图4-2-6 全球专利申请申请人排名**

**2. 重要全球申请人区域布局**

绝大多数重要全球申请人在中、美、日、韩申请较多专利，如新日铁，其在除本国外的中、美、韩均进行了一定量的专利布局，分别为 84 项、77 项、60 项；而中科院在日本和韩国均无专利申请，仅在美国申请了 8 项专利（见图 4-2-7），可能与其相关专利在美国有应用市场有关。国内申请人应加强海外专利布局，为企业开拓海外市场提供支持。

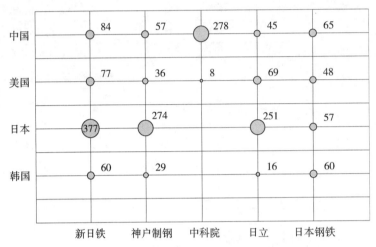

图4-2-7　重要全球申请人区域布局（申请量：项）

3. 共同全球申请人分析

排名前 6 位的联合申请人（见表 4-2-2）中，上海交通大学以 38 件共同专利申请排名第 1，而前 6 名共同全球申请人中 4 名为日本公司，分别是物质材料、电装公司、神户制钢和新日铁，其联合申请数量分别是 35 件、28 件、20 件、20 件；中南大学以 17 件共同申请排名第 6 位。从联合申请人主体来看，日本申请人均为企业与企业之间的联合申请，而中国申请人多为校企联合申请。日本公司联合申请情况最多，表现出其各公司之间技术的合作研发策略，有利于技术之间的交流和快速更替，中国申请人则表现出一定的产学研合作特点，有较好的科技成果转化力。

表4-2-2　高端装备用特种合金共同全球申请人分析

| 申请人 | 联合申请人 | 申请量（件） |
|---|---|---|
| 上海交通大学 | 上海航天精密机械研究所 | 7 |
| | 上海轻合金精密成型国家工程研究中心有限公司 | 6 |
| | 凤阳爱尔思轻合金精密成型有限公司；<br>上海轻合金精密成型国家工程研究中心有限公司 | 5 |
| | 上海交通大学；华峰铝业股份有限公司 | 2 |
| | 上海交通大学深圳研究院；李丽；李德江；曾小勤 | 2 |
| | 鼎镁（昆山）新材料科技有限公司 | 1 |
| | 凤阳爱尔思轻合金精密成型有限公司 | 1 |
| | 江苏中翼汽车新材料科技有限公司；江苏中利集团股份有限公司 | 1 |

续表

| 申请人 | 联合申请人 | 申请量（件） |
|---|---|---|
| 上海交通大学 | 宁波合力模具科技股份有限公司 | 1 |
| | 安徽陶铝新材料研究院有限公司；安徽相邦复合材料有限公司 | 1 |
| | 北京机电工程总体设计部；上海轻合金精密成型国家工程研究中心有限公司 | 1 |
| | 鼎镁（昆山）新材料科技有限公司 | 1 |
| | 宁波合力模具科技股份有限公司；上海轻合金精密成型国家工程研究中心有限公司；凤阳爱尔思轻合金精密成型有限公司 | 1 |
| | 上海汉邦联航激光科技有限公司 | 1 |
| | 上海交通大学医学院附属第九人民医院 | 1 |
| | 上海美格力轻合金有限公司 | 1 |
| | 上海轻合金精密成型国家工程研究中心有限公司；凤阳爱尔思轻合金精密成型有限公司 | 1 |
| | 上海轻合金精密成型国家工程研究中心有限公司；张家港镁谷轮毂制造有限公司 | 1 |
| | 上海交通大学深圳研究院；曾小勤；周银鹏 | 1 |
| | 上海纳特汽车标准件有限公司 | 1 |
| | 中国航发商用航空发动机有限责任公司 | 1 |
| 物质材料 | 三叶公司 | 8 |
| | 丰田公司 | 7 |
| | 日本科学 | 5 |
| | IHI 株式会社 | 3 |
| | 东芝公司 | 3 |
| | 三菱公司 | 2 |
| | 同志社大 | 2 |
| | YKK 株式会社 | 1 |
| | 本田公司 | 1 |
| | 通用电气 | 1 |
| | 东京工业 | 1 |
| | 日本钢铁 | 1 |
| 电装公司 | 住友轻金 | 13 |
| | 古河斯凯 | 3 |
| | 诺维尔里 | 3 |
| | 日立公司 | 2 |
| | 神户制钢 | 2 |

续表

| 申请人 | 联合申请人 | 申请量（件） |
|---|---|---|
| 电装公司 | 丰田公司 | 2 |
| | 三菱公司 | 2 |
| | 古河电工 | 1 |
| 神户制钢 | 神钢钢线 | 6 |
| | 日产公司 | 4 |
| | 本田公司 | 2 |
| | 美铝公司 | 1 |
| | IHI 株式会社 | 1 |
| | 京都大学 | 1 |
| | 臼井国际 | 1 |
| | 日轻金属 | 1 |
| | 三菱公司 | 1 |
| | 住友轻金；日轻金属；古河电工；三菱公司 | 1 |
| | 住友轻金；三菱公司；古河斯凯；日轻金属；昭和电工 | 1 |
| 新日铁 | 本田公司 | 4 |
| | 松下集团 | 3 |
| | 古河斯凯 | 2 |
| | 新日铁住金股份有限公司 | 2 |
| | IHI 株式会社 | 1 |
| | 京都大学 | 1 |
| | 日立公司 | 1 |
| | 椿本公司；三井造船 | 1 |
| | 大阪大学 | 1 |
| | 丰田公司 | 1 |
| | 卡西欧 | 1 |
| | 索尼公司 | 1 |
| | 新日矿 | 1 |
| 中南大学 | 深圳市万泽中南研究院有限公司 | 4 |
| | 深圳勒迈科技有限公司 | 2 |
| | 苏州维兰德金属科技有限公司 | 2 |
| | 西安现代控制技术研究所 | 2 |
| | 烟台南山学院 | 3 |
| | 宝钛集团有限公司 | 2 |

续表

| 申请人 | 联合申请人 | 申请量（件） |
|---|---|---|
| 中南大学 | 武汉中原长江科技发展有限公司 | 1 |
| | 北京遥感设备研究所 | 1 |

（二）在华专利申请人分析

1. 在华专利申请申请人排名

在华专利申请申请人排名前4位的均为国内申请人。从申请量看，前4位申请人的专利申请量均超过130项，特别是中科院申请量达到278项（见图4-2-8）。从申请人类型来看，排名前4位的均为高校或科研院所，这也体现了它们强大的科研实力，也建议这些主体进一步将研究成果进行有效的转化，提高市场化水平。

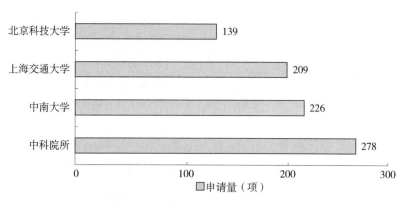

图4-2-8 在华专利申请申请人排名

2. 共同在华申请人分析

在华专利申请中涉及共同申请专利共654件，其中排名靠前的均为国内申请人。这些联合申请人以高校申请人为主，如上海交通大学有38件联合申请，其联合申请人范围较为广泛，涉及超过20个申请人；其次是中南大学、东北大学、清华大学，分别有17件、12件、10件联合申请，其联合申请人范围也较为广泛，可见国内高端装备用特种合金领域对校企合作十分重视，产学研结合良好，科技成果转化较为明显。企业之间的联合申请中佛山市三水凤铝铝业有限公司与广东凤铝铝业有限公司联合申请9件，天津东义镁制品股份有限公司与孝义市东义镁业有限公司9件，均为关联公司的联合。华能国际电力股份有限公司与西安热工研究院有限公司具有7件联合申请，上海华峰新材料研发科技有限公司与华峰日轻铝业股份有限公司5件，其也表现为关联公司申请。总体而言，从共同在华申请人情况（见表4-2-3）来看，国内申请人校企联合申请占比较高，体现出了高校科研成果产业化的良好进展。

表4-2-3  共同在华申请人情况

| 申请人 | 联合申请人 | 申请量（件） |
|---|---|---|
| 上海交通大学 | 上海航天精密机械研究所 | 7 |
| | 上海轻合金精密成型国家工程研究中心有限公司 | 6 |
| | 凤阳爱尔思轻合金精密成型有限公司；上海轻合金精密成型国家工程研究中心有限公司 | 5 |
| | 上海交通大学；华峰铝业股份有限公司 | 2 |
| | 上海交通大学深圳研究院；李丽；李德江；曾小勤 | 2 |
| | 鼎镁（昆山）新材料科技有限公司 | 1 |
| | 凤阳爱尔思轻合金精密成型有限公司 | 1 |
| | 江苏中翼汽车新材料科技有限公司；江苏中利集团股份有限公司 | 1 |
| | 宁波合力模具科技股份有限公司 | 1 |
| | 安徽陶铝新材料研究院有限公司；安徽相邦复合材料有限公司 | 1 |
| | 北京机电工程总体设计部；上海轻合金精密成型国家工程研究中心有限公司 | 1 |
| | 鼎镁（昆山）新材料科技有限公司 | 1 |
| | 宁波合力模具科技股份有限公司；上海轻合金精密成型国家工程研究中心有限公司；凤阳爱尔思轻合金精密成型有限公司 | 1 |
| | 上海汉邦联航激光科技有限公司 | 1 |
| | 上海交通大学医学院附属第九人民医院 | 1 |
| | 上海美格力轻合金有限公司 | 1 |
| | 上海轻合金精密成型国家工程研究中心有限公司；凤阳爱尔思轻合金精密成型有限公司 | 1 |
| | 上海轻合金精密成型国家工程研究中心有限公司；张家港镁谷轮毂制造有限公司 | 1 |
| | 上海交通大学深圳研究院；曾小勤；周银鹏 | 1 |
| | 上海纳特汽车标准件有限公司 | 1 |
| | 中国航发商用航空发动机有限责任公司 | 1 |
| 中南大学 | 深圳市万泽中南研究院有限公司 | 4 |
| | 深圳勒迈科技有限公司 | 2 |
| | 苏州维兰德金属科技有限公司 | 2 |
| | 西安现代控制技术研究所 | 2 |
| | 烟台南山学院 | 2 |

续表

| 申请人 | 联合申请人 | 申请量（件） |
|---|---|---|
| 中南大学 | 宝钛集团有限公司 | 1 |
| | 武汉中原长江科技发展有限公司 | 1 |
| | 烟台南山学院 | 1 |
| | 宝钛集团有限公司 | 1 |
| | 北京遥感设备研究所 | 1 |
| 东北大学 | 鼎镁（昆山）新材料科技有限公司 | 3 |
| | 孚斯威科技发展（北京）有限公司 | 1 |
| | 鹤壁昌宏镁业有限公司 | 1 |
| | 湖南华菱湘潭钢铁有限公司 | 1 |
| | 沈阳北冶冶金科技有限公司 | 1 |
| | 苏州凯宥电子科技有限公司 | 1 |
| | 天津钢铁集团有限公司；天津市海王星海上工程技术股份有限公司 | 1 |
| | 天津市海王星海上工程技术股份有限公司 | 1 |
| | 中国医科大学附属盛京医院 | 1 |
| | 湖南华菱涟源钢铁有限公司 | 1 |
| 清华大学 | 鸿海科技 | 8 |
| | 中科院所 | 1 |
| | 东莞深圳清华大学研究院创新中心；东莞纽卡新材料科技有限公司 | 1 |
| 佛山市三水凤铝铝业有限公司 | 广东凤铝铝业有限公司 | 9 |
| 天津东义镁制品股份有限公司 | 孝义市东义镁业有限公司 | 9 |
| 华能国际电力股份有限公司 | 西安热工研究院有限公司 | 7 |
| 中鼎特金秦皇岛科技股份有限公司 | 燕山大学 | 7 |
| 上海华峰新材料研发科技有限公司 | 华峰日轻铝业股份有限公司 | 5 |

## （三）重要企业分析

通过前期对高端装备用特种合金领域企业情况进行检索梳理，结合企业的专利申请量、产能、市场占有率等因素，确定全球重要企业和我国重要企业，并对企业专利情况进行分析。

1. 全球重要企业分析

通过对该领域相应企业进行分析，综合考虑各因素，新日铁、神户制钢、日立公司、通用电气和攀钢集团为该领域综合实力排名靠前的公司。新日铁是国际市场竞争力最强的公司之一，其企业的研发水平、研发的路径、技术创新程度都是钢铁行业及相关合金领域的标杆，在专利申请及布局方面也具有显著的优势，其在高端装备用特种合金领域布局418项专利族，产品研发的方向非常广泛，包括耐高温合金、钛合金、特种钢铁和铝合金等，在全球多个国家都进行了专利布局。攀钢集团是国内重要的钢铁企业，其在钢铁冶炼、钛合金冶炼上具有一定优势；攀钢在高端装备用特种合金领域的主要研发方向为特种钢铁、钛合金，共涉及99项专利族，特别是在轨道交通用钢方面，具有较强研发实力（见表4-2-4）。通过专利布局可以看出，国外申请人在全球布局较为广泛，而国内申请人相对薄弱。

表4-2-4  高端装备用特种合金全球重要企业分析

| 序号 | 申请人 | 专利族（项） | 全球布局 | 研发方向 |
|---|---|---|---|---|
| 1 | 新日铁 | 418 | 日本、韩国、中国、美国、欧洲等 | 耐高温合金、钛合金、特种钢铁、铝合金等 |
| 2 | 神户制钢 | 295 | 日本、中国、韩国、欧洲等 | 特种钢铁材料、钛合金、铝合金等 |
| 3 | 日立公司 | 276 | 日本、美国、中国、欧洲 | 镍基合金、钛合金等 |
| 4 | 通用电气 | 204 | 美国、欧洲、日本、加拿大 | 钴镍高温合金、钛合金等 |
| 5 | 攀钢集团 | 99 | 中国 | 特种钢铁、钛合金等 |

2. 我国重要企业分析

通过对该领域国内相应企业进行分析，综合考虑各因素，确定我国在高端装备用特种合金领域重点企业为贵州华科铝材料工程技术研究有限公司（以下简称"贵州华科"）、攀钢集团和宝山钢铁集团和东北轻合金有限公司。贵州华科成立较晚，但其对于铝合金相关领域进行了较为深入的研究，共申请了155项相关专利；从专利的法律状态来看，30%的专利处于有效状态，无在审专利，70%的专利处于失效状态；从专利运营来看，该企业还未开始对其专利进行运营。攀钢集团主要研发方向为特种钢铁、钛合金材料，涉及专利转让3件，其专利的有效性为75%，体现了其对于专利的质量高。宝钢集团共涉及该领域专利84项，宝钢集团是国内具有突出竞争力的钢铁公司，其多种产品在国内市场表现优异；从专利的法律状态来看，57%的专利处于有效状态，25%的专利在审，也体现了其研发的持续性；从专利运营来看，涉及专利转让12件，表现出较好的专利运营情况。东北轻合金共涉及该领域专利80项，其研发方向主要为铝合金；从专利的法律状态来看，64%的专利处于有效状态，并有10%的专利在审；

从专利运营来看，分别有 7 件转让、7 件许可，也体现了其在专利运营方面有较好的表现。从国内重要企业在海外布局情况来看，各企业均未进行海外布局，国内企业在走向国际化方面还需进一步提升，以扩大其在国际市场的份额（见表4-2-5）。

表4-2-5　高端装备用特种合金我国重要企业分析

| 序号 | 申请人 | 申请量（项） | 法律状态 | | | 研发方向 | 专利运营 | 海外布局 |
|---|---|---|---|---|---|---|---|---|
| | | | 有效 | 在审 | 失效 | | | |
| 1 | 贵州华科铝材料工程技术研究有限公司 | 155 | 30% | 0% | 70% | 铝合金 | 无 | 无 |
| 2 | 攀钢集团 | 99 | 75% | 14% | 11% | 特种钢铁、钛合金等 | 转让 3 件 | 无 |
| 3 | 宝山钢铁集团 | 84 | 57% | 25% | 18% | 特种钢铁材料、镁合金、钛合金 | 转让 12 件 | 无 |
| 4 | 东北轻合金有限公司 | 80 | 64% | 10% | 26% | 铝合金 | 转让 7 件、许可 7 件 | 无 |

## 五、小结

本节对高端装备用特种合金领域专利情况进行了分析。从专利申请态势情况来看，2000—2010 年其申请量及申请人数量增速均较为平缓，自 2010 年起，无论是申请量还是申请人数量均有较快的增长；从技术生命周期分析预测，高端装备用特种合金相关专利仍然处在较快增长期。

通过专利区域分布分析，中、美、日、韩是该领域主要专利来源国，日本和美国总体申请量在 2000—2019 年处于较为平稳态势，每年申请量比较接近；中国则在 2009 年之前增长较慢，2009 年后逐步成为全球最大申请国，且所占比例也越来越大，这也充分体现了近些年中国在高端装备用特种合金领域研发的重视程度。

从国内各地区专利申请来看，江苏在高端装备用特种合金领域的专利申请量最大，以 2054 项排名第 1，约占国内申请的 1/6；其次是北京、安徽、辽宁、广东，表现了这 5 个地区对高端装备用特种合金专利的重视程度。

从重要申请人及重要企业分析，全球申请人排名前 10 位的日本占了 6 个，均为企业；中国为 3 个，均为大专院校，也表现了国内外专利申请主体的区别；共同申请人方面，上海交大排名第 1，随后是电装公司、物质材料、神户制钢、新日铁，其联合申请数量分别是 35 件、28 件、20 件、20 件；中南大学排第 6 位。重要企业方面，全球范围内主要是日本企业，其研发方向主要涉及特种钢铁材料、耐高温材料、钛合金、铝合金；我国重要企业在申请数量、专利运营及布局等方面有所进步，但在国际化方面仍需加强。

## 第三节　高性能分离膜材料专利申请分析

　　分离膜是一种具有选择性透过能力的膜型材料，其可在两种相邻流体相之间构成不连续区间并影响流体中各组分的透过速度。高性能分离膜作为新型高效分离技术的核心材料，具有高分离性能、高稳定性、低成本和长寿命等特征，是实现节能减排和环境保护的重要基础材料。高性能分离膜主要分为反渗透膜、正渗透膜、微滤膜、超滤膜、纳滤膜、电渗析膜、离子交换膜和电池隔膜等几大类，在石油化工、医药、食品、电子、电池、水处理与净化和海水淡化等领域具有良好的应用前景。随着我国经济步入新常态，实现工业经济与绿色、可持续发展相融合越发必要，在科技部制定的《"十三五"材料领域科技创新专项规划》中，新型功能与智能材料方向规划了高性能分离膜技术，旨在攻克高性能分离膜方向的基础科学问题以及产业化、应用集成关键技术和高效成套装备技术。

### 一、专利申请态势分析

　　对高性能分离膜材料近 20 年的专利申请量进行分析，可以发现，在全球范围内，经过前期发展，2000—2009 年专利申请量维持平稳状态，年均不超过 1000 项，自 2010 年起，高性能分离膜材料领域进入快速增长阶段，2016 年达到顶峰，申请量接近 2500 项。从高性能分离膜材料在华专利申请量来看，2000 年及之后的专利申请量一直保持缓慢增长趋势，2009 年之前在华专利申请量较低，年平均不足 300 项（见图 4-3-1），2009 年开始进入快速增长阶段，尤其是 2016—2018 年，这三年的在华专利申请量占据了全球申请总量的 60%，说明中国的高性能分离膜材料市场需求急剧扩大，促进了高性能分离膜材料技术的发展以及专利申请量的提高。从目前趋势来看，未来一段时间国内高性能分离膜材料技术仍会保持快速发展，该领域的专利申请量仍会保持增长态势。

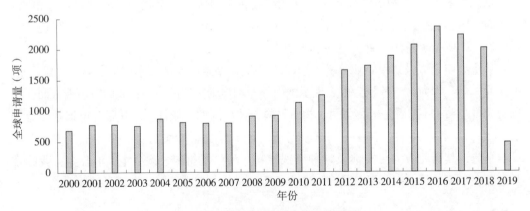

图 4-3-1　全球和在华专利申请趋势

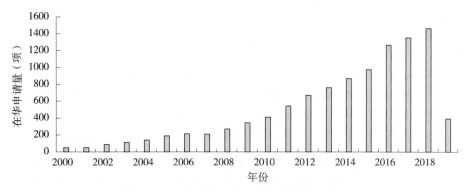

图4-3-1　全球和在华专利申请趋势（续）

## 二、专利区域分布分析

### （一）全球专利申请区域分布分析

#### 1. 各国家、地区、组织专利申请量对比

从全球主要国家、地区、组织专利申请量趋势可以看出，日本在高性能分离膜材料领域的研究起步早、发展快且成熟早，每年都有较大申请量，2000—2010 年一直是全球申请量最大的国家。2011 年后，中国取而代之，专利申请量增长迅速，稳居全球首位。美国从 2001 年开始专利申请量有大幅增加，在 2006—2009 年有小幅降低，随后又进入增长阶段。韩国的专利申请量趋势与中国相似，自 2000 年开始一直保持增长态势，如图 4-3-2 所示。

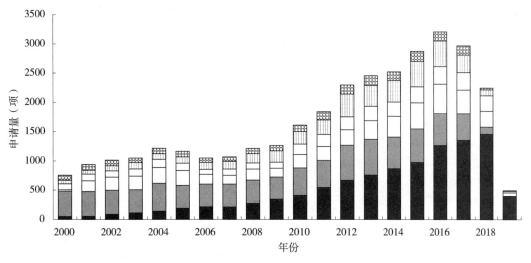

图4-3-2　各国家、地区、组织专利申请量对比

2. 技术来源和技术流向

就高性能分离膜材料全球专利申请而言，日本的专利申请量最大，占全球总申请量的34%，可见日本掌握着该领域的先进技术，在全球处于领先地位。中国紧随其后，专利申请量占全球总申请量的31%，美国和韩国的申请量相当，分别占比14%和12%，德国专利申请量占比3%，上述5个国家的专利申请量占全球申请总量的94%，是该领域主要的技术来源国，由此可见，该领域的专利技术相对比较集中。中国、日本、美国、韩国和欧洲是该领域的主要市场，主要技术来源国在这些国家和地区都有相当数量的专利申请。日本作为全球最大的技术输出国，其主要申请在本国，最大目标国为美国和中国，其次是韩国和欧洲。中国虽然是申请量排第2位的申请大国，但是其对外输出量非常小，相关专利几乎都是在国内申请。美国的最大目标国是日本，其次是中国、韩国和欧洲。韩国主要目标国是美国、中国和日本。德国虽然申请总量较小，但是其在其他国家/地区都进行了数量不少的专利申请。由此可见，除中国外，其余4国都比较重视在全球的专利布局，以此争取在全球市场中占据一席之地，我国虽然是申请大国，但还不是技术强国，在国外申请专利占领市场的实力还有待加强。

（二）在华专利申请区域分布分析

1. 各国家、地区、组织专利申请量对比和技术来源

自2000年以来，国外申请人在中国的专利申请量整体呈增长趋势，其中2007—2009年出现小幅下降，2010年又回到增长态势，其间2014年出现了小的低潮。日本是主要的国外来华申请国家，几乎每年的申请量都有所增加，其次是美国和韩国，自2010年起，这两国在华的专利申请量较之前10年有大幅增加。就高性能分离膜材料中国专利申请而言，国内申请占据了总量的73%，占有明显优势，国外来华申请的主要国家是日本，占申请总量的14%，其次是美国和韩国，分别占总量的5%和4%，德国申请量占比2%，如图4-3-3所示。虽然上述四个国家在华的申请量相对中国国内申请来说占比较小，但是日本、美国、韩国和德国在中国的申请量分别占其全球申请总量的17%、14%、14%和22%，足以看出中国市场的重要性。

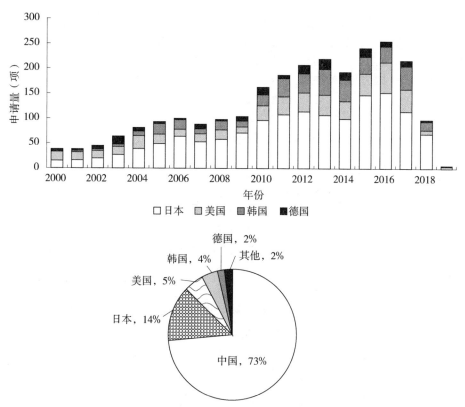

图4-3-3  在华主要国家、地区、组织专利申请量对比和在华申请来源国申请量占比

2. 地区分布

（1）各地区专利申请排名

在高性能分离膜材料领域，中国专利申请量排名前10位的地区全部集中在东部沿海地区，排名前2位的省份分别为广东和江苏。各地区膜产业发展的差异性不仅与该地区水资源状况、经济发展水平的差异有关，而且与钢铁、石化、火电、氯碱和电池行业的空间分布相关。钢铁、石化以及火力发电行业利用膜技术可以有效提高水利用率，是消费水处理膜的主要行业，氯碱工业和电池需要用到隔膜，这促进了离子交换膜的发展。自2005年以来，膜企业逐渐聚集于环渤海和珠三角两大区域，与上述行业近些年的发展趋势相吻合，如图4-3-4所示。

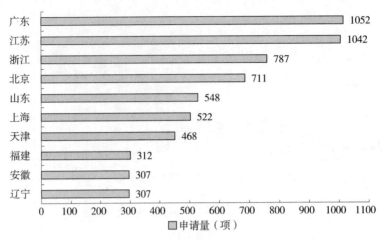

**图4-3-4　各地区专利申请排名**

（2）各地区专利申请趋势

各地区的高性能分离膜材料专利申请趋势基本相同，2000—2010年，相关技术发展缓慢，每年仅有少量专利申请，在这期间，广东和山东分别在2008年和2009年出现了一个申请量的小高峰。2011年开始，各地区的专利申请量逐渐进入增长阶段，尤其是近几年，相关专利申请量大幅增加，这与在华专利申请趋势相吻合，说明近几年我国各地区尤其东部经济发达地区加大对高性能分离膜材料领域的投入力度，相关技术发展迅速，如图4-3-5所示。

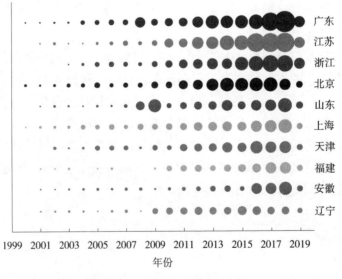

**图4-3-5　各地区专利申请趋势**

（3）各地区专利申请排名

深圳排在首位，申请量为696项，深圳是我国第一个经济特区，研发投入巨大，拥有大量创新载体，被誉为"中国硅谷"，促进了高新技术产业的迅速崛起与发展。杭州排在第2位，申请量为435项，北京市海淀区排在第3位，申请量为347项，另外北京市朝阳区列第6位，北京市聚集了众多高校、科研院所以及企业，充分发挥了科技创新的优势。我国现有26个国家知识产权运营服务体系建设重点城市，在专利申请排名前20位的城市当中，包括了15个专利运营城市，仅北京朝阳、合肥、常州、淄博和湖州不在这26个重点城市范围内，说明我国知识产权运营服务体系建设取得了显著成效，促进了知识产权与创新资源、金融资本、产业发展的有效融合，逐步铺开了一条依托知识产权运营引领创新经济和特色产业高质量发展的大道通途，如图4-3-6所示。

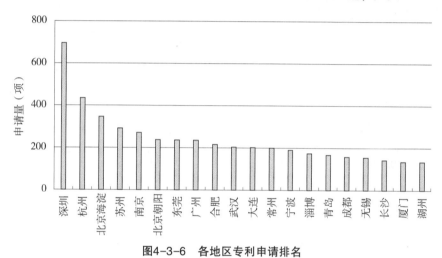

图4-3-6 各地区专利申请排名

### 三、技术分布分析

表4-3-1列出了排名前20位的IPC分类号（大组），可以看出，技术领域H01M2（电池非活性部件的结构零件或制造方法）的申请量最多，达到15000余件，该领域主要涉及电池隔膜（C25B9和C25B13），是一种离子交换膜，具有离子传导能力，其主要作用是隔离正、负极并使电池内的电子不能自由穿过，让电解液中的离子在正、负极之间自由通过，是电池中非常关键的部件。电池领域涉及的分类号还有H01M10、H01M8和H01M6，主要为电池的种类，包括二次电池（即蓄电池）、燃料电池和一次电池。除了电池领域，高性能分离膜第二大应用领域是半透膜，应用于分离工艺主要为水处理方面，包括渗透膜、反渗透膜、超滤膜、纳滤膜、微滤膜等，涉及的分类号为B01D71、B01D69、B01D67、B01D61、C02F1、B01D63等。此外，高性能分离膜还涉及用于气体或蒸气分离的渗透汽化膜（B01D53），以及膜的制备（C08J5、C08J9、B32B27、C08J7）。

表4-3-1  主要技术分支的专利申请量

| IPC 分类号 （大组） | | 专利申请量 （项） |
|---|---|---|
| H01M2 | 电池非活性部件的结构零件或制造方法 | 15404 |
| H01M10 | 二次电池；及其制造 | 8934 |
| B01D71 | 以材料为特征的用于分离工艺或设备的半透膜；其专用制备方法 | 6666 |
| B01D69 | 以形状、结构或性能为特征的用于分离工艺或设备的半透膜；其专用制备方法 | 5341 |
| H01M4 | 电极 | 4439 |
| B01D67 | 专门适用于分离工艺或设备的半透膜的制备方法 | 4229 |
| B01D61 | 利用半透膜分离的方法，例如渗析，渗透，超滤；其专用设备，辅助设备或辅助操作 | 2915 |
| C08J5 | 含有高分子物质的制品或成形材料的制造 | 2786 |
| H01M8 | 燃料电池；及其制造 | 2587 |
| C02F1 | 水、废水或污水的处理 | 1901 |
| C08J9 | 高分子物质加工成多孔或蜂窝状制品或材料；它们的后处理 | 1024 |
| C25B9 | 电解槽或其组合件；电解槽构件；电解槽构件的组合件，例如电极-膜组合件 | 879 |
| H01M6 | 一次电池；及其制造 | 858 |
| B01D53 | 气体或蒸气的分离；从气体中回收挥发性溶剂的蒸气；废气例如发动机废气、烟气、烟雾、烟道气或气溶胶的化学或生物净化 | 836 |
| C25B13 | 隔膜；间隔元件 | 820 |
| H01B1 | 按导电材料特性区分的导体或导电物体；用作导体的材料选择 | 708 |
| B01D63 | 用于半透膜分离工艺的一般设备 | 661 |
| B32B27 | 实质上由合成树脂组成的层状产品 | 655 |
| C25B1 | 无机化合物或非金属的电解生产 | 648 |
| C08J7 | 高分子物质成形制品的化学处理或涂层 | 485 |

反渗透膜和全氟离子交换膜技术是高性能分离膜材料领域两个很重要的技术分支，反渗透膜和全氟离子交换膜技术领域全球的专利申请量分别是 1494 项和 1366 项（见图 4-3-7）。反渗透具有低能耗、高效率等突出优点，是目前应用最为广泛的分离技术之一，在海水苦咸水淡化、超纯水制备等方面发挥着重要作用，反渗透膜的性能是影响反渗透过程效率的决定因素，反渗透膜的研制一直是国内外膜领域的研究热点。全氟离子交换膜主要应用于氯碱工业和燃料电池领域，促进了全球氯碱工业朝着低能耗、无污染的方向发展，并在清洁能源应用方面取得了突破性进展，是新时代具有重大战略影响意义的一类极其重要的功能材料。

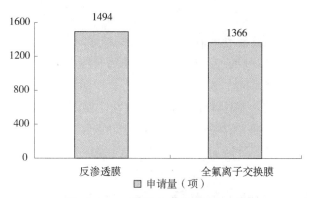

图4-3-7 三级技术分支专利申请量

## 四、重要申请人及重要企业分析

### (一) 全球专利申请人分析

#### 1. 全球专利申请申请人排名

对高性能分离膜材料领域的主要专利申请人进行分析,全球范围内,高性能分离膜材料专利申请量排名前10位的申请人中有2个韩国企业、7个日本公司以及1个中国申请人,其中韩国的LG集团和三星集团占据了前两位,尤其是LG集团的专利申请量遥遥领先,由此可见,韩国企业在高性能分离膜材料领域处于领先地位,LG集团和三星集团两家企业无论在技术上还是市场上都占有主导地位。日本的7家公司排在第3~9位,依次是松下集团、住友化学、三菱公司、丰田公司、日立公司、东丽公司和日东电工,说明日本企业在该领域也具有雄厚的研发实力和先进的技术。排在第10位的是我国的中国科学院,我国在高性能分离膜材料领域的技术还比较薄弱,与韩国和日本差距较大,如图4-3-8所示。

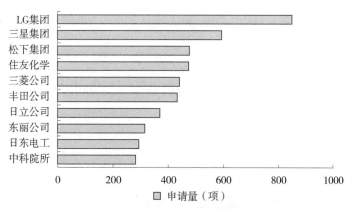

图4-3-8 全球专利申请申请人排名

2. 全球申请人申请趋势对比

LG集团在2011年前的专利申请量较少，相关技术还不成熟，处于探索阶段，2011年开始专利申请量爆发式增长，2014年达到高峰后有所下降。三星集团在2000—2006年的专利申请量处于增长态势，2007—2011年有所回落，2012—2015年专利申请量大幅增加，随后又开始下降，整体申请趋势有所波动。松下集团在2000—2007年每年都有很多的专利申请，而且是申请量最多的企业，2008年后专利申请量减少，此后一直维持在较低水平。住友化学经历了阶段式发展，第一阶段为2000—2010年，其中2007—2010年出现申请量小高峰，第二阶段自2011年至今，其中2016年出现申请量高峰，近两年申请量一直保持在较高水平。三菱公司经过长期发展在2013年达到申请量顶峰，之后申请量开始下降。丰田公司、日立公司和东丽公司分别自2010年、2006年和2008年进入申请量快速增长阶段并维持到现在。我国的中科院2000—2008年每年仅有少量专利申请，2009年开始申请量快速增加，如图4-3-9所示。

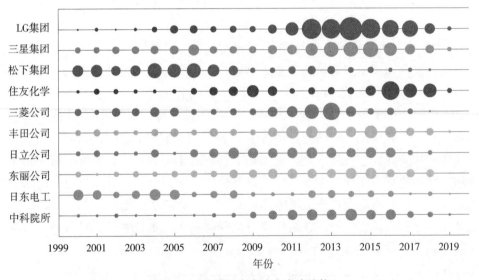

图4-3-9 全球重点申请人申请趋势

3. 重要全球申请人区域布局策略对比

对全球重要申请人的区域布局策略进行分析，可以看出，高性能分离膜材料领域前10位的申请人主要还是在本国申请，其中日本东丽公司在韩国的专利申请量略多于在日本的申请量。除此之外，LG集团把中国、美国和欧洲作为其主要目标市场，三星集团在中国、日本、美国和欧洲都进行了大量专利申请，日本的7家企业也都在其他国家、地区或组织进行了相关的专利布局，而我国中科院的专利申请几乎全部都在国内，相比之下，我国重要申请人在高性能分离膜材料领域的技术还比较薄弱，全球专利布局意识较差，如图4-3-10所示。

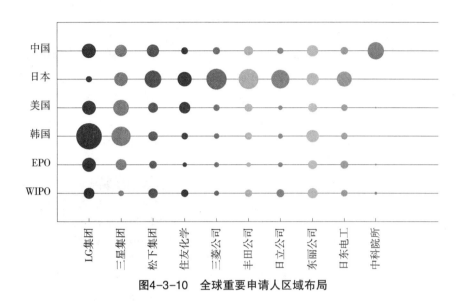

**图4-3-10 全球重要申请人区域布局**

## （二）在华专利申请人分析

### 1. 在华专利申请申请人排名

对高性能分离膜材料在华申请的申请人进行分析，申请量上，国内申请人和国外申请人势均力敌，前 10 位中各占 5 席，其中中国科学院的申请量排名第 1 位，说明在国内中科院在该领域具有雄厚的研发实力，其技术发展水平领先。住友化学和 LG 集团排在第 2 位、第 3 位，国外申请人还有排在第 5 位的松下集团和排在第 9 位的东丽公司。5 个国内申请人全部是高校和科研单位，分别是中科院所、天津工业大学、天津大学、浙江大学和清华大学，因此其在规模化生产上存在一些技术困难，需要这些高校和研究院所与相关企业更紧密的合作，推动科研成果产业化，如图 4-3-11 所示。

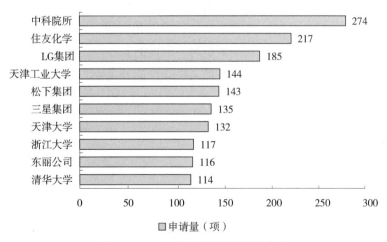

**图4-3-11 在华专利申请申请人排名**

## 2. 在华申请人申请趋势对比

在高性能分离膜材料领域，2000 年只有中科院和清华大学有非常少量的专利申请，开始步入高性能分离膜材料的研究领域，国内重点申请人在 2009 年之前的专利申请量都比较少，从 2009 年开始专利申请量明显提高，进入快速发展阶段。但是在前期，我国在高性能分离膜材料领域的技术还没有发展起来的情况下，松下集团和三星集团就已经在我国申请了大量的专利，占据了一定市场，如图 4-3-12 所示。

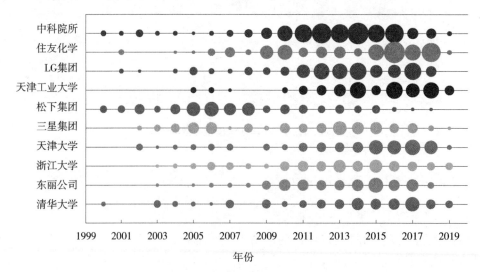

**图4-3-12　在华重点申请人申请趋势**

## 3. 重要在华申请人区域布局策略对比

国内重点申请人的专利申请几乎全部在国内，基本没有技术输出。国外的重点申请人除了在本国外，在其他国家、地区和组织都进行了相关专利布局，比如住友化学将美国作为其最大技术输出国，LG 集团在中国、美国和欧洲进行了大量专利申请，三星集团其最大的目标国是美国，其次是日本、中国和欧洲，松下集团和东丽公司也都在中国、美国、韩国和欧洲申请了很多专利。国内的重点申请人在全球专利布局意识上较国外申请人还有一定差距，反映出我国在高性能分离膜材料领域还有很大的发展空间，如图 4-3-13 所示。

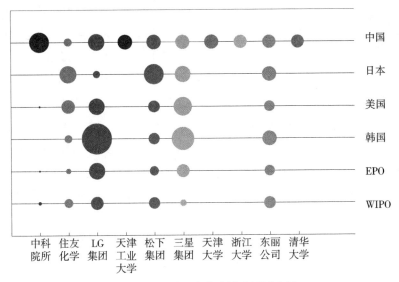

**图4-3-13　重要在华申请人区域布局**

## （三）重要企业分析

### 1. 全球重要企业分析

结合专利申请量、市场竞争力、技术先进水平以及产业产能等多方面，筛选出以下5个重点企业进行分析，分别是韩国LG集团、三星集团、日本东丽公司、日东电工和美国陶氏，见表4-3-2。

**表4-3-2　全球重要企业专利申请状况一览**

| 序号 | 申请人 | 专利族（项） | 专利申请（件） | 全球布局 | 研发方向 |
|---|---|---|---|---|---|
| 1 | LG集团 | 850 | 1527 | 韩国、美国、中国、欧洲、日本 | 主要为电池隔膜，还涉及反渗透膜 |
| 2 | 三星集团 | 594 | 1148 | 韩国、美国、日本、中国、欧洲 | 主要为电池隔膜 |
| 3 | 东丽公司 | 315 | 840 | 韩国、日本、美国、中国、欧洲 | 电池隔膜、反渗透膜、超滤膜、微滤膜 |
| 4 | 日东电工 | 293 | 475 | 日本、欧洲、中国、韩国、美国 | 离子交换膜、电池隔膜、反渗透膜、超滤/微滤膜 |
| 5 | 美国陶氏 | 32 | 60 | 中国、日本、美国、欧洲 | 反渗透膜、纳滤膜、超滤膜 |

韩国LG集团旗下子公司LG化学是领导韩国化学工业最大的综合化学公司。1998年，LG化学正式开始研发锂离子电池，其在开发锂电池方面有产业链协同优势，电池隔膜是该公司研发的一个重要技术分支。2009年，LG化学正式进入动力电池市场，经

过与多方合作，已经成为动力电池主流三大供应厂商之一。2014年，LG化学与日本Ube Maxell签订协议，将授权电池隔膜技术"Safety Reinforced Separator（SRS）"给予日方，希望韩厂的电池技术能跃居业界标准，提升LG化学的长期竞争力。

三星集团旗下子公司三星SDI的高性能分离膜领域专利申请量位居全球第二，其中绝大部分是电池隔膜相关技术的专利申请。就企业发展历程来看，三星SDI由之前的显像管生产部门转行生产锂电池包，开始主要应用于笔记本电脑等移动设备，2000年，三星SDI开始进军动力电池领域。2015年5月，三星SDI 100%收购Magna Steyr从事电池业务的子公司MSBS，从此构建起完整的电动汽车电池业务体系。

日本东丽公司是一家世界著名的水处理膜生产厂家，拥有40年液体分离膜的基础研究和产品开发经验，特别是在制造和销售反渗透膜元件方面处于世界领先地位。东丽早在1968年就开始了反渗透膜的研究开发，其开发的非对称醋酸纤维膜和架桥芳香族聚酰胺复合膜在世界上拥有极高的声誉。至今已开发成功各种高性能超纯水反渗透膜、海水淡化以及苦咸水用反渗透膜、废物再利用的低污染反渗透膜等，分离膜相关产品包括反渗透膜元件ROMEMBRA™，超滤、微滤膜组件TORAYFIL™，以及用在MBR上的浸没式平板膜组件MEMBRAY™。

日东电工从20世纪70年代开始研发反渗透膜，20世纪80年代中期研发海水淡化反渗透复合膜，同时超滤膜的研发也取得了重大突破。1987年收购了美国海德能公司，日东电工逐步进入世界膜分离技术前沿。日东电工的反渗透膜为明星产品，超滤/微滤膜也是较为重要的产品，但是由于该领域技术较为成熟，日东电工涉及超滤/微滤膜的申请多集中在膜组件的改进方面。

美国陶氏是世界上同时拥有膜和离子交换树脂两大类分离技术和产品的公司之一，虽然专利申请量不大，但在全球水处理膜产业中具有举足轻重的地位。陶氏水处理膜中的反渗透膜具有脱盐率高、稳定性好、成本低和环境友好等优点，在近几十年的时间里发展非常迅速，已经广泛应用于海水和苦咸水淡化、纯水和超纯水制备和废水处理等领域。在陶氏的业务中，中国市场是继美国、德国之后的第三大市场。

2. 国内重要企业分析

结合专利申请量、市场竞争力、技术先进水平以及产业产能等多方面，筛选出以下5个国内重点企业进行分析，分别是比亚迪、中兴新材料、北京碧水源、时代沃顿和杭州水处理技术研究开发中心有限公司，见表4-3-3。

表4-3-3　国内重要企业专利申请状况一览

| 序号 | 申请人 | 申请量（项） | 法律状态 | | | 研发方向 | 专利运营 | 海外布局 |
|---|---|---|---|---|---|---|---|---|
| | | | 有效 | 在审 | 失效 | | | |
| 1 | 比亚迪股份有限公司 | 100 | 52% | 32% | 16% | 电池隔膜 | 许可2件 | WO |
| 2 | 中兴新材料技术有限公司 | 68 | 34% | 65% | 1% | 电池隔膜 | 转让1件 | 无 |

续表

| 序号 | 申请人 | 申请量（项） | 法律状态 | | | 研发方向 | 专利运营 | 海外布局 |
|---|---|---|---|---|---|---|---|---|
| | | | 有效 | 在审 | 失效 | | | |
| 3 | 北京碧水源公司 | 58 | 55% | 17% | 28% | 反渗透膜、微滤膜、超滤膜、纳滤膜 | 转让9件，许可2件 | 无 |
| 4 | 时代沃顿科技有限公司 | 58 | 38% | 45% | 17% | 反渗透膜、纳滤膜、超滤膜 | 转让4件 | 无 |
| 5 | 杭州水处理技术研究开发中心有限公司 | 45 | 42% | 18% | 40% | 反渗透膜、超滤膜、纳滤膜 | 许可3件 | 无 |

比亚迪是一家拥有 IT、汽车及新能源三大产业群的高新技术民营企业，以二次充电电池制造起步，2000 年打破索尼等对电池行业的垄断，成为摩托罗拉的第一个中国锂电池供应商，2002 年继而成为诺基亚的第一个中国锂电池供应商，2003 年公司成为全球第二大充电电池供应商，奠定锂电池龙头地位。2008 年进军新能源汽车的研发，在全球电动化趋势下，经过在新能源汽车领域的深耕，比亚迪成为中国新能源汽车龙头企业。在高性能分离膜领域的专利申请主要涉及电池隔膜，共有 100 项申请，其中约一半处于有效状态，有 2 件专利许可，被许可人为比亚迪子公司。

中兴新材料技术有限公司是中兴新通讯有限公司旗下专业从事锂离子电池隔膜研发、生产、销售的国家高新技术企业，目前已经是动力电池隔膜第一方阵服务提供商。其干法单向拉伸及涂层锂离子电池隔膜，已批量供应比亚迪、CATL、力神、比克等一流电池厂商。公司共拥有 68 项电池隔膜相关技术的专利申请，大部分处于在审状态和有效状态，说明其电池隔膜技术仍然在不断发展和创新。

北京碧水源公司是全球最大、产业链最全的膜技术企业之一，具有完全自主知识产权的微滤膜、超滤膜、纳滤膜和反渗透膜。有超一半的专利申请处于有效状态，有 9 件专利转让，专利受让人北京碧水源净水工程技术股份有限公司 3 件、北京碧水源科技股份有限公司 3 件、北京碧水源膜科技有限公司 1 件、南京城建环保水务投资有限公司 1 件、天津市碧水源环境科技有限公司 1 件、水创（北京）科技有限公司 1 件，另有 2 件专利许可。由此可见，北京碧水源公司的膜技术已经较为成熟。

时代沃顿是国内规模最大的复合反渗透膜生产企业，拥有国内最先进的反渗透膜技术，共有 12 个系列 60 多个规格品种的复合反渗透膜和纳滤膜产品，自主研发的抗氧化膜处于国际领先水平。公司年产 1700 万 m² 复合反渗透膜及纳滤膜，4 件专利转让均为子公司间的相互转让。

杭州水处理隶属于中国蓝星（集团）股份有限公司，中心组建于 1984 年，总体技术水平处于国内领先，部分技术成果接近和达到国际先进水平。公司拥有年产 160 万 m² 的反渗透膜和纳滤膜生产线，反渗透膜产品主要由超低压反渗透膜元件以及海水淡化反渗透膜元件，膜片材质均为聚酰胺；年产 100 万 m² 超滤膜生产线，主要产品为 PVDF 中空超滤膜组件。专利申请处于有效状态的比例占 42%，3 件专利许可的被许可人均为杭州北斗星膜制品有限公司。

### 五、小结

从全球发展现状来看，以美、日、韩为代表的国外企业在高性能分离膜领域优势明显，其中韩国企业在电池隔膜领域处于领先地位，日本和美国在水处理膜领域领跑，尤其是在反渗透膜领域形成了寡头垄断的格局。相比较而言，我国在高性能分离膜研究领域起步较晚，中低端产品居多，应用层次偏低，应用领域偏窄，技术水平和产业规模较国外企业都有一定的差距。

在我国政策及资金的大力支持下，我国高性能分离膜研发进展迅速，膜产业已经步入一个快速成长期，超滤、微滤、反渗透膜、电池隔膜等膜技术在能源电力、海水淡化、给水处理、污水回用等领域的应用规模迅速扩大。根据创新主体类型划分，企业申请数量占比 65%，高校及科研单位申请数量占比 29%，可见，企业的专利申请占大部分。然而，在华申请量排名前 10 位的申请人中，5 个国内申请人全部是高校和科研单位，分别是中科院、天津工业大学、天津大学、浙江大学和清华大学，说明我国在基础研究领域做得很好，但在成果产业化方面存在不足。

在地域分布上，中国专利申请量排名前 10 位的省市全部集中在东部沿海地区，依次是广东、江苏、浙江、北京、山东、上海、天津、福建、安徽和辽宁。各地区膜产业发展的差异性不仅与该地区水资源状况、经济发展水平的差异有关，而且与钢铁、石化、火电、氯碱、电池行业的空间分布相关。

我国重点企业与国外企业相比，在企业规模、专利申请数量、全球布局方面都有一定差距。在企业规模方面，我国企业多为中小企业，例如比亚迪、中兴新材、北京碧水源、时代沃顿等，即使是我国的新能源汽车龙头企业比亚迪与国外大企业相比，规模也稍显逊色，国内企业的生产线产能较小，成熟产品的种类型号也较少，创新基础、技术发展以及企业的扩大受到多方面条件的制约。而国外企业如 LG 集团、三星集团、东丽公司、日东电工、陶氏等均为全球 500 强的大型跨国公司，资金雄厚，研发实力强，创新基础好，还与其他企业进行合作甚至并购，技术成熟、产能大、产品型号丰富。在专利申请量方面，国内企业的专利申请数量多为几十件，比亚迪达到 100 件，国外企业的专利申请量多为几百件，陶氏虽然专利申请量较少，但是其产业规模大，应用领域广，在全球水处理膜产业中具有举足轻重的地位。在专利布局方面，国内重点申请人以及重点企业的专利申请几乎全部在国内，基本没有技术输出，而国外申请人和重点企业除了本国外，在其他国家、地区和组织都有大量申请，进行了相关专利布局，相比较而言，国内的重点申请人和企业在全球专利布局意识上较国外申请人还有一定差距。

# 第四节　高性能纤维及复合材料专利申请分析

高性能纤维是指具有特殊的物理化学结构、性能和用途，或具有特殊功能的化学纤维，一般具有极高的抗拉伸力、杨氏模量，同时具有耐高温、耐辐射、抗燃、耐高压、耐酸碱、耐腐蚀等其他特性，被广泛应用于航空航天、国防军工、交通运输、工业工程、土工建筑乃至生物医药和电子产业等领域。从应用技术和产业成熟度来说，目前高性能纤维以碳纤维、芳纶纤维和超高分子量聚乙烯纤维最为强势，全球高性能纤维及复合材料正朝着制造技术先进化、低成本化、材料高性能化、多功能化和应用扩大化的方向发展。我国在《"十三五"材料领域科技创新专项规划》和《产业用纺织品行业"十三五"发展指导意见》中也做出了明确指示，指出在新材料技术发展方面，要重点研究高性能纤维及复合材料等关键材料和技术，实现我国高性能结构材料研究与应用的跨越式发展。

## 一、专利申请态势分析

对高性能纤维及复合材料近20年的专利申请量进行分析，可以发现在全球范围内，经过前期发展，2000—2007年专利申请量保持平稳状态，年平均申请量不超过1000项，自2008年开始，高性能纤维及复合材料的申请量进入增长阶段，2016年达到顶峰，申请量接近4000项，2017年、2018年稍有下降，但每年仍有较大申请量。在华专利申请2000年及之后一直保持增长趋势，2010年之前在华的专利申请量较低，年平均申请量不足500项，2010年开始进入快速增长阶段，尤其是2016年和2017年，年申请量接近3000项，达到顶峰，10年间增加了12倍，这两年的年申请量占全球申请总量的3/4，说明中国的高性能纤维市场需求急剧扩大，促进了高性能纤维及复合材料技术的发展以及专利申请量的增加，如图4-4-1所示。

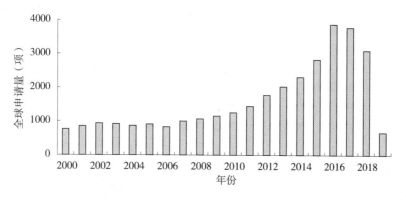

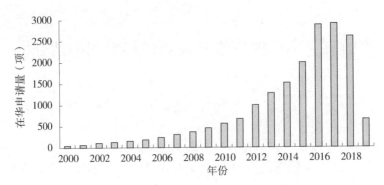

图4-4-1　全球和在华专利申请趋势

## 二、专利区域分布分析

### (一) 全球专利申请区域分布分析

#### 1. 各国家、地区、组织专利申请量对比

日本在高性能纤维及复合材料领域起步早、发展快且成熟早,每年都保有较大的申请量,在 2000—2008 年一直是全球申请量最大的国家。2009 年开始,中国专利申请量增长迅速,取代日本成为全球申请量最大的国家。美国从 2001 年开始专利申请量有大幅增加,在 2006—2011 年有小幅降低,随后又进入增长阶段。韩国的专利申请量趋势与中国相似,自 2000 年开始一直保持增长态势,如图 4-4-2 所示。

| | 2000 | 2001 | 2002 | 2003 | 2004 | 2005 | 2006 | 2007 | 2008 | 2009 | 2010 | 2011 | 2012 | 2013 | 2014 | 2015 | 2016 | 2017 | 2018 | 2019 |
|---|---|---|---|---|---|---|---|---|---|---|---|---|---|---|---|---|---|---|---|---|
| 韩国 | 71 | 71 | 67 | 116 | 47 | 111 | 103 | 122 | 169 | 189 | 256 | 250 | 284 | 305 | 302 | 311 | 389 | 223 | 25 | 2 |
| 美国 | 17 | 194 | 199 | 217 | 231 | 181 | 92 | 122 | 135 | 133 | 146 | 155 | 191 | 174 | 258 | 328 | 333 | 290 | 162 | 36 |
| WIPO | 123 | 120 | 123 | 124 | 125 | 133 | 120 | 153 | 128 | 88 | 137 | 148 | 190 | 217 | 204 | 213 | 236 | 292 | 286 | 27 |
| 日本 | 394 | 368 | 472 | 394 | 408 | 456 | 364 | 395 | 394 | 387 | 341 | 383 | 384 | 388 | 353 | 308 | 389 | 307 | 77 | 8 |
| 中国 | 45 | 64 | 110 | 130 | 155 | 185 | 235 | 304 | 363 | 457 | 559 | 670 | 997 | 1273 | 1515 | 1993 | 2880 | 2908 | 2611 | 642 |

图4-4-2　各国家、地区、组织专利申请量对比 (申请量:项)

#### 2. 技术来源和技术流向

就高性能纤维及复合材料全球专利申请而言,中国的专利申请量最大,占全球总申请量的 47%,日本和美国次之,分别占比 21% 和 12%,韩国和德国申请量相当,占比均为 6%,上述 5 个国家的专利申请量占全球申请总量的 92%。中国、日本、美国、

德国和韩国作为高性能纤维及复合材料专利技术主要来源国，它们最大的目标市场都是本国，其中中国的相关专利几乎都是国内申请，日本和美国比较重视在全球的专利布局，除本国外，在其他国家、地区和组织也有大量的相关专利申请，德国和韩国比较相似，除本国市场外，在中国、日本和美国都有相关技术专利布局。

（二）在华专利申请区域分布分析

1. 各国家、地区、组织专利申请量对比和技术来源

2000年以来，国外申请人在中国的专利申请量整体呈增长趋势，其中2008年和2009年出现小幅下降，2012年开始保持平稳状态。日本和美国是主要的国外来华申请国家，每年的申请量都有所增加，其次是德国和韩国，自2009年起这两国在华的专利申请量较之前10年有大幅增加。就高性能纤维及复合材料中国专利申请而言，国内申请占据了总量的84%，国外来华申请的主要国家是日本和美国，分别占总量的6%和4%，其次是德国和韩国，分别占总量的2%和1%。虽然上述4个国家在华的申请量相对中国国内申请来说占比较小，但是日本、美国、德国和韩国在中国的申请量分别占其全球申请总量的15%、18%、16%和13%，足以看出中国市场的重要性，如图4-4-3所示。

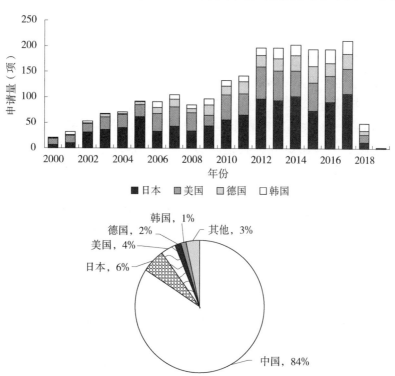

图4-4-3 在华主要国家、地区、组织专利申请量趋势和来源国申请量占比

2. 地区分布

(1) 各地区专利申请排名

江苏省专利申请量排名第一，远超其他地区，这与我国高性能纤维产业的区域布局密切相关，我国在江苏设置了多个高性能纤维及复合材料产业聚集地，明显促进了相关技术的发展和专利申请量的增加。安徽、广东、山东、浙江、北京、上海紧随其后，这与上述地区的经济发展水平和研究实力相吻合，总体来看，高性能纤维及复合材料绝大部分专利申请集中在东部沿海经济发达地区，如图4-4-4所示。

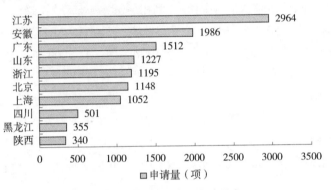

图4-4-4 各地区专利申请排名

(2) 各地区专利申请趋势

各地区的高性能纤维及复合材料专利申请趋势基本相同，2000—2010年，相关技术发展缓慢，每年仅有少量专利申请，2011年开始，各地区的专利申请量逐渐增多，尤其是2015年以来，相关专利申请量大幅增加，这与在华专利申请趋势相吻合，说明近几年我国各地区尤其东部经济发达地区加大对高性能纤维及复合材料领域的研发力度，相关技术发展迅速，如图4-4-5所示。

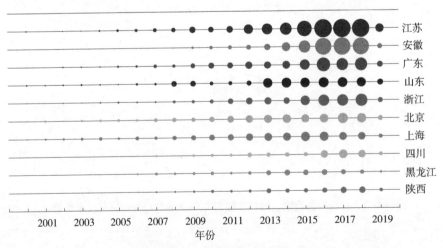

图4-4-5 各地区专利申请趋势

### 三、技术分布分析

表4-4-1列出了排名前20位的IPC分类号（大组）。其中，C08K7（使用的配料以形状为特征）的申请量最多，表明高性能纤维材料主要是作为增强填料应用于复合材料中，另外还涉及所得的复合材料及其制备，相关分类号分别是B29C70和C08J5。这里讨论的高性能纤维材料主要包括碳纤维、芳纶纤维和超高分子量聚乙烯纤维，其中碳纤维属于无机纤维，相关分类号为C08K3，芳纶纤维和超高分子量聚乙烯纤维属于有机纤维，相关分类号为C08K5。此外，还涉及合成碳纤维、芳纶纤维和超高分子量聚乙烯纤维所用到的原料化合物以及上述高性能纤维材料的制备和后处理。

表4-4-1　主要技术分支的专利申请量

| IPC 分类号（大组） | | 专利量（项） |
|---|---|---|
| C08K7 | 使用的配料以形状为特征 | 10424 |
| C08K3 | 使用无机物质作为混合配料 | 10001 |
| B29C70 | 成型复合材料，即含有增强材料、填料或预成型件（例如嵌件）的塑性材料 | 6677 |
| C08K5 | 使用有机配料 | 6399 |
| C08K13 | 使用不包含在C08K3/00至C08K11/00任何单独一个大组中的配料混合物，其中每种化合物都是基本配料 | 6121 |
| C08J5 | 含有高分子物质的制品或成形材料的制造 | 5318 |
| C08L23 | 只有1个碳–碳双键的不饱和脂族烃的均聚物或共聚物的组合物，此种聚合物的衍生物的组合物 | 4840 |
| D01F9 | 其他原料的人造长丝或类似物；其制造；专用于生产碳纤维的设备 | 4053 |
| C08L77 | 由在主链中形成羧酸酰胺键反应得到的聚酰胺的组合物；这些聚合物的衍生物的组合物 | 3804 |
| C08K9 | 使用预处理的配料 | 3297 |
| C08L27 | 具有1个或更多的不饱和脂族基化合物的均聚物或共聚物的组合物，每个不饱和脂族基只有1个碳–碳双键，并且至少有1个是以卤素为终端；此种聚合物衍生物的组合物 | 3022 |
| C08L63 | 环氧树脂的组合物；环氧树脂衍生物的组合物 | 2857 |
| C08L67 | 由主链中形成1个羧酸酯键反应得到的聚酯的组合物；此种聚合物的衍生物的组合物 | 2417 |
| C08L101 | 未指明的高分子化合物的组合物 | 2268 |
| D06M101 | 被处理的纤维、纱、线、织物或由这些材料制成的纤维制品的化学成分 | 2237 |
| C08L83 | 由只在主链中形成含硅的，有或没有硫、氮、氧或碳键的反应得到的高分子化合物的组合物；此种聚合物的衍生物的组合物 | 1806 |
| D06M15 | 用高分子化合物处理纤维、纱、线、织物或由这些材料制成的纤维制品；这种处理同机械处理相结合 | 1768 |

续表

| IPC 分类号（大组） | | 专利量（项） |
|---|---|---|
| C08L79 | 不包括在C08L61/00至C08L77/00组内的，由只在主链中形成含氮的，有或没有氧或碳键的反应得到的高分子化合物的组合物 | 1586 |
| C08L61 | 醛或酮的缩聚物的组合物；此种聚合物的衍生物的组合物 | 1518 |
| C08L71 | 由主链中形成醚键合的反应得到的聚醚的组合物；此种聚合物的衍生物的组合物 | 1503 |

从排名前10位的IPC分类号申请趋势（见图4-4-6）可以看出，前10位IPC分类号所涉及的领域其申请趋势基本是一致的，2000—2009年这10年间，各领域专利申请量相对较少，且变化不大，其中排名第一位的C08K7（使用的配料以形状为特征）领域的申请量在150~200项。自2010年起，各领域申请量呈增长态势且增长迅速，C08K7领域的专利申请量在2016年达到1800余项，相对于前10年翻了将近9倍。相对而言，C08J5（含有高分子物质的制品或成形材料的制造）和D01F9（其他原料的人造长丝或类似物；其制造；专用于生产碳纤维的设备）领域的专利申请量近20年增长幅度较小。

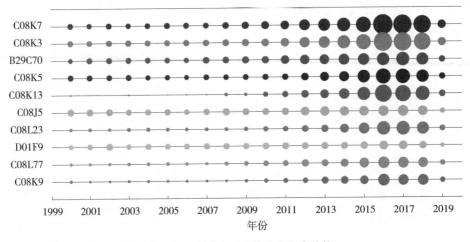

图4-4-6 全球专利申请技术组成趋势

高性能碳纤维、芳纶纤维和超高分子量聚乙烯纤维是三类性能优异、应用广、需求量大的重要高性能纤维材料，高性能碳纤维及复合材料、芳纶纤维及复合材料、超高分子量聚乙烯纤维及复合材料技术领域的专利申请量分别是28764项、5317项和1042项，高性能碳纤维及复合材料相关的专利申请量遥遥领先（见图4-4-7）。碳纤维具有高比强度、高比模量、耐高温、耐腐蚀、抗疲劳等特性，具有碳材料的各种优越性能和纤维材料的柔软可加工性，是先进复合材料中最重要的增强体，广泛应用于航空航天、风力发电、汽车制造、建筑工程、体育休闲等领域，是国民经济和国防建设不可或缺的一种战略性新材料。芳纶纤维具有优异的力学性能和稳定的化学性能，主要分为间位芳纶和对位芳纶两大类，间位芳纶具有长久的热稳定性、本质阻燃性、优良的电绝缘性、耐腐蚀、耐辐射等特性，主要被应用于电绝缘服、高温防护服、高温传送带等领域。对位芳纶具有高强度、高模量、高耐热性，以及良好的抗冲击、耐腐蚀和抗疲劳性能，经常被称作"防弹纤维"，被广泛应用于国防军工、航空航天、个体防护等领域。据预测，2015年芳纶纤维的全球市场规模约为29.9亿美元，2021年该市场预计将扩大至50.7亿美元，且2016—2021年的复合年均增长率将达到8.9%，具有非常好的发展前景。超高分子量聚乙烯纤维是目前世界上比强度和比模量最高同时密度最小的高性能纤维，是继碳纤维和芳纶之后的第三大工业化高性能纤维，具有高模量、高强度、耐磨、抗冲击、耐紫外线、耐化学腐蚀等优异性能，在国防军工、航空航天、海洋产业、体育器材、医疗卫生，以及建筑建设和其他行业中都有广泛的市场应用，整体市场需求量不断增加，将持续处于供不应求状态。

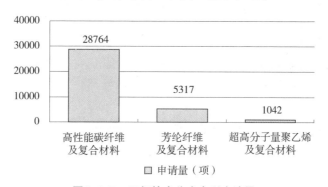

**图4-4-7 三级技术分支专利申请量**

### 四、重要申请人及重要企业分析

#### （一）全球专利申请人分析

##### 1. 全球专利申请申请人排名

对高性能纤维及复合材料领域的主要专利申请人进行分析，全球范围内，排名前10位的申请人中有4个日本公司、4个中国申请人、1个韩国公司以及1个美国公司，其中4个日本公司占据了前4位，依次是东丽、三菱、帝人和东邦，东丽和三菱的申请量遥遥领先，日本企业在高性能纤维和复合材料领域处于领先地位，尤其是东丽和三菱两家企业代表了高性能纤维生产的最高水平，无论在技术上还是市场上都占有主导地位。进入全球排名前10位的中国申请人依次是中科院所、中国石化、金发科技和东华大学（原中国纺织大学），如图4-4-8所示。

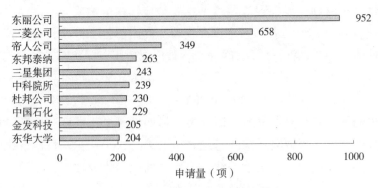

**图4-4-8　全球专利申请申请人排名**

2. 全球申请人申请趋势对比

日本的东丽公司和三菱公司自2000年以来几乎每年都是全球申请量最大的企业，且每年都保有较大的专利申请量，由此可见，这两家企业在该领域处于领先地位。韩国三星集团的专利申请集中在2006—2016年，美国杜邦公司的专利申请集中在2005—2015年，近几年的专利申请量有所下降，中国的4个重点申请人申请趋势相似，中科院所、中国石化和金发科技均自2010年起进入发展阶段，专利申请量增长迅速。东华大学起步相对较早，2008年进入发展阶段。相比较而言，中国的重点申请人对高性能纤维及复合材料技术的研究起步较晚，如图4-4-9所示。

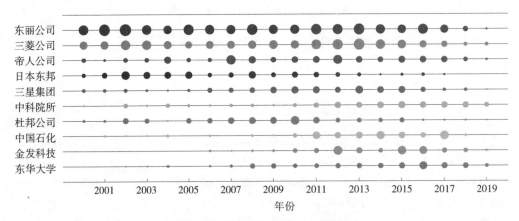

**图4-4-9　全球重点申请人申请趋势**

3. 重要全球申请人区域布局策略对比

对全球重要申请人的区域布局策略进行分析可知，日本的4家企业仍然立足于本国市场，在日本的专利申请量最大，此外，东丽、三菱和帝人三家企业在中国、美国、韩国、欧洲都有大量申请，进行了相关专利布局。三星集团的最大目标市场是韩国，其次是中国，美国杜邦公司在中国、世界知识产权组织（WIPO）和韩国进行了大量专利申请，而中国的4个重要申请人的专利申请几乎全部在国内，缺乏在全球其他国家、地区和组织的专利布局，如图4-4-10所示。

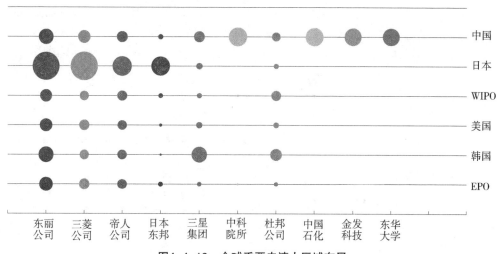

**图4-4-10　全球重要申请人区域布局**

## （二）在华专利申请人分析

### 1. 在华专利申请申请人排名

对高性能纤维及复合材料在华申请的申请人进行分析可知，在专利申请量上，国内申请人占有优势，排名前10位的申请人中，有8个是国内申请人，且排名前6位的均为国内申请人，依次是中科院所、中国石化、金发科技、东华大学、北京化工大学和哈尔滨工业大学，中科院在该领域具有雄厚的研发实力，但也可以发现，前6位申请人中有4个是科研院所，占据了申请量的大部分。其他两个国外申请人是日本的东丽和三菱，分别排在第7位和第9位，如图4-4-11所示。

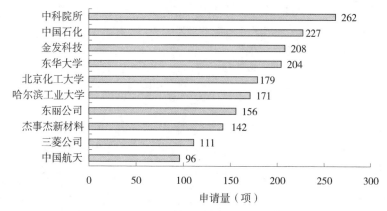

**图4-4-11　在华专利申请申请人排名**

### 2. 在华申请人申请趋势对比

从在华重点申请人申请趋势（见图4-4-12）可以看出，在高性能纤维及复合材料领域，就国内申请人而言，基本从2010年开始专利申请量明显提高，如2000年只有中科院有 1 件专利申请。东华大学相对较早，2008 年和 2009 年已经有了一定量的专利申请，在这之前还处于技术探索期，每年仅有少量的专利申请。日本的东丽公司和三菱公司作为高性能纤维领域全球排名前两位的申请人，尽管自 2000 年以来每年都保有较大的专利申请量，但是进入中国的时间较晚，分别从 2005 年和 2010 年开始在华的专利申请量逐渐增加。

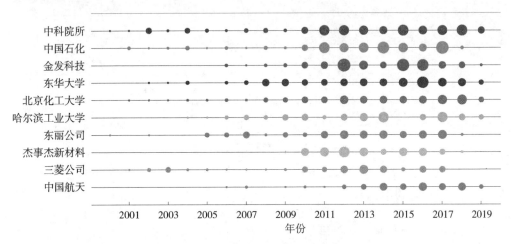

图4-4-12　在华重点申请人申请趋势

3. 重要在华申请人区域布局策略对比

从重要在华申请人区域布局（见图 4-4-13）可以看出，国内重点申请人缺乏在全球其他国家、地区和组织的专利布局。日本的东丽和三菱将本国作为其最大的目标市场的同时，也在其他国家、地区和组织进行了相关专利布局。相比较而言，国内的申请人在全球专利布局意识上较日本还有很大差距。

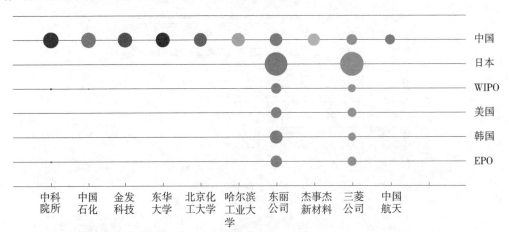

图4-4-13　重要在华申请人区域布局

（三）重要企业分析

1. 全球重要企业分析

结合专利申请量、市场竞争力、技术先进水平以及产业产能等多方面，筛选出以下 5 个重点企业进行分析，分别是日本东丽公司、三菱公司、帝人公司、美国杜邦和荷兰帝斯曼 DSM，见表 4-4-2。

表4-4-2　全球重要企业专利申请状况一览

| 序号 | 申请人 | 专利族（项） | 专利申请量（件） | 全球布局 | 研发方向 |
|---|---|---|---|---|---|
| 1 | 东丽公司 | 952 | 1285 | 日本、韩国、中国、欧洲、美国 | 碳纤维及复合材料 |
| 2 | 三菱化学 | 658 | 1115 | 日本、中国、欧洲、美国、韩国 | 碳纤维及复合材料 |
| 3 | 帝人公司 | 349 | 697 | 日本、中国、韩国、美国、欧洲 | 碳纤维及复合材料、芳纶纤维及复合材料 |
| 4 | 杜邦 | 230 | 370 | 韩国、中国、美国、日本、欧洲 | 芳纶纤维及复合材料 |
| 5 | 荷兰帝斯曼 DSM | 64 | 159 | 中国、韩国、美国、印度、日本 | 超高分子量聚乙烯纤维及复合材料 |

日本东丽公司是目前世界上首屈一指的碳纤维生产供应商，除了产能占绝对优势外，在航空航天高端碳纤维领域也几乎呈技术垄断地位，所生产的高强度碳纤维 T1000、T1100 产品以及高模量碳纤维 M60J、M70J 代表着目前碳纤维产业的最高水平。

日本三菱化学公司在碳纤维及复合材料领域具有先进的研发水平和较大的产能，收购了德国西格里集团在美国的碳纤维生产基地 SGL Carbon Fibers 公司，以增强大丝束碳纤维产能，向着碳纤维低成本化进一步部署。三菱化学的碳纤维材料被丰田、奥迪等多家车企采用。

日本帝人是日本化纤纺织界巨头之一，合并了专注于碳纤维事业的子公司东邦特耐克丝，集中优势发展高性能轻量化材料，主要产品有 Tenax ® 碳纤维、Tenax ® 复合材料和 Pyromex ® PAN 基氧化纤维，在航空航天、汽车、土建工程、能源、工业、船舶、石油天然气等领域皆有应用。此外，日本帝人在全球芳纶纤维市场也占据重要地位，是紧随杜邦之后的芳纶纤维巨头，其对位芳纶产品 Twaron ® 的年产能在 2.5 万 t 以上，并且还在不断扩大，产品主要用于制动器摩擦材料、防护/防弹/防割产品、光纤增强材料、橡胶增强材料消防服等领域。

美国杜邦公司无论是在间位芳纶还是在对位芳纶领域，都是全球芳纶企业中的佼佼者。杜邦是最早成功研制间位芳纶的企业，于 1967 年实现了间位芳纶的商业化生产，目前其间位芳纶的年产能在 2 万 t 以上。同时，杜邦还是对位芳纶的发明者和最重要的生产商，1972 年便实现了对位芳纶的产业化，目前其对位芳纶的年产能在 3 万 t 以上。在芳纶发展的后续几十年中，杜邦依然保持着其领先地位，无论从技术水平还是产能方面，都较其他企业有着绝对优势。

荷兰帝斯曼在超高分子量聚乙烯（UHMWPE）纤维领域具有明显优势，在产品的质量、产量、应用上领先其他生产商，是 UHMWPE 纤维产业的标杆。其产品主要应用市场为军用和执法防护应用，帝斯曼还推出了专门针对医疗应用的产品系列，包括骨科缝合线、心血管植入物相关应用等，体现了 UHMWPE 纤维应用领域的新方向。

2. 国内重要企业分析

结合专利申请量、市场竞争力、技术先进水平以及产业产能等多方面，筛选出以下 5 个国内重点企业进行分析，分别是中国石油化工集团、中复神鹰、江苏恒神、烟台泰和新材料以及山东爱地高分子材料有限公司，见表 4-4-3。

表4-4-3　国内重要企业专利申请状况一览

| 序号 | 申请人 | 申请量（项） | 法律状态 | | | 研发方向 | 专利运营 | 海外布局 |
|---|---|---|---|---|---|---|---|---|
| | | | 有效 | 在审 | 失效 | | | |
| 1 | 中国石油化工集团 | 237 | 52% | 32% | 16% | 碳纤维及复合材料 | 许可1件，转让9件，质押8件 | WO |
| 2 | 中复神鹰碳纤维有限责任公司 | 29 | 41% | 18% | 41% | 碳纤维及复合材料 | 转让1件 | 无 |
| 3 | 江苏恒神股份有限公司 | 102 | 29% | 47% | 24% | 碳纤维及复合材料 | 无 | 无 |
| 4 | 烟台泰和新材料股份有限公司 | 22 | 46% | 36% | 18% | 芳纶纤维及复合材料 | 转让2件 | 无 |
| 5 | 山东爱地高分子材料有限公司 | 42 | 33% | 0% | 67% | 超高分子量聚乙烯纤维及复合材料 | 转让3件 | 无 |

中国石化专利申请有 237 项，多数集中在碳纤维领域，2017 年启动"碳纤维及其复合材料关键技术开发及应用"重大项目，主要攻关内容是突破通用级碳纤维、高性能碳纤维和碳纤维复合材料产业化应用 3 个领域的关键技术，开发技术支撑建设 8 条生产线及中试线，形成产业化示范应用。2018 年，中国石化成功开发出 48K 大丝束碳纤维的聚合、纺丝、氧化炭化成套工艺技术，国产碳纤维技术突破大丝束瓶颈，可大幅提高碳纤维单线产能和质量性能。该企业有 9 件专利转让，多为集团内部子公司之间的转让，还有 8 件专利质押。

中复神鹰碳纤维有限责任公司系统掌握了 T700 级、T800 级碳纤维千吨规模生产技术以及 T1000 级的中试技术，在国内率先实现了干喷湿纺的关键技术突破和核心装备自主化，率先建成了千吨级干喷湿纺碳纤维产业化生产线，在关键技术、核心装备等方面具有自主知识产权。中复神鹰自 2009 年开始有碳纤维相关技术的专利申请，随后在 2014—2017 年集中申请了多件专利，虽然专利申请量不大，但中复神鹰率先打破了国外高性能碳纤维垄断的市场格局，碳纤维市场的国产占有率连年保持在 50% 以上，足以看出其在碳纤维领域技术发展和成熟速度很快。

江苏恒神股份有限公司是一家拥有自原丝、碳纤维、上浆剂、织物、树脂、预浸料到复合材料制品的全产业链企业。江苏恒神是国内较早拥有先进设备、雄厚技术力量的碳纤维及复合材料的研发和生产基地，公司年产碳纤维 5000t，产品广泛应用于轨道交通、海洋工程、工程机械、新能源等领域。

烟台泰和新材料股份有限公司从事高性能纤维的研发与生产，拥有氨纶、间位芳纶、对位芳纶三大产品板块为主导的 10 大产品体系，主要产品有泰美达 ® 间位芳纶和泰普龙 ® 对位芳纶，泰美达 ® 间位芳纶产能 7000t/a，作为一种综合性能优异的有机耐高温纤维广泛应用于防护、工业制毡等领域；泰普龙 ® 对位芳纶产能 1500t/a，在光纤光缆、摩擦密封、个体防护、航空航天、高速列车和游艇外壳等领域得到迅速推广应用。烟台泰和新材料的专利申请量不大，但其间位芳纶的产能仅次于美国杜邦，是全球第二大间位芳纶生产和供应商，但该企业在技术创新方面还需加强。

山东爱地高分子材料有限公司是中国最大的超高分子量聚乙烯纤维生产企业，2012 年成为荷兰帝斯曼在中国的合资公司。拥有特力夫 ® 品牌产品，涵盖 200-6000D 等多个系列，被广泛应用于海洋开发、绳缆网箱、生命防护、体育用品等领域。从该企业专利申请法律状态来看，67% 的专利处于失效状态，2017 年之后没有再进行相关专利申请。

## 五、小结

目前，高性能纤维及复合材料的全球产业以日本、美国、欧盟为优势主体。其中日本在碳纤维领域拥有绝对优势，东丽、三菱化学以及帝人贡献了全球碳纤维产能的一半；美国则拥有在芳纶产业的制霸企业杜邦公司，垄断高端产品技术的同时还能对低端产品形成价格控制；欧洲则在超高分子量聚乙烯纤维领域拥有处于优势地位的荷兰帝斯曼，到目前为止仍然是全球超高分子量聚乙烯纤维的最主要供应商，产能倍超其他优势企业。

为了摆脱进口依赖和技术限制，我国近年来持续加强对高性能纤维及复合材料发展的支持，并已取得显著成效。在国务院发布的《中国制造 2025》中，碳纤维被列为关键战略材料之一，我国各大碳纤维企业陆续在碳纤维及复合材料相关技术和产能方面取得突破。中复神鹰千吨级干喷湿纺碳纤维产业化生产线建成投产，标志着中复神鹰进入一个新的时代，继续引领国内行业发展。江苏恒神公司的国内首创、高宽数米、长度近 20m 的下一代碳纤维复合材料车体的完成，表明恒神公司进入了碳纤维技术和成果的收获期。目前我国高性能碳纤维材料产业发展势头迅猛，但碳纤维材料产品大多仍处在试运行、少量装机等阶段，与下游产业的合作仍需加强。

在芳纶纤维领域，与众多国外巨头企业相比，我国芳纶纤维发展起步较晚，无论是技术水平还是规模化生产，都有较大差距。我国目前已出现多家产能达到千吨以上的芳纶厂商,其中烟台泰和新材料股份有限公司成为仅次于美国杜邦的全球第二大间位芳纶生产和供应商,且具备同时生产间位芳纶和对位芳纶的能力。但是该企业产品类型还较少,在技术创新方面有待加强。

在超高分子量聚乙烯纤维领域,国外企业在产业发展方面具有先发优势,形成了技术和市场方面的垄断,并通过资本、技术和规模优势抑制新兴竞争力量的发展。目前我国也拥有了生产 UHMWPE 纤维的多个重点企业,比如山东爱地高分子材料有限公司等,在产业规模上,不仅可以部分替代进口,而且国内 UHMWPE 纤维生产企业大都具备一定的出口创汇能力。但是,整体上国内 UHMWPE 纤维生产企业存在产品体系化不够健全、差异化不明显等问题,从原料供应,到规模化、高质量、高稳定性的纤维生产,再到下游加工和应用推广能力方面,国内企业与国外企业相比还存在较大差距。

在专利布局方面,国内重点申请人以及重点企业的专利申请几乎全部在国内,基本没有技术输出,而国外申请人和重点企业除了本国外,在其他国家、地区和组织都有大量申请,进行了相关专利布局,相比较而言,国内的重点申请人和企业在全球专利布局意识上较国外申请人还有很大差距。

# 第五节  稀土功能材料专利申请分析

稀土被人们称为现代工业必不可少的"工业维生素",是世界上公认的战略元素,具有无法取代的优异磁、光、电性能,对改善产品性能、增加产品品种、提高生产效率具有巨大的促进作用,同时稀土用量少、效果好,被广泛地应用于电子、军事、航天等其他尖端技术中。稀土的化合物具有十分丰富的磁、光、电、催化等功能性质,利用其特性开发出了一系列性能优异的磁性材料、光功能材料、储氢材料、催化材料等稀土功能材料,这是发展高新技术和国防军工不可或缺的关键战略材料。欧美和日本等发达国家/地区均将稀土元素列入"21 世纪的战略元素",加以战略储备和重点研究。2015 年 5 月,国务院印发《中国制造 2025》,确定了新一代信息技术、高档数控机床和机器人、航空航天装备、海洋工程装备及高技术船舶、先进轨道交通装备、节能与新能源汽车、新材料、高性能医疗器械以及农业机械装备等 10 大重点发展领域,稀土功能材料被列为实施制造强国战略的 9 种关键材料之一。本节从全球专利申请态势、国内专利申请态势和主要申请人专利申请态势进行分析,涉及全球专利申请趋势和主要申请人、国内专利申请趋势、专利申请的地域分析、国内外 10 大申请人分析等。

## 一、专利申请态势分析

### (一)全球专利申请态势分析

在我国,新材料产业是 7 大战略新兴产业之一,新材料产业规模不断壮大,作为新材料的稀土功能材料的产能位居世界前列，然而我国新材料产业起步较晚、总体发展慢，仍处于培育发展阶段，与发达国家仍有一定差距。虽然我国稀土功能材料的产能位居世界前列，但是利用稀土功能材料制备的高端产品的核心技术仍然掌握在国外发达国家手中。我国正处在经济转型和结构提升的关键期，需要我们不断优化稀土产业，增加研发投入，提高我国的核心竞争力，使我国从稀土出口大国向稀土产业强国迈进。

为了研究稀土功能材料产业自 21 世纪以来的技术发展，针对全球范围内涉及稀土永磁材料、稀土光功能材料、稀土催化材料以及稀土储氢材料的专利数据进行了统计，从 2000—2019 年全球范围内公开的涉及稀土功能材料的专利申请趋势，从图 4-5-1 可以看出，进入 21 世纪以来，稀土功能材料产业全球专利申请量整体上呈现稳步增长的趋势，2017 年，专利的申请量创新高，达到了 13153 项，预示着稀土功能材料产业的发展进入了一个新的发展阶段。

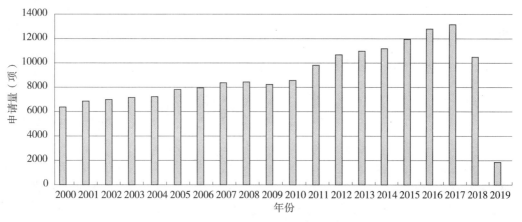

图4-5-1　全球专利申请趋势

（二）在华专利申请态势分析

稀土作为不可再生的重要战略资源，是改造传统产业、发展新兴产业及国防科技工业不可或缺的关键元素。随着世界科技革命和产业变革的不断深化，稀土在国民经济和社会发展中的应用价值有了进一步提升。在华稀土功能材料的专利申请趋势与全球发展趋势基本相同。进入 21 世纪以来，我国稀土功能材料产业进入了快速发展期，国内专利申请量总体保持了快速增长的趋势，这一阶段我国稀土功能材料产业发展相对缓慢，稀土功能材料产业规模尚未形成，虽然进行稀土冶炼分离技术的企业较多，稀土产量也较大，但是在稀土材料的深加工以及高附加值的产业上，国内的企业核心技术掌握较少，通过专利手段保护技术研发的意识相对较弱。随着《中华人民共和国国民经济和社会发展第十三个五年规划纲要》《中国制造 2025》以及国务院《关于促进稀土行业持续健康发展的若干意见》等指导政策的公布，同时《新材料产业发展指南》把稀土磁性材料确立为未来急需突破的重点任务，上述政策的实施极大地促进了人们对稀土功能材料的重视，也为我国稀土行业的发展指明了方向。到了 2017 年稀土功能材料的专利申请量达到 4500 项，申请数量有了大幅度的提高，如图 4-5-2 所示。

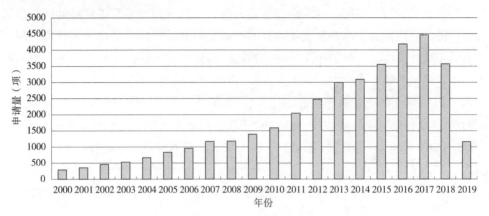

图4-5-2　在华专利申请趋势

## 二、专利区域分布分析

### (一) 全球专利申请区域分布分析

#### 1. 各国家、地区、组织专利申请量对比

各个国家、地区、组织的专利申请量整体上呈现了稳步增长的趋势，相对于世界知识产权组织（WIPO）、日本、欧洲专利局（EPO）等地区或国家而言，中国进入 21 世纪以后在稀土功能材料产业的专利申请量增长是最快的。在 2000 年中国专利申请量仅占据全球专利申请量的 3%，经过十几年的快速发展，2017 年中国专利申请量为 4458 项，占比达到了 30%（见图 4-5-3）。除了世界知识产权组织以及欧洲专利局外，在所有的国家中，中国的专利申请量是位列第一的，由此可见，随着中国在稀土功能材料领域的不断耕耘，在稀土功能材料领域也发挥着越来越重要的作用。

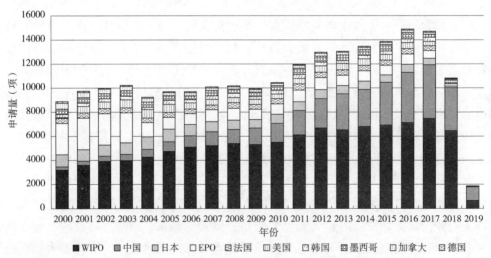

图4-5-3　各国家、地区、组织专利申请量对比

2. 技术来源和技术流向

世界知识产权组织的专利申请量占据了所有国家、地区、组织专利申请量的59.08%，为稀土功能材料领域技术的主要来源组织，中国的专利申请量位列所有国家、地区、组织中的第2位，占比19.05%左右。日本紧随中国排在所有国家、地区、组织中的第3位，占比为5.93%。欧洲专利局、法国、加拿大、美国等国家、组织分别位列4~7名。中国、美国、日本、德国在自己国家的专利申请均是最多的，美国、日本以及德国等国外公司在其他国家的专利申请量比中国大。中国的专利申请量最大，但是主要申请还是在中国国内，占比达到了80%左右，中国申请人在世界知识产权组织的专利申请数量为7215项；日本申请人的国内专利申请占比仅为24%左右，而在他国的专利申请占比高达76%，其在国外的专利申请主要分布在世界知识产权组织，专利申请量为26345项；与日本技术布局相似，美国申请人的国内专利申请占比仅为9.3%左右，他国的专利申请占比高达90%，其在国外的专利申请主要分布在世界知识产权组织，专利申请量为27818项；这与日本、美国在稀土功能材料领域的研发实力，以及其大型跨国企业例如丰田、通用等注重海外市场的知识产权保护是一致的，两国的重要申请人注重全球布局，而专利显然已经成为国外大型跨国企业发展的基石。而中国申请人在国际专利布局方面有所欠缺，中国申请人应当进一步提升其国际专利申请水平，积极进行国际专利布局。

（二）在华专利申请区域分布分析

1. 各个国家、地域、组织专利申请量对比

美国、日本以及德国三个国家的申请量从2000年开始均呈现增长的趋势，其中日本申请人在华专利申请数量远远超过了其他国外申请人在华专利申请数量，相对于美国和韩国申请人，在华专利申请中日本申请人占比较大，申请量达到了2478项。日本的在华申请量为德国和美国在华专利申请量的一倍左右。从2000年开始一直到2017年，日本申请人在华的专利申请量均多于其他国外申请人同期的申请量，占据主要位置，可见国外申请人尤其是日本申请人对中国市场的重视程度，其在稀土功能材料产业发展的初期就开始了专利布局。中国国内申请人的申请量达到了31817项，占比达到90%，日本申请人在华申请量为2648项，占比达到7%，美国和德国申请人在华申请量的占比分比为2%、1%，如图4-5-4所示。

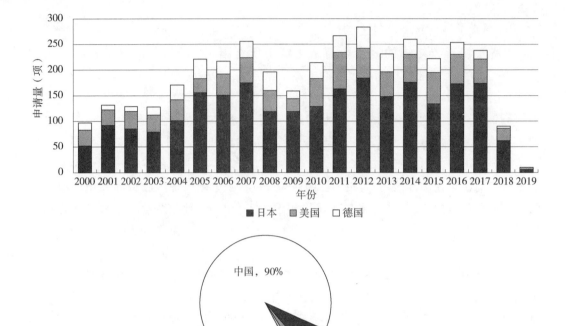

图4-5-4　在华主要国家、地区、组织专利申请量趋势和技术来源占比

2. 地区分布

（1）各地区专利申请排名

在全国所有的地区中北京的申请量最大，占比13.2%，其次为江苏、浙江、广东和上海等，位于前列的地区都位于东部经济发达地区，中西部地区的申请量排名靠后，显示出东西部区域发展不平衡。排名前10位的地区总体的申请量占据了所有在华专利申请量的64.4%，这是因为稀土功能材料技术的发展与地区的经济、科技发展水平密切相关，广东、江苏、北京、上海作为经济发达地区，经济实力较强，高等院校相对集中、科技研发投入高，因而上述地区在稀土功能材料领域发展较快，专利申请量较多，虽然中西部地区的稀土产量大，但是在增加稀土附加值的产业技术方面，发展较慢，西部地区的资源丰富，具有东部地区所不具有的优势，东西部之间应当结合各自优势，形成互补，加快产学研一体化进程，从而提升我国在稀土功能材料领域的发展水平，如图4-5-5所示。

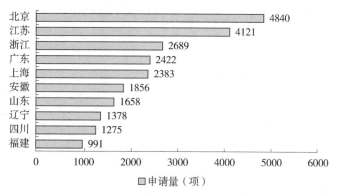

图4-5-5 各地区专利申请排名

（2）各地区专利申请趋势

全国稀土功能材料领域技术的发展，来源于国内各地区技术的发展，与国内整体申请量趋势一致，无论排名前3位的北京、江苏、浙江，还是排在第9位、第10位的四川、福建，其申请量都是呈现不同程度的增长。北京起步较早、申请总量也是最大的，江苏的专利申请发展较为迅速，在发展的初期比北京少，但在2016年，其专利申请量达到了740项，首次超过了北京成为全国专利申请量最大的省份，并在随后的2016—2019年均维持领先（见图4-5-6），江苏坚持聚焦产业与创新驱动相结合、政府引导与市场主导相结合、需求引领与系统布局相结合的原则，大力支持江苏知识产权事业的发展，形成了以建设江苏国际知识产权运营交易中心为核心，以培育知识产权专业运营机构和打造产业知识产权运营中心为重点的知识产权发展路线，通过深化改革创新、完善政策体系、整合市场资源、拓展服务模式，打通了"创造、运用、保护、管理、服务"的知识产权供给链，激活了"专利信息分析—关键技术突破—产品技术标准"的知识产权创新链，构建出"创新+保护+资本"的知识产权产业链。同时，江苏还开展了高价值知识产权培育计划项目和优秀知识产权奖励工作，鼓励企业建立健全以质量和价值为导向的知识产权创造绩效评价体系，获取高质量、高价值的知识产权，加强企业产品市场控制。

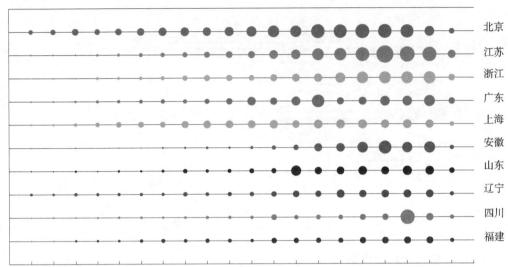

图4-5-6　各地区专利申请趋势

（3）各地区专利申请排名

北京市朝阳区以2523项专利位列第1，北京市海淀区以1356项专利位列第2（见图4-5-7），朝阳区的专利申请量为海淀区专利申请量的2倍左右。在稀土功能材料领域专利申请量排名前10位的城市中，属于知识产权运营服务体系建设重点地区有北京海淀、南京、成都、宁波、杭州、深圳、苏州、西安和广州，占比达到了90%。虽然朝阳区不是知识产权运营服务体系建设重点城市，但是其在稀土功能材料领域的地位是举足轻重的，朝阳区政府可以利用自己的优势，以知识产权各门类全链条运营为牵引，探索知识产权引领创新经济、品牌经济和特色产业高质量发展的全新路径，完善知识产权严保护、大保护、快保护、同保护体系建设，着力打通知识产权运营链条，完善知识产权服务体系，促进平台、机构、资本、制造业和服务业等要素融合发展，推动知识产权运营与实体产业相互融合、相互支撑，进一步营造引导科技创新、支持科技创新、保护科技创新的良好市场环境，提升知识产权工作对区域产业发展的支撑作用。

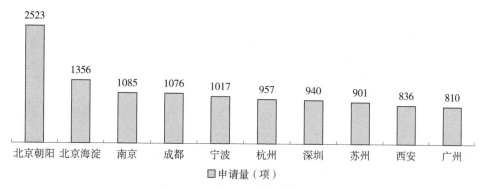

图4-5-7 各地区专利申请排名

## 三、技术分布分析

### 1. 全球稀土功能材料各分支产业申请数据

本节在对全球稀土功能材料产业进行数据检索的过程中，将稀土功能材料分为以下几个分支进行了专利数据的整理，具体包括稀土磁性材料、稀土光功能材料、稀土催化材料以及稀土储氢材料，总量为 176361 项。稀土催化材料的申请量占比为 43%，稀土磁性材料和稀土光功能材料分别占比 29% 和 27%，如图 4-5-8 所示。

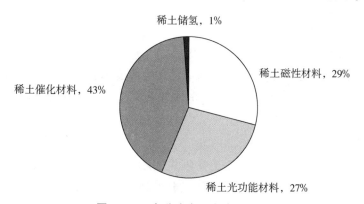

图4-5-8 各分支专利申请量占比

### 2. 技术分布

分类号 B01J 对应技术主题为化学或物理方法，例如，催化作用或胶体化学；C07C 对应技术主题为无环或碳环化合物，H01F 对应的技术主题为磁体、电感、变压器、磁性材料的选择；H01L 对应的技术主题为半导体器件。全球稀土功能材料领域研究热点集中在 B01J 的技术领域，并且在 C07C 以及 C09K 领域分布也较为广泛，H01F 领域相对于前三者申请量较小。B01J 以及 C07C 的技术领域的专利申请，主要来源于稀土催化材料的专利贡献，而排名第三的技术主题 C09K 的申请量的贡献主要来源于稀土光功能材料专利申请，排名第四的技术主题 H01F 的专利申请量的贡献主要来源于稀土磁性材料的专利申请，上述分类号的排名是与图 4-5-8 中各领域的专利申请量基本一致的，见表 4-5-1。

表4-5-1　全球专利申请技术主题

| IPC 分类 | 专利申请量（项） | 技术主题 |
|---|---|---|
| B01J | 35594 | 催化作用或胶体化学；其有关设备 |
| C07C | 18923 | 无环或碳环化合物 |
| C09K | 18061 | 电致发光、化学发光材料（主要由 C09K11/00 贡献申请量） |
| H01F | 13302 | 磁体；电感；变压器；磁性材料的选择 |
| H01L | 13065 | 半导体器件；其他类目中不包括的电固体器件 |
| H02K | 10544 | 电机 |
| B01D | 10414 | 物理或化学分离方法或装置 |
| C08F | 8988 | 仅用碳-碳不饱和键反应得到的高分子化合物 |
| C01B | 8195 | 非金属元素；其化合物 |
| C07D | 7862 | 杂环化合物 |

## 四、重要申请人及重要企业分析

### （一）全球专利申请人分析

#### 1. 全球专利申请人排名

在稀土功能材料领域专利申请中，全球专利申请量排名前 10 位的公司中，排名第 1 的是德国的巴斯夫，排名第 2 的是美国的陶氏杜邦，排名第 3~5 位的公司均来自日本，来自中国的中国石化排名第 7 位。从图 4-5-9 中可以看出，在全球排名前 10 位的公司中来自德国的企业有 2 家，来自日本的企业有 4 家，来自美国的企业有 2 家，来自中国和韩国的企业分别有 1 家。日本的 4 家企业均是大型跨国企业，具有雄厚的资本支撑，上述企业对稀土功能材料领域的研发开始较早、投入较大，使日本在稀土功能材料领域的发展中占据着重要地位；无论是德国的巴斯夫还是美国的陶氏杜邦，都非常重视新技术的研发以及专利的布局，日本、美国均是当今的发达国家，其对能源的消耗是巨大的，作为工业维生素的稀土材料在高端设备的制造过程中是不可或缺的，尤其是日本，自然资源非常紧张，为了获得高附加值的产品，促使其非常重视稀土功能材料性能的研发与利用。我国在该领域产量虽然较大，已经在稀土催化领域取得了一定的进步，但是在稀土磁性等领域的发展仍显不足，这就需要我们提前进行研发投入和专利布局，促进技术发展，更好地服务于经济、生活。

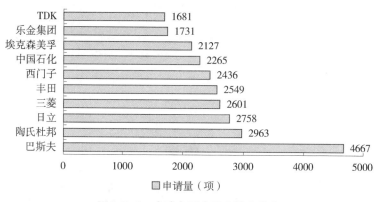

**图4-5-9 全球专利申请申请人排名**

### 2. 全球申请人申请趋势对比

巴斯夫在2000年后几年内的申请量是最大的，随着时间的推移，申请量缓慢下降，维持在年均200项的水平，陶氏杜邦以及日立的申请趋势基本与巴斯夫相同。中国石化在初期的专利申请量较低，随后逐渐增长，2014年后实现了在该领域的稳步发展。韩国乐金集团早期专利申请量是最低的，但是，随着其在该领域的不断耕耘发展，到了2016年，其专利申请量为218项，超过了巴斯夫成为该领域专利申请贡献最大的企业，如图4-5-10所示。

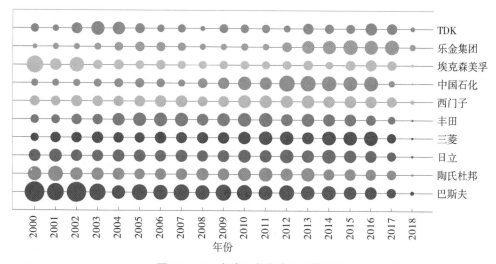

**图4-5-10 全球重点申请人申请趋势**

### 3. 重要全球申请人区域布局策略对比

全球10大申请人在各个国家/地区的专利申请分布情况如图4-5-11所示。不同申请人其技术侧重点不同，因而在各个国家的专利布局有所差别。中国石化、日立、丰田以及TDK这4个企业的专利申请量在本国最多，其他的企业，例如巴斯夫、西门子、乐金集团等，其在 WIPO 以及 EPO 的专利申请量均超过了其本国专利申请量。

就排名第 1 的巴斯夫来说，其在本国（德国）的专利申请量为 79 项，其在中国专利申请量为 161 项、美国为 88 项、WIPO 为 2336 项、韩国为 145 项、EPO 为 788 项，巴斯夫在 WIPO 的专利申请占据了其在国外专利申请中的 50%，可见，巴斯夫非常重视专利的国际布局，与巴斯夫类似，西门子、乐金集团等均将国际专利作为专利布局的重点方向。中国石化在国际专利布局方面均略显不足，中国的发展虽然起步较晚，但是可以充分借鉴他国经验，少走弯路，从而实现我国在该领域的快速发展。

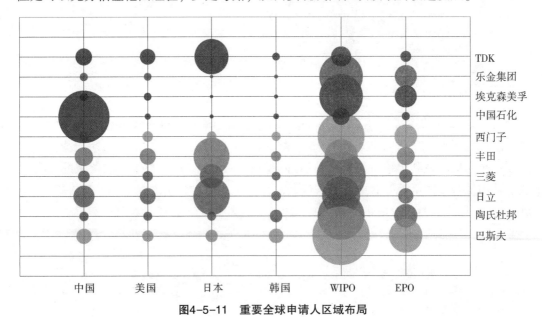

**图4-5-11　重要全球申请人区域布局**

## （二）在华专利申请人分析

### 1. 在华专利申请人排名

在华专利申请中，稀土功能材料领域专利申请量排名前 10 位的申请人如图 4-5-12 所示。其中中国石化以 1811 项的专利申请量牢牢占据了第 1 名的位置，排名第 2 的海洋王照明的申请量有 571 项，仅有中国石化的三分之一，其他申请人的申请量相差不多，基本上在 300 项左右。前 10 位的申请人全部为国内申请人，高校和科研院所有 7 个，企业有 3 个，中国石化和中国石油的专利分布主要集中在稀土催化材料，对于其他稀土功能材料研究较少。在排名前 10 位的申请人中，70% 的申请人为高校和科研院所，说明我国在稀土功能材料领域的诸多研究主要集中在基础研究，对于研究的成果，大多数处在实验室阶段，产业化相对困难，这就需要企业与科研院所发挥各自的优势，进行合作研究。

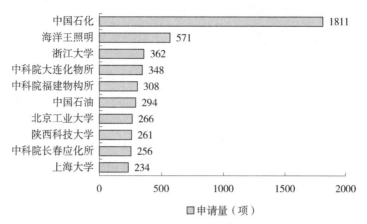

**图4-5-12 在华专利申请申请人排名**

**2. 在华申请人申请趋势对比**

从在华重点申请人（排名前6位）的申请趋势（见图4-5-13）可以看出，除了海洋王照明以外，其他申请人在2000年左右就已经有了稀土功能材料相关的专利申请，并且随着时间的推移，申请量呈现逐渐增长的趋势。海洋王照明起步晚，2009年开始进行专利申请，在随后的4年间专利申请量大幅增加，一直到了2013年申请量达到了291项，在2015年以后基本上没有专利申请。可能有两个因素导致了上述的变化：一方面是由于在研发的过程中遇到了技术瓶颈，短时间内难以突破；另一方面可能是企业的重点转移，在该领域的研究没有继续进行。

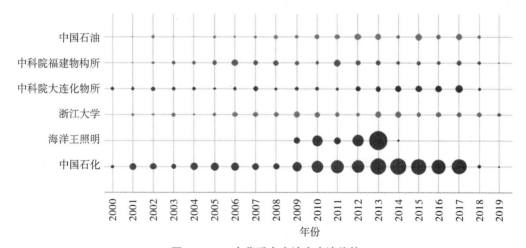

**图4-5-13 在华重点申请人申请趋势**

## （三）重要企业分析

**1. 全球重要企业分析**

巴斯夫、陶氏杜邦、日立、三菱、丰田等企业在全球进行了广泛的专利布局，基本上涉及中国、美国、日本、韩国以及欧洲地区，见表4-5-2。在稀土功能材料的研发方向上，巴斯夫主要涉及催化材料，陶氏杜邦将聚合催化剂的研发作为其重点研发方向；日立的专利技术分布重点集中在磁体、磁性材料的选择以及专用于制造磁性材料的设备或方法上，铁基合金以及金属粉末制造工件或制品的研发也是其重点之一；磁路零部件、发光材料是三菱不同于巴斯夫、陶氏杜邦、日立、丰田等企业的一个研发重点；丰田将其研发重点放在了包含金属或金属氧化物或氢氧化物的催化剂以及发动机废气回收技术上。从上述分析可以看出，所述5个企业在研发重点上均有不同，各有特色，避免了在相同领域的技术竞争，有利于在各自的研发领域投入更多的精力，做更深入的研究，从而更好地占据市场主动地位。

表4-5-2　全球重点企业

| 序号 | 申请人 | 专利族（项） | 专利申请量（项） | 全球布局 | 研发方向 |
|---|---|---|---|---|---|
| 1 | 巴斯夫 | 2716 | 4667 | 欧洲、墨西哥、中国、韩国、加拿大 | 包含金属或金属氧化物或氢氧化物的催化剂 |
| 2 | 陶氏杜邦 | 1904 | 2963 | 欧洲、墨西哥、加拿大、韩国、挪威 | 聚合催化剂 |
| 3 | 日立 | 1950 | 2758 | 日本、中国、美国、欧洲、韩国 | 磁体、磁性材料的选择，专用于制造磁性材料的设备或方法 |
| 4 | 三菱 | 2251 | 2601 | 日本、欧洲、中国、美国、法国 | 磁路零部件、发光材料 |
| 5 | 丰田 | 1661 | 2549 | 日本、中国、欧洲、美国、韩国 | 包含金属或金属氧化物或氢氧化物的催化剂；发动机废气回收 |

### 2. 我国重要企业分析

在各个分支产业，国内均有相应的龙头企业，下面将对稀土磁性材料、稀土光功能材料以及稀土储氢材料产业的重点国内申请人进行分析，见表4-5-3。中科三环、有研稀土、厦门钨业分别为稀土磁性材料、稀土光功能材料、稀土储氢材料等稀土功能材料各分支产业的龙头企业。上述三个企业积极进行国际专利布局，并且专利有效率均在50%以上，尤其是有研稀土和厦门钨业的专利有效率达到了60%以上，专利有效率在一定程度上体现了专利的价值及核心竞争力。

表4-5-3 国内重点企业

| 序号 | 申请人 | 申请量（件） | 法律状态 | | | 研发方向 | 专利运营（件） | 海外布局（件） |
|---|---|---|---|---|---|---|---|---|
| | | | 有效 | 在审 | 失效 | | | |
| 1 | 中科三环 | 331 | 51.86% | 20.85% | 27.29% | 稀土磁性材料 | 2 | 14 |
| 2 | 有研稀土 | 393 | 63.36% | 18.32% | 18.32% | 白光LED荧光粉 | 127 | 58 |
| 3 | 厦门钨业 | 214 | 64.02% | 15.89% | 20.09% | 稀土储氢材料、稀土磁性材料 | 64 | 20 |

若要充分发挥专利的价值，做好专利的运营是非常重要的，这有利于提升竞争力，而常见的专利运营方式可以有质押、转让、许可等。在上述4个企业中，中科三环的专利中有许可专利1件，转让专利1件，运营专利相对于专利申请总数占比不到1%；有研稀土具有转让专利123件，许可专利4件，运营专利数相对于专利申请总数占比32.3%，厦门钨业具有62件转让专利，2件许可专利，运营专利数相对于专利申请总数占比29.9%。上述3个企业均有国际专利申请，积极进行国际专利布局。

厦门钨业设有国家高端储能材料国家地方联合工程研究中心、稀土工程技术中心和3个博士后工作站，钨冶炼产品年生产能力3万t，居世界第一；硬质合金出口量占全国30%以上，在稀土产业领域，作为全国6大稀土集团之一，公司形成了从稀土矿山开发、冶炼分离、稀土功能材料和科研应用等较为完整的产业体系。在电池材料领域，公司具备锂电正极材料年产能4万t，年销售3.5万t的规模，产销规模位居国内前列，是国内最具竞争力的能源新材料产业基地。中国稀土学会和中国稀土行业协会共同发布关于2018年度中国稀土科学技术奖获奖项目，厦钨高性能稀土镁基储氢材料制备及应用获科技进步类二等奖。

目前，我国已经初步建立了集采选、冶炼分离、功能材料制备、终端应用为一体较完整的产业链，组建了中铝公司、五矿稀土、北方稀土、厦门钨业、南方稀土、广东稀土6大稀土集团，形成了京津冀以技术和人才为优势，宁波以市场和管理为优势，包头和赣州以资源、政策为优势，以及山东以装备和资源为优势的多个特色稀土材料产业集聚区。2017年稀土生产、出口和应用量稳居世界第一位，稀土永磁、发光、储氢等功能材料产量占全球的70%以上。但是目前我国稀土功能材料产业也存在着原始创新不足、高端产品受制于人的现状。目前我国绝大多数稀土功能材料仍以跟踪国外为主，原始创新明显不足，尽管产品数量居于主导地位，但大部分为中低端产品，与国外有较大差距。尽管稀土永磁产量占世界总量的87%，但几乎没有原创自主知识产权，车、电子、IT、新能源等战略性新兴领域所需的尖端稀土功能材料被国外垄断，极大制约着相关产业的发展。

通过以上分析，我国企业应当在现有技术的基础上，将掌握核心技术、拥有高价值专利为日后的技术发展重点，同时以企业为主体，联合高校和科研院所等创新主体建立稀土功能新材料技术创新中心，以重大需求为目标，组成联合攻关组，开展协同创新，形成基础材料——应用器件——关键零部件——核心装备一条龙开发模式，着力提升原始创新、工程化和技术成果转化扩散能力，全面提升自主创新能力。

### 五、小结

进入 21 世纪以来，稀土功能材料产业全球专利申请量整体上呈现稳步增长的趋势，从 2000 年的 6370 项到 2017 年的 13153 项，在 2000—2010 年增长速率较慢。稀土行业的发展离不开国家政策的大力支持，我国政府非常重视稀土功能材料产业，2011 年国务院出台了《关于促进稀土行业持续健康发展的若干意见》，在国家政策支持下以及国内企业逐渐认识到掌握核心技术的重要性的前提下，2011 年以后稀土功能材料专利的申请量整体保持了较快的增长。

从技术来源看，世界知识产权组织的专利申请量占据了所有国家、地区、组织专利申请量的 59.08%，为稀土功能材料领域技术的主要来源组织，中国的专利申请量相对于世界知识产权组织来讲相对较少，位列所有国家、地区、组织中的第 2 位，占比 19.05% 左右，在所有国家中，中国的专利申请量位居首位。

从申请人的角度看，稀土功能材料领域全球排名前 10 位的申请人中，来自德国的企业有 2 家，来自日本的企业有 4 家，来自美国的企业有 2 家，来自中国（中国石化）和韩国的企业各有 1 家。我国专利申请量大，2017 年稀土生产、出口和应用量稳居世界第一位，稀土永磁、发光、储氢等功能材料产量占全球的 70% 以上，中国稀土的国际话语权明显增强。然而我国核心专利、高价值专利拥有量较少，稀土功能材料产业原始创新不足，高端产品受制于人，尽管在产品数量上居于主导地位，但大部分为中低端产品，与国外有一定差距。在华专利申请排名前 10 位的申请中，科研院所占据了 7 位，只有 3 家企业，中国石化和中国石油的专利分布主要集中在稀土催化材料，对于其他稀土功能材料涉及较少。在排名前 10 位的申请人中 70% 的申请人为科研院所，说明我国在稀土功能材料领域的诸多研究主要集中在基础研究，对于成果产出，大多数处在实验室阶段，产业化相对困难，这就需要企业与科研院所发挥各自的优势，进行合作研究。同时，以国家战略落地为导向加强和拓展稀土功能材料在新能源汽车、智能制造等领域的应用，建立上下游联动机制对于国家重点应用领域和重大产品，通过上下游联动产业链的良性生态系统，创新和产品创新双轮驱动，推进技术成果产业化速度。

## 第六节　宽禁带半导体材料申请分析

宽禁带半导体材料不同于硅和锗的第一代半导体材料、磷化铟和砷化镓的第二代半导体材料，属于第三代半导体材料，主要包括碳化硅（SiC）、氮化镓（GaN）、氧化锌（ZnO）、氮化铝（AlN）、氧化镓（$Ga_2O_3$）、金刚石等带隙宽度大于或等于 2.3eV 的半导体材料，其具有高热导率、高击穿电场、高电子饱和漂移速率、抗辐射能力强和高键合能等优点，可以满足现代电子技术对高温、高压、高功率、高频以及高辐射等恶劣条件的新要求，是半导体领域最有前景的材料，在国防、航空、石油勘探、光储存等领域具有重要应用前景，因此受到世界各国广泛重视，本节主要对宽禁带半导体材料 2000—2019 年的专利申请进行分析。

## 一、专利申请态势分析

### （一）全球专利申请态势分析

#### 1. 全球专利申请趋势

宽禁带半导体在 2000—2019 年的全球专利申请趋势如图 4-6-1 所示，由于公开日延迟的原因，2018—2019 年的数据目前不全。2000—2019 年检索到 18284 项专利申请，整体来看，宽禁带半导体材料的全球申请量增速缓慢，近 20 年间年申请量从 479 项增至 1337 项，2006—2010 年发展速度突然放缓，随后又恢复增长，主要是受 2008 年金融危机影响，相关半导体企业受到波及，进而影响到宽禁带半导体材料的专利申请数量；申请人的数量方面，2000—2017 年从 253 个增加到 480 个，增速缓慢。

#### 2. 技术生命周期分析

结合全球专利申请趋势（见图 4-6-1）的分析，全球申请量和申请人数量增长整体缓慢，可以得出宽禁带半导体材料领域目前还处于发展期，这是由于宽禁带半导体是新兴产业，产业化还不够成熟，目前的材料制备还存在诸多难点和问题，同时半导体行业的准入条件相对较高并且需要技术积累，因此申请人数量增长相对较慢。

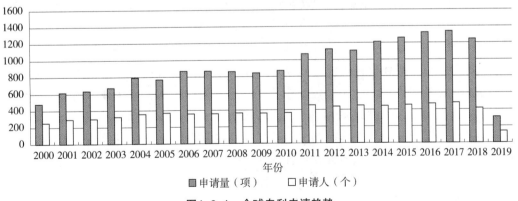

图4-6-1　全球专利申请趋势

### （二）在华专利申请态势分析

半导体研究在中国起步较晚，2000 年中国的申请量还比较小，仅有 26 项，2000—2008 年处于起步阶段，2009 年开始快速发展，由 2009 年的 250 项增长至 2017 年的 903

项，预期后续还会有较快增长。中国申请人的数量发展稳步增长。由该领域的特点决定企业准入条件相对较高，并且需要一定的技术积累，因此企业的数目增长没有呈现出指数趋势。综合世界范围宽禁带半导体和在华申请的趋势可以看出，中国在该领域的研究虽然起步晚，但发展较快，如图 4-6-2 所示。

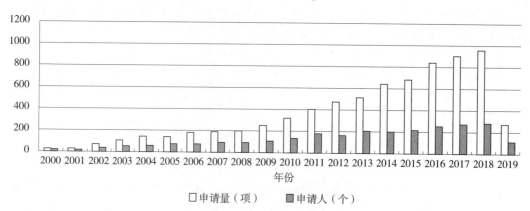

图4-6-2　在华专利申请趋势

## 二、专利区域分布分析

### （一）全球专利申请区域分布分析

#### 1. 各国家、地区、组织专利申请量对比

分析全球申请各国家专利申请量（见图 4-6-3），申请主要集中在日本（占比 39%）、中国（占比 35%）、韩国（占比 14%）以及美国（占比 7%），结合申请趋势，2000 年起申请主要集中在日本，并且日本的申请量处于稳定状态，至 2016 年有一定下滑。中国申请在 2000 年较少，起步较晚，至 2009 年起增长迅速，2013 年起超过日本，成为该领域年申请量最多的国家，并且后期申请量持续增长，有望超过日本成为该领域申请量最多的国家，美国和韩国申请量的数量一直保持相对稳定的状态。

由于宽禁带半导体材料的优势，发达国家为了抢占宽禁带半导体技术的战略制高点，通过国家级创新中心、协同创新中心、联合研发等形式，将企业、高校、研究机构及相关政府部门等有机地联合在一起，实现第三代半导体技术的加速进步，引领、加速并抢占全球第三代半导体市场。例如，日本政府联合研发 GaN 器件，美国国家宇航局（NASA）、国防部先进研究计划署（DARPA）等机构通过研发资助、购买订单等方式，开展 SiC、GaN 研发、生产与器件研制；韩国方面，在政府相关机构主导下，重点围绕高纯 SiC 粉末制备、高纯 SiC 多晶陶瓷、高质量 SiC 单晶生长、高质量 SiC 外延材料生长这 4 个方面，开展研发项目。在功率器件方面，韩国还启动了功率电子的国家项目，重点围绕 Si 基 GaN 和 SiC，以上政策带动了国外宽禁带半导体材料的发展。而中国的半导体产业相对薄弱，起步较晚，虽然后期奋起直追，但是总体还与国外具有很大差距。

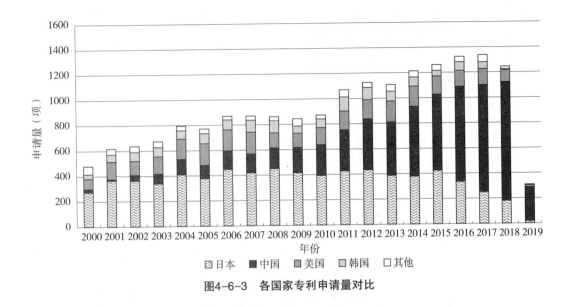

**图4-6-3　各国家专利申请量对比**

**2. 技术来源和技术流向**

全球申请的技术来源中，日本以 7078 项（占比 38.7%）居首位，中国（5918 项，占比 32.3%）、美国（3023 项，占比 14.0%）、韩国（1310 项，占比 7.2%）分列 2～4 位，上述 4 个国家是该领域的主要技术来源国。各国申请人首要在本国进行布局，然后在其他活跃的市场布局。分别进行区域分析，日本除了首选布局本国外，主要在美国布局 2031 项，其次在中国布局 1009 项，在韩国布局 713 项以及在欧洲布局 753 项，可见日本比较重视美国市场；美国申请人把日本作为第二布局的选择，一共申请 585 项，其次在中国布局 305 项，韩国布局 278 项以及欧洲布局 332 项，美国在海外布局相对比较平均；韩国申请人把美国作为第二布局的选择，在美国申请 272 项，其次是在日本布局 116 项，然后是中国和欧洲。对于这三个国家的选择，我们能够看出，日本、美国是该领域比较活跃且具有竞争力的市场，美、日、韩积极在这两个市场进行专利布局，进行知识产权保护，抢占市场。中国企业在该领域起步较晚，虽然后期发展较快、申请数量较多，但是主要还是在中国进行布局，其他地区布局较少，中国在国内具有 5895 项申请，然而海外布局中仅有美国 84 项、欧洲 16 项、日本 14 项，可以看出中国创新主体的知识产权海外布局意识相对薄弱，而且在该领域国内技术还相对薄弱，核心技术掌握在国外大公司手中，并且其市场也提前被抢占，因此中国在海外的竞争力还比较薄弱。

**（二）在华专利申请区域分布分析**

**1. 各国家、地区、组织专利申请量对比**

目前在华申请主要是中国申请人，2000—2019 年为 5895 项（占比 79.1%），其次是日本（1009 项，占比 13.5%）、美国（305 项，占比 4.1%）、韩国（75 项，占比

1.0%），如图4-6-4所示。在华申请除了80%的中国申请人外，还包括约20%的国外申请人。分析申请趋势，随着中国市场的发展，国外申请人纷纷瞄准中国市场进行提前布局，尤其是日本，在2000年其在中国的申请量增长较快，抢先布局。2009年以后中国申请人的申请量有了迅速增长时，国外申请人的申请量也出现了一定增长，至2012年趋于稳定，并于2017年回落。

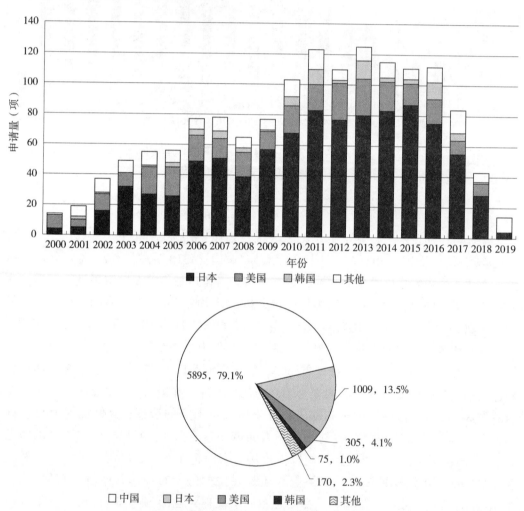

图4-6-4　其他国家在华申请量趋势和各国家、地区、组织专利申请量（申请量：项）

2. 地区分布

（1）各地区专利申请排名

前10名的地区分别为北京（962项）、江苏（890项）、广东（609项）、陕西（601项）、浙江（468项）、上海（420项）、山东（262项）、湖南（247项）、福建（180项）、湖北（166项）。可见，专利申请主要分布在华北、东南沿海以及中部等科研院所集中的区域，这也体现了各地区对于该方面技术的研究及其区域企业对技术的重视度。

排名前 10 位的地级城市/区分别是北京海淀（629 项）、西安（602 项）、苏州（334 项）、南京（270 项）、金华（266 项）、广州（258 项）、北京朝阳（210 项）、株洲（184 项）、济南（168 项）、深圳（163 项），其中北京海淀区、西安、苏州、南京、广州、济南、深圳是我国 2017—2019 年的知识产权运营服务体系建设的重点城市，也体现了这些城市在相应新材料领域的专利申请优势，如图 4-6-5 所示。

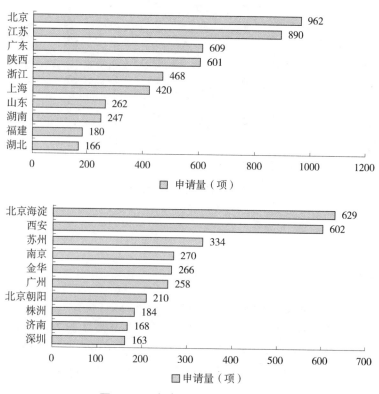

图4-6-5　各省/地市专利申请排名

（2）各地区专利申请趋势

从各地区的专利申请趋势（见图 4-6-6）分析，北京和上海在宽禁带半导体材料方面研究起步相对较早，在 2002—2003 年就分别具有 18 项和 22 项的申请，主要是因为该地区是我国科研和高新企业的集中地区，对于前沿领域的研究也比较集中，江苏和浙江也是半导体行业企业或科研相对活跃的地区；从发展趋势分析，江苏的发展最快，从 2000—2001 年的 1 项申请，到 2016—2017 年的 249 项申请，成为目前该领域年申请量最多的省，这主要是依赖当地的政策和资源优势。

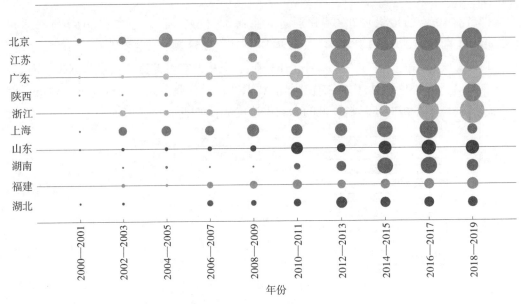

图4-6-6　各地区专利申请趋势

## 三、技术分布分析

### (一) 技术构成

　　宽禁带半导体材料主要包括碳化硅 (SiC)、氮化镓 (GaN)、氧化锌 (ZnO)、氮化铝 (AlN)、氧化镓 (Ga$_2$O$_3$)、金刚石等带隙宽度大于或等于 2.3eV 的半导体材料。2000—2019 年，碳化硅 6215 项、氮化镓 7622 项、金刚石 1997 项、氮化铝 1717 项，其他氧化锌、氧化镓等半导体相关申请有 2216 项。总体上碳化硅和氮化镓的数量较多，其余申请量相对较少。

　　碳化硅是 1893 年法国化学家亨利·莫瓦桑发现的。单晶的生长技术促进了其合成和发展，碳化硅的单晶合成从 20 世纪 90 年代初小于 1in（英寸）到目前的 6in 用了 20 年左右的时间。美国科锐公司作为碳化硅衬底提供商，曾长期垄断国际市场。研究大尺寸的碳化硅晶体是本领域的热点，2011 年，科锐公司发布了 6in 碳化硅晶体，促进了相关领域的发展，进而申请量也有一定的提升。而中国的相关研究一直相对落后，中国科学院物理研究所研究员陈小龙团队与北京天科合达半导体有限公司于 2013 年开始合作进行 6in 碳化硅的研究，2014 年 3 月，北京天科合达半导体有限公司形成了一条年产 7 万片碳化硅晶片的生产线，促进了我国第三代半导体产业的持续稳定发展，取得了较好的经济效益和社会效益。碳化硅广泛应用于半导体器件的衬底和功率器件中，当前碳化硅主要应用于三大领域：高亮度 LED、电力电子以及先进雷达。

　　氮化镓起步相对氮化硅较晚，但是在降低成本方面却显示出了更大的潜力，并且由于氮化镓器件是平面器件，与现有的 Si 半导体工艺兼容性强，这使其更容易与其他半导体器件集成，故从申请趋势上来看，目前申请数量还在持续增长，总量也相对较多，目前氮化镓主要应用于 LED 等光电子领域。另一方面，利用氮化镓的尺寸小、效率高和功率密度大的特点可实现高集成化的解决方案，如模块化射频前端器件硅基氮化镓器件工艺能量密度高、可靠性高，晶圆可以做得很大，目前在 8in，未来可以做到 10in、12in，晶圆的长度可以拉长至 2m。硅基氮化镓器件具有击穿电压高、导通电阻低、开关速度快、零反向恢复电荷、体积小和能耗低、抗辐射等优势，可在高频高温高功率器件上应用，例如雷达、电子对抗、导弹、无线通信、功率电子等，尤其是 5G 时代的到来，也为氮化镓的发展提供了更广阔的机遇。

氮化铝、氧化镓、金刚石、氧化锌等其他半导体材料的申请相对较少，主要应用在激光、LED、晶体管、传感器、探测器等器件中，但是目前由于制备技术、成本等因素制约，产业化低，如图 4-6-7 所示。

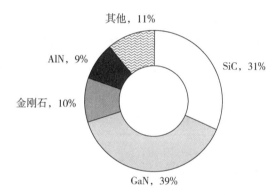

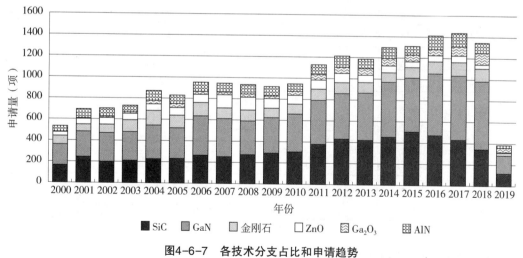

图4-6-7　各技术分支占比和申请趋势

## （二）技术分布

对全球申请量进行 IPC 分类号分布分析，可对研发方向进行追踪，了解宽禁带半导体材料所涉及的领域和技术重点，统计时精确到大组。

由表4-6-1可知，大部分专利申请集中在 H01L21（半导体的制备方法），另外，C30B29（单晶或者多晶制备）、H01L33（发光二极管）和 H01L29（半导体器件）的数量也相对较多，可见宽禁带半导体材料领域主要关注的是材料的生长制备以及半导体器件的应用。在制造方法方面，除了最重要的单晶生长方面，C30B25、C23C16 和 C30B23 都涉及晶体的具体制备方法的种类，数量都超过 1000 项，而且反应气体化学反应法、气态化合物分解以及冷凝气化物或材料挥发法的数目比 C30B33 涉及具体方法数目多很多，可见 C30B25、C23C16 和 C30B23 多涉及的反应气体化学反应法、气态化合物分解以及冷凝气化物或材料挥发法是主要采用的制备方法。在器件应用方面，H01L33（发光二极管）和 H01L29（功率半导体器件）的数量相比于 H01L31、H01S5（太阳能电池、探测器、激光器）的数目要多，可见，宽禁带半导体材料在发光二极管、整流、放大、振荡或切换的功率器件上的投入较多。由于宽禁带半导体材料具有高热导率、高击穿电场、高电子饱和漂移速率、抗辐射能力强和高键合能等优点，可以满足现代电子技术对高温、高压、高功率、高频以及高辐射等恶劣条件的新要求，因此在 H01L33 和 H01L29 涉及发光二极管以及功率半导体器件的分类号方面研究较多。

表4-6-1　涉及 IPC 分类号的含义

| IPC 分类号 | 专利申请量（项） | 技术主题 |
|---|---|---|
| H01L21 | 9233 | 半导体器件制备方法或设备 |
| C30B29 | 5582 | 单晶或多晶材料 |
| H01L33 | 4638 | 光发射的半导体器件、方法、设备、零部件 |
| H01L29 | 4211 | 整流、放大、振荡或切换半导体器件 |
| C30B25 | 2170 | 反应气体化学反应法的单晶生长 |
| C23C16 | 1690 | 通过气态化合物分解且表面材料的反应产物不留存于镀层中的化学镀覆，例如化学气相沉积（CVD）工艺 |
| C30B23 | 1225 | 冷凝气化物或材料挥发法的单晶生长 |
| H01L31 | 863 | 太阳能电池或光探测器 |
| H01S5 | 734 | 半导体激光器 |
| C30B33 | 581 | 单晶或具有一定结构的均匀多晶材料的后处理 |

## 四、重要申请人分析及重要企业分析

### （一）全球专利申请人分析

1. 全球专利申请申请人排名

全球申请人排名前 10 位分别是住友（JP）（1368 项）、三菱（JP）（466 项）、丰田（JP）（457项）、华灿光电（CN）（422项）、西安电子科技大学（CN）（413项）、电装（JP）（395项）、中国科学院半导体研究所（CN）（307项）、三星（KR）（299项）、日立（JP）（285项）、昭和电工（JP）（241项），如图4-6-8所示。其中住友公司以绝对的优势位居首位，该公司研发实力雄厚，是本领域的龙头企业，在后续的重点企业分析中会进一步分析。在排名前10位中，日本申请人有6个，中国申请人有3个，韩国申请人有1个，可见日本在该领域处于主导地位。

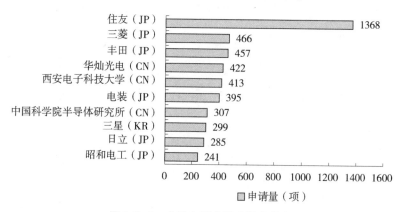

**图4-6-8 全球专利申请申请人排名**

2. **全球申请人申请趋势对比**

分析全球主要公司的申请趋势（见图4-6-9），其中住友、中国科学院半导体研究所、三星、日立、昭和电工在2008—2012年的申请量都有所减少，主要受金融危机影响。对于中国申请人华灿光电和西安电子科技大学，两者在该领域的研究都比较晚，基本在2005年以后才开始进入该领域，不过发展相对迅速，目前全球排名位于第4位和第5位，中国科学院半导体研究所较前两者更早进入该领域，在2000年有2项申请，并且在2004年出现突然增长，达到19项申请。日本企业的申请量近几年有下滑趋势，并且日立、三菱基本逐渐退出该领域。

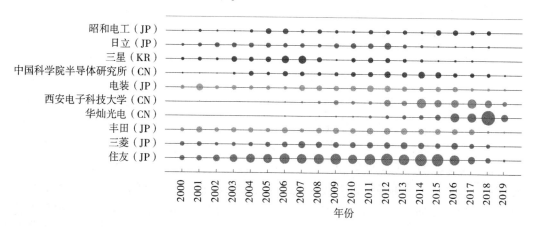

**图4-6-9 全球申请人申请趋势对比**

### 3. 重要全球申请人区域布局策略对比

从重要全球申请人区域布局策略对比（见图4-6-10），可以分析得出，日本企业比较重视本土和美国的布局，中国企业主要在中国布局，基本没有海外布局，对重要的日本市场没有布局，可见中国申请人的知识产权意识较薄弱，侧面反映了中国在宽禁带半导体材料领域的技术发展相对薄弱，核心技术缺乏。住友公司的布局比较全面，除了本国、美国和中国外，在韩国和欧洲都进行了充分布局，可见其实力雄厚。

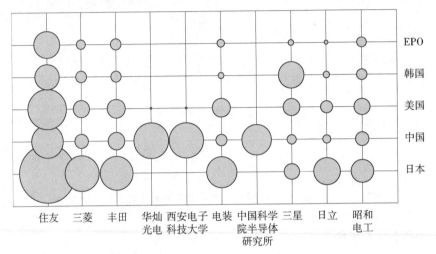

图4-6-10　重要全球申请人区域布局策略对比

### 4. 共同全球申请人分析

表4-6-2中是排名前20位的申请人，其中有16个日本公司或研究机构，3个中国公司或研究机构，1个美国大学。其中日本的联合申请人数量多，而且涉及公司、大学、研究机构，可见其在产学研的结合方面非常注重，并且在实际中取得了丰硕的成果。

具体分析前几名重要的联合申请人，结合前面全球申请人的分析结果，可以看出全球重要的申请人也基本在联合申请方面表现突出，可见技术的快速发展离不开合作研发。例如株式会社电装与丰田汽车公司（66项）和电力中央研究所（14项）进行合作，主要在碳化硅的晶体制备和器件制备上进行投入研发，其中电力中央研究所集中在碳化硅的外延晶片制备上，同时丰田汽车公司也主要致力于碳化硅生长和器件的制备，除了和株式会社电装进行合作外，其还与新日铁住金株式会社（24项）合作进行关于碳化硅晶体生长的研究，另外也与电力中央研究所（8项）进行了合作。住友电气工业株式会社的研究领域比较广，涉及碳化硅、氮化镓、金刚石等方向，并且与因太金属株式会社（24项）、关西电力株式会社（20项）、Sixon公司（4项）、索尼公司（6项）等进行合作。昭和电工与丰田中央研究所和电力中央研究所同时合作进行碳化硅制备。日本产业技术综合研究所与富士电机株式会社进行碳化硅器件的制备，联合申请33项，与信越化学工业株式会社联合申请关于金刚石基板的制备5项，与株式会社藤仓联合申请关于氮化铝的单晶制备的申请3项，另外还与罗姆公司、三洋以及昭和电工有合作申请，可见日本产业技术综合研究所与公司合作进行多种宽禁带材料的制备，充分利用自身研发优势与企业产业优势。另外我们还注意到，加利福尼亚大学主要与日本科学技术振兴机构进行合作，申请了多项关于氮化镓晶体及器件的专利，即联合研发不仅仅局限于本国之间的合作，随着技术的发展，国际合作也越来越重要。

相比于日本申请人，中国的三个申请人中，国家电网公司主要是以子公司之间的形式进行的合作申请，北京大学与北大方正集团有限公司和深圳方正微电子有限公司联合申请了30项关于氮化镓的生长和器件制备的相关申请，另外与东莞市中镓半导体科技有限公司有7项合作申请，可见中国在宽禁带领域，产学研结合还有待提高。

表4-6-2　重要共同申请人分析

| 联合申请人 | 申请量（项） | 联合申请人 | 申请量（项） |
|---|---|---|---|
| 株式会社电装 | 166 | 北京大学 | 47 |
| 住友电气工业株式会社 | 157 | 株式会社田村制作所 | 47 |
| 丰田汽车公司 | 110 | 丰田合成株式会社 | 45 |
| 昭和电工 | 95 | 日本东北大学 | 44 |
| 日本产业技术综合研究所 | 82 | 村田公司 | 43 |
| 株式会社光波 | 66 | 罗姆公司 | 42 |
| 丰田自动车株式会社 | 66 | 日本科学技术振兴机构 | 38 |
| 丰田中央研究所 | 56 | 日本碍子株式会社 | 36 |
| 加利福尼亚大学 | 55 | 国家电网公司 | 35 |
| 富士电机 | 52 | 北大方正集团有限公司 | 32 |

（二）在华专利申请人分析

1. 在华专利申请申请人排名

在华申请中，排名前10位的申请人分别是华灿光电（422项）、西安电子科技大学（413项）、住友（358项）、中国科学院半导体研究所（306项）、湘能华磊光电股份有限公司（183项）、北京大学（113项）、中国科学院微电子研究所（110项）、中国电子科技集团公司第五十五研究所（109项）、丰田（101项）、华南理工大学（85项），如图4-6-11所示。其中国内申请人有8个，主要是科研院所和高校，国外申请人有2个。

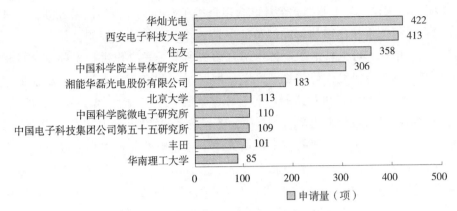

图4-6-11　在华专利申请申请人排名

2. 在华申请人申请趋势对比

通过在华申请人申请趋势对比（见图4-6-12）分析可知，住友公司起步较早，在2002年就有9项申请，而国内申请人起步较早的是中科院半导体所，其在2004年的申请量开始增多至与住友相当，2004年的申请量是19项，当年住友公司是14项，其余大部分的国内申请人都基本在2006年开始专利申请。华灿光电虽然起步较晚，但是发展最迅速，从2006年开始申请迅速发展至今成为国内该领域申请量最多的企业，其2018年的申请量达到173项，其主要涉及 GaN 相关 LED 的研究。

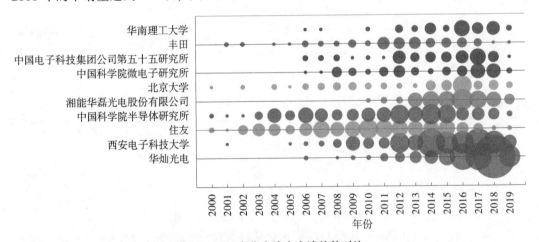

图4-6-12　在华申请人申请趋势对比

3. 共同在华申请人分析

在华重要共同申请人如表4-6-3所示，其中14个中国企业，6个日本企业，中国企业有10个公司申请人，4个是高校或者科研院所，中国企业主要是以子公司之间的形式进行合作申请，北京大学与北大方正集团有限公司和深圳方正微电子有限公司联合申请30项专利，其中北大方正集团有限公司和深圳方正微电子有限公司都是北京大学创办的,北京大学依托于自身研发优势,将研发成果和企业及市场需求进行结合,促进学术成果产业化,形成了良好的产学研特色平台。上海蓝光科技有限公司与彩虹集团公司(8项)、北京大学(5项)、上海半导体照明工程技术研究中心(3项)、中国科学院上海光学精密机械研究所(3项)合作申请多项,其合作对象既有公司也有大学和研究所。中国科学院微电子研究所与株洲南车时代电气股份有限公司(6项)、捷捷半导体有限公司(2项)、杭州士兰微电子股份有限公司(1项)、株洲中车时代电气股份有限公司(1项)进行联合申请,其中与株洲南车时代电气股份有限公司申请的主要是基于碳化硅的半导体功率器件,中国南车株洲所与中国科学院微电子研究所于2011年签订战略合作携手共建的新型电力电子器件联合研发中心,双方聚焦 SiC 功率器件为主的新型"绿色中国芯"研发,联合进行技术攻关、产品研发,实现科研成果产业化,全力打造强大的新型电力电子器件研发与产业平台,致力于提高"绿色中国芯"的核心竞争力。

在华申请的日本企业主要集中在该领域实力雄厚的丰田自动车株式会社、株式会社田村制作所、株式会社电装、新日铁住金株式会社、株式会社光波、住友电气工业株式会社,这些日本企业在前面章节的全球共同合作申请人中进行了相关介绍,日本在联合研发方面非常重视,能够充分相互利用研发优势提升自身的竞争力,在这一点上中国企业重视程度不够,还亟待提高。并且在华的联合申请也是集中在与日本大企业之间,少有与中国企业的联合申请。

表4-6-3 在华重要共同申请人

| 联合申请人 | 申请量(项) | 联合申请人 | 申请量(项) |
|---|---|---|---|
| 北京大学 | 47 | 新日铁住金株式会社 | 23 |
| 丰田自动车株式会社 | 46 | 海洋王照明科技股份有限公司 | 22 |
| 国家电网公司 | 35 | 深圳市海洋王照明技术有限公司 | 22 |
| 北大方正集团有限公司 | 32 | 株式会社光波 | 19 |
| 深圳方正微电子有限公司 | 32 | 深圳市海洋王照明工程有限公司 | 18 |
| 国网智能电网研究院 | 28 | 住友电气工业株式会社 | 17 |
| 株式会社田村制作所 | 28 | 中国科学院上海硅酸盐研究所 | 14 |
| 株式会社电装 | 26 | 上海硅酸盐研究所中试基地 | 13 |
| 同方股份有限公司 | 25 | 上海蓝光科技有限公司 | 10 |
| 南通同方半导体有限公司 | 24 | 中国科学院微电子研究所 | 10 |

## (三)重要企业分析

### 1. 全球重要企业分析

表 4-6-4 根据专利分析以及本领域的市场情况列举了几位本领域中全球重点企业

的情况。

表4-6-4　全球重要企业

| 序号 | 企业名称 | 专利族（项） | 未合并同族（件） | 全球布局 | 研发方向 |
|------|----------|--------------|------------------|----------|----------|
| 1 | 住友 | 1267 | 3132 | 日、韩、欧、加、美、中、英、德、新、澳、印、挪 | 氮化镓和碳化硅衬底和外延的制备及相关器件 |
| 2 | 英飞凌 | 49 | 97 | 中、美、德、欧、韩 | 氮化镓和碳化硅衬底以及相关器件 |
| 3 | 科锐 | 134 | 506 | 中、日、欧、美、韩、加、澳、印 | 氮化镓和碳化硅衬底以及相关器件 |
| 4 | 罗姆 | 66 | 152 | 日、韩、欧、美、中 | 氮化硅外延制备以及相关器件 |
| 5 | II-VI公司 | 26 | 67 | 中、日、欧、美、韩、英 | 碳化硅衬底及器件 |

住友公司是宽禁带半导体领域氮化镓衬底制备方向的龙头企业，其投入大量研发到气相成长的成长表面（C面）不是平面状态而形成具有三维的小面结构单晶体GaN的结晶成长方法（公开号：JP2001102307A）、一种可以收取氧作为N型掺杂剂的氮化镓单晶的成长方法（公开号：JP2002373864A）、包括低位错单晶区（Z）、C面生长区（Y）、庞大缺陷积聚区（H）和$0.1/cm^2$至$10/cm^2$的c轴粗大核区（F）低变形的氮化镓晶体衬底（公开号：JP2003165799A）以及一种低缺陷晶体区和缺陷集中区从主表面延伸到位于主表面的反向侧的后表面、面方向相对于主表面的法线矢量在偏斜角方向上倾斜的GaN衬底（公开号：JP2009152511A）。目前住友已经开始提供3~4in的氮化镓衬底。另外，住友公司在知识产权保护方面也非常重视，其申请量处于本领域首位，并且在日、韩、欧、加、美、中、英、德、新、澳、印、挪多个区域进行充分布局。

英飞凌公司是全球领先的半导体公司之一，其主要涉及氮化镓和碳化硅器件制备，其技术分支主要为碳化硅单晶生长、碳化硅衬底加工、碳化硅外延生长、碳化硅器件工艺和碳化硅封装，氮化镓异质衬底、氮化镓同质衬底、氮化镓外延生长和氮化镓芯片封装，一直处于功率器件行业的领先地位。其目前具有相关申请49个专利族，并且在中、美、德、欧、韩几大市场进行布局。

科锐公司的优势来源于碳化硅材料，自1987年美国政府以年预算补贴10亿美元资助14家美国半导体企业组成Sematech联盟以来，美国政府不遗余力地增加对半导体、人工智能等新兴技术及产业的投入。1993年，科锐公司在美国纳斯达克上市，上市前后科锐开始参与美国政府资助项目。从项目资助的来源看，海军和空军相关部门是科锐公司参与政府资助项目的主要来源，SDIO（战略防御计划组织）也对科锐公司进行了项目资助。借助政府的资助，科锐公司集中研发力量，形成了碳化硅的产品体系，2002年首次推出商业化600V SiC二极管并于2011年发布SiC MOSFET；2005年科锐公司供应的N型碳化硅的晶片主要是3in，2007年4in开始量产，2011年科锐公司发布了

6in 碳化硅晶体，2013 年 6in 晶片碳化硅开始商业化，可见其研发的效率非常高，一直走在该领域的前沿。目前其一共有相关申请 134 个专利族，在中、日、欧、美、韩、加、澳、印进行了布局。

罗姆公司是日本企业，其主要的研发方向是碳化硅的外延制备以及相关器件，2008 年其收购碳化硅晶圆企业 SiC 晶体公司后，形成了从晶圆制造、前期工序、后期工序以及功率模块的一条龙生产体系。英飞凌、科锐以及罗姆是碳化硅市场的三大巨头，占据 90% 的市场份额。目前罗姆公司一共有相关申请 66 个专利族，在日、韩、欧、美、中等国家/地区进行了布局。

II-VI 公司成立于 1971 年，该公司在宽禁带半导体领域的专利申请主要集中在碳化硅领域，目前碳化硅衬底尺寸已达 6in，8in 正在研发。从专利布局的角度来看，其申请量虽然相对于其他几个企业少，只有 26 个专利族，然而，其布局的地区遍及中、日、欧、美、韩、英等国家或地区，其专利的含金量也比较高。

2. 我国重要企业分析

北京天科合达半导体股份有限公司由新疆天富集团、中国科学院物理研究所共同设立，是一家专业从事第三代半导体碳化硅（SiC）晶片研发、生产和销售的高新技术企业。中国科学院物理研究所研究员陈小龙团队与北京天科合达合作进行 6in 碳化硅的研究，2014 年 3 月，北京天科合达半导体有限公司形成了一条年产 7 万片碳化硅晶片的生产线，促进了我国第三代半导体产业的持续稳定发展，取得了较好的经济效益和社会效益。其专利申请都集中在碳化硅的制备工艺及设备上，虽然只有 17 项，但是已经有 12 项授权，5 项在审，而且还有一件美国申请并且授权，其研发实力不容小觑。

山东天岳先进材料科技有限公司作为山东大学晶体研究所产业化基地，在碳化硅半导体领域进入了世界 10 强。山东天岳部分研发产品已经进入世界前三，目前可以批量生产 4in 碳化硅高品质的半绝缘导电衬底材料，6in 的 N 型氮化硅材料正在工艺固化阶段。山东天岳公司获得山东省技术发明大奖，目前已是国家工信部主管的"中国宽禁带功率半导体及应用产业联盟"理事长单位，建有"碳化硅半导体材料研发技术"国家地方联合工程研究中心、国家博士后科研工作站和 2 个省级研发平台，在海外设有 4 个研发中心，拥有 60 余人研发团队，先后承担 20 余项国家、省部级课题。2019 年华为公司通过旗下的哈勃科技投资有限公司投资了山东天岳公司，占股 10%。山东天岳目前有申请 49 项，有效 21 项，在审 23 项，并且在最近申请了 4 项 PCT，还未进入国家阶段，专利运营方面，其有 1 项专利进行质押。

苏州纳维科技有限公司以中科院苏州纳米所作为技术依托，研发第三代半导体氮化镓的节能照明技术、平板显示技术、激光投影显示技术、节能功率电子电力器件、高功率宽带无线通信技术，依托于苏州纳米所以及政府的项目，相继开发出 2~6in 氮化镓厚膜晶片、氮化镓半绝缘晶片以及 2~4in 自支撑氮化镓晶片三个系列的产品，全面达到国际先进水平、部分指标国际领先，成为中国首家，国际上六家能够生产制备氮化镓晶片的单位之一。目前氮化镓相关专利有 4 项，其中 3 项在审。

东莞市中镓半导体科技有限公司由北京大学和广东光大企业集团共建，总部设于广东东莞，并在北京设立大型研发中心，为中国首个专业生产氮化镓的企业，其一共申请专利50项，涉及氮化镓的MOCVD、激光剥离、HVPE等相关技术，2008年2月国内首创生产4in氮化镓自支撑衬底的试量产。中镓半导体仅有1项专利，转让给东莞市中图半导体科技有限公司。该公司一共有相关申请50项，35件有效，并且在海外布局，其中日本4件、韩国4件、美国3件、欧专局4件。

华灿光电是国内领先的LED芯片供应商。作为"新材料、新能源"领域的高新技术企业，致力于研发、生产、销售以GaN基蓝、绿光系列产品为主的高质量LED外延材料与芯片。华灿光电虽然起步较晚，但是发展最迅速，从2006年开始申请迅速发展至今成为国内该领域申请量最多的企业，并且一共有422项申请，其中161件已经授权，251件还在实审中。虽然其申请量比较大，但是其海外布局比较薄弱，仅有1项美国申请，见表4-6-5。

表4-6-5　我国重要企业

| 序号 | 企业名称 | 申请数量（项） | 法律状态 | | | 研发方向 | 专利运营 | 海外布局 |
|---|---|---|---|---|---|---|---|---|
| | | | 有效（件） | 在审（件） | 失效（件） | | | |
| 1 | 天科合达 | 17 | 12 | 3 | 2 | 碳化硅晶体生长 | 子公司间转让 | 美国1件 |
| 2 | 山东天岳 | 49 | 21 | 25 | 3 | 碳化硅晶体生长 | 质押1件，子公司之间转让 | PCT 4件，未进入其他国家 |
| 3 | 苏州纳维 | 4 | 0 | 3 | 1 | 氮化镓工艺 | 无 | 0 |
| 4 | 东莞中镓 | 50 | 35 | 9 | 5 | 氮化镓工艺 | 转让给其他公司1件 | 日本4件、韩国4件、美国3件、欧专局4件 |
| 5 | 华灿光电 | 422 | 161 | 251 | 13 | 基于氮化镓的LED器件 | 子公司间转让 | 美国1件 |

综上可以看出，国内的相关企业基本都是依托于科研院所的研发实力，例如天科合达依托于中科院物理所，山东天岳依托于山东大学，苏州纳维依托于苏州纳米所，东莞中镓依托于北京大学，可见，我国在宽禁带半导体的研发相对落后的情况下，只有集中科研院所的研发实力和企业的资金、生产能力才能够有效突破国外封锁的壁垒，迎头追赶；另外，从专利运营的角度上看，国内公司对专利运营方面重视不够，基本转让和许可都集中在子公司之间，质押也比较少。

## 五、小结

宽禁带半导体领域总体处于专利技术发展阶段，其中碳化硅6215项、氮化镓7622

项、金刚石 1997 项、氮化铝 1717 项，其他氧化锌、氧化镓等半导体 2216 项，可见本领域碳化硅和氮化镓材料发展比较成熟。

全球该领域的申请量共 18284 项，其中中国申请量占比 35%，排名第 2，中国申请人在国内具有 5895 项申请，发展迅速。《2019 年中国第三代半导体材料产业演进及投资价值研究》白皮书在 2019 世界半导体大会期间发布，预计未来三年中国第三代半导体材料市场规模仍将保持 20% 以上的平均增长速度，到 2021 年将达到 11.9 亿元。海外布局方面，中国仅在美国布局 84 项、在欧洲布局 16 项、在日本布局 14 项，海外布局意识仍显薄弱。

通过全球申请人和中国申请人以及重点企业的分析，日本企业实力较强，海外布局全面，在联合申请方面表现突出，例如株式会社电装与丰田汽车公司和电力中央研究所合作；丰田汽车公司与新日铁住金株式会社和电力中央研究所进行了合作；住友电气工业株式会社与因太金属株式会社、关西电力株式会社、Sixon 公司、索尼公司进行合作等，这些大公司不仅本身的研发实力强，并且善于利用其他优势资源提升自己的综合实力。

通过分析国内的重点企业，发展较好的企业基本都依托于科研院所的研发实力，例如天科合达依托于中科院物理所，山东天岳依托于山东大学，苏州纳维依托于苏州纳米所，东莞中镓依托于北京大学，可见，我国在宽禁带半导体的研发落后的情况下，只有集中科研院所的研发实力和企业的资金和生产能力才能够有效突破国外封锁的壁垒，迎头追赶。

宽禁带半导体领域，我国企业的专利运营还处于起步阶段，我国国内申请人的转让、许可基本都是子公司之间进行，总体的质押数量仅 30 件，可见中国企业虽然提高了知识产权的保护意识，申请了多项专利，但是如何利用专利进一步产生价值方面，还没有充分发掘。

# 第七节　新型显示材料专利申请分析

显示产业始于 19 世纪末，从 CRT（阴极射线管）到 LCD（液晶显示）/PDP，再到 OLED（有机发光显示）以及 QLED（量子点发光显示）、Micro-LED 等前沿显示技术，广泛应用于液晶电视、笔记本电脑、手机等设备中。新型显示产业涉及上游的原材料、中游的显示器组装以及下游的终端，其中上游更是涉及液晶材料、偏光片、背光模组、基板玻璃、彩色滤光片、超净高纯试剂、靶材、光刻胶、发光材料、传输材料、薄膜材料等多种类多领域的材料。本章主要根据显示材料应用领域的原理进行分类，涉及 LCD、OLED、QLED、Micro-LED 等新型显示材料，并对其 2000—2019 年的专利申请进行分析。

## 一、专利申请态势分析

### （一）全球专利申请态势分析

2000—2019 年一共检索到申请 88756 项，分析申请量趋势，除了 2008 年受金融危机影响出现小幅回落外，近20年间申请量稳步增长，从2000年的2960项增长至2017年的6287项（因2018年和2019年数据不全，图中未完全显示）。结合2000年前的数据，可以看出该领域目前处于稳步发展期，发展较早的新型显示领域中LCD材料方面目前已经处于稳定期，其总体申请量的稳步增长主要来源于OLED材料领域，如图4-7-1所示。

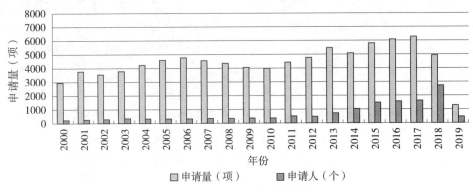

图4-7-1　全球专利申请趋势

（二）在华专利申请态势分析

中国的新型显示材料领域起步较晚，2000年还处于起步阶段，2010年以后进入快速增长的发展期，20年间申请量从2000年的151项增长到2017年的3933项。从整体的申请趋势分析，目前中国的新型显示材料领域还处于发展期，如图4-7-2所示。

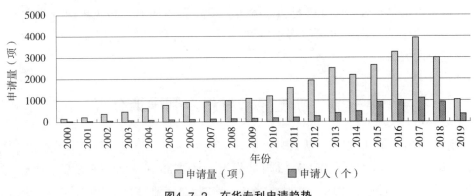

图4-7-2　在华专利申请趋势

## 二、专利区域分布分析

（一）全球专利申请区域分布分析

1. 各国家、地区、组织专利申请量对比

各个国家、地区、组织专利申请量从多到少分别是日本（36196项，占比25%）、中国大陆（30517项，占比21%）、韩国（22938项，占比16%）、美国（19900项，占比14%）、中国台湾（11058项，占比8%）、欧洲专利局（5991项，占比4%），分析各个地区的申请趋势，日本的申请数量在 2009 年开始逐渐减少，处于衰退阶段，中国的申请数量发展迅速，处于快速发展阶段，美国和欧洲专利局申请量相对稳定，处于稳定期，韩国和中国台湾都是稳中略有升高，接近稳定期。综上可以看出，中国大陆市场相对比较活跃，发展迅速，美国、欧洲以及中国台湾和韩国市场相对稳定，日本在该领域发展较早，目前处于衰退期，如图 4-7-3 所示。

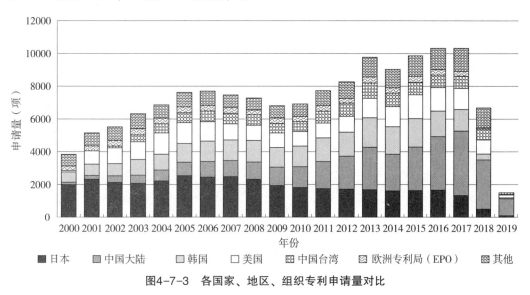

图4-7-3 各国家、地区、组织专利申请量对比

## 2. 技术来源和技术流向

在新型显示材料领域，技术来源国的排名依次为：日本（36393 项，占比41.0%）、中国大陆（20400 项，占比 23.0%）、韩国（16300 项，占比 18.4%）、美国（8234 项，占比 9.3%）、德国（2786 项，占比 3.1%）、中国台湾（2225 项，占比2.5%），可见在该领域日本实力最强，处于绝对领先地位。日本除了在本国布局外，在其他区域布局比较全面，依次在美国、韩国、中国台湾、中国大陆进行布局；中国大陆的申请人主要选择在本国布局，国外布局较少，美国是国外的主要布局国家；韩国申请人主要在美国、中国大陆、日本布局，并且在中国台湾、欧洲也进行适量布局；美国申请人在国外布局比较均衡，日本是首选国外布局国家，另外在其他区域均衡布局；德国的申请人在国外布局首选欧洲，其次均衡布局；中国台湾的申请人除了在台湾布局外，主要重视美国和中国大陆的市场。综上分析，日本、韩国、美国、德国申请人注重海外布局，中国大陆申请人缺乏知识产权保护意识，也说明中国大陆在该领域的核心技术掌握方面还有所欠缺，与日本、韩国、美国还存在差距。海外布局数量排名区域依次是美国（14410 项）、中国大陆（10360 项）、韩国（9279 项）、中国台湾（8976 项）、日本（4914 项）、欧洲专利局（4158 项）、德国（272 项），可见美国、中国大陆、韩国、中国台湾是新型显示材料领域最重视的市场。

## (二)在华专利申请区域分布分析

### 1. 各国家、地区、组织专利申请量对比和技术来源

分析在华专利申请量趋势（见图4-7-4）可知，随着中国对新型显示材料领域的发展，国外申请人也日趋重视中国市场，积极布局，2000—2006年，国外申请人的申请数量迅速增加，由前面章节分析得出，此时中国还处于起步阶段。国外申请人纷纷提前布局，力争在中国这个新兴市场发展之前抢占市场，在中国市场发展初期进行全面布局后，国外创新主体在中国的申请量处于缓慢增长状态。日本实力最强，在华布局的国外申请人中日本也最多，可见对中国市场的重视。目前在华申请主要是中国申请人，2000—2019年为19886项（占比66%），其次是日本（5550项，占比18%）、韩国（2348项，占比8%）、美国（1216项，占比4%）、德国（766项，占比2%）。

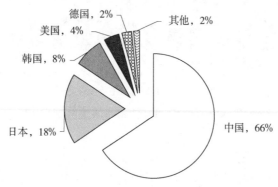

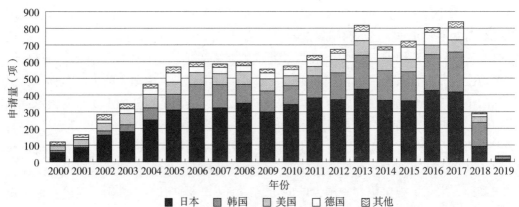

图4-7-4 技术来源和其他国家、地区、组织专利申请量趋势

2. 地区分布

（1）各地区专利申请排名

中国申请中各地区排名前10位的分别是广东（3528项）、北京（2895项）、江苏（2830项）、上海（1664项）、湖北（857项）、安徽（808项）、山东（799项）、浙江（646项）、四川（560项）、河北（532项），形成了以华北、长三角、珠三角为主的分布区域，如图4-7-5所示。

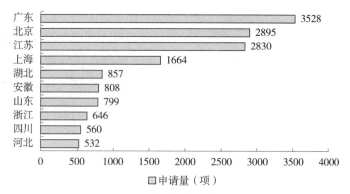

图4-7-5　各地区专利申请排名

（2）各地区专利申请趋势

各地区中，广东、北京、上海的研究起步较早，并且一直保持较快的发展趋势，这是由于上述地区高新企业、科研院所相对集中，依靠资源优势处于国内领先地位，江苏、山东、浙江几乎同时起步，但江苏发展最快，2016—2017年申请量达到851项，年申请量达到全国首位。整体来看，各地区的申请量都保持增长趋势，如图4-7-6所示。

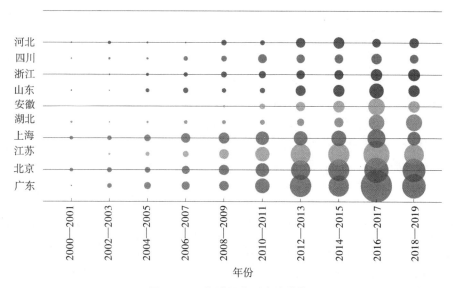

图4-7-6　各地区专利申请趋势

### 三、技术分布分析

#### （一）技术构成

新型显示材料包括 LCD、OLED、QLED、Micro-LED 及其他前沿显示材料。其中 LCD 材料有 71796 项，OLED 材料具有 15220 项，其他显示材料具有 3679 项，可见 LCD 材料占主要地位。

LCD 发展较早，1968 年美国 RCA 公司首次形成静态图像的液晶显示器件，此后以夏普为代表的一批日本企业敏锐地将当时大规模集成电路和液晶显示相结合，使液晶显示实用化、生活化、多样化，1993 年，日本掌握了 TFT-LCD 的生产技术，使液晶显示技术向高质量薄膜化发展，1996 年以后，韩国和中国台湾斥巨资引进 TFT-LCD 生产线，尤其是 1997 年亚洲金融危机促使除夏普以外的日本公司向韩国和中国台湾转让生产技术，促进液晶显示产业向东北亚地区转移。可见，LCD 产业发展也比较成熟，其对应的液晶材料、光学膜、基板、光刻胶等基础材料也处于稳定的发展阶段，所以在 LCD 材料的发展目前处于相对稳定的阶段。

OLED 是 1987 年柯达公司的科学家邓青云博士最先制备出来的，1992 年，UCSB 大学的黑格尔教授发明了塑料作为衬底的柔性 OLED 以及简单的屏幕装置，从此柔性概念进入人们视野。随着 OLED 产业的发展，其相关材料也迅速发展，2000 年以后 OLED 的发展主要来源于韩国三星和 LG 等大公司对 OLED 的研发投入；中国市场在 2010 年进入快速发展阶段，中国政府将 OLED 产业纳入"十二五"规划，对不同尺寸的 OLED 进行了相关规划，对中小尺寸的 OLED 着重推进技术开发和产业化的应用，对大尺寸的 OLED 着重于技术和工艺集成的研究，并且随着京东方等企业的大量研发投入，带动了国内相关产业发展，因此在 2010 年左右 OLED 的申请量有了较快增长。

其他显示材料 QLED、Micro-LED 等目前还发展不够成熟，总体数量还较少，但这几年发展迅猛的势头不容小觑，各大厂家也纷纷投入研发并进行积极布局。例如，相比于 OLED 的有机发光材料，无机发光材料更稳定，例如三星已经开始关注该领域并进行研发。新型显示技术呈多元化发展的趋势。小尺寸方面，OLED 逐步取代 LCD 成为主流，并呈现出柔性化发展趋势；大尺寸方面，仍以 LCD 为主流，量子点、Micro-LED 等新技术逐渐崛起，印刷 OLED 制程技术在快速研发之中，随着相关材料、设备的逐渐成熟，未来两三年有望迎来大规模商用，如图 4-7-7 所示。

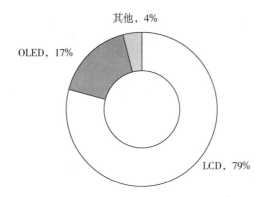

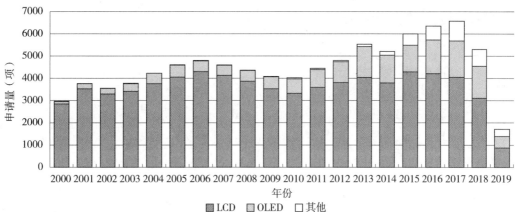

**图4-7-7　各技术分布比例和申请趋势**

## （二）技术分布

新型显示材料涉及的分类号比较广泛，涉及 G、H、C、B 共 4 个部，其中涉及较多的分类号是 G02F1、G02B5、H01L51、C09K19，分别对应的是光学膜、光学元件、有机发光材料、液晶材料，以上 4 个分类号的数量都超过 10000 项，另外，G03F7、H01L21、H01L27 的数量高于 6000 项，分别涉及的是光刻、半导体制备等材料和工艺，在新型显示领域，占主要地位的 LCD 和 OLED 在制备过程中都涉及以上材料和工艺，因此上述技术对显示领域至关重要。除了涉及主要显示的有机发光材料、电致发光材料，还有与之配合的有机材料以及承载的基板材料，以及相关材料的工艺，见表4-7-1。

**表4-7-1　涉及 IPC 分类号的含义**

| IPC 分类 | 申请量（项） | 技术主题 |
|---|---|---|
| G02F1 | 32495 | 光的强度、颜色、相位、偏振或方向的器件 |
| G02B5 | 24896 | 除透镜外的光学元件 |
| H01L51 | 14708 | OLED |
| C09K19 | 11492 | 液晶材料 |

续表

| IPC 分类 | 申请量（项） | 技术主题 |
| --- | --- | --- |
| G03F7 | 9638 | 图纹面，图纹面照相制版用的材料，如：含光致抗蚀剂 |
| H01L21 | 6371 | 半导体制备方法或设备 |
| H01L27 | 5095 | 共用衬底多个半导体器件 |
| H05B33 | 4846 | 电致发光光源 |
| C09K11 | 4749 | 发光材料 |
| G09F9 | 4483 | 采用选择或组合单个部件在支架上建立信息的可变信息的指示装置 |

## 四、重要申请人分析及重要企业分析

### （一）全球专利申请人分析

#### 1. 全球专利申请申请人排名

全球申请人排名前 10 位分别是：三星（KR）（4739 项）、LG（KR）（4184 项）、富士胶片（JP）（3651 项）、大日本印刷（JP）（2636 项）、住友（JP）（2422 项）、京东方（CN）（2244 项）、三菱（JP）（2030 项）、TCL（CN，包括 TCL 公司和其投资的华星光电公司）（1799 项）、日东电工（JP）（1773 项）、精工爱普生（JP）（1633 项）。在排名前 10 位中，日本申请人有 6 个，中国申请人有 2 个，韩国申请人有 2 个。其中排名第 1 的三星和 LG 都是韩国申请人，日本申请人最多，整体在该领域实力较强，中国京东方和 TCL 的发展势头迅猛，如图 4-7-8 所示。

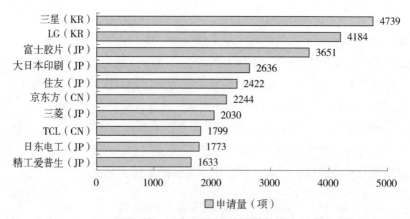

图4-7-8　全球专利申请申请人排名

#### 2. 全球申请人申请趋势对比

各个申请人的趋势具有较大差别，其中三星和 LG 一直保持领先地位，并且在 2006 年以后基本保持稳定。富士胶片公司在 2005 年出现了爆发式增长，从 2004 年的 20 项增长到 2005 年的 289 项，然后进入稳定阶段。大日本印刷、三菱、住友、日东电工这几个日本企业起步较早，至 2012 年左右开始衰退。中国企业京东方和 TCL 起步较晚，但在 2011 年开始快速发展，目前还处于发展阶段。精工爱普生与其他日本企业一样，起步较早，但在 2009 年逐步退出该领域，如图 4-7-9 所示。

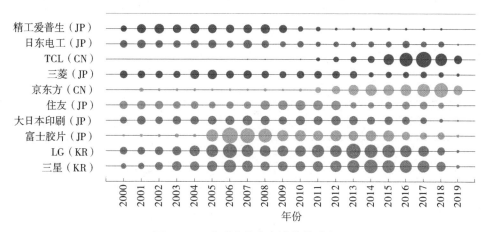

图4-7-9 全球申请人申请趋势对比

### 3. 重要全球申请人区域布局策略对比

重要全球申请人纷纷在日本、中国大陆、美国、韩国、欧洲以及中国台湾这几个重要市场进行布局，其中三星和 LG 更看重美国、中国大陆以及日本市场；日本的几个公司布局更均衡。中国企业京东方、TCL 在美国进行了较多的专利布局，同时还在欧洲、韩国和日本进行了一定量的布局，TCL 也在韩国进行了一定布局，以上中国两大企业的布局也说明了，国内的大企业越来越重视知识产权的保护，知识产权意识逐步提升，如图 4-7-10 所示。

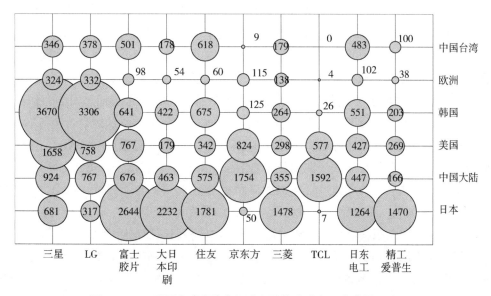

图4-7-10 重要全球申请人区域布局策略对比（申请量：项）

### 4. 共同全球申请人分析

表 4-7-2 是全球申请人联合申请的主要申请人,此处为了便于统计申请人的个数,未对申请人进行合并标准化处理,即不同的子公司作为不同的申请主体。排名前 20 位的申请人中,有 9 个日本公司,8 个中国公司,2 个韩国公司,1 个德国公司,日本在联合研发方面做得非常出色。

表4-7-2　全球重要共同申请人

| 联合申请人 | 申请量（项） | 联合申请人 | 申请量（项） |
|---|---|---|---|
| 捷恩智株式会社 | 990 | 三星电子株式会社 | 165 |
| 京东方科技集团股份有限公司 | 975 | 深圳市海洋王照明工程有限公司 | 161 |
| 捷恩智石油化学株式会社 | 933 | 北京京东方光电科技有限公司 | 157 |
| 富士胶片株式会社 | 263 | 成都京东方光电科技有限公司 | 153 |
| 柯尼卡美能达精密光学株式会社 | 203 | 合肥鑫晟光电科技有限公司 | 132 |
| 北京京东方显示技术有限公司 | 203 | 日产化学工业株式会社 | 116 |
| 默克专利股份有限公司 | 200 | 日东电工株式会社 | 108 |
| 海洋王照明科技股份有限公司 | 198 | 住友化学株式会社 | 103 |
| 深圳市海洋王照明技术有限公司 | 198 | 凸版印刷株式会社 | 91 |
| 夏普株式会社 | 168 | 三星显示有限公司 | 87 |

捷恩智株式会社和捷恩智石油化学株式会社主要是子公司之间的联合申请,只有几件与其他公司的联合申请,京东方科技集团股份有限公司大部分也是子公司之间的联合申请,只有几件与其他公司或高校的申请,如有 2 件与中国科学技术大学的关于电致变色材料的申请,有 1 件与美国肯特州立大学的关于液晶显示的申请,有 2 件与北京大学的联合申请,可见京东方已经开始尝试校企产学研结合,并且尝试与国外大学合作。富士胶片株式会社、柯尼卡美能达精密光学株式会社、默克专利股份有限公司都主要和自己的子公司或者发明人进行联合申请,与高校或者其他公司的合作较少,夏普株式会社主要是与发明人联合申请,公司方面东洋合成工业株式会社有 5 件关于液晶材料的申请,中国排名靠前的企业北京京东方显示技术有限公司、海洋王照明科技股份有限公司和深圳市海洋王照明技术有限公司都只是和自己子公司之间联合申请。

三星电子株式会社与株式会社东进世美肯(23 项)、AZ 电子材料 IP(日本)株式会社(10 项)和东友精细化工有限公司(8 项)等公司具有合作,并且还与韩国科学技术院(8 项)和汉阳大学校产学协力团(4 项)等科研院所进行合作。

三星显示有限公司也主要与株式会社东进世美肯(23 项)进行合作,并且其更注重和科研院所的合作,例如与庆尚大学校产学协力团(9 项)、釜山国立大学校产学协力团(9 项)、韩国崇武国立大学产学协力团(6 项)和韩国科学技术院(5 项)。诸如三星这种实力较强的公司，其更注重联合研发，充分利用其他公司和科研院所的优势，提升自身的研发技术。

### （二）在华专利申请人分析

#### 1. 在华专利申请申请人排名

在华申请人前10名分别是京东方（1754项）、TCL（1592项）、三星（924项）、LG（767项）、富士（676项）、默克（584项）、住友（575项）、大日本印刷（463项）、日东电工（447项）、DIC株式会社（372项），其中本国企业2个，韩国企业2个，日本企业6个，在新型显示材料领域，中国市场越来越受到关注，如图4-7-11所示。

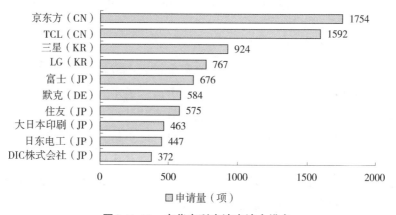

**图4-7-11  在华专利申请申请人排名**

#### 2. 在华申请人申请趋势对比

在华申请人申请趋势（见图4-7-12）显示，LG和三星这两大公司在中国的布局较早，其他国外公司在2006年起申请量才有所增加，进入中国市场，此时中国的企业才刚刚起步。京东方2010年后才开始飞速发展，并后来者居上，成为在华申请排名第一的公司，2018年的国内申请量达到345项（还有部分未公开）。京东方利用融资和政府补贴集中发展显示产业，并且在国内建设多条生产线，保证了后续的迅猛发展，并且京东方对我国半导体显示产业上下游的拉动作用也越来越明显，显示产业材料本土化率已达70%，装备国产化率达到32%。

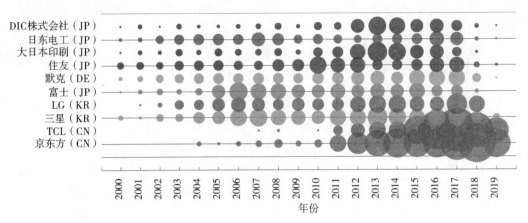

图4-7-12　在华申请人申请趋势对比

3. 共同在华申请人分析

共同在华申请人方面，国内申请人主要集中在京东方等大公司的子公司，并且这些公司的主要联合申请对象也是子公司，其中申请量最多的京东方科技集团股份有限公司大部分也是子公司之间的联合申请，其中只有几件与其他公司或高校的申请，例如有2件与中国科学技术大学的关于电致变色材料的申请，有1件与美国肯特州立大学的关于液晶显示的申请，还有2件与北京大学的联合申请，可见京东方已经开始尝试校企产学研结合，并且尝试与国外大学合作。清华大学作为国内顶尖院校，十分注重产学研的结合，分别与北京维信诺科技有限公司（41项）、昆山维信诺显示技术有限公司（32项）、鸿富锦精密工业（深圳）有限公司（16项）、北京鼎材科技有限公司（8项）、昆山国显光电有限公司（6项）等公司广泛合作。东华大学主要与上海睿兔电子材料有限公司具有高分子薄膜相关的47项合作申请，河北硅谷化工有限公司、中国石化仪征化纤股份有限公司、揭阳市宏光镀膜玻璃有限公司、江苏奥神新材料有限责任公司有1~2件合作申请。对于国外申请人，例如捷恩智石油化学株式会社、捷恩智株式会社也都局限于子公司之间的联合申请，并没有与中国企业进行合作。在该领域，不同公司之间的联合研发没有非常活跃，原因可能是LCD和OLED的发展也相对比较成熟，而其他显示材料的研发和产业还没有形成规模，见表4-7-3。

表4-7-3　在华重要共同申请人

| 联合申请人 | 申请量（项） | 联合申请人 | 申请量（项） |
|---|---|---|---|
| 京东方科技集团股份有限公司 | 737 | 天马微电子股份有限公司 | 84 |
| 捷恩智石油化学株式会社 | 232 | 清华大学 | 77 |
| 捷恩智株式会社 | 222 | 合肥京东方光电科技有限公司 | 68 |
| 海洋王照明科技股份有限公司 | 198 | 鸿富锦精密工业（深圳）有限公司 | 68 |

续表

| 联合申请人 | 申请量（项） | 联合申请人 | 申请量（项） |
|---|---|---|---|
| 深圳市海洋王照明技术有限公司 | 198 | 深圳欧菲光科技股份有限公司 | 61 |
| 深圳市海洋王照明工程有限公司 | 161 | 苏州欧菲光科技有限公司 | 61 |
| 成都京东方光电科技有限公司 | 154 | 鄂尔多斯市源盛光电有限责任公司 | 54 |
| 北京京东方显示技术有限公司 | 144 | 东华大学 | 52 |
| 合肥鑫晟光电科技有限公司 | 137 | 上海睿兔电子材料有限公司 | 47 |
| 北京京东方光电科技有限公司 | 97 | 南昌欧菲光显示技术有限公司 | 47 |

### （三）重要企业分析

#### 1. 全球重要企业分析

新型显示材料领域是一个比较综合的领域，其涉及上游的原材料、中游的显示器组装以及下游的终端，其中上游更是涉及液晶材料、偏光片、背光模组、基板玻璃、彩色滤光片、超净高纯试剂、靶材、光刻胶、发光材料、传输材料、薄膜材料等多种类多领域的材料。三星集团是韩国最大的跨国企业集团，包括众多公司：三星电子、三星物产、三星人寿保险等，业务涉及电子、金融、机械、化学等众多领域，依托于其雄厚的资金、多领域的科研实力，在新型显示行业发展迅速。三星的相关申请专利族 4086 项，涉及 LCD/OLED 组件，主要有发光、液晶、光学膜等相关材料，并且专利申请分布韩国、美国、中国、日本、欧洲、德国、英国、澳大利亚等全球多个国家和地区。在显示面板领域，三星近年来逐渐缩减 LCD 面板，转向 OLED 领域，并且在小尺寸 OLED 面板上一家独大。

LG 公司申请专利族 3853 项，并且在韩国、中国、美国、英国、日本、欧洲、德国、法国等国家和地区进行布局，其申请涉及 LCD/OLED 组件，主要为发光、液晶、光学膜等相关材料。在工艺方面，LG 显示已利用喷墨打印技术在京畿道坡州厂的"M2-Inkjet"OLED 生产线进行了试产，而在 2019 年全球消费电子展（CES）上，LG 公司还展示了全球首款可量产的卷轴式柔性电视产品"Signature OLED TV R"。目前，全球 OLED 柔性面板主要以三星和 LG 为主。三星主要采用三原色（RGB）独立像素发光技术，主攻小尺寸领域，目前占全球 6 代柔性 OLED 市场份额超过 90%。LG 主要采用白色发光与滤光片结合（WOLED）技术，主攻大尺寸领域，已有 8.5 代、10.5 代柔性线投产。

夏普公司一共申请了 1530 件专利申请，合并扩展同族后共有 855 个专利族，在这些申请中，涉及最多的是液晶显示领域以及液晶相关的光学膜例如偏光片、滤光片。夏普号称"液晶之父"，作为最早致力于液晶面板研发的企业。2008 年起，由于外界客观原因以及自身经营的原因，影响公司获利，夏普开始走下坡路并一蹶不振，夏普的液晶电视、面板等业务一度下滑，2016年被鸿海科技收购。

三菱集团包括众多旗下公司，在新型显示领域，申请量共达到1099个专利族，并在海外充分布局，其主要贡献来源于三菱化学、三菱树脂、三菱综合材料。其中三菱化学主要涉及光学元件和光刻材料，三菱树脂主要涉及光学树脂膜，三菱综合材料涉及靶材溅射、光学屏蔽膜。

富士胶片股份有限公司旗下平板显示材料业务群组涉及液晶显示器基本原料，例如TAC（三醋酸纤维素）产品、OLED和触摸屏相关领域产品。目前检索到该公司一共具有3147项专利族，在日本、美国、中国、韩国、欧洲、新加坡都进行了专利布局，相关申请主要涉及光学元件、光学膜、光刻。TAC光学薄膜是偏光片的重要组成部分，其成分非常复杂，包含可塑剂、助溶剂、润湿剂、滑剂以及抗紫外线剂等，TAC以溶剂铸膜加工成膜，至今仍是穿透度最高的高分子材料之一。全球能生产TAC膜的工厂包括柯达、富士、阿克发、柯尼卡、IPS（原ORWO）、中国的乐凯、阿尔梅，还有俄罗斯的TASMA、SL'AVGE及乌克兰的SVEMA等。但是真正能生产高端LCD TV用TAC膜的厂家，多年来一直只有日本的富士胶片和柯尼卡美能达两家，而富士胶片更是独占鳌头。

通过以上重点企业的介绍，我们可以看出，全球综合实力雄厚的企业综合实力强大，并且研发基础良好，掌握着该领域的核心技术和核心专利，并且在知识产权保护上，其布局全面，基本都在除本国以外的主要市场韩国、日本、中国、美国、欧洲进行了布局，见表4-7-4。

表4-7-4　全球重要企业

| 序号 | 企业名称 | 专利族（项） | 未合并专利（件） | 全球布局 | 研发方向 |
|---|---|---|---|---|---|
| 1 | 三星 | 4086 | 7356 | 韩、美、中、日、欧、德、英、澳 | 显示面板、相关材料 |
| 2 | LG | 3853 | 6586 | 韩、中、美、英、日、欧、德、法 | 显示面板、相关材料 |
| 3 | 夏普 | 855 | 1530 | 日、美、中、韩、巴、英、印 | 液晶显示、光学元件 |
| 4 | 三菱 | 1099 | 1862 | 日、韩、中、欧、美、澳、德、法 | 光学元件、光刻材料、光学膜、溅射靶材 |
| 5 | 富士胶片 | 3147 | 5921 | 日、美、中、韩、欧、新 | 光学元件、光学膜、光刻 |

2. 我国重要企业分析

京东方创立于1993年4月，1998年京东方决定进军液晶显示行业。2001年，液晶市场处于低迷期，韩国现代由于现金流的问题，出售整条生产线，2003年京东方把握机遇收购了现代的整条TFT-LCD生产线，开启了液晶显示中国制造的时代。京东方在后续的十几年间多次融资并购以及依靠政府补贴，集中研发LCD以及OLED技术，在相关领域做大做强，成为中国显示行业的领跑者。2019 年 10 月，其打造的柔性 AMOLED 生产线打破了三星的垄断，在高端显示国产化之路上迈出了坚实的一步。京东方在知识产权保护方面也比较重视，具有 1754 项相关申请，研发方向主要是 LCD、OLED 显示面板以及相关材料，这些申请中有 705 项有效的状态，并且在海外市场美、韩、欧、日、印、巴、墨等地区布局，布局也比较全面，见表 4-7-5。

TCL 集团创立于 1981 年，近年来该公司由相关多元化经营转为聚焦半导体显示及材料产业，半导体显示及材料业务包含华星光电、华显光电、广东聚华、华睿光电等企业，其中华星光电是其专利申请的主要来源企业。TCL 一共具有 1592 项申请，有效 443 项，技术主要涉及 LCD、OLED 显示面板以及相关材料，在海外也进行了充分的布局，美、韩、英、日、欧都有相关的申请。另外，TCL 在运营方面也率先踏出了一步，有 15 件专利进行了质押。

虽然在新型显示领域以京东方为代表的中国企业正在崛起，但是一些基础材料的核心技术都掌握在韩国、日本等大公司手中，例如 OLED 技术的关键核心材料主要集中在注入层、传输层以及发光层材料。当前，以上三种材料主要掌握在日本、韩国和美国企业手中，如保土谷化学、出光兴产、LG 化学、杜邦和东丽等国际巨头化工企业。相比而言，中国企业目前仅在中间体和某些单纯的原材料等细分技术领域，通过成本和工艺优势占据一定市场比例，例如，蒸镀是 OLED 制造工艺中最精细的环节，涉及像素排布、精准蒸镀和薄膜良率控制等重要方面。目前，蒸镀设备由日本和韩国垄断，三星与蒸镀设备供应商 Tokki 的合作是维持其 OLED 处于垄断地位的基本保证，而 Tokki 未来几年的产能均被三星预定。可见，新型显示全产业国产化的道路上，中国企业任重而道远。

表4-7-5　我国重要企业

| 企业名称 | 申请数量（项） | 法律状态 | | | 研发方向 | 专利运营 | 海外布局 |
|---|---|---|---|---|---|---|---|
| | | 有效（项） | 在审（项） | 失效（项） | | | |
| 京东方 | 1754 | 705 | 847 | 202 | LCD、OLED 显示面板以及相关材料 | 子公司间转让 | 中、美、韩、欧、日、印、巴、墨 |
| TCL | 1592 | 443 | 1031 | 118 | LCD、OLED 显示面板以及相关材料 | 15 件质押 | 中、美、韩、英、日、欧 |

## 五、小结

新型显示材料领域目前处于稳步发展阶段，其中 LCD 基本处于稳定阶段，OLED 在 2010 年左右开始快速发展，以京东方为代表的中国企业的申请量也快速增长。

中国在该领域的申请量有 30517 项，占比 21%，排第 2 位，在 2010 年左右中国申请量迅速增长，我国政府相继出台多项政策支持新型显示产业，可见中国是未来该领域一个潜力巨大的市场。

通过全球申请人和中国申请人以及重点企业的分析，国外申请人例如以三星和 LG 为代表的韩国企业，以富士胶片、大日本印刷、三菱等为代表的日本企业整体实力较强，并且在联合申请方面也比较注重联合研发，例如三星电子株式会社与株式会社东进世美肯（23 项）、AZ 电子材料 IP（日本）株式会社（10 项）和东友精细化工有限公司（8 项）等公司具有合作，并且还与韩国科学技术院（8 项）和汉阳大学校产学协力团（4 项）等科研院所进行合作。中国的申请人京东方和 TCL 进入本领域较晚，在 2010 年后才开始迅速发展，虽然势头迅猛，申请量巨大，在世界排名中分别位于第 6 位和第 8 位，但是其在海外布局、合作研发等方面还有待提高。

产业方面，国内面板企业已经迎来春天，盈利能力显著提升，龙头企业京东方 2017 年前三季度更是实现归母净利润 64.76 亿元；TCL 控股的华星光电前三季度则实现息税折旧摊销前利润（EBITDA）85.9 亿元。国内面板企业出货量大幅提升的同时，产品质量也逐渐获得了国外企业的认可，如京东方下游客户包括三星、LG、戴尔、惠普等，华星光电客户则涵盖了三星和 LG。

在新型显示国产化的道路上，上游原材料领域的核心材料被日韩企业垄断，中国企业要想进一步打破壁垒，实现从"追赶者"向"并行者""领跑者"转变的目标，首先必须借助合作的方式集中科研力量加速追赶的步伐，例如校企合作；其次，中国政府将 OLED 产业纳入"十二五"规划，2017 年 7 月 26 日，工业和信息化部电子信息司在安徽省合肥市召开新型显示产业配套协作推进会，发布了《中国新型显示产业 2020 倡议书》，相关企业可以借助国内的相关政策扶持，充分利用相关优惠集中力量投入研发。

新型显示材料领域，我国企业的专利运营还处于起步阶段，我国国内申请人的转让、许可基本都是在子公司之间进行，总体的质押数量仅 75 件，可见企业虽然注重知识产权的保护，申请了多项专利，但是如何利用专利进一步产生价值方面，还没有充分发掘。

## 第八节　新能源材料申请分析

能源作为国民经济发展的重要保障，领先的能源工业发展水平是大国综合实力的集中体现，积极发展新能源有利于保障国家能源安全，提升国际竞争力。随着化石能源等不可再生能源的不断消耗，以及化石能源的使用所带来的大气污染等问题的日趋严重，促使国际社会越来越重视对新能源的开发和利用。新能源以其可再生、环保、低污染的特点受到越来越多国家的关注，如今新能源已经是全球各国重点发展的产业，当然也是我国近年来重点发展的产业之一。新能源产业一般指的是区别于传统的能源，可再生的、清洁的能源，相对于传统能源而言，在不同的历史时期和科技水平情况下，新能源有不同的内容。当今社会，它的各种形式大都是直接或者间接地来自太阳或地球内部深处所产生的能量，包括太阳能、风能、海洋能、生物质能、核能，以及在新能源汽车中的重要化学储能装置锂离子电池等。通过对相关数据库进行检索并筛选后得到全球新型能源材料相关专利 358666 项，其中在华专利 138426 项。

## 一、专利申请态势分析

### （一）全球专利申请态势分析

从 2000—2019 年全球范围内新型能源材料专利申请趋势（见图 4-8-1）可以看出，专利申请量整体呈现增长态势。进入 21 世纪以来，经济飞速发展，各国在经济发展过程中对能源的需求量不断增加，伴随着不可再生能源的不断消耗以及对全球气候变化的担忧，许多国家相继出台了一系列的能源政策，专利申请量进入快速增长阶段，相关技术专利申请量大幅上升，在 2012 年的时候达到 23679 项，2012 年以后有所回落，这是由于国内外相关技术经过 10 年的发展，已经相对比较成熟，专利申请的热度有所回落，但依旧保持着 2 万多项的年均申请量。经过前面三年的沉淀，2016 年专利申请量又进入了一个新的增长阶段，在 2017 年达到了 30255 项，这也预示着新能源产业的发展进入了一个新的发展阶段。

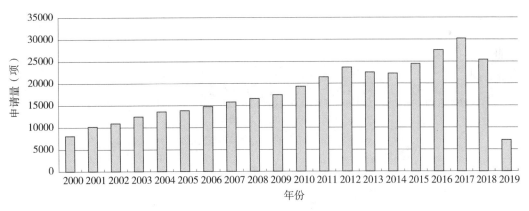

**图4-8-1 全球专利申请趋势**

### （二）在华专利申请态势分析

进入 21 世纪以来，我国新能源产业市场需求旺盛，产品供不应求，在国内市场需求的带动下，国内新能源产业已进入快速发展期，专利申请量不断增加。在华专利申请趋势与全球发展趋势基本相同，但是相对于全球新型能源材料的发展速度来说，中国国内专利申请量整体保持了快速增长的趋势。2000 年仅有 413 项申请量，这一阶段我国新能源产业发展相对缓慢，新能源产业规模尚未形成，通过专利手段保护技术研发的意识相对较弱。

2005 年我国公布的《"十一五"规划建议》中明确指出"加快发展风能、太阳能、生物质能等可再生能源",将新能源产业确定为战略性新兴产业之后,我国新能源产业相关企业出现迅猛增长,也就是从这一年开始,我国新能源产业的专利申请量呈现大幅增长,专利申请量进入快速增长期。2012—2014 年,我国新能源产业专利申请量增速减缓,三年的专利申请量浮动不大,保持在年均 9000 多项,这受到之前盲目扩张所带来的产能过剩后遗症的影响,以及国家货币政策趋紧等一系列因素耦合作用,使新能源产业整体盈利水平下滑,行业内呈现出关、停、并、转的优胜劣汰格局。

为了更好地促进新能源的发展,国家出台了一系列有利于新能源行业可持续发展的产业政策,在中国能源政策方面提出至"十二五"末,非化石能源的消费占一次性能源消费的比例要达到 11.4%。2015 年,我国新能源行业在经历之前调整后开始呈现复苏的迹象,专利申请量也开始大幅增加,到了 2017 年,达到了 19428 项的申请量,如图 4-8-2 所示。这反映出我国国民经济的发展与技术研发的相互促进作用,同时,随着我国知识产权制度的不断完善,越来越多的创新主体通过申请专利保护其创新成果。

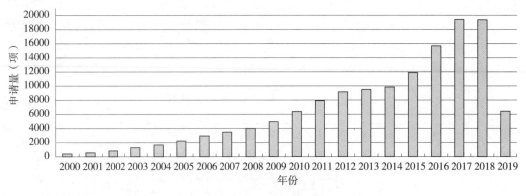

图4-8-2　在华专利申请趋势

## 二、专利区域分布分析

### (一)全球专利申请区域分布分析

1. 各国家、地区、组织专利申请量对比

如图 4-8-3 所示,全球各国家、地区、组织专利申请量中,中国的专利申请总量占据了所有国家、地区、组织专利申请量的 1/3 左右,位列第一。2000 年起,新能源材料领域的专利申请由日本申请人主导,2017 年,中国申请人在新能源材料领域的专利申请量位于所有国家、地区和组织中的第一位,中国为新能源材料领域的专利申请量贡献了 50%,中国在新能源材料领域逐渐发展为重要的技术来源,成为国际社会不可忽视的新兴力量。

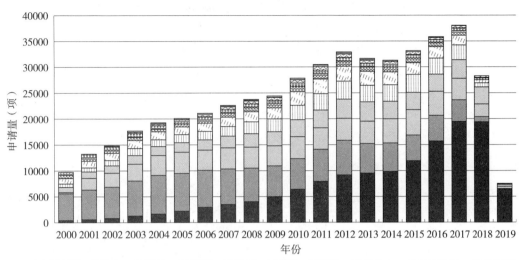

图4-8-3 各国家、地区、组织专利申请量对比

2. 技术来源和技术流向

排名第一的技术来源国为中国，其专利申请量为138426项，占比33.56%，日本紧随其后，专利申请量为82103项，占比为24.11%，之后是美国、世界知识产权组织、韩国、欧洲专利局、德国等，占比分别为13.74%、11.18%、7.77%、3.28%、3.07%。中国、日本、美国这三个国家的专利申请量占据了全球的71.41%，成为新型能源材料技术的主要来源国。中国、美国、日本、韩国4个国家在自己国家的专利申请是最多的，美国、日本以及德国等申请人在除了本国以外的其他国家的专利申请量比中国在本国以外的其他国家的专利申请量大。中国的专利申请主要还是在国内，占比为94.7%，仅有5.3%的专利申请进行了国际布局，日本申请人在日本国内的申请占比为64.7%，有近35.7%的专利进行了国际布局，虽然美国申请人的专利申请量不是最大的，但是美国申请人的国际专利申请占据了其总专利申请量的43.7%，这与日本、美国在新型能源材料领域的研发实力，以及其各自国家的大型跨国企业注重海外市场的知识产权保护是一致的。

(二) 在华专利申请区域分布分析

1. 各个国家、地区、组织专利申请量对比

从在华主要国家、地区、组织专利申请量趋势（见图4-8-4）可以看出，美国、日本以及韩国三个国家的申请量从2000年开始均呈现不同程度的增长，相对于美国和韩国申请人，在华专利申请中日本申请人占据的比例较大，申请量达到了10623项，日本的在华申请量为韩国和美国在华专利申请量的一倍左右。从中可以看出，从2000年开始一直到2017年，日本申请人在华的专利申请量均多于其他国外申请人同期的申

请量，可见，日本申请人非常重视专利的国际布局，关注中国市场，其在新能源材料产业发展的初期就开始了其专利布局。

新能源材料是一个新兴的产业，国外起步较早，前期进行了大量的研发投入，积极进行专利布局，目的就是在新能源材料产业中掌握核心技术，主导新能源产业的发展。虽然我国新能源产业的专利申请量较高，但是我国新能源产业发展起步较晚，并且专利布局主要在国内市场，国外市场占有率不足，因此我国需要注重技术创新，提升核心技术专利占有率，逐步实现从新能源产业专利申请大国到新能源产业专利强国的跨越。

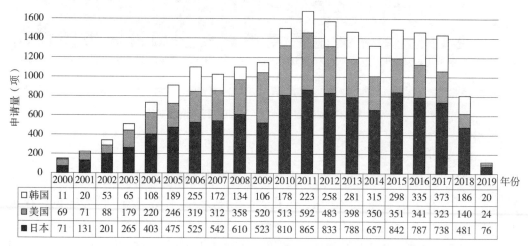

图4-8-4　在华主要国家、地区、组织专利申请量趋势

**2. 技术来源**

在华主要国家的专利申请量中，国内申请人的申请量为 109399 项，占比达 80.43%。国外申请人申请量占据在华专利申请量的 19.57%，主要由日本、美国、韩国三国申请人构成，其中日本申请人在华申请量为 10623 项，占比达到 7.81%，美国和韩国申请人在华申请量的占比分别为 4.34%、2.63%。日本申请人在中国的申请量基本上等于韩国和美国申请人在中国申请量的总和。

**3. 地区分布**

**（1）各地区专利申请排名**

如图 4-8-5 所示，我国新能源产业专利申请量总体上呈现东高西低的态势，在全国所有的地区中，广东的申请量最大，达 15030 项，其次为江苏、北京、上海和浙江等，大部分省市都位于沿海地区，除了北京以外，中西部地区的申请量均排名靠后，这显示出东西部区域发展不平衡。新能源材料产业的发展与地区经济、科技的发展水平密切相关，广东、江苏、北京、上海作为经济发达地区，经济实力较强，高等院校相对集中、科技研发投入也相对比较多，故上述地区在新能源产业领域发展较快，虽然西部地区技术发展较慢，但是西部地区的资源丰富，例如风电、太阳能等，具有东部地区所不具有的优势，东西部之间应当结合各自优势，形成互补，共同促进，从而提升我国在新能源材料领域的发展水平。同时，各省市不断加强知识产权强企建设，在新能源材料产业实施高价值专利培育计划，构建高价值专利池或专利组合。鼓励企业积极申请国际专利，强化知识产权海外布局。推动高价值专利向国际、国内标准转化，增强产业核心竞争力。在资金方面也要支持产业联盟、高等院校、重点企业等培育高价值专利，建设高价值专利育成中心。

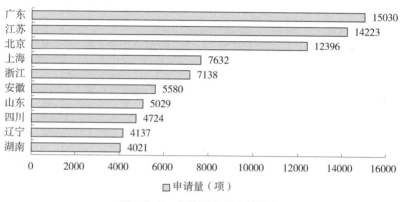

**图4-8-5 各地区专利申请排名**

（2）各地区专利申请趋势

从国内申请量排名前10位的地区申请量趋势（见图4-8-6）可以看出，无论是排名前3位的广东、江苏、北京，还是排在第9位、第10位的辽宁、湖南，其申请量都呈现递增的趋势，在2018年，申请量均达到了最大。广东、江苏、北京、上海等地区起步较早，且一直维持快速增长，其中广东由2000年的18项专利申请到2018年的2706项，江苏由2000年的4项专利申请到2018年的2654项。安徽、山东、湖南等地虽然起步较晚，但是，随着技术投入的不断增加，其新能源产业的发展也逐渐追上了广东等地区的脚步。江苏在早期申请量虽然较小，但是后期发力，申请量直追广东，到了2017年其专利申请量与广东基本持平。江苏省在新能源产业的快速发展，得益于其集中资源重点发展的发展策略，强调产业链上下游的完整度，同时，注重行业龙头企业的引领和支撑作用，发挥产业集中优势，确保全行业的健康发展。在发展知识产权的同时，要注重知识产权品牌培育，提升企业商标品牌意识，形成"以企业为主体、以政府为引导"的商标品牌发展战略，推动商标品牌推广示范，提高商标品牌的附加值和竞争力，培育具有全球竞争优势的自主品牌，从而营造公平竞争的市场环境，推动商标品牌经济发展，加强商标知识产权保护。

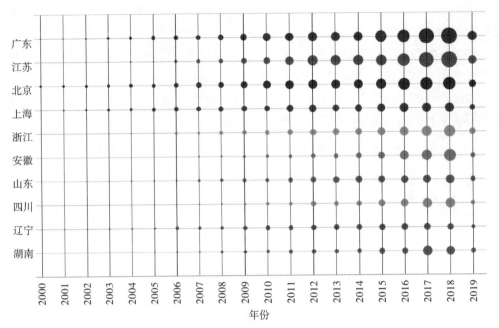

图4-8-6　各地区专利申请趋势

（3）各地市专利申请排名

专利申请排名前 11 位的地市中，北京市海淀区以 6343 项位列第 1 位，是排名第 2 位的苏州市专利申请量的 1.4 倍。值得注意的是，苏州（排名第 2 位）、成都（排名第 3 位）、长沙（排名第 8 位）、西安（排名第 11 位）是 2017 年公布的 8 个知识产权运营服务体系建设重点城市中的 4 个；北京市海淀区（排名第 1 位）、广州市（排名第 4 位）、南京市（排名第 5 位）、杭州市（排名第 7 位）、武汉市（排名第 9 位）是 2018 年公布的 8 个知识产权运营服务体系建设重点城市中的 4 个；大连市（排名第 10 位）是 2018 年公布的 10 个知识产权运营服务体系建设重点城市中的 1 个。在新能源材料产业专利申请量排名前 11 位的地市（见图 4-8-7）中，有 10 个地市为知识产权运营服务体系建设重点城市，占比达到了 90.9%，知识产权制度作为激励创新的基本保障，在供给侧结构性改革中发挥着越来越重要的作用，加强知识产权保护和运用是"十三五"的重中之重，推动完善知识产权创造、保护和运用体系，能够充分发挥知识产权对经济社会发展的支撑、引领、带动作用，知识产权运营服务体系重点城市的建设能够更好地服务当地知识产权事业的发展，为当地知识产权建设保驾护航。

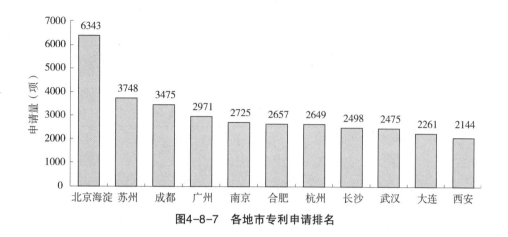

图4-8-7　各地市专利申请排名

## 三、技术分布分析

### 1. 全球新能源各分支产业申请数据

本文在对全球新能源产业进行数据检索的过程中，将新能源产业分为以下几个分支进行了数据的整理，具体包括太阳能电池材料、锂电池材料、燃料电池材料，以及由风能、核能、生物质能定义成的其他新能源材料，如图 4-8-8 所示。其中对申请量贡献最大的两部分为燃料电池和锂电池，燃料电池的申请量占比达到了 30%，锂电池的申请量占比为 24%。具体地，其他新能源材料中核能的申请量为 62043 项，风电的申请量为 51021 项，生物质能的申请量为 30226 项。

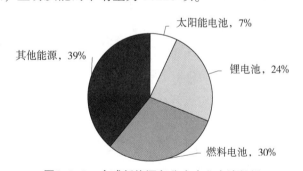

图4-8-8　全球新能源各分支产业申请数据

### 2. 技术构成

全球新能源材料领域排名前几位的技术主题对应的专利申请中，分类号 H01M 为用于直接转变化学能为电能的方法或装置，例如电池组；F03D 为风力发动机；G01N 为借助于测定材料的化学或物理性质来测试或分析材料；C01B 为非金属元素及其化合物；G21C 为核反应堆；H01L 为半导体器件。从表 4-8-1 可以看出全球新能源材料领域研究热点集中在 H01M 的技术领域，该领域具体包含了新能源材料的锂电池以及燃料电池两大技术领域，燃料电池（H01M8）和锂电池（H01M10/052 和 H01M10/

0525）的分类号均包含在 H01M 中，两者巨大的申请量使得该技术主题对应的申请量排名第 1 位；排名第 2 位的技术主题 F03D 的申请量主要来源于风能产业的专利申请，技术主题 G01N 以及 G21C 的申请量主要来源于核能，而技术主题 H01L 的申请量主要来自于太阳能产业。

表4-8-1　全球专利申请技术主题

| IPC 分类 | 申请量（项） | 技术主题 |
|---|---|---|
| H01M | 49036 | 用于直接转变化学能为电能的方法或装置，例如电池组 |
| F03D | 29650 | 风力发动机 |
| G01N | 16696 | 测定材料的化学或物理性质来测试或分析材料 |
| C01B | 16442 | 非金属元素；其化合物 |
| G21C | 14720 | 核反应堆 |
| H01L | 9616 | 半导体器件；其他类目中不包括的电固体器件 |
| G21F | 9275 | 微粒射线或粒子轰击的防护 |
| H02J | 8812 | 供电或配电的电路装置或系统 |
| C10L | 8713 | 天然气；液化石油气；在燃料或火中使用添加剂；引火物 |

### 四、重要申请人及重要企业分析

#### （一）全球专利申请人分析

1. 全球专利申请人排名

在新能源材料领域专利申请中，全球专利申请量排名前 10 位的公司如图 4-8-9 所示。其中排名第 1 位的是日本丰田，排名第 2 位的是韩国三星，全球前 10 位的申请人均为企业，没有中国申请人，可见在新能源材料领域，核心专利以及大部分的先进技术还是掌握在国外企业手中。全球排名前 10 位的公司中有 7 个日本申请人，美国申请人有 1家，韩国申请人有 2 家。其中，日本的 7 家企业均是大型跨国企业，由于具有雄厚的资本支撑，上述企业对新能源材料领域的研发启动早、投入较大，使得日本在新能源材料领域占据着核心地位，同时韩国三星和乐金分列第 2 位和第 3 位，也都是大型跨国企业。无论是韩国企业还是日本企业，其有一个共同点就是，非常重视新技术的研发以及专利的布局，日本、韩国、美国均是当今的发达国家，其对能源的消耗是巨大的，尤其是日本，自然资源非常紧张，其对新能源的需求是非常巨大的。在该领域我国虽然申请量较大，取得了一定的进步，但是在核心技术方面应当向日本企业学习，加大研发投入和专利布局，促进技术发展，更好地服务于经济、生活。

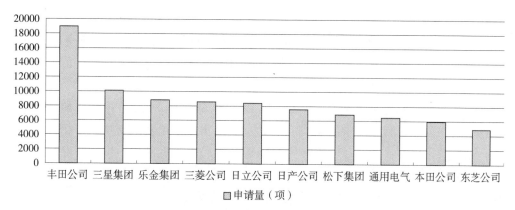

**图4-8-9　全球专利申请申请人排名**

## 2. 全球申请人申请趋势对比

在新能源材料领域专利申请中，全球专利申请量排名前 10 位的公司的专利年申请量随时间的变化趋势如图 4-8-10 所示。从中可以看出排名第 1 位的丰田在 2007 年左右时，申请量达到了最大值，申请量为 1991 项，随后逐年减少，但是年申请量仍然保持在较高水平，到了 2015 年左右又达到了一个小高峰。三星、日立、日产、本田等企业的专利申请也经历了两个发展阶段。韩国乐金集团在 2000 年左右申请量仅有 41 项，占丰田的 1/6，但是进入 21 世纪以后，随着其在该领域的不断耕耘，到了 2013 年专利申请量达到了 907 项，首超丰田位列全球第 3，在新能源材料领域逐渐占据了举足轻重的地位。国外企业，尤其是大型跨国企业，都有专门的知识产权机构服务企业的发展，国内部分企业可以尝试建立专门的知识产权部门，提升企业知识产权创造、运用、管理水平，提高企业知识产权保护能力，增强企业核心竞争力。丰田、三星、乐金、三菱、日立等企业为新能源材料领域的龙头企业，在后续的重要企业分析部分将会对其进行较为详细的介绍。

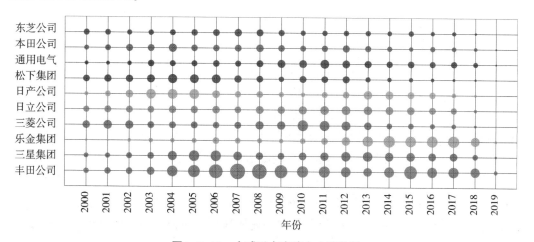

**图4-8-10　全球重点申请人申请趋势**

3. 重要全球申请人区域布局策略对比

全球 10 大申请人在各个国家/地区的专利申请分布情况如图 4-8-11 所示。除本田外，企业在本国的申请量比较大，在其他国家的申请量相对较少。就排名第 1 位的丰田来说，其在本国的专利申请量为 11026 项，在中国专利申请量为 2031 项、美国为 1791 项、WIPO 为 1472 项、韩国为 892 项、EPO 为 650 项，丰田在中、美两国专利申请占据了其在国外专利申请中的 48%，可见，丰田非常重视美国与中国市场，与丰田类似，三星、乐金均将美国和中国作为国际专利布局的重点区域。中国的发展虽然起步较晚，但是可以充分借鉴新能源领域的龙头企业，例如丰田的发展经验，以及专利布局手段，少走弯路，从而实现我国在该领域的快速发展。

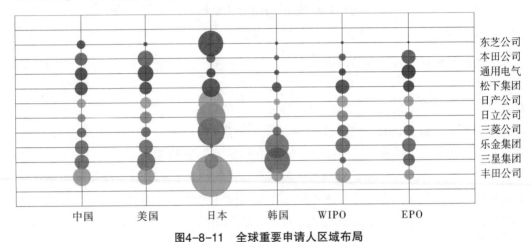

图4-8-11　全球重要申请人区域布局

(二) 在华专利申请人分析

1. 在华专利申请人排名

在华专利申请中，丰田自动车以 1983 项的专利申请量牢牢占据了第 1 位的位置，排名第 2 位的清华大学申请量也有 1543 项，排在后 4 名的企业、大学的申请量差不多在 700 多项左右。在排名前 10 位的申请人中，中国的申请人占据了一半，有 2 位日本申请人，有 2 位韩国申请人，1 位美国申请人。前 10 位的申请人中企业有 6 家，高校和研究院所有 4 家。从图 4-8-12 中可以看出，在全球排名位于前列的丰田、三星以及乐金，其在中国的专利申请量排名也是位居前列。我国清华大学以其在科研与人才方面的优势，位列第 2，在排名前 5 位的我国申请人中，高校和科研院所就有 4 位，占据了 80%，国外的 5 位申请人均为企业，这说明我国在新能源材料领域的研究主要来自于科研院所，还在基础研究阶段，对于科研成果的转化相对薄弱，国内相关企业可以寻找上述科研院所的申请人进行合作研究，依托高校、科研院所的技术，实现科研成果产业化，进而促进自身良性发展。

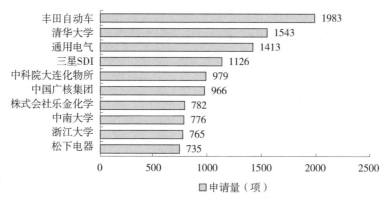

**图4-8-12 在华专利申请申请人排名**

2. 在华申请人申请趋势对比

通过在华重点申请人（排名前6）的申请趋势（见图4-8-13）可以得出，清华大学的申请从2000年开始仅有10项新能源材料领域的专利申请，随后逐渐呈现递增的趋势，在2007年以后基本维持在一个较高申请量的稳定水平，并在2012—2014年的年均申请量超过了排名第1位的丰田自动车，到了2018年达到了历史最大申请量142项。中国广核以及中科院大连化物所，虽然起步阶段申请量较小，但是其在随后的发展过程中，申请量保持了较快增长，尤其是中国广核，在2018年的专利申请量达到了205项，基本接近排名第1位的丰田自动车。但是需要注意的一点是，丰田的专利申请领域较为分散，而中国广核基本都是涉及核能的专利申请。

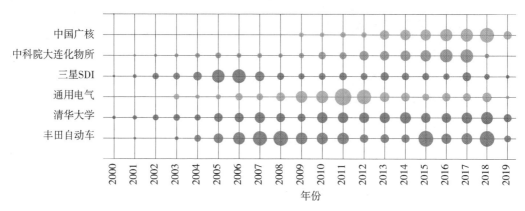

**图4-8-13 在华重点申请人申请趋势**

## （三）重要企业分析

### 1. 全球重要企业分析

如表4-8-2所示，丰田、三星、乐金、三菱以及日立等企业在全球进行了广泛的专利布局，均涉及中国、美国、日本、韩国以及欧洲地区，在新能源研发方向上，丰田主要涉及固体电解质的燃料电池，其次在锂离子电池方面也有一定数量的专利申请；另外，三星、乐金以及日立均将锂电池技术作为其在新能源材料领域的重点研发方向，而三菱在新能源材料领域的专利技术分布重点主要集中在风力发电机叶片、安装结构等零部件上，在燃料电池零部件方向的研发也是其重点之一；利用 X 射线、中子辐射等射线或粒子来测试或分析材料是日立不同于丰田、三星、乐金、三菱等企业的一个研发重点。

表4-8-2  全球重点企业

| 序号 | 申请人 | 专利族（项） | 专利申请量（件） | 全球布局 | 研发方向 |
|---|---|---|---|---|---|
| 1 | 丰田 | 12293 | 18989 | 日本、中国、美国、韩国、欧洲、加拿大 | 固体电解质的燃料电池，锂离子电池 |
| 2 | 三星 | 6109 | 10115 | 韩国、美国、日本、中国、欧洲、德国 | 锂蓄电池、两个电极均插入或嵌入有锂的电池、锂离子电池 |
| 3 | 乐金（LG） | 5751 | 8806 | 韩国、美国、欧洲、中国、印度、日本 | 锂蓄电池、碱性蓄电池电极、电极活性物质中非活性成分的选择 |
| 4 | 三菱 | 5360 | 8585 | 日本、欧洲、美国、中国、韩国、加拿大 | 风力发电机叶片、安装结构等零部件；燃料电池零部件 |
| 5 | 日立 | 5176 | 8423 | 日本、美国、中国、欧洲、韩国 | 锂电池，利用 X 射线、中子辐射等射线或粒子来测试或分析材料 |

我国在新能源材料领域有了较大进步，但是和丰田等重点企业相比，核心专利、高价值专利拥有量不足，全球专利布局意识相对薄弱，通过分析丰田等重点企业的专利布局以及技术发展能够为我国相关企业的发展和布局提供一定的参考。下面将以丰田为例做进一步分析。

丰田汽车（Toyota Motor Corporation）是全球最大的整车企业之一，创立已有 80 多年历史，在全球 50 多个国家有组装工厂，是第一家汽车年销量超过千万的整车企业。丰田汽车近年来在新能源汽车，尤其是燃料电池汽车上投入了大量研发资金，将其未来研发重心从技术成熟的混合动力汽车逐渐转向燃料电池汽车。丰田汽车于 1992 年便开始研发燃料电池汽车，截至 2019 年 8 月，丰田在燃料电池领域的专利申请量达到了 9205 项，上述专利在日本、中国、美国、韩国、加拿大等均有布局。丰田公司在 H01M 领域的专利申请占据了其专利申请总量的绝大多数，专利申请量达到了 10871 项，其中 H01M 主要包括锂电池和燃料电池，且燃料电池是该企业的研究重点，丰田作为大型跨国企业，以及新能源领域的龙头企业，其专利申请的热点基本上代表了该领域的发展趋势。排名第二分类号 B60L 对应的技术主题为电动车辆的动力装置，该技术主题与 H01M 对应的锂离子电池以及燃料电池是遥相呼应的。

2. 我国重要企业分析

在新能源材料各个分支产业，国内也有相应的龙头企业，下面将着重对太阳能、锂电池、燃料电池、风能以及核能产业的重点国内申请人进行分析。由表4-8-3可以看出，力诺瑞特、天津力神、上海神力科技、北京金风科技，以及中国广核分别为太阳能、锂电池、燃料电池、风能和核能等新能源材料各分支产业的龙头企业。

表4-8-3　国内重点企业

| 序号 | 申请人 | 申请量（项） | 法律状态 | | | 研发方向 | 专利运营（件） | 海外布局（件） |
|---|---|---|---|---|---|---|---|---|
| | | | 有效 | 在审 | 失效 | | | |
| 1 | 力诺瑞特 | 111 | 34.23% | 9.91% | 55.86% | 太阳能光热系统 | 12 | 无 |
| 2 | 天津力神 | 475 | 20.00% | 25.05% | 54.95% | 锂离子电池 | 16 | 1 |
| 3 | 上海神力科技 | 226 | 58.85% | 22.57% | 18.58% | 燃料电池 | 139 | 无 |
| 4 | 北京金风科技 | 566 | 44.17% | 47.00% | 8.83% | 风力发电设备、控制设备 | 8 | 41 |
| 5 | 中国广核 | 2832 | 43.74% | 45.93% | 10.33% | 核电相关设备 | 45 | 43 |

专利运营方面，上述5个企业中，力诺瑞特的专利中质押专利11件，转让专利1件，运营专利相对于专利申请总数占比为10.8%；天津力神质押专利16件，运营专利数相对于专利申请总数占比为3.4%；上海神力科技有125件转让专利，14件许可专利，运营专利数相对专利申请总数占比为61.5%，有接近一半的专利进行了转让；北京金风科技具有7件转让专利，1件许可专利，运营专利数相对专利申请总数占比1.4%；中国广核具有45件转让专利，运营专利数相对专利申请总数占比1.6%。在上述5个企业中，天津力神、北京金风科技以及中国广核均有国际专利申请，积极地进行国际专利布局，但是国际专利申请数量仍有待提升。

上海神力科技有限公司是国家科技部重点培育、上海市政府重点支持的新能源高新技术企业，以质子交换膜燃料电池的开发、系统集成、电堆及系统测试、产业化为发展目标，是国内燃料电池技术研发与产业化的先行者，它是中国最早开发车用燃料电池发动机的公司，其中低压燃料电池技术已具有世界先进水平，并完全具有自主知识产权，公司与国外燃料电池企业合作，通过国内产学研结合的运营模式，组建了经验丰富的技术团队，成立了集研发、测试于一体的国内一流燃料电池研发中心，该公司申请的专利主要以燃料电池为主，其次还包括电池电极以及电性能测试等涉及电池工艺的技术，其中燃料电池、电极以及电性能测试装置的专利数占据了总数的78.3%。虽然上海神力科技在国内燃料电池领域处于领先位置，但是从专利申请的角度来看，其专利主要为中国国内专利，国际专利申请数目为零，说明该企业在未来技术发展的过程中，要立足于国内，积极利用自身的研发优势，更加积极地进行国际专利布局，为以后的产品走入国际市场保驾护航。

## 五、小结

新能源材料产业专利申请量整体呈现缓慢增长态势，进入 21 世纪以来，由于经济快速发展，各国对能源需求量不断增加，伴随着不可再生能源的巨大消耗，以及全球对于气候变化的担忧，许多国家相继出台了一系列的能源政策，促使专利申请量进入快速增长阶段，相关技术专利申请量大幅上升，在 2012 年的时候达到 23679 项，2012 年以后有所回落，在 2016 年，专利申请量又进入了一个新的增长阶段，在 2017 年达到了 30255 项，这也预示着新能源产业的发展进入了一个新的发展阶段。在新能源材料产业中太阳能材料占比为 7%，燃料电池的申请量占比达到了 28.2%，锂电池的占比为 23.5%。其他新能源材料占比 39%，且其中核能的申请量为 62043 项，风电的申请量为 51021 项，生物质能的申请量为 30226 项。

在新能源材料领域，核心专利以及大部分的先进技术还是掌握在国外的企业中，在全球排名前 10 位的公司中有 7 个日本申请人，1 个美国申请人，2 个韩国申请人，没有中国申请人。中国新能源产业在华专利申请中，国内的专利申请量占比达到 80.45%。在国外申请人中，日本申请人占据了 7.81%，美国申请人占据了 4.33%，韩国申请人占据了 2.64%。我国的申请主要为国内申请，相对于国内庞大的专利申请量，海外专利布局严重偏低，相关企业对于国外主要区域市场认识不足，缺乏清晰的专利战略，导致我国新型能源产业仍是"本土作战"。

从新能源产业全球专利申请区域分布来看，排名第一的技术来源国为中国，占比为 33.56%，日本紧随其后，占比为 24.11%，之后是美国、世界知识产权组织、韩国、欧洲专利局、德国等，占比分别为 13.74%、11.18%、7.77%、3.28%、3.07%。中国、日本、美国这三个排名前三的国家的专利申请量占据了全球申请量的 71.41%，成为新能源材料技术的主要来源国。从国内地域分布来看，新能源产业专利产业集群化特征显著，多分布于经济发达地区，科研基础雄厚、产业链规模化、研发生产能力强成为新能源产业专利申请量的决定因素；反过来，新能源产业作为战略性新兴产业，其快速发展对区域经济的支撑作用越来越凸显，新能源产业作为高技术产业投资带动经济发展作用突出，二者相辅相成，呈现良性的共生发展态势。

从申请人的角度来看，新能源材料领域全球 10 大申请人均为国外大型跨国公司，而在华专利申请中，丰田自动车以 1983 项的专利申请量牢牢占据了第一的位置，排名第二的清华大学申请量也有 1543 项，排在后 4 名的企业、高校的申请量差不多在 700 多项左右。在排名前 10 位的申请人当中，中国的申请人占据了一半，日本申请人有 2 个，韩国申请人有 2 个，美国申请人有 1 个，前 10 位申请人中企业有 6 家，高校和科研院所有 4 家。

# 第九节 生物医用材料专利申请分析

生物医用材料是一类用于诊断、治疗、修复和替代人体组织、器官或增进其功能的新型高技术材料。它涉及学科广泛，学科交叉较深，不仅是构成现代医学基础的生物医学工程和生物技术的重要基础，而且对材料科学和生命科学等相关学科的发展有重要的促进作用。因此，生物材料的发展综合体现了材料学、生物学、医学等多个领域科学与工程技术的水平。同时，生物医用材料产业作为材料科学、生物技术、临床医学的前沿和重点发展领域，以及整个生物医学工程的基础，已发展为整个经济体系中最具活力的产业之一。《新材料产业发展指南》中将该领域列为重点领域，新材料保障水平提升工程中明确提出了"开展碲锌镉晶体、稀土闪烁晶体及高性能探测器件产业化技术攻关，解决晶体质量性能不稳定、成本过高等核心问题，满足医用影像系统关键材料需求。大力发展医用增材制造技术，突破医用级钛粉与镍钛合金粉等关键原料制约。发展苯乙烯类热塑性弹性体等不含塑化剂、可替代聚氯乙烯的医用高分子材料，提高卫生材料、药用包装的安全性，提升医用级聚乳酸、海藻酸钠、壳聚糖生产技术水平，满足发展高端药用敷料的要求。"

## 一、专利申请态势分析

生物医用材料2000—2019年在全球的专利申请趋势如图4-9-1所示。2000—2010年，专利申请量相对平稳，2010年后尤其是近几年，生物医用材料的专利申请量出现激增现象（图中2016年的数据不全，趋势不能反映正常水平），这主要是受到该领域的民生优势和各国政策的影响。生物医用材料产业是一个新兴产业，由于临床的巨大需求和科学技术进步的驱动，生物医用材料的研究和应用均取得巨大的成功，其应用能够挽救数以万计危重病人的生命，能够极大提高人类的健康水平和生命质量，随着人口老龄化进程的加快、高新技术的持续注入以及全球政府机构在政策及资金上的不断支持，生物医用材料产业得到了快速发展。

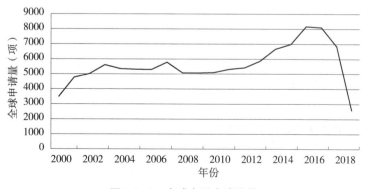

图4-9-1 全球专利申请趋势

现代意义上的生物医用材料起源于20世纪40年代中期，产业形成于20世纪80年代，我国生物医用材料产业起步于20世纪80年代初期，起步较晚，我国专利申请量和全球申请量相比明显处于较低水平。《国家中长期科学和技术发展规划纲要（2006—2020年）》把生物医用材料列入"重点领域及其优先主题"。在《"十三五"国家科技创新规划》中，我国明确提出要在新材料技术领域内发展纳米生物医用材料，在先进高效生物技术领域发展生物医用材料。《"十三五"材料领域科技创新专项规划》中再次强调开发纳米生物医用材料的重要性，并在新型功能与智能材料方向中提出发展新一代生物医用材料。《中国制造2025》明确指出要大力推动"生物医药及高性能医疗器械"重点领域的突破发展。另外，我国还从2016年起启动了"生物医用材料研发与组织器官修复替代"重点专项（2017年国拨经费总概算为28750万元、2018年国拨经费约为3亿元），并在《"十三五"国家基础研究专项规划》中提出要加强生物医用材料与组织器官修复替代的基础研究。经过几十年的快速发展，以及诸多政策支持，我国生物医用材料相关专利申请数量急剧增长，呈现快速发展态势。

## 二、专利区域分布分析

### （一）全球专利申请区域分布分析

1. 各国家、地区、组织专利申请量对比

美国在生物医用材料领域专利申请的时间较早，技术起步明显早于其他国家，主要是一些知名公司诸如波士顿科学、美敦力公司、雅培公司等早早地占领各国市场，同时美国专利申请量一直处于平稳状态，也是由于多数大公司已不再局限于最初的单一产品，而是通过企业内部技术创新和并购，不断进行产品、生产线的延伸和扩大。中国自介入生物医用材料技术领域后，专利申请强势崛起。日本是亚太地区医疗技术最先进且发展最快的国家，是世界第三大医疗器械市场，其每年的专利申请量也维持在较稳定的水平。中国最具备成长潜力和空间，因拥有最多的人口，且医疗保健系统正在发展当中，自2000年起专利申请量急剧增长，2009年起超过日本，2016年赶超美国，成为该领域主要专利申请国，如图4-9-2所示。

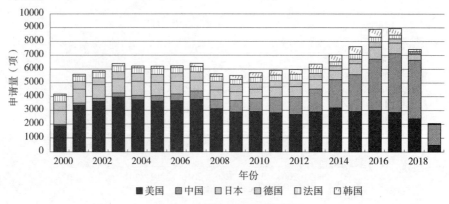

图4-9-2　各国专利申请量对比

2. 技术来源

生物医用材料专利申请技术来源国主要为美国、中国、日本和韩国。美国有 39863 项生物医用材料相关专利，申请量位居全球第一，占全球生物医用材料相关专利总量的 35.6%；中国以 32892 项专利位居第二，申请数量占比 29.4%；以下分别为日本 18037 项和韩国 8550 项，申请数量分别占比 16.1% 和 7.6%。美、中、日为生物医用材料技术的主要来源国，该三国的专利产出量占全球的 80% 以上。

3. 技术流向

(1) 从技术输出的目标国分析

与技术目标国的分析结果相吻合，中、韩、日均将美国作为最重要的海外技术目标国，特别是日本申请人对美国市场兴趣浓厚，在美国的专利申请量远超其他国家。分析其原因，在于日本国内市场相对来说无论是地域上还是人口数量都比较小，其研发处于领先地位的生物医用材料技术，必然会寻找国际上的大市场，如生物医用材料实力雄厚、市场成熟且容量大、蕴藏巨大商机的美国市场。

(2) 从技术输出的数量上分析

1) 美国最为重视在全球市场的专利布局，是向外国技术输出的第一大国。美国向 WO、JP、CN、KR 分别输出了 14959 项、7666 项、3950 项、2506 项，总和达到了 29081 项。其数量之多远超中、日、韩海外布局数量的总和。这与美国一贯重视拓展海外市场、在生物医用材料研究重点技术领域具备很强的研发实力、注重海外市场知识产权保护等多方面因素有关。

2) 日、韩也较为重视在国外的专利布局。日本共有 6417 项生物医用材料相关专利在海外进行了布局；韩国共有 1483 项生物医用材料相关专利在海外进行了布局。除了将美国作为最主要的输出国外，日本和韩国均有大量专利通过 WO 向全球进行布局，中国有 892 项国际申请，处于日本和韩国之间，但是向美国、日本、韩国的布局相对较少。

3) 中国向国外技术输出落后于美、日、韩，海外布局相对薄弱。中国虽然为生物医用材料技术领域技术来源大国，但向他国布局的专利相对于其他产出大国是最少的，远落后于美、日，其中向 WO、KR、JP 输出的数量均不足千项，向 US 输出的数量才仅仅 329 项。这一方面反映了国内创新主体在海外知识产权的保护意识和保护力度亟须加强；另一方面也反映了中国生物医用材料专利申请的质量与美、韩仍存在差距，在核心技术研发、抢占技术制高点的道路上还有很长的路要走。

(3) 从技术输出渠道上分析

各国均重视以 PCT 进行生物医用材料技术的专利申请，尤以美国最为突出。美国有 14959 项生物医用材料技术的 PCT 申请，日本 2098 项、韩国 513 项，这些申请进入目标国后将进一步加强上述三国在海外市场的技术布局。而中国通过 PCT 途径的申请有 892 项，同样为中国进行海外知识产权保护的主要途径，如图 4-9-3 所示。

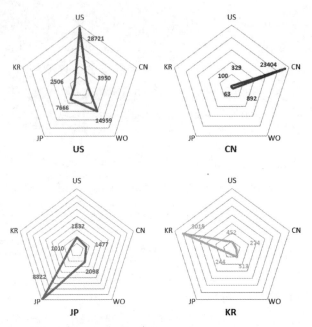

图4-9-3　生物医用材料专利技术主要技术来源国目标市场布局（申请量：项）

## (二) 在华专利申请区域分布分析

### 1. 各主要国家、地区、组织专利申请量对比和技术来源

从在华主要国家专利申请量趋势（见图4-9-4）可以看出，国外申请人在中国的专利申请量保持平稳状态，美国、日本、德国进军中国市场较早，申请量也相对较大，表明了其对中国巨大市场的重视，但是申请量的绝对数量与中国国内申请量相比差距较大。我国对生物医用材料的研制与开发却远远落后于欧、美、日等国家或地区，同时受困于专利及技术等的影响，生物医用材料还需从国外进口。因此，我国应加强具有自主知识产权的生物医用材料产业化建设，整合高校、科研机构以及生物医用材料企业，积极开展协作创新，促进新型生物医用材料的研发和产业化共同进步。积极落实"十三五"国家科技创新规划，以组织替代、功能修复、智能调控为方向，加快3D生物打印、材料表面生物功能化及改性、新一代生物材料检验评价方法等关键技术突破，重点布局可组织诱导生物医用材料、组织工程产品、新一代植介入医疗器械、人工器官等重大战略性产品。

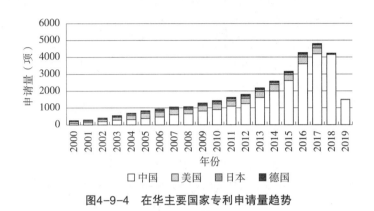

图4-9-4　在华主要国家专利申请量趋势

从生物医用材料在华专利申请的前10名来源国家/地区分布情况来看，共有23404项申请来自中国以外的其他国家或地区，占前10名申请总量的71.64%左右。在华申请的国外申请人主要来源于以下国家/地区，依次为：美国3949项，占比12.52%；日本1477项，占比4.66%；德国1107项，占比3.51%。美国占前10外国申请总量的48.87%，半壁江山被美国占领。

2. 地区分布

（1）各地区专利申请排名

江苏在生物医用材料领域专利申请量最大，以3483项专利申请量排名第一，约占国内专利申请总量的10.66%。广东、北京、上海处于第二梯队；浙江、山东处于第三梯队。从专利申请排名（见图4-9-5）来看，生物医用材料专利申请量与经济、科技的发展水平密切相关，北上广作为经济发达地区，科技研发投入也相对比较多，江苏、山东地区生物医药公司也较多。同时，这些城市高等院校相对集中，研发团队优势明显。

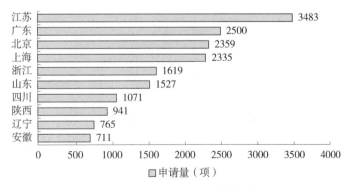

图4-9-5　各地区专利申请排名

（2）各地区专利申请趋势

北京、上海在生物医用材料方面研究起步相对较早，在2000年就分别具有12项和

11 项申请，主要是因为该地区是我国科研和高新企业的集中地区，因此对于前沿领域的研究也较为集中，其次是广东和江苏，该地域是生物医用材料行业企业或科研相对活跃的地区；从近年发展趋势分析，江苏的发展最快，从 2000 年的 5 项申请，到 2017 年的 578 项，成为目前该领域年申请量最多的省，这主要是依赖当地的政策和资源优势，如图 4-9-6 所示。

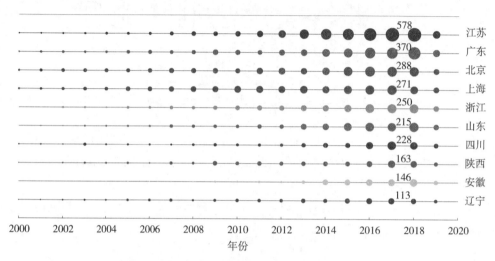

图4-9-6　各地区专利申请趋势（申请量：项）

（3）各地市专利申请排名

专利申请排名前 10 的地市中，北京市海淀区以 1212 项专利位列第 1，广州以 1047 项专利位列第 2，苏州以 1037 项专利位列第 3，如图 4-9-7 所示。在生物医用材料领域专利申请量排名前 10 位的城市都是知识产权运营服务体系建设重点城市。通过开展知识产权运营服务体系建设工作，切实加快了各地市知识产权运营服务体系建设，充分释放知识产权综合运用效应，促进经济创新力和竞争力不断提高。

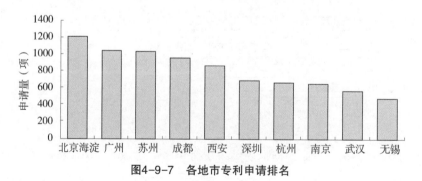

图4-9-7　各地市专利申请排名

### 三、技术分布分析

#### (一) 技术构成

生物医用材料主要包括医用金属材料、生物陶瓷材料、医用高分子材料、天然医用材料、医用复合材料等，医用高分子材料和医用金属材料分别占比43%和37%，生物陶瓷材料占比13%，天然医用材料和医用复合材料分别占比5%和2%。

#### (二) IPC 分类号分布

对世界范围的申请量进行 IPC 主分类号的分布分析，可以对研发的方向进行追踪，了解生物医用材料所涉及的领域和技术重点，根据检索结果的数量，统计时精确到小类。

由表4-9-1可知，40%的申请集中在 A61F［可植入血管内的滤器；假体；为人体管状结构提供开口或防止其塌陷的装置，例如支架；整形外科、护理或避孕装置；热敷；眼或耳的治疗或保护；绷带、敷料或吸收垫；急救箱（假牙入 A61C）］，另外，A61L［材料或消毒的一般方法或装置；空气的灭菌、消毒或除臭；绷带、敷料、吸收垫或外科用品的化学方面；绷带、敷料、吸收垫或外科用品的材料（以所用药剂为特征的机体保存与灭菌入 A01N；食物或食品的保存，如灭菌入 A23；医药、牙科或梳妆用的配制品入 A61K）］占比22%，A61M［将介质输入人体内或输到人体上的器械（将介质输入动物体内或输入到动物体上的器械入 A61D7/00；用于插入棉塞的装置入 A61F13/26；喂饲食物或口服药物用的器具入 A61J；用于收集、贮存或输注血液或医用液体的容器入 A61J1/05）；为转移人体介质或为从人体内取出介质的器械（外科用的入 A61B，外科用品的化学方面入 A61L；将磁性元件放入体内进行磁疗的入 A61N2/10）；用于产生或结束睡眠或昏迷的器械］占比11%。

表4-9-1 IPC 分类号分布及 IPC 分类号的含义

| IPC 分类 | 专利族（项） | 技术主题 |
| --- | --- | --- |
| A61F | 35944 | 可植入血管内的滤器；假体；为人体管状结构提供开口或防止其塌陷的装置，例如支架；整形外科、护理或避孕装置；热敷；眼或耳的治疗或保护；绷带、敷料或吸收垫；急救箱 |
| A61L | 19304 | 材料或消毒的一般方法或装置；空气的灭菌、消毒或除臭；绷带、敷料、吸收垫或外科用品的化学方面；绷带、敷料、吸收垫或外科用品的材料 |
| A61M | 9676 | 将介质输入人体内或输到人体上的器械 |
| A61B | 6953 | 诊断；外科；鉴定 |
| C22C | 4311 | 合金 |
| C08L | 3280 | 高分子化合物的组合物 |

续表

| IPC 分类 | 专利族（项） | 技术主题 |
|---|---|---|
| A61C | 2645 | 牙科；口腔或牙齿卫生的装置或方法 |
| C04B | 2630 | 石灰；氧化镁；矿渣；水泥；其组合物，例如：砂浆、混凝土或类似的建筑材料；人造石；陶瓷；耐火材料；天然石的处理 |
| C08G | 2434 | 用碳-碳不饱和键以外的反应得到的高分子化合物 |
| C08F | 2091 | 仅用碳-碳不饱和键反应得到的高分子化合物 |

## 四、重要申请人及重要企业分析

### （一）全球专利申请人分析

#### 1. 全球专利申请申请人排名

从全球主要申请人的国别构成来看，已经形成了美国遥遥领先的格局，全球生物医用材料专利申请量排名前 10 中，美国占据 9 个，如图 4-9-8 所示。这些企业均为知名跨国大型企业，日本有一家企业入榜，排名第 9，中国则没有上榜。从国外申请人的构成来看，美国目前在生物医用材料技术领域的研发和专利布局占据绝对地位和优势，日本紧随其后，这两个国家也都是当今世界的发达国家，均在生物医用材料技术领域中投入了相当大的研发资源并进行了一定的专利布局，说明国外发达国家对生物医用材料技术的市场价值也抱有一定预期，并且积极投入了一定的研发力度。尤其是美国的相关企业，在该领域布局了大量专利，其中雅培和波士顿科学主要涉猎心血管支架，美敦力产品主要集中在心血管、脊柱植入以及相关器械，可以看出美国的企业对生物医用材料的市场化前景持有相当乐观的态度。

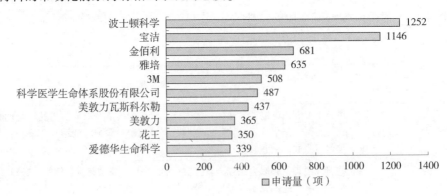

图4-9-8　全球专利申请申请人排名

#### 2. 全球申请人申请趋势对比

生物医用材料是一个新兴的技术领域，各研发主体进入这一领域的时间大不相同，持续时间等也存在差异。在新兴技术领域一贯保持抢眼表现的美国，在生物医用领域也一样有着强势发展态势，其中宝洁、金佰利、科学医学生命体系等公司专利申请时间较早，宝洁的专利申请量维持了较为稳定的水平，金佰利从2005年专利申请量呈现缩减趋势，波士顿科学2005年突然申请了大量专利，此后每年都有较大的专利申请量，雅培公司自2007年开始申请大量专利，如图4-9-9所示。

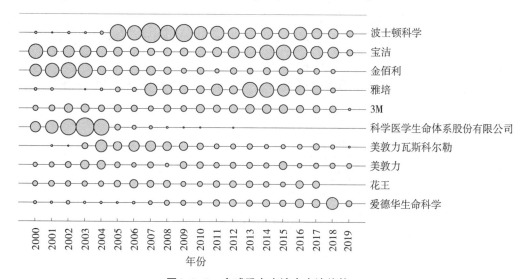

**图4-9-9　全球重点申请人申请趋势**

### 3. 共同全球申请人分析

对共同全球申请人进行分析，涉及2~5个联合申请人的美国和WO最多，分别有近10000项专利。中国和日本有近2000项，且主要集中在2个联合申请人中，如图4-9-10所示。

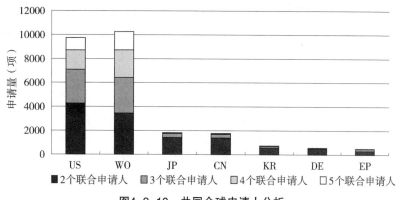

**图4-9-10　共同全球申请人分析**

## （二）在华专利申请人分析

### 1. 在华专利申请申请人排名

在华生物医用材料专利重要申请人中，宝洁以 379 项的申请量位居首位，四川大学、浙江大学、华南理工大学和上海交通大学也凭借着其在生物医用材料方面的领先优势名列前茅，如图 4-9-11 所示。从申请人的类型分布来看，在华专利申请量排名前 10 的申请人中，有 1 个为国外申请人；有 9 个国内申请人，其中包括 7 个高校、1 个研究所和 1 个企业。其中重庆润泽医药有限公司成立于 2007 年，主要研究骨科手术器械和医用电子仪器等。因此，国内以科学研究为主的申请格局突显中国企业对生物医用材料技术研发整体参与度不高，整体而言我国仍停留在以科学研究为主的阶段，生物医用材料技术产业化任重而道远。

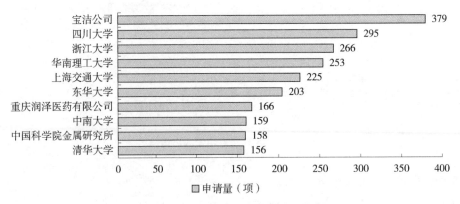

**图4-9-11　在华专利申请申请人排名**

### 2. 在华申请人申请趋势对比

宝洁、四川大学、上海交通大学、中国科学院金属研究所和清华大学均从 2000 年就开始了专利申请且从申请量上看都在进行持续的专利申请，浙江大学、华南理工大学、东华大学和中南大学近 15 年也开始了相应的研究，重庆润泽医药有限公司在 2011 年和 2016 年突发大量专利申请，如图 4-9-12 所示。从近期的申请态势来看，大多数国内的高校都在持续进行生物医用材料专利技术的研发，表明这些研发单位比较热衷于快速推出研发成果，从而引起更大的市场关注度，而企业的研究是滞后于科研院校的，可见国内企业的自身科研水平有待提高，科研机构和企业的联合有待加强。

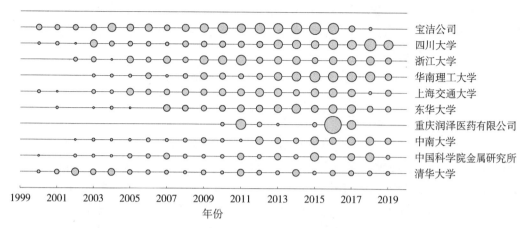

图4-9-12 在华重点申请人申请趋势

（三）重要企业分析

1. 全球重要企业分析

根据专利分析以及本领域的市场情况列举了几家本领域中全球的重点企业的情况，见表4-9-2。

表4-9-2 全球重要企业

| 企业 | 专利族（项） | 未合并同族（项） | 全球布局 | 研发方向 |
|---|---|---|---|---|
| 波士顿科学 | 1414 | 1767 | 美国、欧洲、中国、日本、加拿大、澳大利亚 | 心脑血管修复材料及植（介）入器械 |
| 雅培 | 764 | 997 | 美国、欧洲、中国、日本、匈牙利、印度 | 血管保护、心律管理、心力衰竭、结构性心脏病，眼科材料 |
| 美敦力 | 814 | 1173 | 美国、欧洲、中国、日本、德国、法国、澳大利亚、印度、加拿大、韩国 | 心脏与血管、骨科材料和器械 |
| 宝洁 | 1255 | 1985 | 美国、欧洲、中国、韩国、加拿大、印度、印度尼西亚、澳大利亚、巴西、智利、日本、挪威、新加坡、越南、南非 | 绷带、敷料、吸收垫，假体材料 |
| 金佰利-克拉克 | 824 | 1359 | 中国、美国、韩国、澳大利亚、欧洲、巴西、印度、加拿大、英国、哥伦比亚、秘鲁 | 绷带、敷料、吸收垫，假体材料 |

波士顿科学是本领域中申请量最多的企业，通过并购增量是其一贯的套路。波士顿科学先后收购射频消融系统制造商 Cosman Medical、医疗设备公司 nVision Medical、Augmenix 私有企业、IRIS 经导管环成形术开发商 Millipede。波士顿科学在生物医用材料领域中心脑血管修复材料及植（介）入器械市场属于龙头企业，在全球医疗器械制

造公司排行中，2017 年全球市场占有率为 2.2%。该公司在知识产权保护方面也非常重视，其申请量处于本领域首位，并且在美国、欧洲、中国、日本、加拿大、澳大利亚多个区域进行充分布局。

雅培心血管一直致力于用于晚期心力衰竭患者二尖瓣心脏瓣膜微创修复的 Mitra-Clip 装置的研究。此外，雅培的两项新型心脏支架装置也在欧洲获得了 CE 认证，分别是 Masters HP 15mm 可旋转机械心脏瓣膜和 Amplatzer Piccol 闭合器，两种都用于治疗小儿心脏病患者。雅培还在生产线上新增了 TriClip 和 Amplatzer Amulet 两款医疗设备，前者用于三尖瓣心脏瓣膜修复，后者则用于降低房颤患者中风的风险。目前其一共有相关申请 764 个专利族，在美国、欧洲、中国、日本、匈牙利、印度进行了布局。

美国美敦力公司并购了科惠医疗和中国康辉。目前其一共有相关申请 814 个专利族，在美国、欧洲、中国、日本、德国、法国、澳大利亚、印度、加拿大、韩国进行了布局。

宝洁公司是中国最大的日用消费公司，金佰利-克拉克公司是美国消费品巨头。二者的专利申请几乎全部在绷带领域，主要是有关吸水性材料的研究，还有一些与除臭剂有关，涉及的产品多为纸尿裤、护理垫等。宝洁的专利布局遍及美国、欧洲、中国、韩国、加拿大、印度、印度尼西亚、澳大利亚、巴西、智利、日本、挪威、新加坡、越南、南非等国家或地区，其专利的含金量也比较高。金佰利-克拉克公司的专利布局地区有中国、美国、韩国、澳大利亚、欧洲、巴西、印度、加拿大、英国、哥伦比亚和秘鲁等。

2. 我国重要企业分析

根据专利分析以及本领域的市场情况列举了几家本领域中我国重点企业的情况，见表4-9-3。

表4-9-3　我国重要企业

| 企业名称 | 申请数量（项） | 法律状态 | | | 研发方向 | 专利运营 | 海外布局 |
|---|---|---|---|---|---|---|---|
| | | 有效（件） | 在审（件） | 失效（件） | | | |
| 乐普 | 44 | 23 | 10 | 5 | 冠心病、结构性心脏病、心脏节律、预先和术后诊断、诊疗设备及高血压等领域高端植入医疗器械、诊断试剂 | 并购 | PCT 6 件 |
| 微创 | 281 | 96 | 59 | 47 | 心血管介入产品、心律管理医疗器械、大动脉及外周血管介入产品、神经介入产品，电生理医疗器械，外科医疗器械，糖尿病医疗器械 | 子公司间转让 | PCT 75 件，中国台湾 4 件 |

续表

| 企业名称 | 申请数量（项） | 法律状态 | | | 研发方向 | 专利运营 | 海外布局 |
|---|---|---|---|---|---|---|---|
| | | 有效（件） | 在审（件） | 失效（件） | | | |
| 先健 | 176 | 65 | 33 | 12 | 先天性心脏病封堵器、LAA 封堵器、腔静脉滤器、覆膜支架、起搏器 | 转让给其他公司 6 件，公司间转让 5 件 | PCT 63 项，日本 3 件 |
| 爱康 | 88 | 35 | 34 | 15 | 骨科材料 | 转让给医院 3 件 | PCT 4 件 |
| 重庆润泽 | 209 | 122 | 57 | 0 | 骨科材料钽棒 | 转让给其他公司 13 件 | PCT 30 件 |

乐普（北京）医疗器械股份有限公司（简称"乐普医疗集团"）是在业内第一个获得"冠状动脉支架输送系统"和抗感染"药物中心静脉导管"产品注册证的企业。乐普医疗自主研发三大核心重磅产品：完全可降解血管支架（Neovas）、完全可降解封堵器和介入生物瓣膜。过去传统金属支架为血管再通技术，而完全可降解支架则可视为血管的再造技术，能恢复血管本身的功能；Neovas 已处于注册审评阶段，在时间上早于主要竞争伙伴 3 年，有望成为国际范围内第一个大量应用的完全可降解支架产品。

微创起源于 1998 年成立的上海微创医疗器械（集团）有限公司（简称"微创医疗"），在中国上海、苏州、嘉兴、东莞，美国孟菲斯，法国巴黎近郊，意大利米兰近郊和多米尼加共和国等地均建有主要生产（研发）基地，形成了全球化的研发、生产、营销和服务网络。微创生产的冠脉药物支架产品，作为第一个中国本土生产的药物支架系统，自 2004 年上市以来持续保持国内市场占有率第一；2014 年推出的全球首个药物靶向洗脱支架系统更是令微创在冠脉支架领域完成了从追随者和并跑者到全球引领者的跨越。目前，在冠心病介入治疗、骨科关节、心律管理及大动脉介入治疗等多个分支领域，微创的市场占有率均位居世界前 5 位。

先健科技在全球先天性心脏病封堵器市场占有领先地位，同时也是全球第二大先天性心脏病封堵器供应商。主要产品线包括结构性心脏病业务、外周血管病业务及起搏电生理业务。结构性心脏病业务主要包括先天性心脏病封堵器及 LAA 封堵器。先健科技注重与国内外著名医生和技术专家的广泛合作和交流，研发全程进行知识产权控制，已具有在欧洲国家和中国及其他国家开展临床试验的能力，以及在全球所有国家进行注册和认证的能力。

爱康医疗的髋关节置换内植入物、脊柱椎间融合器及人工椎体，是通过国家药品监督管理局审批的 3D 打印骨科内植入物产品。2015 年 8 月，3D ACT 人工髋关节系统经过临床验证获准上市，同时相关核心技术全部拥有自主知识产权。2018 年 6 月，公司的 A3 膝关节产品获得了美国 FDA 的注册审批，实现了国产膝关节产品在美国 FDA 注册的零突破。

重庆润泽医药有限公司在研发过程中公司牵头制定了两个相关的国家标准——"外科植入物用多孔金属材料 X 射线 CT 检测方法""外科植入物用多孔钽材料",并通过国家标准化管理委员会审批。公司的医用植入金属材料多孔钽的研发水平居于行业领先位置,先后与中国北京神经外科研究所、第三军医大学、第四军医大学、四川抗生素研究所、南京京华药物研究所、CFDA 天津市医疗器械质量监督检测中心以及多个省市的医院、高校、企业、协会等建立了战略合作伙伴关系,2019 年 1 月 8 日,国家药品监督管理局公布,重庆润泽医药有限公司研制的多孔钽骨填充材料正式获得上市批准,这是目前国内唯一一个获批正式上市的骨科创新产品。

## 五、小结

本节对生物医用材料领域专利情况进行了分析。全球的申请量整体呈现缓步上升趋势,2000—2010 年,专利申请量趋于平稳,维持在 500 项左右,2010 年后尤其是近几年,生物医用材料的专利申请量出现增长现象,最高达到 8172 项。我国的申请趋势整体呈现激增现象,从 2000 年的 258 项到 2017 年的 4244 项。综合来看,在该领域我国起步较晚,国外申请人在该领域拥有更多的关键专利。

通过各国家、地区、组织专利申请量对比可以看出,美国和日本在该领域处于领先地位。美国主要是一些知名公司诸如波士顿科学集团、美敦力公司、雅培公司等早早地占领各国市场,同时美国专利申请量一直处于平稳状态,也是由于多数大公司已不再局限于最初的较单一产品,而是通过企业内部技术创新和并购,不断进行产品、生产线的延伸和扩大。

从技术输出的目标国分析,可以看出中、韩、日均将美国作为最重要的海外技术目标国,特别是日本申请人对美国市场的兴趣浓厚,原因在于日本国内市场相对来说无论是地域上还是人口数量都比较小,其研发处于领先地位的生物医用材料技术,必然会寻找国际上的大市场,如生物医用材料实力雄厚、市场成熟且容量大、蕴藏巨大商机的美国市场。从技术输出的数量上分析,美国最为重视在全球市场的专利布局,为向外国技术输出的第一大国,日、韩重视在国外的专利布局,中国向国外技术输出落后于美、日、韩,海外布局相对薄弱。从技术输出渠道上分析,各国均重视以 PCT 进行生物医用材料技术的专利申请,尤以美国最为突出。

通过全球申请人和中国申请人以及重点企业的分析,国外申请人例如以波士顿科学、雅培、美敦力、宝洁等为代表的美国企业整体实力较强,并且在联合申请方面也比较注重联合研发,布局了大量的原始核心专利,并通过并购公司、买卖专利来扩展自己的专利实力。同时国外申请人排名靠前的均为企业,对比我国排名前 10 位的申请人仅一家为企业。我国在该领域的重点企业,如乐普医疗、微创医疗、先健科技、爱康医疗和重庆润泽医药等也在突破瓶颈,比如乐普医疗通过并购来实现对该领域的专利控制,其专利申请目前一半都处于有效状态,微创医疗和先健科技分别有 281 项、176 项专利申请,专利有效率在 1/3 左右,同时这两家公司的 PCT 申请分别为 75 件、

63 件，微创医疗还有 4 件中国台湾申请，先健科技有 3 件日本申请。重庆润泽有 209
项专利申请，其中一半多的专利处于有效状态，且无专利失效，转让给其他公司 13
件，有 30 件 PCT 申请。

# 第十节 小 结

## 一、关键战略材料专利发展态势

### 1. 关键战略材料整体情况

关键战略材料领域的专利申请量越来越多，近几年增速明显，创新主体逐渐增多，
企业热情高涨，政策优惠以及专利保护带来的行业优势日益凸显。在全球申请量排名
中，新能源材料（43%）、稀土功能材料（21%）、生物医用材料（13%）和新型显示
材料（11%）分列前 4 位，我国申请量排名中，新能源材料（48%）、稀土功能材料
（13%）、生物医用材料（11%）和新型显示材料（10%）分列前 4 位，可见我国的技
术发展动态和全球保持一致。不过我国为稀土大国，稀土资源丰富，但是稀土功能材
料的专利申请量占比低于全球 8 个百分点，可见我国对于该领域的研发和应用仍亟待
提高。

### 2. 各分支具体情况

（1）从各分支的专利申请态势和区域分布来看

相比于全球，我国起步较早的有高端装备用特种合金、宽禁带半导体材料、生物
医用材料和新能源材料，而高性能分离膜材料、高性能纤维及复合材料、稀土功能材
料、新型显示材料和稀土材料的起步相对较晚。

全球高端装备用特种合金领域自 2011 年起处于增长期，该阶段相应的申请人数量
和专利申请量均保持较快的增长态势。申请量每年增加约 100 项，申请人数量约增加
50 个。我国高端装备用特种合金领域自 2010 年开始，申请量和申请人数量具有较快的
增长速度。从技术生命周期分析预测，高端装备用特种合金相关专利仍然处在较快增
长期。中、美、日、韩是该领域的主要申请国，日本和美国总体申请量在 2000—2019
年处于平稳态势，每年申请量比较接近；2009 年以后，中国逐步成为全球最大申请国，
这也充分证明了近些年中国在高端装备用特种合金领域增大了研发投入。

全球和在华高性能分离膜材料专利申请量自 2009 年开始均进入快速增长阶段，尤
其是 2016—2018 年这三年的在华专利申请量占据了全球申请总量的 60%，说明中国的
高性能分离膜材料市场需求急剧扩大，促进了高性能分离膜材料技术的发展以及专利
申请量的提高。从目前趋势来看，未来一段时间高性能分离膜材料技术仍会保持快速
发展，该领域的专利申请量将会持续增长。以美、日、韩企业为代表的国外企业在高

性能分离膜领域优势明显，其中韩国企业在电池隔膜领域处于领先地位，日本和美国在水处理膜领域领跑，尤其是在反渗透膜领域形成了寡头垄断的格局。相比较而言，我国在高性能分离膜研究领域起步较晚，中低端产品居多，应用层次相对偏低，应用领域偏窄，技术水平和产业规模较国外企业都有着较大差距。

自2008年开始，高性能纤维及复合材料的申请量进入增长阶段，每年都保持稳步增长，2016年达到顶峰，申请量接近4000项。我国高性能纤维及复合材料的申请量2010年开始进入快速增长阶段，尤其是2016年和2017年，年申请量接近3000项，达到顶峰，十年间增加了12倍，这两年的年申请量占全球申请总量的3/4。高性能纤维及复合材料的全球产业以日本、美国、欧盟为优势主体。其中日本在碳纤维领域拥有绝对优势，东丽、三菱化学以及帝人贡献了全球碳纤维产能的一半；美国则拥有在芳纶产业的制霸企业杜邦公司，垄断高端产品技术的同时还能对低端产品形成价格控制；欧洲则在超高分子量聚乙烯纤维领域拥有处于优势地位的荷兰帝斯曼集团，到目前为止仍然是全球超高分子量聚乙烯纤维的最主要供应商，产能倍超其他优势企业。为了摆脱进口依赖和技术限制，我国近年来持续加强对高性能纤维及复合材料发展的支持，并已取得了显著的效果。

全球稀土功能材料专利申请量整体上呈现稳步增长的趋势，从2000年的6370项，经过20年的发展在2019年达到了13153项。稀土行业的发展离不开国家政策的大力支持，我国政府非常重视稀土功能材料产业，2011年国务院出台了《关于促进稀土行业持续健康发展的若干意见》，在国家政策支持以及国内企业逐渐认识到掌握核心技术重要性的情况下，在2011年以后稀土功能材料专利的申请量整体保持了较快的增长。到了2017年，专利的申请量达到了最大值，预示着稀土功能材料产业的发展进入了一个新的发展阶段。在该领域，美国和日本起步较早，最近几年，中国的专利申请量是位于第一名的。

全球宽禁带半导体材料的申请量和申请人数量增长缓慢，目前还处于发展期，这是由于宽禁带半导体是新兴产业，产业化还不够成熟，目前的材料制备还存在诸多难点和问题，并且半导体行业的准入条件相对较高且需要技术积累，申请人数量增长较慢。宽禁带半导体研究在中国的起步较缓慢，由2009年的108项增长至2017年的272项，可以预期后续还会有较快增长，中国申请人的数量发展稳步增长。《2019年中国第三代半导体材料产业演进及投资价值研究》白皮书在2019世界半导体大会期间发布，预计未来三年中国第三代半导体材料市场规模仍将保持20%以上的平均增长速度，到2021年将达到11.9亿元。宽禁带半导体领域总体处于发展阶段，其中碳化硅和氮化镓材料发展比较成熟。从技术来源看，日本的实力最强。

全球新型显示材料近20年间申请量缓步增长，处于稳步发展期，发展较早的LCD材料已经处于稳定期，其总体申请量的稳步增长主要来源于OLED材料领域。中国的新型显示材料领域起步较晚，可以看出2000年还处于起步阶段，2010年以后进入快速增长的发展期，申请量从2000年的151项增长到2017年的3933项（2018年和2019年数据不全）。日本的申请量在 2009 年开始逐渐减少，处于衰退阶段，而中国的申请量迅速增加，处于快速发展阶段，美国和欧洲专利局申请量相对稳定，处于稳定期，韩国是稳中略有升高，接近稳定期。综上可以看出，中国市场相对比较活跃，发展迅速，美国、欧洲以及韩国市场相对稳定，日本在该领域发展较早，目前处于衰退期。

全球新能源材料产业专利申请量整体呈现增长趋势。2005 年我国公布的《"十一五"规划建议》中明确指出"加快发展风能、太阳能、生物质能等可再生能源"，将新能源产业确定为战略性新兴产业之后，我国新能源产业相关企业出现迅猛增长，也就是从这一年开始，我国新能源产业的专利申请量呈现大幅增长，专利申请量进入快速增长期。日本的在华申请量为韩国和美国在华专利申请量的一倍左右，是该领域的重要申请国，其非常重视专利的国际布局，在新能源材料产业发展的初期便开始了其专利布局。

全球生物医用材料专利申请整体呈现上升趋势，特别是近几年，出现大幅增长，这主要是受到该领域的民生优势和各国政策的影响。我国生物医用材料产业起步于 20 世纪 80 年代初期，起步较晚，我国专利申请量和全球申请量相比明显处于较低水平。在《"十三五"国家科技创新规划》中，我国明确提出在先进高效生物技术领域发展生物医用材料，经过几十年的快速发展，《中国制造 2025》明确指出要大力推动"生物医药及高性能医疗器械"重点领域的突破发展，2016 年启动了"生物医用材料研发与组织器官修复替代"重点专项等，经过几十年的快速发展，我国生物医用材料相关专利申请数量急剧增长，呈现快速发展态势。美国在该领域技术起步及专利申请时间明显早于其他国家，年专利申请量一直处于平稳状态，日本是亚太地区医疗技术最先进且发展最快的国家，在该领域也起步较早，且每年的专利申请量也维持在较稳定的水平。

（2）从申请人和重点企业分布来看

高端装备用特种合金领域排名前 10 的申请人中，日本占了 6 个，均为企业，中国为 3 个，均为高校，且日本企业非常重视海外布局，如新日铁，其在除本国外的中、美、韩均进行了一定量专利布局，分别为 84 件、77 件、60 件；而中科院所仅在美国进行了 8 件专利申请。共同申请人方面，日本申请人均为企业与企业之间的联合申请，中国申请人则为校企联合申请。共同在华申请人上海交通大学，共有 38 件联合申请，其联合申请人范围较为广泛，涉及超过 20 个申请人。国外重点企业有新日铁、神户制钢、日立公司、通用电气，其中新日铁是国际市场竞争力最强的公司之一，在该领域布局 418 项专利族。我国重点企业有攀钢集团、宝山钢铁集团、贵州华科铝材料工程技术研究有限公司和东北轻合金有限公司，攀钢集团是国内重要的钢铁企业，主要研发方向为特种钢铁、钛合金材料，专利的有效性为 75%，共涉及 99 项专利族，特别是轨道交通用钢，具有较强研发实力。

高性能分离膜材料领域排名前 10 的申请人中有 2 个韩国企业、7 个日本公司以及 1 个中国科研院所，除中国外，排名前 10 的申请人都非常重视海外布局，尤其是三星集团、松下集团、东丽公司、LG 集团和住友化学。共同申请人方面，联合申请排名前 20 的申请人中，国外申请人 13 个，国内申请人 7 个，国内联合申请人多是同一集团下的不同子公司间的联合申请，缺少公司与高校、科研院所的联合申请，尤其是不同公司间的联合研发，如中国石油化工股份有限公司基本都是与其子公司间的联合申请。清华大学作为国内顶尖高校，其与企业的合作比较密切，与国内的鸿富锦精密工业（深圳）有限公司、江苏华东锂电技术研究院有限公司以及日本的日东电工株式会社都有共同申请。全球重点企业有 LG 集团、三星集团、东丽公司、日东电工和陶氏。我国重点企业比亚迪、中兴新材料、北京碧水源、时代沃顿和杭州水处理技术研究开发中心有限公司。

高性能纤维及复合材料排名前 10 的申请人中有 4 个日本公司、4 个中国申请人、1 个韩国公司以及 1 个美国公司，4 个日本公司占据了前 4 位，东丽和三菱的申请量遥遥领先，进入全球排名前 10 的中国申请人依次是中科院研究所、中国石化、金发科技和东华大学（原中国纺织大学）。共同申请人方面，联合申请排名前 20 的申请人中，国内申请人占了 15 个，但缺少公司与高校、科研院所的联合申请，尤其是不同公司间的联合研发，如中国石油化工股份有限公司基本都是与其子公司间的联合申请。东华大学与企业的合作比较密切，与上海睿兔电子材料有限公司、河北硅谷化工有限公司、上海华渔新材料科技有限公司和上海飞机制造有限公司都有共同申请。全球重点企业有日本东丽公司、三菱公司、帝人公司、美国杜邦和荷兰帝斯曼集团，我国重点企业有中国石油化工集团、中复神鹰、江苏恒神、烟台泰和新材料和山东爱地高分子材料有限公司，其中，中国石油化工集团专利有效率最高达到 57%，有专利许可 1 件、转让 9 件、质押 8 件。

稀土功能材料排名前 10 的申请人中，德国企业有 2 家，日本企业有 4 家，美国企业有 2 家，中国和韩国企业各 1 家。其中巴斯夫非常重视专利的国际布局，其在本国（德国）的专利申请量为 79 项，在中国的专利申请量为 161 项、美国为 88 项、WIPO 为 2336 项、韩国为 145 项、EPO 为 788 项，巴斯夫在 WIPO 的专利申请占据了其在国外专利申请中的 50%。全球重要企业还有陶氏、杜邦、日立、三菱、丰田，均在日本、欧洲、中国、美国等主要国家/地区进行了专利布局。我国重要企业中科三环、有研稀土、厦门钨业分别为稀土磁性材料、稀土光功能材料、稀土储氢材料等稀土功能材料各分支产业的龙头企业。

宽禁带半导体材料排名前 10 的申请人，日本申请人有 6 个，中国申请人有 3 个，韩国申请人有 1 个，日本住友的专利申请量有 1368 项，以绝对的优势居首位，日本企业都比较重视海外的布局，尤其是美国和中国市场，而 3 个中国申请人仅有 2 项海外布局。共同全球申请人方面，排名前 20 的申请人中有 16 个日本公司或研究机构，3 个中国公司或研究机构，1 个美国大学。日本的联合申请人不仅数量多，而且涉及公司、大学、研究机构，其非常注重在产学研方面的结合，也取得了丰硕的成果，而我国的产学研结合还有待提高。共同在华申请人方面，北京大学与北大方正集团有限公司和深圳方正微电子有限公司联合申请 30 项专利，其中北大方正集团有限公司和深圳方正微电子有限公司都属于北京大学创办的北大方正集团，北京大学依托于自身的研发优势，将自身的研发成果和企业及市场需求进行结合，促进学术成果产业转化，形成了产学研的特色平台。全球重要企业有日本住友、英飞凌、美国科锐、日本罗姆、II-VI 公司，海外布局均十分广泛。我国重要企业有天科合达、山东天岳、苏州纳维、东莞中镓、华灿光电，天科合达依托于中科院物理所，山东天岳依托于山东大学，苏州纳维依托于苏州纳米所，东莞中镓依托于北京大学，其中东莞中镓的专利申请日本 4 项、韩国 4 项、美国 3 项、欧专局 4 项，除苏州纳维外的 4 家企业的专利有效率均较高。

新型显示材料排名前 10 的申请人中，日本申请人有 6 个，中国申请人有 2 个，韩国申请人有 2 个，其中排名第一的三星和 LG 都是韩国申请人，日本申请人最多，在该领域整体实力较强，中国京东方和 TCL 发展势头迅猛。三星和 LG 更看重美国和中国大陆以及日本市场；日本的几个公司布局更均衡，在欧洲市场布局相对较少，中国企业京东方和 TCL 也较为重视海外布局，在美国也进行了较多的专利布局，同时，京东方还在欧洲、韩国和日本进行了一定的布局，TCL 也在韩国进行了一定布局。共同全球申请人排名前 20 的申请人中，有 9 个日本公司，8 个中国公司，2 个韩国公司，1 个德国公司。三星显示有限公司更注重联合研发的对象，京东方有 2 件与中国科学技术大学的关于电致变色材料的申请，有 1 件与美国肯特州立大学的关于液晶显示的申请，还有 2 件与北京大学的联合申请，可见京东方已经开始尝试校企产研结合，并且尝试与国外大学合作。全球重要企业有三星、LG、夏普、三菱和富士胶片，均在全球范围内进行了多达 7 个区域的布局。我国重要企业有京东方和 TCL，京东方专利有效率为 40%，在中、美、韩、欧、日、印、巴、墨进行了布局，TCL 专利有效率为 28%，在中、美、韩、英、日、欧进行了布局。

新型能源材料排名前 10 的申请人中，日本企业有 7 个、韩国企业有 2 个、美国企业有 1 个，就排名第一的日本丰田来说，在中、美两国专利申请占据了其在国外专利申请中的 48%，可见其非常重视对世界第一、第二大经济体美国与中国的专利布局，与丰田类似，三星、乐金均将美国和中国作为国际专利布局的重点区域。在华申请人前 10 位的申请人中，企业有 6 家，高校和科研院所有 4 家。全球重要企业丰田、三星、乐金、三菱以及日立等，专利族数量也较多，我国重要企业力诺瑞特、天津力神、上海神力科技、北京金风科技以及中广核，分别为太阳能、锂电池、燃料电池、风能和核能等新能源材料各分支产业的龙头企业，除天津力神外的 4 个企业的专利有效率均较高，上海神力科技具有 125 件转让专利，14 件许可专利，运营专利数相对专利申请总数占比为 61.5%，有接近一半的专利进行了转让。

生物医用材料领域排名前 10 的申请人中，美国占据 9 个席位，日本有 1 家企业入榜，该领域的企业非常重视 PCT 专利申请。共同全球申请人方面，涉及 2~5 个联合申请人的美国和 WO 最多，约有近 10000 件专利。中国和日本约有近 2000 件，且主要集中在 2 个联合申请人中。国外申请人例如以波士顿科学、雅培、美敦力、宝洁等为代表的美国企业整体实力较强，并且在联合申请方面也比较注重联合研发，布局了大量的原始核心专利，波士顿科学通过并购公司、买卖专利来扩展自己的专利实力。我国在该领域的重点企业，如乐普医疗、微创医疗、先健科技、爱康医疗和重庆润泽医药等也在突破瓶颈，比如乐普医疗通过并购来实现对该领域的专利控制，其专利申请目前一半都处于有效状态，微创医疗和先健科技分别有 281 项、176 项专利申请，专利有效率在 1/3 左右，同时这两家公司的 PCT 申请较多，分别为 75 件、63 件，微创医疗还有 4 件中国台湾申请，先健科技有 3 件日本申请。重庆润泽有 209 件专利申请，其中一多半的专利处于有效状态，且无专利失效，转让给其他公司 13 件，有 30 件 PCT 申请。

（3）从各省市和地级市的发展来看

高端装备用特种合金：各省市专利申请排名前 10 位的是江苏（2054 项）、北京（1030 项）、安徽（800 项）、辽宁（771 项）、广东（635 项）、浙江（615 项）、上海（607 项）、山东（550 项）、陕西（507 项）和湖南（455 项），地级城市/区排名前 10 位的是苏州、北京海淀、沈阳、西安、宁波、长沙、南京、镇江、无锡和哈尔滨。

高性能分离膜材料：各省市专利申请排名前 10 位的是广东（1052 项）、江苏（1042 项）、浙江（787 项）、北京（711 项）、山东（548 项）、上海（522 项）、天津（468 项）、福建（312 项）、安徽（307 项）和辽宁（307 项），地级城市/区排名前 20 位的是深圳、杭州、北京海淀、苏州、南京、北京朝阳、东莞、广州、合肥、武汉、大连、常州、宁波、淄博、青岛、成都、无锡、长沙、厦门和湖州，5 个专利运营重点城市，仅北京朝阳、合肥、常州、淄博和湖州不在这 26 个重点城市范围内。

高性能纤维及复合材料：各省市专利申请排名前 10 位的是江苏（2964 项）、安徽（1986 项）、广东（1512 项）、山东（1227 项）、浙江（1195 项）、北京（1148 项）、上海（1052 项）、四川（501 项）、黑龙江（355 项）和陕西（340 项），地级城市/区排名前 20 位的是苏州、成都、广州、合肥、芜湖、宁波、北京朝阳、无锡、镇江、北京海淀、深圳、哈尔滨、成都、西安、东莞、常州、上海闵行、南京、杭州和滁州，12 个专利运营重点城市，其中苏州、宁波、成都和西安属于第一批确立的专利运营重点城市，北京海淀、南京、杭州、广州和深圳属于第二批确立的专利运营重点城市，无锡、东莞是第三批确立的专利运营重点城市。

稀土功能材料：各省市专利申请排名前 10 位的是北京（4840 项）、江苏（4121 项）、浙江（2689 项）、广东（2432 项）、上海（2383 项）、安徽（1856 项）、山东（1658 项）、辽宁（1378 项）、四川（1275 项）和福建（991 项），地级城市/区排名前 10 位的是北京朝阳、北京海淀、南京、成都、宁波、杭州、深圳、苏州、西安和广州，仅北京朝阳不是知识产权运营服务体系建设重点城市，但是其在稀土功能材料领域的地位是不可撼动的。

宽禁带半导体材料：各省市专利申请排名前 10 位的是北京（962 项）、江苏（890 项）、广东（609 项）、陕西（601 项）、浙江（468 项）、上海（420 项）、山东（262 项）、湖南（247 项）、福建（180 项）和湖北（166 项），地级城市/区排名前 10 位的是北京海淀、西安、苏州、南京、金华、广州、北京朝阳、株洲、济南、深圳，其中北京海淀、西安、苏州、南京、广州、济南、深圳是我国2017—2019年的知识产权运营服务体系建设的重点城市。

新型显示材料：各省市专利申请排名前10位的是广东（3528项）、北京（2895项）、江苏（2830项）、上海（1664项）、湖北（857项）、安徽（808项）、山东（799项）、浙江（646项）、四川（560项）和河北（532项），城市/区排名前10位的是深圳、北京朝阳、苏州、武汉、北京海淀、南京、上海浦东新区、广州、成都、长春，其中深圳、苏州、武汉、北京海淀、南京、上海浦东新区、广州、成都是我国2017—2019年的知识产权运营服务体系建设的重点城市。

新型能源材料：各省市专利申请排名前10位的是广东（15030项）、江苏（14223项）、北京（12396项）、上海（7632项）、浙江（7138项）、安徽（5580项）、山东（5029项）、四川（4724项）、辽宁（4137项）和湖南（4021项），城市/区排名前10位的是北京海淀、苏州、成都、广州、南京、合肥、杭州、长沙、武汉和大连，除大连外，其余9个城市为新材料重点城市。

生物医用材料：各省市专利申请排名前10位的是江苏（3483项）、广东（2500项）、北京（2359项）、上海（2335项）、浙江（1619项）、山东（1527项）、四川（1071项）、陕西（946项）、安徽（811项）和辽宁（765项），城市/区排名前10位的是北京海淀、广州、苏州、成都、西安、深圳、杭州、南京、武汉和无锡，专利申请量排名前10位的城市都是知识产权运营服务体系建设重点城市。

横向对比我国各地区，江苏、广东、北京在关键战略材料领域全面领跑，江苏在高端装备用特种合金、高性能纤维及复合材料、生物医用材料领域远超第二名，广东在高性能分离膜材料、新型显示材料、新型能源材料领域排名第一，北京在稀土功能材料、宽禁带半导体材料领域排名第一。上海优势领域有新型显示材料、新型能源材料、生物医用材料和稀土功能材料，浙江优势领域有高性能分离膜材料、新型能源材料、生物医用材料和高性能纤维及复合材料，山东优势领域有高性能分离膜材料、高性能纤维及复合材料和生物医用材料，安徽优势领域有高性能纤维及复合材料、高端装备用特种合金，辽宁优势领域有高端装备用特种合金。

**二、我国关键战略材料专利布局现存问题及面临的风险**

（一）专利壁垒

高性能分离膜材料方面，日本和美国在水处理膜领域领跑，尤其是在反渗透膜领域形成了寡头垄断的格局。相比较而言，我国在高性能分离膜研究领域起步较晚，且中低端产品居多，应用层次偏低，应用领域偏窄，技术水平和产业规模较国外企业都有着较大差距。高性能纤维及复合材料方面，日本在碳纤维领域拥有绝对优势，东丽、三菱化学以及帝人贡献了全球碳纤维产能的一半；美国则拥有在芳纶产业的制霸企业杜邦公司，垄断高端产品技术的同时还能对低端产品形成价格控制；欧洲则在超高分子量聚乙烯纤维领域拥有处于优势地位的荷兰帝斯曼集团，到目前为止仍然是全球超高分子量聚乙烯纤维的最主要供应商，产能倍超其他优势企业。稀土功能材料方面，我国核心专利、高价值专利拥有量较少，稀土功能材料产业原始创新不足，高端产品受制于人，尽管在产品数量上居于主导地位，但大部分为中低端产品，与国外有较大差距。新能源材料方面，核心专利以及大部分先进技术还是掌握在国外的企业手中。生物医用材料方面，美国占据绝对的优势，其几大跨国公司诸如波士顿科学、美敦力、雅培等公司早早地占领各国市场，对核心专利进行了大量的布局和收购。

（二）海外布局薄弱，缺乏全球布局意识

在专利布局方面，从美国新材料产业发展模式来看，先提出前瞻性的国家目标，然后依托能源部、国防部、航空航天局等重要部门，联合高校、企业、科研机构等单位组建联盟，共同推进新材料的研究与发展。美国新材料产业关键战略材料拥有埃克森美孚、陶氏、杜邦公司、3M 公司、美铝公司、波士顿科学、宝洁、雅培、科学医学生命体系股份有限公司、美敦力、爱德华科学等全球领先的材料公司。日本在高端装备用特种合金、高性能分离膜材料、高性能纤维及复合材料、宽禁带半导体材料、新型显示材料和新型能源材料领域起步最早。结合技术流向和重要申请人的区域布局策略数据，可以看出日本非常重视海外布局，这和日本的政策也是相辅相成的，其重点是使市场潜力巨大和高附加值的新材料领域尽快专业化、工业化。日本的新材料产业中半导体材料尤为突出，日本企业在硅晶圆、合成半导体晶圆、光罩、光刻胶、药业、靶材料、保护涂膜、引线架、陶瓷板、塑料板、TAB、COF、焊线、封装材料等 14 种重要材料方面均占有 50% 及以上的份额，信越化学、三菱住友株式会社、住友电木、日立化学、京瓷化学等均为半导体材料产业中的行业带头企业。

我国国内重点申请人以及重要企业的专利申请大部分在国内，基本没有技术输出，而国外申请人和重点企业除了本国外，在其他国家、地区和组织都有大量申请，进行了相关专利布局，相比较而言，国内的重点申请人和企业在全球专利布局意识上较国外申请人还有很大差距。但其中也有一些公司开始注重海外布局：新型显示材料方面，京东方专利有效率为 40%，在中、美、韩、欧、日、印、巴、墨进行了布局，TCL 专利有效率为 28%，在中、美、韩、英、日、欧进行了布局。稀土功能材料方面，中科三环有 14 项海外布局，有研稀土有 58 项海外布局，厦门钨业有 20 项海外布局。宽禁带半导体材料方面，东莞中镓有日本 4 项、韩国 4 项、美国 3 项、欧专局 4 项专利申请。新型能源方面，金风科技有 41 项海外布局，中国广核有 43 项海外布局。生物医用材料方面，微创医疗拥有 75 项 PCT 专利申请，4 项中国台湾专利申请，先健科技拥有63 项 PCT 专利申请，3 项日本专利申请，重庆润泽拥有 30 项 PCT 专利申请。

（三）创新主体聚集程度和行业领军企业

1. 产业集聚

（1）宽禁带半导体材料初步形成区域性产业集聚区

在规模化应用示范方面，我国已基本形成第三代半导体材料研发、生产及应用的全产业链条，形成了京津冀、长三角、闽三角、珠三角等特色集聚区。

1）京津冀区域。以北京为代表的京津冀区域拥有我国最丰富的宽禁带半导体研究资源和科技资源、主要应用领域企业总部，以及专业的产业服务机构和首都创新大联盟等众多的产业技术创新联盟。北京市拥有全国第三代半导体领域一半以上的科技资源，在研发领域聚集了半导体照明联合创新国家重点实验室、中科院半导体所、北京大学、中科院物理所、中科院微电子所、清华大学、北京工业大学多家国内从事第三代半导体相关研究的大学和机构，以及河北同光、世纪金光、天科合达、泰科天润、燕东微电子等从事单晶衬底、芯片设计和制造的优势企业和北方华创、中电科装备等科技型装备制造企业。

2）长三角区域。目前已经形成了非常完整的产业链结构，在上游原材料、LED 外延及芯片、下游封装领域形成了巨大的产业规模。目前已经拥有华灿光电（张家港）、晶能光电（常州）、聚灿光电（苏州）、江苏璨扬（扬州）等多家企业。

3）闽三角区域。厦门是我国重要的 LED 产业集中地，是全国 14 个国家半导体照明产业化基地的发展样本之一。厦门市 LED 产业覆盖上中下游，在外延、芯片领域，厦门连续 13 年成为我国规模最大、技术最强、品种最全的 LED 外延芯片生产基地；在应用成品领域，根据海关提供的统计数据，中国 LED 球泡灯出口前 10 名企业中，厦门独占 5 席。

4）珠三角区域。半导体照明逐步形成了广东经济增长的新亮点，是我国半导体照明产业最集中的区域之一，广东也已经先行启动了印刷显示及材料的科技专项，组建了"印刷显示技术创新联盟"，获批了显示领域国内第一家制造业创新中心"柔性显示创新中心"。同时珠三角也是我国半导体产业的重要生产基地和贸易中心，形成了围绕半导体照明从衬底材料、外延片、芯片、封装到应用的较完整的 CaN 产业链，具备了发展宽禁带半导体功能材料及器件的良好基础。广东省半导体照明产业规模占我国半导体照明产业规模的一半。在新兴的宽禁带半导体产业中，拥有南方科技大学、中山大学、北京大学东莞光电研究院、华南理工大学等优势研究单位，以及东莞中镓半导体（与北京大学合作）、深圳方正微电子、广东晶科电子、佛山国星光电、深圳华为、中兴通讯、比亚迪等大型骨干企业，具备发展宽禁带半导体的技术和产业基础。

（2）生物医用材料初步形成区域性产业集聚区

从产业园区分布区域角度来看，我国生物医药产业布局呈现出地理选择性，产业布局主要集中在自然资源丰富、科技水平高、人才聚集度高的地区。我国生物医药产业起初主要集中在北京、上海和珠三角地区，由于其经济水平较高、研发创新能力较强、投融资环境较好而吸引了众多生物医药企业聚集形成产业园区。随着我国生物医药产业的稳步发展，长沙、成都等内地省会城市以及东北地区生物医药产业也先后步入了成长期。我国生物医药产业形成了以北京、上海为核心，以珠三角、东北地区为重点，中西部地区点状发展的空间格局。中国生物技术发展中心正式发布《2018年中国生物医药产业园区发展现状分析报告》，报告中公布了2017年国内各大生物医药产业园区按各项竞争实力进行排名的榜单，其中中关村国家自主创新示范区的综合竞争力、产业、龙头竞争力均位列第一，领跑全国生物医药产业园区；上海张江高新区技术竞争力位列第一，产业、人才、环境和龙头实力强劲；深圳市高新区环境竞争力位列第一。

（3）稀土功能材料、高性能分离膜初步形成区域性产业集聚区

1）1992年11月9日，国务院下发《关于增建国家高新技术产业开发区的批复》，同意在包括包头在内的25个城市建立国家高新技术产业开发区。稀土高新技术则以稀土钕铁硼、永磁电机、稀土储氢合金粉、镍氢电池、三基色荧光粉、单一稀土化合物、单一稀土金属、稀土超磁致伸缩材料、抛光粉、塑料用稀土颜料、稀土高温电热元器件等为主。

赣州高新技术产业开发区始建于2001年，前身为赣县工业园。2015年9月获国务院批复升级为国家高新技术产业开发区。近年来，赣州高新区高标准规划编制了《产业发展规划》，进一步明确了以培育稀土和钨新材料研发及应用为首位产业，生物食品和装备制造为辅的产业体系，建设中国"稀金谷"。截至目前，赣州高新区内拥有钨和稀土企业62家，其中规上企业37家。近年来，赣州高新区打造了一条从钨矿采选—钨精矿—APT—蓝钨、碳化钨粉—硬质合金—棒材、刀具、矿山凿岩工具的完整钨产业链条。

2）膜企业主要分布于北京、天津、江苏、上海、浙江东部及广东等沿海发达省市及地区，该地区膜企业数量占80%以上。环渤海地区成为我国规模最大的水处理膜及气体分离膜生产基地；长三角地区则形成了规模最大的分离膜生产基地及膜应用产业集群，龙头企业辐射带动加强；中关村知名膜企业以内资（特别是民营资本）为主，上海知名膜企业则以外资为主。目前，我国具有较强科研实力或产业化规模的研发及生产机构主要包括中国科学院、清华大学、浙江大学、南京工业大学、天津工业大学、浙江工业大学、中国科技大学、天津大学、西北有色金属研究院等高校院所，以及中信环保、博天环保、碧水源、时代沃顿、海南立升、杭州水处理中心、津膜科技、北京赛诺、宁波沁园、江苏久吾高科、山东天维、南京九思、江苏九天等产业化公司。

（4）其他产业集群

常州高新技术产业开发区目前有新医药及新能源汽车。京津科技股产业园涉及关键战略材料领域有特种金属功能材料、高性能结构材料和先进复合材料等。威海市碳纤维产业园涉及关键战略材料领域有高性能纤维。新能源产业联盟是长三角G60科创走廊的第4个产业联盟，已建成涵盖正极材料、负极材料、隔膜、电解液、终端的锂

电池全产业链，产业集群效应逐步显现。

2. 领军企业

1）京东方 2012 年点亮了融合氧化物 TFT 背板和高分子喷墨打印技术的 17in AMOLED 彩色显示屏，也完成了 31in 打印 OLED 屏的样机，2015 年在合肥打造第 10.5 代 TFT-LCD 生产线建设，目前也着力在苏州打造智造服务产业园项目，推动智造服务产业转型升级，满足物联网智慧终端市场需求，设计产能为 2000 万台/年，主要生产液晶电视、液晶显示器、智能白板、艺术终端、商显终端，以及车载、工控、移动健康、AR/VR 等终端产品。

2）TCL 集团与深圳华星光电技术有限公司在 2014 年第三季度成功点亮 31in FHD 印刷显示样机，该样机使用氧化物 TFT 背板。TCL 集团与天津市签署全面战略合作框架协议，双方将在智能制造、工业互联网、云计算、大数据等方面开展全面战略合作，为打造工业互联网生态圈，实现区域经济产业集聚，推动天津制造向"天津智造"转型升级提供有力支撑。双方还将设立工业互联网及智能制造创新中心，集展示、孵化、培训、交流等功能于一体，助力天津地区科研创新，共同发起成立智能装备基金，通过金融支撑吸引工业制造业进行产业聚集和升级，形成新时代工业的高效产业氛围；联合建立智能制造教育学院，利用双方优势资源，以远程网络教育和线下实践相结合的方式开展制造业相关培训，助力天津打造以实践应用为导向的智能制造教育体系。

3）东莞中镓公司先后孵化了北京燕园中镓半导体工程研发中心有限公司、东莞市中实创半导体照明有限公司和东莞市中图半导体科技有限公司，促使企业往上下游技术延伸发展，逐步覆盖产业链的各环节。目前，中镓公司使东莞市在氮化镓单晶衬底、复合衬底 LED 产业链与电子功率器件等细分领域形成了独具特色的产业技术，围绕衬底领域形成一个特色鲜明、具有极强竞争力的产业集聚区。

### 三、关键战略材料发展建议

1）建立政府、知识产权服务事业单位和市场主体三方有机结合、组织科学、权责明晰、高效联动的工作机构体系，提升关键战略材料领域知识产权综合实力。

2）建立产业技术联盟。关键战略材料产业是技术密集型产业，技术的突破将会带来产业的快速发展，政府应发挥引导作用，建立关键战略材料产业联盟。细化分支技术领域，设置相应的研究课题和专利导航，构建各技术分支的技术路线图，用于指导领域内技术进程，合理规划产业技术选择，不断根据外部环境做出有效的应对措施，实现产业突破。

3）产学研合作和自主创新相结合。应整合国内现有企业、高校、科研院所等资源，建立以企业为主体，以市场为导向，以高校、科研院所为依托的产学研合作模式，形成协同创新、相互促进的科研合力，不断提高我国的自主创新能力。

4）结合产业现有资源状况，结合国家产业政策，以"近期重点项目""中期发展项目"和"远期目标项目"为标准，重点发展关键战略材料各领域的重点技术和创新主体等项目，使各项技术研发能够形成有机整体和相互协调，促进整体产业的发展。

5）加强人才引进和海外并购。重庆润泽医药有限公司董事长兼首席执行官叶雷，是我国第三批国家"万人计划"领军人物之一，自主研发出"重庆造"骨头修复材料——多级多孔钽，打破美国垄断。中科三环法人、中国工程院院士、磁性及非晶态材料专家王震西，曾在法国国家科研中心奈尔磁学实验室做访问学者两年。东莞中镓的创始人中甘子钊为中国科学院院士等。京东方和厦门钨业均设有博士后工作站。建议政府加强对海内外高层次创新人才的引进力度，加强高水平管理人才和科技人才的引进和培养力度，积极与国内外医药院校开展人才培养合作，拓宽人才引进渠道，完善人才培养环境。

6）完善扶持机制，对授权专利进行奖励，建立 PCT 申请扶持政策，鼓励申请人进行海外市场的专利布局。

我国企业要想赶超世界强国，必须依靠创新、合作的模式，加强对海内外高层次创新人才的引进力度，积极与国内外医药院校开展人才培养合作，拓宽人才引进渠道，吸收科研机构的优秀专利成果转化。发挥政府纽带作用，加强老牌企业与新兴创新企业的技术合作，促进技术成果最大化利用。增进产业间的联合，发挥各自优势，形成产业联盟。充分利用各区已有的优势，在行业领头人的带领下，推进大众创业、万众创新。稳抓知识产权运营服务体系建设城市时代机遇，优化产业发展环境，积极引进相关企业入驻，带动地区产业发展。

# 前沿新材料产业专利分析

## 第一节　前沿新材料技术分支及技术重点

### 一、技术分支定义及二级、三级分支介绍

《新材料产业发展指南》指出，以石墨烯、金属及高分子增材制造材料，形状记忆合金、自修复材料、智能仿生与超材料，液态金属、新型低温超导及低成本高温超导材料为重点，加强基础研究与技术积累，注重原始创新，加快在前沿领域实现突破。积极做好前沿新材料领域知识产权布局，围绕重点领域开展应用示范，逐步扩大前沿新材料应用领域。把握新材料技术与信息技术、纳米技术、智能技术等融合发展趋势，更加重视原始创新和颠覆性技术创新，加强前瞻性基础研究与应用创新，制定重点品种发展指南，集中力量开展系统攻关，形成一批标志性前沿新材料创新成果与典型应用，抢占未来新材料产业竞争制高点。前沿新材料取得一批核心专利技术，部分品种实现量产。

本章根据《新材料产业发展指南》《战略性新兴产业分类（2018）》将前沿新材料分为石墨烯、增材制造材料、形状记忆合金、自修复材料、智能仿生与超材料、液态金属材料、新型低温超导材料、低成本高温超导材料共 8 个二级分支。为便于专利检索和分析，又对上述二级分支进行细分，其中增材制造材料进一步分为金属类增材制造材料、高分子类增材制造材料；形状记忆合金分为镍（Ni）基形状记忆合金、铜（Cu）基形状记忆合金、铁（Fe）基形状记忆合金；自修复材料分为陶瓷混凝土基自修复材料、高分子基自修复材料；智能仿生与超材料分为智能材料、仿生材料和超材料；液态金属材料分为镓基液态金属材料、铟基液态金属材料、铋基和其他金属材料；新型低温超导材料分为银（Nb）基低温超导材料、镁（Mg）基低温超导材料和其他低温超导材料；低成本高温超导材料分为铁（Fe）基高温超导材料、铜氧化物系高温超导材料和其他高温超导材料。

## 二、前沿新材料领域专利申请整体态势和技术分布情况

图 5-1-1 所示为前沿新材料领域的全球和全国专利申请态势。全球前沿新材料领域的专利申请态势可大致分为两个阶段。第一阶段为 2000—2010 年。这一阶段专利申请呈现缓慢增长的态势，申请量从 2000 年的 941 项增加至 2010 年的 2587 项。第二阶段为 2011 年以后，随着石墨烯获得诺贝尔物理学奖引起的石墨烯研究热潮和 3D 打印技术、新型显示技术、超材料的发展，前沿新材料的发展进入快速通道，申请量在 2011 年猛增至 3791 项，并在 2017 年超过 9000 项。

我国前沿新材料产业起步较晚，2000 年申请量为 98 项，仅占全球总量的 10%。但总体来说，我国专利申请量的增速远远高于全球平均增速，在 2010 年的时候申请量已达到 1059 项，占全球总量的 41%。进入 2011 年以后，随着我国创新主体对知识产权的日益重视和我国科技创新体系的不断完善，申请量进入迅速增长阶段，仅 2011 年就新增专利申请 1926 项，占全球当年申请总量的 51%，2017 年申请量为 6017 项，占全球当年申请总量的 67%。

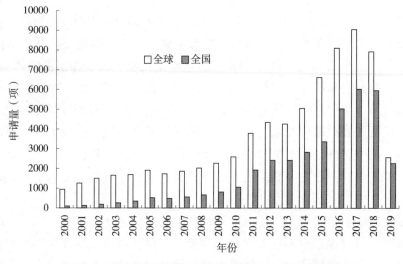

图5-1-1　前沿新材料领域的全球和全国专利申请态势

图 5-1-2 所示为全球前沿新材料产业中各个技术分支的专利申请量的占比情况。从中可以看出，各个技术分支的专利申请情况相差较大，其中智能、仿生和超材料领域占比最大，为 45%，其次是石墨烯领域，占比 21%，第三位是增材制造材料，为 15%。自修复材料、液态金属材料、低成本高温超导材料、低温超导材料和形状记忆合金占比较低。国内的各个技术分支申请占比情况与全球相差不大。

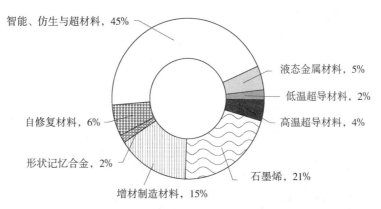

图5-1-2　全球前沿新材料产业各个技术分支的专利申请量的占比情况

图5-1-3所示为我国前沿新材料领域各技术分支的专利申请趋势。以下将按照申请量占比由多到少的顺序，对各技术分支的技术发展历程进行简单介绍。

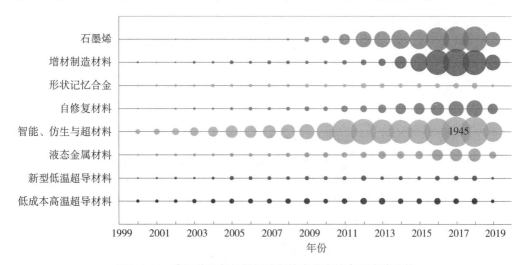

图5-1-3　我国前沿新材料领域各技术分支的专利申请趋势

智能、仿生与超材料领域涉及智能响应型高分子、压电陶瓷、仿生材料和结构、光子晶体、超材料结构等多个子领域。2000—2011年，该领域的全球申请量保持较为稳定的增长态势，2011年达到2240项。2011—2015年，申请量出现一定回落，但2017年又重新进入增长态势。智能、仿生与超材料领域的分子结构灵活多变、可设计性强，可与多种材料组合实现结构和性能优化，在医疗卫生、发光半导体元器件、显示装置、光学元器件、天线、传感器、涂装材料等领域都有广泛应用，因此研发热度很高，申请量占比最大。智能材料中，电致发光高分子材料在OLED中具有广泛应用，OLED具有轻薄、主动发光、宽视角、快速响应等优点，是显示技术未来的发展方向，世界各国都非常重视该领域的研究。其中日本的精工公司、三菱公司、富士胶片、日立公司在该领域的专利申请量都很大，国内的海洋王照明科技有限公司在电致发光高分子相关的发光器件、太阳能光伏器件等领域进行了大量的专利申请，另外国内的中科院、华南理工大学在该领域的研发实力也很强。超材料领域中，深圳光启是全球超材料研发和生产的龙头企业，其产品涉及具有感知功能、探测功能、通信功能、自我健康管理功能、高强度、耐疲劳振动与老化、长使用寿命、耐雷击、耐冲击、耐撞击以及耐极端使用环境等特性的超材料产品。在进行超材料基础研究时，光启围绕超材料技术布局了大量的专利，包括基材、设计、微结构、制备以及超材料的应用。

自2010年后，石墨烯相关的专利申请呈现快速增长态势。我国虽然对石墨烯的研究起步较晚，但是在2010年后发展速度很快，中国石墨烯企业数量急剧增加，在全球专利申请中占比也迅速提高。

增材制造材料是3D打印产业不可或缺的一部分。在2012年以前，全球增材制造材料领域的专利申请量比较平稳，增长趋势并不明显，进入2013年，随着商业化3D打印机的推出，3D打印应用领域日益广泛，材料性能的提升成为亟待解决的问题，因此世界各国针对3D打印材料都加大了研发力度，2013年申请量开始进入迅速增长的阶段。我国增材制造材料也是在2013年开始进入快速增长期，2014年的申请量是2013年的2.9倍，2014—2016年几乎每年保持翻一番的态势。专利申请量的快速增长一方面源于产业的迅速发展，另一方面也源于国家政策的扶持和引导：2015年《中国制造2025》将生物3D打印技术列入重点扶持领域之一，随后出台了《增材制造产业发展行动计划（2017—2020年）》《重大技术装备和产品进口关键零部件、原材料商品目录》《国家支持发展的重大技术装备和产品目录》《增强制造业核心竞争力三年行动计划（2018—2020年）》等对3D打印材料行业起推动作用的政策，这些政策从制定行业发展目标、给予财政补贴、列入重点领域等方面对3D打印材料行业的发展给予支持。

自修复材料主要涉及陶瓷混凝土基自修复复合材料、聚合物基自修复材料，其应用领域包括路面修复、自修复涂料、自修复水凝胶等。我国自修复材料在2010年以前申请量较低，2011年开始年增长率保持在较高水平；而国外申请量增长势头较为平缓。自修复材料还处于学科研究的阶段，专利技术的转化程度和产业化程度较低，全球主要申请人也基本以高校和科研院所为主，其中又以国内的高校和科研单位为主。自修复材料未来的发展方向在于提高修复效率，在快速修复的同时保证修复效果，另一方面简化合成工艺，降低材料成本。

液态金属材料具有独特的非晶分子结构，具有低熔点、超强塑形能力、高屈服强度、高硬度、优异的强度质量比等。全球液态金属材料的专利申请总体呈现增长态势，且来自中国的专利申请对全球申请量的增长贡献迅速增加，2013年起国内申请量就超过了全球申请量的一半。中国科学院理化技术研究所在液态金属研发领域占据重要位置，已形成从基础研究到产品研发乃至产业化推进等方面的领先优势。2015年，云南宣威市政府与中国科学院理化技术研究所签订"科技入滇"重点项目，与中国科学院理化技术研究所、清华大学联合打造云南液态金属谷产业集群。目前，云南省的系列产品已批量供应市场，包括液态金属原液、液态金属导热片、液态金属电子油墨、液态金属导热膏、液态金属电子手写笔、液态金属 LED 灯等。

超导材料具有零电阻、抗磁性以及宏观量子效应等特殊物理性质，在超导电缆、超导限流器、超导磁悬浮、医疗核磁共振成像等领域都有广泛应用。全球范围内，新型低温超导材料和低成本高温超导材料的申请量都是比较平稳的。我国的新型低温超导材料和低成本高温超导材料总体均呈现上升趋势，并在 2012 年左右达到峰值，随后申请量出现回落。我国国内超导材料主要从美国和日本进口，成本昂贵，约占超导应用产品成本的 50% 左右。国外的超导材料主要由美国和日本引领，欧洲和韩国紧随其后。我国已全面突破了实用化低温超导线材制备技术，在第二代高温超导线材（钇钡铜氧）方面，我国与国际先进水平的差距正在减小，上海和苏州等地已有一定量的销售和使用。

形状记忆合金是一种在加热升温后能完全消除其在较低的温度下发生的变形，恢复其变形前原始形状的合金材料。我国的专利申请量大致可分为三个阶段，其中 2000—2003 年，申请量较低，年申请量在 6~14 项；2004—2011 年，申请量上了一个台阶，年申请量在 20~30 项；2012—2018 年，申请量较前一阶段有了明显增长，年申请量在 39~70 项。我国是形状记忆合金领域最大的技术来源国，主要申请人以高等院校为主，包括大连大学、华南理工大学、四川大学等。研究方面以基础研究为主，缺乏应用相关的研究和产业化研究。

# 第二节　石墨烯材料专利申请分析

石墨烯材料是一种由碳原子以 $sp^2$ 杂化方式形成的呈蜂窝状晶格的单层片状新材料，是目前已知的质量最小、强度最大、透光率最高、导热性和导电性最高的材料。随着世界各国对石墨烯的相关技术和应用研究不断取得突破进展，石墨烯材料的应用领域仍在逐步扩大，特别是在传统产业转型升级、高端制造业提升等方面存在巨大的应用潜能。近年来，我国出台了一系列政策对石墨烯产业进行大力扶持，并投入了大量的资金支持。石墨烯材料已成为推动高技术发展的关键材料，是我国"十三五"新材料的发展重点。

本节主要聚焦于石墨烯材料方面的相关专利申请，对其进行分析和研究。

## 一、专利申请态势分析

### （一）全球专利申请态势分析

图 5-2-1 所示为石墨烯材料全球专利申请趋势情况，通过该图可以看出，2000—2009 年，石墨烯材料处于技术萌芽期，申请量呈缓慢上升趋势，整体专利申请的数量较少，从 2010 年开始，全世界掀起了石墨烯材料研究的热潮，石墨烯材料专利申请量

呈快速增长趋势，石墨烯材料进入快速发展时期。与全球石墨烯材料专利申请量增长趋势相似，2008 年之前石墨烯材料申请人数量较少，申请人数量同样呈缓慢上升趋势，专利申请数量与申请人数量接近，说明这一时期石墨烯材料领域的研发力量薄弱，申请人多以独立研究的形式开展石墨烯材料的研究；从 2009 年开始，石墨烯材料申请人数量开始加速上升，表明石墨烯领域受到了越来越多的关注，这一时期申请人多以联合申请的方式进行石墨烯材料的研发。2017 年石墨烯材料进入研究鼎盛阶段，石墨烯技术得到空前的发展，申请人数量超过 1300 人。各国的创新主体加入石墨烯材料研究中来，并且迅速在石墨烯材料领域进行专利布局，以求抢占石墨烯材料市场的先机。

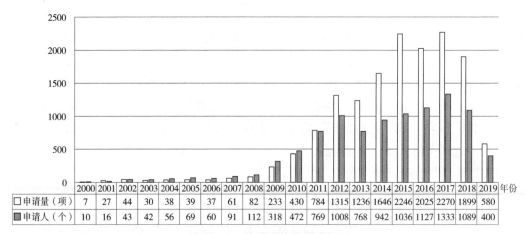

| 年份 | 2000 | 2001 | 2002 | 2003 | 2004 | 2005 | 2006 | 2007 | 2008 | 2009 | 2010 | 2011 | 2012 | 2013 | 2014 | 2015 | 2016 | 2017 | 2018 | 2019 |
|---|---|---|---|---|---|---|---|---|---|---|---|---|---|---|---|---|---|---|---|---|
| 申请量（项） | 7 | 27 | 44 | 30 | 38 | 39 | 37 | 61 | 82 | 233 | 430 | 784 | 1315 | 1236 | 1646 | 2246 | 2025 | 2270 | 1899 | 580 |
| 申请人（个） | 10 | 16 | 43 | 42 | 56 | 69 | 60 | 91 | 112 | 318 | 472 | 769 | 1008 | 768 | 942 | 1036 | 1127 | 1333 | 1089 | 400 |

**图5-2-1 全球专利申请趋势**

### （二）在华专利申请态势分析

图 5-2-2 是石墨烯材料 2000—2019 年在华的专利申请趋势。通过该图可以看出，石墨烯在华专利申请总体趋势与全球申请趋势相似。2011 年之前，在华申请的专利申请量和专利申请人数量相对较少，2012 年开始，石墨烯材料在华专利申请进入了快速发展阶段，这与国内越来越多的研发主体进入石墨烯材料研发领域息息相关。由于该领域中聚集了大量的研发人才，国内的石墨烯材料技术得到了快速发展。近几年石墨烯材料领域申请人数量趋于稳定，这表明石墨烯材料行业进入成熟阶段。

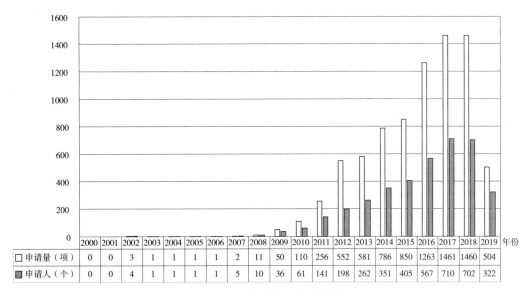

| 年份 | 2000 | 2001 | 2002 | 2003 | 2004 | 2005 | 2006 | 2007 | 2008 | 2009 | 2010 | 2011 | 2012 | 2013 | 2014 | 2015 | 2016 | 2017 | 2018 | 2019 |
|---|---|---|---|---|---|---|---|---|---|---|---|---|---|---|---|---|---|---|---|---|
| □申请量（项） | 0 | 0 | 3 | 1 | 1 | 1 | 1 | 2 | 11 | 50 | 110 | 256 | 552 | 581 | 786 | 850 | 1263 | 1461 | 1460 | 504 |
| ■申请人（个） | 0 | 0 | 4 | 1 | 1 | 1 | 1 | 1 | 5 | 10 | 36 | 61 | 141 | 198 | 262 | 351 | 405 | 567 | 710 | 702 | 322 |

图5-2-2　在华专利申请趋势

## 二、专利区域分布分析

### （一）主要技术来源国的目标市场布局

从图5-2-3可以看出，各个国家在本国均申请了大量专利，韩国、日本均将美国作为重要的海外市场进行专利布局，这是由于日韩两国自身国内市场容量有限，因此必然会寻求研发实力雄厚、市场容量更大、竞争更加激烈的国际市场。美国是石墨烯材料技术输出的第一大国，说明美国在石墨烯材料技术领域研发实力强大，并且极其重视海外市场知识产权的保护，在石墨烯材料重点技术领域极具竞争力。相对而言，虽然我国专利申请量位居全球首位，但是我国向国外技术输出远远落后于美、日、韩，海外专利布局相对薄弱，导致我国企业在海外的竞争能力不足，反映出国内创新主体的海外知识产权保护意识和保护力度仍有待加强，并且我国石墨烯材料专利申请质量与美、日、韩相比仍存在一定差距。

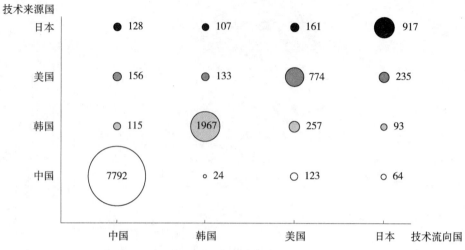

图5-2-3　石墨烯材料专利技术主要技术来源国目标市场布局（申请量：件）

## （二）在华专利申请区域分布分析

图 5-2-4 所示为各地区专利申请排名，江苏在石墨烯材料领域专利申请量最大，在该领域占据绝对优势地位，共有 1334 项专利申请。北京以 789 项专利申请位居第二，广东、上海分居第三、第四。通过分析可知，上述地区均属于经济较为发达地区，研发综合实力相对雄厚，并且知识产权保护意识较强。

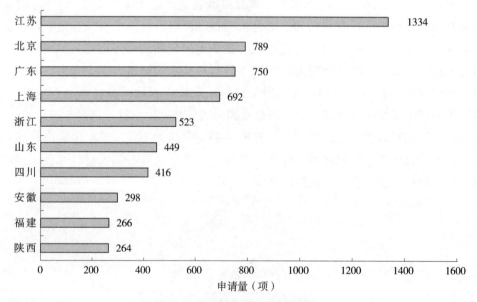

图5-2-4　各地区专利申请排名

### 三、技术分布分析

表 5-2-1 是石墨烯材料技术分布情况。C01B 是石墨烯材料的制备方法，包括对石墨烯原材料的研究和制备工艺的研究。以 C32C 表示的气相沉积法制备石墨烯的相关专利申请量最大。B82Y 是石墨烯纳米结构的研究以及由该结构所带来的特定用途研究，具体的用途研究包括将石墨烯材料作为电池（H01M）、导电性材料如电极、电缆（H01B）、半导体器件（H01L）、电容器（H01G）。B01J 是制备石墨烯催化材料和石墨烯凝胶材料。C01G 是制备石墨烯金属复合材料。C08K 是制备石墨烯材料中采用的无机物或非高分子有机物的配料。

表5-2-1 技术分布分析

| IPC 分类号 | 申请量（项） | 技术主题 |
|---|---|---|
| C01B | 13387 | 石墨烯的制备方法 |
| B82Y | 1741 | 石墨烯纳米结构的特定用途或应用 |
| H01M | 1269 | 采用石墨烯导电性能的装置 |
| B01J | 1197 | 石墨烯催化材料、石墨烯凝胶材料 |
| C23C | 1129 | 气相沉积法制备石墨烯 |
| H01B | 1128 | 石墨烯作为导电材料 |
| H01L | 844 | 石墨烯作为半导体器件 |
| H01G | 584 | 石墨烯作为电容器 |
| C01G | 570 | 石墨烯金属复合材料 |
| C08K | 490 | 石墨烯无机物或非高分子有机物配料 |

### 四、申请人分析

#### （一）全球专利申请人分析

##### 1. 全球专利申请申请人排名

图 5-2-5 所示为全球专利申请申请人排名。申请量排名前 10 位的申请人主要为中、韩两国的申请人。从申请人类型来看，以高校和科研机构居多，共有 5 家科研机构，其中韩国有 1 家，为韩国科学技术研究院，中国有 4 所高校，按申请量排名依次为浙江大学、哈尔滨工业大学、清华大学和东南大学。企业申请人共有 4 家，其中韩国有 2 家企业，分别为三星公司和 LG 公司，中国有 2 家企业，分别为海洋王照明科技股份有限公司和成都新柯力化工科技有限公司。值得一提的是，韩国还有 1 位个人申请，该申请人在 2014—2016 年进行了大量关于石墨烯材料的专利申请。从上述分析可以看出，目前石墨烯材料的研究仍然主要依赖于高校和科研机构，离大规模的商业化应用仍有一定的距离。

总体而言，韩国在石墨烯技术领域的研发处于世界前列，以三星集团为代表的企业投入了大量的研发资源和研发精力，可以看出韩国企业对石墨烯材料市场化前景抱有一定的乐观态度。在全球主要申请人中，我国申请人占有很大比例，这说明我国企业和研发机构均意识到石墨烯领域的潜在市场价值，并通过积极申请专利来形成技术壁垒，抢占市场份额。

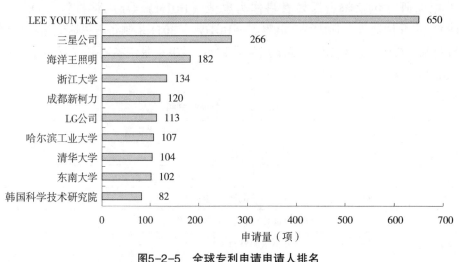

**图5-2-5　全球专利申请申请人排名**

韩国企业和科研机构进入石墨烯材料领域较早，三星集团的专利申请主要集中在2010—2013年，2013年之后专利申请数量逐步下降。我国重点申请人在2010年之后才开始了石墨烯材料的大量研究。国内2家重点企业申请人进入石墨烯材料研究领域时间呈现明显不同，海洋王照明科技股份有限公司于2010—2013年在石墨烯材料领域进行了集中申请，可能由于石墨烯材料商业化前景不明，因此该公司在2013年之后停止了对石墨烯材料的专利布局。成都新柯力化工科技有限公司则在2015—2018年对石墨烯材料进行了大量专利布局。

2. 重要全球申请人区域布局策略对比

通过图5-2-6可以看出，韩国的企业和科研机构重点申请人注重在海外市场进行专利布局，反映出其对于海外市场的拓展和知识产权保护极为重视。三星公司作为全球知名五百强企业，具有强大的研发能力和竞争意识，其在中国、日本、美国均进行了大量专利布局，尤其重视美国市场。LG公司在美国和中国也进行了专利布局。相比之下，国内重点申请人多在本土进行专利申请，知识产权保护意识明显落后，海外市场竞争力明显不足。

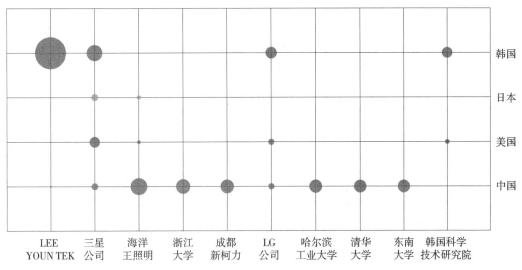

**图5-2-6 重要全球申请人区域布局**

## （二）在华专利申请人分析

图 5-2-7 所示为在华石墨烯材料专利重要申请人排名，其中排名前 10 位的申请人均为国内申请人。从申请人类型来看，仅有 2 家为企业，其余 8 所均为高校和科研机构。可见国内石墨烯材料主要处于基础研究阶段，还没有实现大规模的商业化，石墨烯材料技术也主要依靠高校和科研机构的研究。

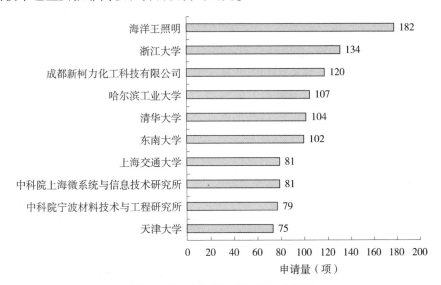

**图5-2-7 在华专利申请申请人排名**

## (三) 重要企业分析

### 1. 国外重点企业分析

国外重点企业专利申请状况见表5-2-2，以专利族项数为指标筛选出了排名前4位的重点企业。

表5-2-2　国外重点企业专利申请状况一览

| 序号 | 申请人 | 专利族（项） | 专利申请（件） | 全球布局 | 研发方向 |
|---|---|---|---|---|---|
| 1 | 三星集团 | 266 | 360 | 韩国，美国，欧洲，日本，中国 | 石墨烯的制备工艺，包括化学气相沉积法、氧化还原法等，涉及储能、电子器件等领域的应用 |
| 2 | LG集团 | 113 | 260 | 韩国，美国，欧洲，日本，中国 | 石墨烯的制备工艺，主要包括化学气相沉积法、氧化还原法、插层剥离法，涉及储能、电子器件、水处理、空气处理、化工等领域 |
| 3 | 美国纳米技术仪器公司 | 72 | 118 | 美国，韩国，中国，日本 | 石墨烯的制备方法，包括氧化还原法、插层剥离法、微波辐射法等，以及石墨烯增强复合材料、储能、电子屏蔽等应用 |
| 4 | 巴斯夫公司 | 61 | 165 | 美国，中国，欧洲，日本，韩国，德国 | 掺杂石墨烯，石墨烯纳米带的制备和提纯，以及储能、电子器件等应用 |

1）三星集团主要涉及石墨烯材料和制备工艺的改进以及石墨烯材料的应用研究。制备方法主要包括化学气相沉积法、氧化还原法、有机合成法、外延生长法等，应用领域涉及储能材料、电子信息材料等。表5-2-3列举了三星公司代表性的重点专利。在石墨烯材料研究方面，三星集团与韩国多所高校和科研院所进行了联合开发，其中与成均馆大学合作最为紧密。

表5-2-3　三星集团重点专利

| 序号 | 专利公开号 | 申请年份 | 同族数量（件） | 专利布局 | 技术内容 |
|---|---|---|---|---|---|
| 1 | US20070284557A1 | 2006 | 2 | 美国 | 包括形成至少一种互穿网络结构的透明和导电性石墨烯薄膜 |
| 2 | US20090110627A1 | 2008 | 6 | 美国，欧洲，日本 | 化学气相沉积法在金属催化剂存在下制备石墨烯薄膜 |

续表

| 序号 | 专利公开号 | 申请年份 | 同族数量（件） | 专利布局 | 技术内容 |
|---|---|---|---|---|---|
| 3 | US20120064409A1 | 2010 | 2 | 美国 | 一种纳米石墨烯增强颗粒用作锂离子电池正极活性材料 |
| 4 | US20090071533A1 | 2008 | 4 | 美国，韩国 | 在金属催化剂表面涂覆有机材料，采用化学气相沉积法制备石墨烯薄膜 |
| 5 | US20110070146A1 | 2010 | 8 | 美国，日本，中国，韩国 | 在基底形成亲水性氧化物层，在氧化物层上形成疏水性金属催化剂层，采用化学气相沉积法制备石墨烯 |

2）LG 集团关于石墨烯材料的专利申请主要涉及化学气相沉积法、氧化还原法、插层剥离法等石墨烯材料的制备工艺，以及储能材料（锂电池、太阳能、燃料电池等）、电子器件（触摸屏、液晶显示器、传感器）、水处理、空气处理、化工（催化剂、电磁屏蔽）等方面的应用。表 5-2-4 列举了经过筛选的 LG 集团重点专利。

表5-2-4 LG 集团重点专利

| 序号 | 专利号 | 申请年份 | 被引次数（次） | 同族数量（件） | 专利布局 | 技术内容 |
|---|---|---|---|---|---|---|
| 1 | KR1020130013689A | 2011 | 11 | 2 | 韩国 | 包含在壳体结构中形成的石墨烯的导电膜 |
| 2 | KR1020150076093A | 2014 | 9 | 2 | 韩国 | 对包含石墨和多环芳烃氧化物分散剂的体系施加物理力制备小厚度和大尺寸石墨烯 |
| 3 | WO2015099457A1 | 2014 | 6 | 11 | 中国，欧洲，日本，美国，韩国 | 包含未氧化石墨和分散剂的分散液，分散液连续通过高压均质机形成石墨烯 |
| 4 | KR1020130110765A | 2012 | 5 | 2 | 韩国 | 一种掺杂石墨烯的制备方法 |
| 5 | KR1020130000803A | 2011 | 5 | 1 | 韩国 | 包含纳米石墨烯薄片的导电油墨组合物 |

3）美国纳米技术仪器公司成立于 1997 年，是纳米技术领域最前沿的公司之一。2007 年，美国纳米技术仪器公司联合创始人张博增教授创立了美国安固强材料有限公司（Angstron 材料公司），用于开发和制造低成本、高性能、纳米尺度的纳米石墨烯薄片。美国纳米技术仪器公司在石墨烯材料方面的申请主要涉及石墨烯的制备方法，包括氧化还原法、插层剥离法、微波辐射法等，以及石墨烯增强复合材料、储能材料（锂离子电池阳极、燃料电池、超级电容器）、电子屏蔽等应用领域。

4）巴斯夫公司在石墨烯材料领域的专利申请包括石墨烯掺杂工艺、石墨烯纳米带的制备和提纯工艺等。巴斯夫公司将储能材料（超级电容器、太阳能电池、新型电池等）和电子器件（电极、传感器、导电薄膜）作为石墨烯材料重点研究的应用领域，拥有较多引用次数高、影响力大的核心专利。

2. 我国重点企业分析

国内申请量较高的重点企业专利申请状况见表5-2-5。

表5-2-5　国内申请量较高的重点企业专利申请状况一览

| 序号 | 申请人 | 申请量（项） | 法律状态 | | | 研发方向 | 专利运营 | 海外布局 |
|---|---|---|---|---|---|---|---|---|
| | | | 有效 | 在审 | 失效 | | | |
| 1 | 海洋王照明公司 | 182 | 39.5% | 0 | 60.5% | 石墨烯制备技术、石墨烯复合材料制备，以及储能与光伏、电子信息、生物医药、水处理等应用 | 无 | 欧洲，美国，日本 |
| 2 | 成都新柯力化工科技有限公司 | 120 | 74.2% | 16.6% | 9.2% | 机械剥离法制备石墨烯以及橡胶、防腐涂料、塑料、润滑油等应用 | 转让 19件专利 | 无 |
| 3 | 重庆墨希科技有限公司 | 50 | 72% | 16% | 12% | 化学气相沉积法制备石墨烯，石墨烯掺杂改性，石墨烯转移工艺，电子信息、液晶显示、传感器、储能、水处理等应用 | 许可3件专利，转让3件专利 | 无 |

1）海洋王照明公司共申请了182项石墨烯材料相关专利申请，包括化学气相沉积法、氧化还原法、微波辐射法、外延生长法等石墨烯制备工艺和石墨烯复合材料的制备工艺。在石墨烯材料应用领域方面，该公司重点关注了电极相关技术的开发和电容器应用的研究。海洋王照明公司的研究领域包括石墨烯及其复合材料、石墨烯薄膜、石墨烯纸、石墨烯纳米带的制备，以及石墨烯在电容器、电极中的应用。表5-2-6列举了经过筛选的海洋王照明公司重点专利。从法律状态和运营情况分析可知，该公司申请的专利中有六成的专利为失效状态。

表5-2-6　海洋王照明公司重点专利

| 序号 | 专利号 | 申请年份 | 同族数量（件） | 专利布局 | 技术内容 |
|---|---|---|---|---|---|
| 1 | CN102142294A | 2016 | 1 | 中国 | 将离子液体通过掺杂于石墨烯片之间制备石墨烯-离子液体复合材料，该复合材料具有高比表面积和比容量，适用于电池或电容等电极材料 |
| 2 | CN102530913A | 2010 | 1 | 中国 | 石墨烯-碳纳米管复合材料的制备 |

续表

| 序号 | 专利号 | 申请年份 | 同族数量（件） | 专利布局 | 技术内容 |
|---|---|---|---|---|---|
| 3 | CN103508447A | 2012 | 1 | 中国 | 将氧化石墨烯配成浆料，采用激光还原法制备石墨烯 |
| 4 | WO2012031401A1 | 2010 | 8 | 中国，欧洲，日本，美国 | 包括纳米碳粒、纳米锂盐晶粒、石墨烯微粒的含锂盐-石墨烯复合材料 |
| 5 | WO2012088697A1 | 2010 | 9 | 中国，欧洲，日本，美国 | 石墨烯衍生物和碳纳米管相互穿插、缠绕形成网络结构的石墨烯衍生物-碳纳米管复合材料 |

2）成都新柯力化工科技有限公司共申请了120项石墨烯材料相关申请，形成了以机械剥离法为核心的制备石墨烯材料的专利组合，覆盖石墨烯产业全链条。上游涉及机械剥离法制备石墨烯材料、剥离助剂和剥离设备等相关专利，中游涉及剥离工艺专利，下游涉及石墨烯在橡胶、防腐涂料、塑料、润滑油中的应用等。成都新柯力化工科技有限公司申请的专利有效率高达74.2%，通过利用专利布局和高价值专利组合的形式开展专利运营，目前共转让了19件专利申请。

3）重庆墨希科技有限公司致力于石墨烯薄膜材料规模化生产、石墨烯薄膜材料规模化制备成套装备及系统解决方案研发、石墨烯应用产品开发。重庆墨希科技有限公司共申请了50项石墨烯材料相关专利申请，重点研究了化学气相沉积法制备石墨烯工艺，还涉及了石墨烯掺杂改性工艺、石墨烯转移工艺，以及石墨烯材料在电子信息、液晶显示、传感器、储能、水处理中的应用等。重庆墨希科技有限公司与中国科学院重庆绿色智能技术研究院开展了紧密合作，共同申请了31项石墨烯材料相关专利。重庆墨希科技有限公司申请的专利有效率达72%，推出了石墨烯产品如石墨烯触摸屏、石墨烯柔性智能手机、石墨烯电子书产品等。该公司还积极开展专利运营活动，目前共有3件专利许可，3件专利转让。

**五、法律状态分析**

（一）专利许可

图5-2-8显示了专利许可数量趋势。2011年开始在石墨烯材料领域出现了专利许可。专利许可数量呈现先增多、后减少、又增多的趋势，分别在2012年和2017年达到顶峰，均为7件专利。在2017年之后，专利许可数量呈现下降趋势。排名前10位的许可人中，高校和科研院所共有6家，表明国内石墨烯材料领域高校和科研机构研发实力较强，且具备一定的技术转化能力。被许可对象前10名均为企业，其中7家为国内企业。

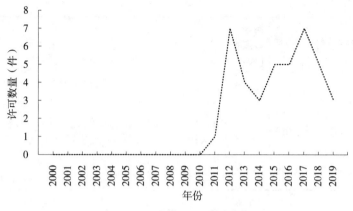

图5-2-8　专利许可数量趋势

## （二）专利转让

图 5-2-9 显示了专利转让数量趋势。2000—2007 年石墨烯材料的专利转让数量较低，除 2003 年之外，每年的专利转让数量均维持在个位数。从 2008 年开始，石墨烯材料的专利转让数量出现爆发式增长，特别是 2016 年之后，石墨烯材料每年专利转让数量均超过了 200 件。

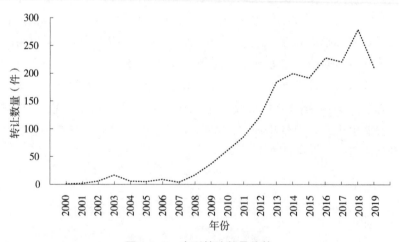

图5-2-9　专利转让数量趋势

## （三）专利质押

图 5-2-10 显示了专利质押数量趋势。2000—2016 年石墨烯材料的专利未发生过专利质押。2017 年石墨烯材料专利质押数量发生快速增长，达到 16 件，说明石墨烯材料的专利价值开始得到市场认可。2018 年石墨烯材料质押数量有所下降，仅为 6 件。

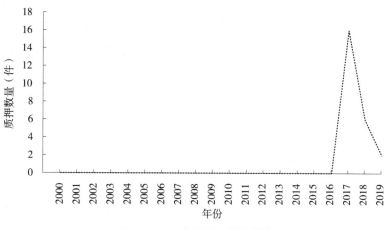

图5-2-10　专利质押数量趋势

## 六、小结

1）石墨烯材料仍然是当前的研究热点，从全球范围来看，石墨烯材料全球申请量整体上呈增长趋势，前期发展缓慢，在关于石墨烯的研究获得 2010 年诺贝尔物理学奖后，全球掀起了石墨烯材料的研究热潮，石墨烯材料相关专利的申请量开始急剧增长。石墨烯材料研究领域每年有大量的新增发明人，全球各主要国家和地区在该领域投入了大量的人才、资金和资源支持推动石墨烯材料的研究和产业化，并纷纷在该领域进行全球专利布局，以抢占石墨烯材料市场先机。石墨烯材料的研究处于技术成长期向技术成熟期过渡阶段。

2）石墨烯材料专利技术来源国主要为中国、韩国、美国、日本。目前我国石墨烯材料专利申请量位居全球首位，但基本上是本土专利申请，海外专利布局相对薄弱，随着国内创新主体知识产权保护意识增强，有少数企业和高校在海外市场进行了专利布局且主要集中在美国，整体而言我国海外市场申请量很小，专利申请质量不高，缺少核心专利技术，海外市场竞争力不强。美国、韩国、日本不仅重视本土市场的专利申请，而且非常注重开拓海外市场，韩国、日本将美国作为重要的海外市场进行了大量的专利布局。美国是石墨烯材料技术输出的第一大国，在石墨烯材料领域研发实力强大。

3）从全球主要申请人的国别构成来看，全球石墨烯材料专利申请量排名前 10 位的申请人中，主要为中、韩两国的申请人，6 个来自中国，4 个来自韩国。从申请人类型来看，高校和科研机构共有 5 家，其中 4 所中国高校，1 家韩国科研院所；企业申请人共有 4 家，其中 2 家中国企业，2 家韩国企业。韩国在石墨烯材料领域的专利申请以三星、LG 等企业集团为主，这些企业非常重视与高校、科研机构的长期合作，如三星公司与韩国多所高校和科研院所进行了联合开发，其中与成均馆大学合作最为紧密。通过产学研的高度结合，企业集团既可以掌握石墨烯材料的核心技术，又能够及时了解石墨烯材料的市场需求，从而实现加速推进石墨烯研究成果的转化。这些企业集团的子公司也具有较强的科研实力，研发领域覆盖石墨烯上下游产业链，有效提高了石墨烯产业化和市场化的效率。美国凭借丰富的资源和良好的创业环境，涌现出一批颇具竞争实力的石墨烯材料中小企业，如美国纳米技术仪器公司、Angstron材料公司。这些企业的创始人通常是来自高校的科研人员，拥有技术创新能力强大的科研团队。

4）石墨烯材料在华专利申请中，有92.3%的专利申请来自国内创新主体。排名前10位的重要申请人均为国内申请人。从申请人类型来看，高校和科研机构申请人共有8家，6所高校和2所中国科学院系统的科研院所。国内石墨烯材料的相关研究主要依靠高校和科研院所，研发侧重基础科学而非实际应用，并且多为单独申请。企业和高校、科研机构之间缺乏合作沟通，企业和企业之间由于存在市场竞争也难以开展有效的合作。目前国内石墨烯领域多为中小企业，自身不具备较强的研发实力，因此往往只能通过专利运营的方式获得相关专利技术。仅有少数企业与高校、科研院所开展了合作，如清华大学与鸿富锦精密工业（深圳）有限公司，重庆墨希科技有限公司与中国科学院重庆绿色智能技术研究院。

## 第三节　增材制造材料专利申请分析

增材制造技术是通过计算机辅助设计、采用材料直接逐层叠加的方式制造实体零件，也称为3D打印技术，是目前世界范围内最前沿的技术之一，被称为引起第三次工业革命的新兴制造技术。增材制造产品在汽车、能源、兵器、建筑、航空航天、生物医疗等领域得到了广泛的应用。增材制造技术颠覆了传统制造模式，增材制造材料是增材制造技术发展的关键点和突破口，只有开发更多的材料才能够拓展增材制造技术的应用领域。增材制造材料按照形态不同可分为粉末、片状材料、丝状材料和液体材料，按照材料类别不同分为高分子材料、金属材料、陶瓷材料和复合材料。增材制造材料已成为国内外研究热点，世界各国纷纷建立了3D打印研发中心以开展3D打印材料的技术和应用研究。我国也高度重视增材制造技术和产业的发展，《"十三五"国家科技创新规划》《中国制造2025》和《智能制造工程实施指南（2016—2020）》等发展规划将增材制造产业列为国家重点发展方向之一，明确了增材制造的战略方向。

本节对增材制造材料方面的相关专利申请进行分析和研究。

### 一、专利申请态势分析

#### （一）全球专利申请态势分析

图5-3-1是增材制造材料2000—2019年全球专利申请趋势。从图中可以看出，增材制造材料前期申请量较少，整体呈现先平稳发展后上升的申请态势。2000—2013年

增材制造材料专利申请发展缓慢，总体较为平稳；2014年随着3D打印热的持续发酵，越来越多的全球创新主体投入该领域的研究中，该领域的申请量呈现飞跃式增长，增材制造材料的技术不断取得突破，进入快速发展期，每年申请量增加约1000项。近几年增材制造材料专利申请仍然保持较高的申请量，行业未来仍然处于高速发展阶段。

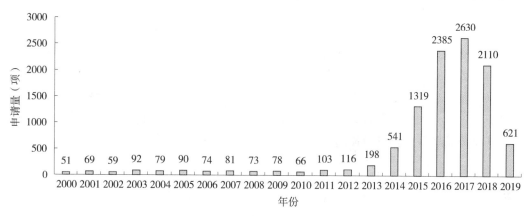

图5-3-1 全球专利申请趋势

## （二）在华专利申请态势分析

图5-3-2是增材制造材料在华专利申请趋势。从图中可以看出，增材制造材料在华专利申请趋势与全球申请趋势整体走势相似。2000—2013年，增材制造材料的年申请量变化不大，申请总量较少，整体呈平稳态势。2014年开始，增材制造材料的申请量呈现明显上升态势。

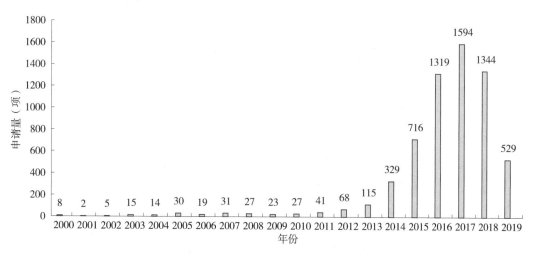

图5-3-2 在华专利申请趋势

## 二、专利区域分布分析

### （一）全球专利申请技术流向

图 5-3-3 是增材制造材料专利申请主要技术来源国目标市场布局。从图中可以看出，我国申请量虽然位居首位，但是我国申请人主要在国内进行专利布局，在海外市场的专利布局数量很少，这一方面表明我国申请人的知识产权保护意识仍较为薄弱，另一方面表明我国增材制造材料的相关专利申请缺乏竞争力。相比而言，国外申请人不仅在本土进行了大量专利申请，也在海外积极进行布局，特别是美国，在中国、韩国、日本进行了大量专利布局，这也反映出美国在增材制造材料领域的研发实力较强，专利申请质量较高，具备较强的竞争力。

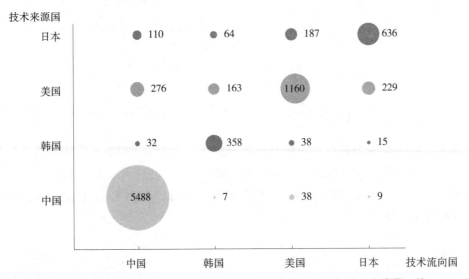

**图5-3-3　增材制造材料专利申请主要技术来源国目标市场布局（申请量：件）**

### （二）在华专利申请区域分布分析

图 5-3-4 为各地区专利申请排名。从图中可以看出，广东、江苏、北京分别位于前三位，其专利申请量均达到了 500 项以上。广东在增材制造材料领域的申请量达到834 项，表明广东在增材制造材料领域的研发实力强大。另外，安徽、浙江、上海、四川、陕西、湖南、湖北在增材制造材料研发方面也具有一定的实力，申请量均达到了200 项以上。广东、北京、上海在增材制造材料研发领域技术研发起步最早。总体而言，各地区在 2014 年之前的申请量均处于较低水平。2014 年之后，各省市在增材制造材料领域的申请量出现快速增长，特别是广东和江苏，其申请大量集中在 2016—2018 年。

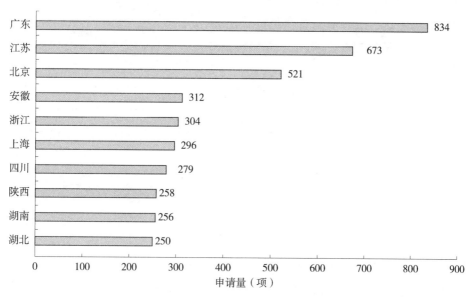

图5-3-4　各地区专利申请排名

## 三、技术分布分析

增材制造材料技术分布情况见表 5-3-1。由分析可知，在增材制造材料相关专利中，三维物品的制造如 3D 打印技术（B33Y）所占数量最多。其次为塑料的成型或连接，已成型产品的后处理（B29C）。对于增材制造材料中涉及的具体种类，按照占比数量依次为高分子组合物材料（C08L）、金属粉末材料（B22F）、陶瓷材料（C04B）、合金材料（C22C）、用碳–碳不饱和键反应得到的高分子材料（C08F）、用碳–碳不饱和键以外的反应得到的高分子材料（C08G）。目前增材制造材料市场中应用最多的也是高分子类材料。另外，增材制造材料领域还涉及使用无机物或非高分子有机物作为配料技术（C08K）和配料的加工工艺（C08J）。

表5-3-1　技术分布分析

| IPC 分类号 | 申请量（项） | 技术主题 |
|---|---|---|
| B33Y | 9803 | 附加制造，即三维〔3D〕物品制造，通过附加沉积、附加凝聚或附加分层，如 3D 打印，立体照片或选择性激光烧结 |
| B29C | 5680 | 塑料的成型或连接；塑性状态材料的成型，已成型产品的后处理，例如修整 |
| C08L | 4407 | 高分子化合物的组合物 |
| B22F | 3343 | 金属粉末的加工；由金属粉末制造制品；金属粉末的制造 |
| C08K | 3242 | 使用无机物或非高分子有机物作为配料 |
| C04B | 2647 | 石灰；氧化镁；矿渣；水泥；其组合物，例如：砂浆、混凝土或类似的建筑材料；人造石；陶瓷 |

续表

| IPC 分类号 | 申请量（项） | 技术主题 |
|---|---|---|
| C22C | 2032 | 合金 |
| C08J | 1601 | 加工；配料的一般工艺过程 |
| C08F | 1490 | 仅用碳-碳不饱和键反应得到的高分子化合物 |
| C08G | 1480 | 用碳-碳不饱和键以外的反应得到的高分子化合物 |

## 四、申请人分析

### （一）全球专利申请人分析

#### 1. 全球专利申请申请人排名

图 5-3-5 为全球专利申请申请人排名。增材制造材料领域全球前 10 位申请人分别为惠普公司、理光公司、通用公司、西安交通大学、施乐公司、中南大学、成都新柯力化工科技有限公司、黑龙江鑫达企业集团有限公司、华中科技大学、中国石油化工股份有限公司。从申请人类型来看，企业申请人数量最多，共有 7 家，其中 4 家国外企业，3 家国内企业。全球重点申请人排名前 3 位的均为国外企业，这反映出国外申请人的研发实力雄厚，占据技术创新的主导地位。虽然排名前 10 位的全球申请人中有 3 家中国企业，但申请总量相对较低，说明我国企业与国外企业相比仍存在不少差距。全球重点申请人共有 3 家高校，均为国内高校，特别是排名第 4 位的西安交通大学，在该领域具有较强的研发实力，国内相关企业可以寻求与其进行合作，以校企联合的方式提高技术的创新能力和转化能力。

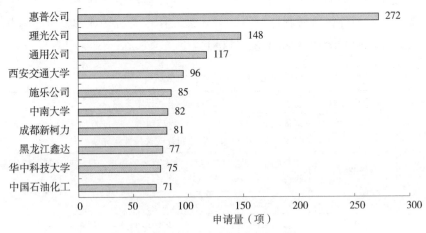

图5-3-5　全球专利申请申请人排名

#### 2. 全球申请人申请趋势对比

图 5-3-6 为全球重点申请人的申请趋势。从图 5-3-6 可以看出，国外申请人如惠

普公司、理光公司、通用公司在增材制造材料领域起步明显早于国内申请人。整体而言，全球重点申请人在2014年之前的申请量均处于较低水平，国外申请人的申请量还存在一定的不连续性，个别年份在该领域没有进行专利申请，这主要是由于增材制造技术特别是3D打印技术属于新兴产业，技术发展不成熟，市场前景不明朗，而且，增材制造材料的技术创新依赖于3D打印技术和3D打印设备的技术发展，因而导致企业专利申请不连续的现象。2014年之后，国内外企业申请人的申请量呈现先上升后下降的趋势。国内企业申请人黑龙江鑫达企业集团有限公司的专利申请主要集中在2015—2016年。国内高校申请人的申请量呈现不断上升的趋势，这表明国内高校对于增材制造材料领域的研究仍然保持较为活跃的态势，持续投入研发资源。

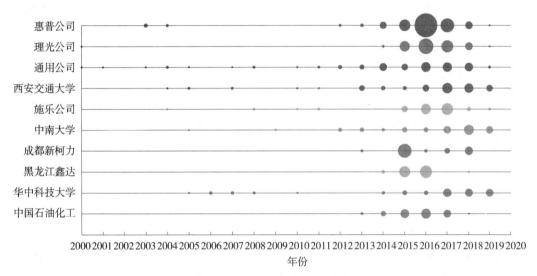

图5-3-6　全球重点申请人申请趋势

3. 全球共同申请人分析

增材制造材料申请人联合申请情况见表5-3-2。从表中可以看出，涉及联合申请的前20名申请人中，高校和科研院所申请人数量最多，共有8家，其中6所为国内大学，具体为华南农业大学、华中科技大学、西安交通大学、华南理工大学、北京科技大学、华东理工大学，还有1家国内科研院所和1家国外科研院所。企业申请人共有7家，其中6家国外企业，1家国内企业。通过进一步分析可知，联合申请数量最多的国内企业中国石油化工股份有限公司主要是与所属同一集团的研发团队如中国石油化工股份有限公司北京化工研究院、中国石油化工股份有限公司上海石油化工研究院、北京燕山石化高科技有限责任公司进行合作研发，未与其他企业或研发机构进行合作。国外企业则采用企业与企业之间合作研发或企业与高校之间合作研发的形式。

表5-3-2 全球共同申请人排名

| 序号 | 申请人 | 申请量<br>（项） | 序号 | 申请人 | 申请量<br>（项） |
|---|---|---|---|---|---|
| 1 | 中国石油化工股份有限公司 | 67 | 6 | 巴斯夫公司 | 11 |
| 2 | 中国石油化工股份有限公司北京化工研究院 | 42 | 7 | 理光公司 | 11 |
| 3 | 沙特基础工业公司 | 26 | 8 | 华中科技大学 | 11 |
| 4 | 法国国家科研中心 | 14 | 9 | 西安交通大学 | 10 |
| 5 | 华南农业大学 | 14 | 10 | 华南理工大学 | 9 |

### （二）在华专利申请人分析

1. 在华专利申请申请人排名

图5-3-7为增材制造材料在华专利申请的申请人排名，其中排名前10位的均为国内申请人。从申请人类型来看，有5家企业、4所高校和1所科研院所。其中西安交通大学自1993年开始增材制造技术的研究，在卢秉恒院士的带领下形成了以光固化成型为技术特色，同时向选区激光烧结、材料熔化沉积等工艺发展的研发体系。中南大学在金属增材制造领域具有较强的研发实力，包括铝镁合金、钛合金等，研发团队包括李瑞迪等。成都新柯力、黑龙江鑫达等企业申请人将会在后续进行介绍。

从国内重要申请人的类型来看，增材制造领域正处于基础学科研究向产业化发展的关键时期，一方面部分高校和科研院所在该领域有很强的研发实力，另一方面企业申请人也注重科技创新和专利保护，正逐渐成为创新体系的主导力量。在未来发展中，将高校雄厚的科研实力与企业的创新需求相结合、促进高校专利技术的转化是领域发展的重要任务。

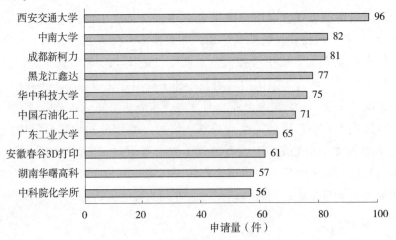

图5-3-7 在华专利申请申请人排名

### 2. 在华共同申请人分析

增材制造材料在华申请人联合申请情况见表5-3-3。从表中可以看出，国内涉及联合申请的前20名申请人中，高校申请人联合申请数量最多，共有8所，分别为华南农业大学、华中科技大学、西安交通大学、华南理工大学、北京科技大学、华东理工大学、东北林业大学、湘潭大学，企业申请人共有7家，联合申请数量位居第二，其余5家为科研院所。进一步分析可知，高校申请人的联合申请对象大多为企业，但联合申请数量较少，表明高校和企业虽已经在一定程度上进行了合作研发，但是合作力度较小，未来仍有较大的合作空间。

表5-3-3　在华共同申请人分析

| 序号 | 申请人 | 申请量（件） | 序号 | 申请人 | 申请量（件） |
|---|---|---|---|---|---|
| 1 | 中国石油化工股份有限公司 | 67 | 11 | 北京钢研新冶精特科技有限公司 | 7 |
| 2 | 中国石油化工股份有限公司北京化工研究院 | 42 | 12 | 上海金发科技发展有限公司 | 6 |
| 3 | 华南农业大学 | 13 | 13 | 东北林业大学 | 6 |
| 4 | 华中科技大学 | 11 | 14 | 东莞深圳清华大学研究院创新中心 | 6 |
| 5 | 西安交通大学 | 10 | 15 | 东莞纽卡新材料科技有限公司 | 6 |
| 6 | 华南理工大学 | 9 | 16 | 中国科学院宁波材料技术与工程研究所 | 6 |
| 7 | 北京科技大学 | 8 | 17 | 中国运载火箭技术研究院 | 6 |
| 8 | 华东理工大学 | 8 | 18 | 广州飞胜高分子材料有限公司 | 6 |
| 9 | 中国石油化工股份有限公司上海石油化工研究院 | 7 | 19 | 株式会社御牧工程 | 6 |
| 10 | 北京燕山石化 | 7 | 20 | 湘潭大学 | 6 |

### (三) 重要企业分析

### 1. 国外重要企业分析

国外重点企业专利申请状况见表5-3-4，以专利族项数为指标筛选出了排名前3位的重点企业。

表5-3-4　国外重点企业专利申请状况一览

| 序号 | 申请人 | 专利族（项） | 专利申请（件） | 全球布局 | 研发方向 |
|---|---|---|---|---|---|
| 1 | 惠普公司 | 272 | 329 | 中国，美国，韩国，日本，欧洲，巴西，印度，加拿大 | 高分子材料：尼龙、聚乙烯、聚丙烯、聚氨酯、聚碳酸酯等；复合材料；陶瓷材料：氧化铝、二氧化硅等；金属粉末 |

续表

| 序号 | 申请人 | 专利族（项） | 专利申请（件） | 全球布局 | 研发方向 |
|---|---|---|---|---|---|
| 2 | 理光公司 | 148 | 216 | 中国，日本，美国，欧洲，韩国，加拿大，印度 | 高分子材料：聚烯烃，聚酰胺，聚酯，聚芳基酮，聚乳酸等；复合材料 |
| 3 | 通用公司 | 117 | 147 | 中国，美国，德国，日本，欧洲，加拿大，巴西，韩国 | 金属材料：不锈钢、铁、镍、铜、铝等，合金粉末；高分子材料：聚碳酸酯 |

1）惠普公司是传统 2D 打印机知名制造商，2014 年开始进入 3D 打印领域，2015 年公开了自主研发的多射流熔融（Muti-Jet Fusion）3D 打印技术，2016 年推出了基于多射流熔融技术的 3D 打印机 3200 和 4200，两款打印机所使用的主要材料均为尼龙粉末，打印速度是同类产品的 10 倍，2018 年又推出了基于多射流熔融技术的全彩打印机 500 和 300，是 3D 打印行业首款生产全彩色工业级功能部件的 3D 打印机。2017 年，惠普公司开始运营 3D 开发材料和应用实验室，用于增加跨行业合作以及为 3D 打印材料提供测试场所。惠普公司共申请了 272 项增材制造材料领域相关专利申请，主要涉及尼龙、聚乙烯、聚丙烯、聚氨酯、聚碳酸酯等高分子材料，氧化铝、二氧化硅等陶瓷材料，金属材料和复合材料。另外，惠普公司在多射流熔融技术中使用的熔剂种类方面也进行了大量的专利布局。惠普公司非常重视海外市场的开发，除本土外，在中国、韩国、日本、欧洲、巴西、印度、加拿大均进行了专利布局。

2）2014 年，理光公司开始涉足增材制造行业，在 2015 年推出自主的 SLS 3D 打印机 AM S5500P，可采用 SLS 技术常用的高分子粉末如 PA11 和 PA12，还可采用高性能材料 PA6 和 PP，是为数不多的具有打印高温聚酰胺能力的机器。理光公司在增材制造材料领域进行了大量专利布局，共申请了 148 项增材制造材料的相关专利，涉及聚烯烃、聚酰胺、聚酯、聚芳基酮、聚乳酸等高分子材料和复合材料。理光公司在中国、日本、美国、欧洲、韩国、加拿大、印度均进行了专利布局，其中美国是该公司重要的海外市场。理光公司主要聚焦于生物 3D 打印技术，2019 年该公司投资了马里兰生物技术公司 Elixirgen Scientific，获得其 34.5% 的股份，计划将生物 3D 打印技术与细胞分化技术结合起来。

3）通用公司 2003 年开始在 3D 打印技术和产业进行布局，目前 3D 打印技术应用已逐渐延伸到通用旗下所有业务领域。通用公司共申请了 117 项增材制造领域相关专利申请，其主要聚焦于金属 3D 打印技术，包括采用不锈钢、铁、镍、铜、铝等金属粉末和铜基合金、铝基合金等合金粉末。通用公司还对复合材料和聚碳酸酯材料进行了相关的研究。通用公司在全球多个国家和地区进行了专利布局，包括中国、德国、日本、欧洲、加拿大、巴西和韩国。

**2. 我国重要企业分析**

国内专利申请量较高或者产业化较好的重点企业专利申请状况见表 5-3-5。

表5-3-5 国内重点企业专利申请状况一览

| 序号 | 申请人 | 申请量（件） | 法律状态 | | | 研发方向 | 专利运营 | 海外布局 |
|------|--------|------|------|------|------|----------|----------|----------|
| | | | 有效 | 在审 | 失效 | | | |
| 1 | 成都新柯力化工科技有限公司 | 81 | 56.8% | 14.8% | 28.4% | 聚酯、聚乳酸、聚丙烯、ABS、橡胶等高分子材料；陶瓷材料；金属粉末 | 转让34件；许可1件 | 无 |
| 2 | 黑龙江鑫达企业集团有限公司 | 77 | 1.3% | 39.0% | 59.7% | ABS、尼龙、PLA、聚碳酸酯等高分子材料；复合材料 | 无 | 无 |
| 3 | 中国石油化工股份有限公司 | 71 | 26.4% | 65.3% | 8.3% | 聚氨酯、聚烯烃、聚乳酸、尼龙、聚酯等高分子材料；金属粉末 | 转让1件 | 无 |
| 4 | 湖南华曙高科技有限责任公司 | 57 | 41.6% | 54.6% | 3.8% | 尼龙、聚酰胺、聚苯硫醚等高分子粉末；金属粉末、复合材料 | 无 | 无 |

1）成都新柯力化工科技有限公司共申请了81件增材制造材料相关专利申请，是目前国内该领域申请量最大的企业，研发内容覆盖高分子材料、陶瓷材料、金属材料等多种增材制造材料。从法律状态分析可知，该公司目前有效专利占申请总量的56.8%，失效专利为28.4%，在审占比14.8%，说明该公司专利有效率较高，专利整体质量较好。专利运营方面，该公司转让专利34件，许可专利1件。从专利布局分析可知，成都新柯力化工科技有限公司并未在海外进行专利布局，该公司的海外市场竞争力薄弱。

2）黑龙江鑫达企业集团有限公司2017年在哈尔滨建设3D打印耗材智能制造示范工厂，可生产通用塑料、塑料合金、工程塑料、特种工程塑料、生物塑料等3D打印耗材。黑龙江鑫达企业集团共申请了77件增材制造材料相关申请，主要涉及高分子材料和复合材料的研发。从法律状态、专利布局和运营情况分析可知，该公司有效状态的专利申请量仅为1.3%，失效状态的专利申请量高达59.7%，并且该公司没有进行海外布局，也未开展专利运营活动，可见该公司虽然目前国内申请量很大，但是专利申请质量较低，市场竞争力不高。

3）中国石油化工股份有限公司共申请了71件增材制造领域相关专利申请，涉及聚氨酯、聚烯烃、聚乳酸、尼龙、聚酯等高分子材料和金属粉末的研究，该公司并未在海外进行专利布局。目前该公司有效专利占申请总量的26.4%，失效占比为8.3%，在审占比65.3%，可见该公司专利大部分处于在审状态。专利运营方面，中国石化目前有1件专利进行了转让。

4）湖南华曙高科技有限责任公司是工信部公布的3D打印智能制造试点示范项目企业，拥有高分子复杂结构增材制造国家工程实验室、国际视野的研发体系和全球销售服务网络，自主研发了目前速度领先的尼龙3D打印设备、开源金属3D打印设备、连续增材制造解决方案。湖南华曙高科技申请了 57 件增材制造材料相关申请，自主研发了尼龙、聚酰胺、聚苯硫醚等 10 款 3D 打印高分子粉末材料和钛合金、镍基合金、钴铬合金、不锈钢等 13 款金属粉末材料。该公司有效专利占申请总量的 41.6%，失效占比为 3.8%，在审占比为 54.6%，专利的有效率较高。

## 五、法律状态分析

### （一）专利许可

图 5-3-8 显示了专利许可数量趋势。2008 年开始在增材制造材料领域出现了专利许可。2009 年达到顶峰为 4 件，专利许可数量整体数量较少，并且专利许可数量变化存在一定的波动性。增材制造材料领域专利许可和被许可数量总量不高，均只有个位数字，这反映出增材制造材料的专利价值度还较低，未被市场接受和认可。许可对象以高校为主，如华中科技大学、东北林业大学、中南大学等，被许可对象全部为企业。

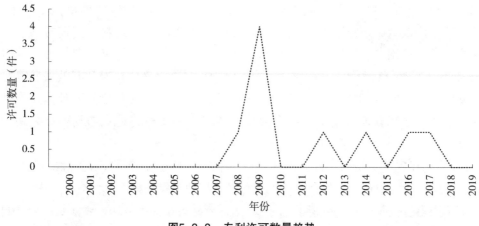

图5-3-8 专利许可数量趋势

### （二）专利转让

图 5-3-9 显示了专利转让数量趋势。2014 年以前，增材制造材料专利转让数量不高，每年专利转让数量为零或者维持在个位数。从 2015 年开始，增材制造材料的专利转让数量出现大幅上升。2018 年增材制造材料的专利转让数量达到 83 件。

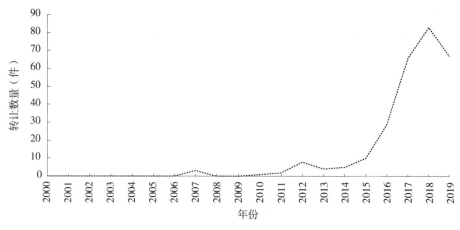

图5-3-9 专利转让数量趋势

（三）专利质押

图 5-3-10 显示了专利质押数量趋势。总体而言，增材制造材料的质押数量较少。2010 年开始，增材制造材料专利开始发生专利质押。2010—2018 年，仅个别年份出现专利质押现象，且最多为 1 件。2019 年，质押数量出现了一定增长。

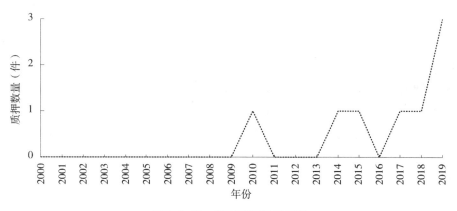

图5-3-10 专利质押数量趋势

## 六、小结

增材制造材料是国内外研究热点，从全球范围来看，增材制造材料前期申请量较少，受到全球金融危机的影响，2006—2010 年申请量出现了一定下降。2012 年，美国将 3D 打印纳入发展计划之中，引发了 3D 打印技术热潮，该领域的申请量呈现飞跃式增长，增材制造材料的技术不断取得突破，进入快速发展期。

增材制造材料专利技术来源国主要有中国、美国、日本、德国、韩国。全球增材制造主要形成了"美国主导，欧洲协同发展，日本追随，中国后发"的格局。我国增材制造材料申请量位居世界第一，但大多数专利申请仅在国内进行专利布局，海外市场专利布局薄弱。反映出我国申请人专利布局缺少规划性，对专利技术的保护意识淡薄，海外市场竞争力明显不足。国外申请人中，美国和日本在本土市场和海外市场均进行了大量的专利布局。我国是全球增材制造材料主要技术目标国，一方面是由于我国拥有巨大的 3D 打印市场，国内外企业争相在我国进行专利布局以抢占行业先机，另一方面由于我国政府出台了一系列政策对增材制造行业进行大力扶持，众多的企业和科研院所受此影响进入该领域。

从全球主要申请人的类型来看，企业申请人数量最多，共有 7 家，其中 4 家国外企业，3 家国内企业，排名前三的全球主要申请人均为国外企业。国外企业多采用自主研发、收并购方式推动增材制造材料的技术发展，完善自身产业链布局。惠普公司凭借自身强大的研发实力自主开发了多射流熔融 3D 打印技术，并研发了与该技术配套使用的增材制造材料和设备。通用公司主要通过收并购方式在 3D 打印产业加速布局，通过收购和投资全球知名 3D 打印技术公司，实现了对 3D 打印核心技术的掌握，并且将产业链延伸至旗下所有业务领域。虽然排名前 10 位的全球申请人中存在 3 家中国企业，但申请总量相对较低，材料性能与国外存在差距、产品体系不健全。

增材制造材料在华专利申请中，有 91% 的专利申请来自国内创新主体。排名前 10 位的重要申请人均为国内申请人。从申请人类型来看，有 5 家企业、4 所高校和 1 所科研院所。企业和高校是国内增材制造材料研发的重要创新主体。我国企业主要是围绕增材制造设备和应用领域对增材制造材料进行研发，受限于自身增材制造设备和增材制造工艺，国内企业生产的产品品种单一，规模化程度较低。仅有少数企业实现了产品市场化应用，如湖南华曙高科技有限责任公司自主研发了 10 款 3D 打印高分子粉末材料和 13 款金属粉末材料，是一家覆盖设备制造、材料生产、客户服务支持的 3D 打印完整产业链的企业，产销打印材料 100t，实现产值 450 万元。国内高校在增材制造领域多侧重于基础技术研发，研究成果转化率低，产业化程度不高。从合作申请情况分析，我国高校和企业虽已经在一定程度上进行了合作研发，但是合作力度较小，研究成果也未真正实现市场化应用。国内申请量排名最大的企业成都新柯力化工科技有限公司专利申请质量较好，专利有效率达到 56.8%，该公司积极开展了专利运营活动，转让专利 34 件，许可专利 1 件。

我国将增材制造材料列为重点支持的新材料行业，《中国制造 2025》《"十三五"国家科技创新规划》和《增材制造产业发展行动计划（2017—2020 年）》等政策的出台，为我国增材制造材料的发展提供了有力保障。发展增材制造行业是"中国制造"向"中国智造"转变的有效途径。从各省市石墨烯材料申请状况来看，广东在增材制造材料领域专利申请量最大，江苏位居第二，其余依次为北京、安徽、浙江、上海、四川、陕西、湖南、湖北。各地政府纷纷出台了产业规划和扶持政策促进增材制造产业的发展。2014 年，广东省委、省政府率先出台《关于全面深化科技体制改革　加快创新驱动发展的决定》，将 3D 打印作为广东省九大重大科技专项之一被纳入支持范围，2015 年，珠海宣布建立 3D 打印产业，珠海市香洲区政府与中国 3D 打印技术产业联盟将联手打造 3D 打印技术产业（珠海）创新中心和 3D 技术产业园区。江苏省发布了《关于印发江苏省增材制造产业发展三年行动计划（2018—2020 年）的通知》。该通知对江苏省 3D 打印产业的重点任务、行动目标等都提出了明确的指导意见，为未来几年江苏省 3D 打印产业的发展指明了方向。

增材制造技术是目前科技最前沿的技术之一，目前国内增材制造企业呈"小而散"的格局，企业规模普遍较小，缺少具有国际影响力的龙头企业。我国企业可以借鉴国外企业先进的发展经验，整合行业内资源，重视和加大产学研合作模式，结合企业和高校、科研院所各自的优势，推动增材制造产业化发展。全面、系统地规划增材制造领域专利申请布局方式，加强全球专利布局，提升海外市场竞争力。国内企业之间应当加强交流、合作，实现优势互补、强强联合，实现增材制造领域技术的突破。

# 第四节　形状记忆合金专利申请分析

## 一、专利申请态势分析

### （一）全球专利申请态势分析

图 5-4-1 是形状记忆合金 2000—2019 年在全球的专利申请趋势，其整体呈现波动性发展态势。2000—2004 年，专利申请量缓慢小幅增长，2005 年开始专利申请量有一定回落，直到 2011 年申请量整体比较平稳，2012 年开始，申请量较前年有较大幅度增长，迎来一个申请量的高潮，2013—2014 年小幅下降后又逐年上升，2018 年申请量达到最大，达到 83 项。从专利申请总体态势可以预测，形状记忆合金相关专利申请量在今后几年依然会持续上升。同时，从图 5-4-1 中申请人数量走势上可以看出，申请人数量的走势基本与申请总量趋势相同，申请人数量最多的年份出现在 2014 年，当年共有 56 个申请人进行了专利申请。可见该领域专利申请人活跃度直接影响专利申请量态势。

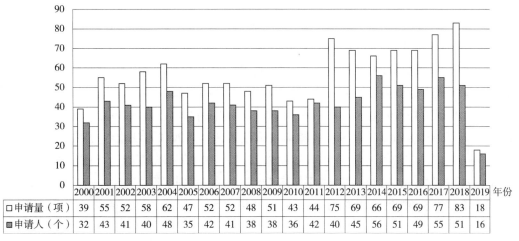

| 年份 | 2000 | 2001 | 2002 | 2003 | 2004 | 2005 | 2006 | 2007 | 2008 | 2009 | 2010 | 2011 | 2012 | 2013 | 2014 | 2015 | 2016 | 2017 | 2018 | 2019 |
|---|---|---|---|---|---|---|---|---|---|---|---|---|---|---|---|---|---|---|---|---|
| 申请量（项） | 39 | 55 | 52 | 58 | 62 | 47 | 52 | 52 | 48 | 51 | 43 | 44 | 75 | 69 | 66 | 69 | 69 | 77 | 83 | 18 |
| 申请人（个） | 32 | 43 | 41 | 40 | 48 | 35 | 42 | 41 | 38 | 38 | 36 | 42 | 40 | 45 | 56 | 51 | 49 | 55 | 51 | 16 |

图5-4-1　全球专利申请趋势

（二）在华专利申请态势分析

1. 在华专利申请趋势

图 5-4-2 是形状记忆合金 2000—2019 年在华的专利申请趋势。由图 5-4-2 中可以看出，虽然形状记忆合金在 20 世纪 30 年代就被发现，但是在我国涉及形状记忆合金的专利申请量在 2000—2011 年呈现波动性缓慢增长，2012 年开始，申请量较前年有较大幅度突增，2013—2014 年小幅下降后又逐年上升，2018 年申请量达到最大，达到 70 项。整体来说，形状记忆合金相关专利在华申请趋势与全球申请趋势相一致。从专利申请总体态势可以预测，形状记忆合金相关专利申请量在今后几年依然会持续上升。

从申请人数量趋势上可以看出，申请人数量在 2000—2019 年整体呈现波动性增长趋势，申请人数量在 2000 年只有 6 个，到 2018 年申请人数量达到 40 个，但相对于其他合金领域申请人数量仍较少。主要原因在于我国相关技术研发主要集中在个别的高等院校及个别企业，其技术研发门槛较高，申请人相对较集中。随着形状记忆合金应用领域的不断扩展，必然会推动研发深度的不断加深，也必将受到国内相关人员的重视，该领域专利申请人数量也将随之增多。

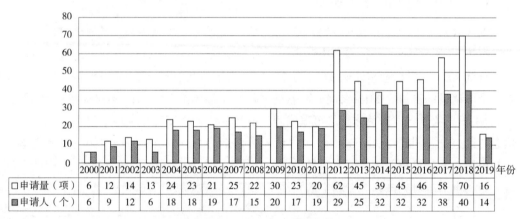

| | 2000 | 2001 | 2002 | 2003 | 2004 | 2005 | 2006 | 2007 | 2008 | 2009 | 2010 | 2011 | 2012 | 2013 | 2014 | 2015 | 2016 | 2017 | 2018 | 2019 |
|---|---|---|---|---|---|---|---|---|---|---|---|---|---|---|---|---|---|---|---|---|
| □申请量（项） | 6 | 12 | 14 | 13 | 24 | 23 | 21 | 25 | 22 | 30 | 23 | 20 | 62 | 45 | 39 | 45 | 46 | 58 | 70 | 16 |
| ■申请人（个） | 6 | 9 | 12 | 6 | 18 | 18 | 19 | 17 | 15 | 20 | 17 | 19 | 29 | 25 | 32 | 32 | 32 | 38 | 40 | 14 |

**图5-4-2　在华专利申请趋势**

2. 国内外在华专利申请量对比

图 5-4-3 为国内外申请人在华申请量趋势，从图中可以看出，整体而言，国外申请人在华专利申请量在 2000—2019 年之间变化不大，2004 年申请量最大，也仅为 10 件，国内申请人申请量在 2000—2001 年低于国外申请人，随后在 2002 年国内申请人申请量实现对国外申请人的超越，并逐渐占据绝对优势。2012 年开始，国内申请人申请量呈飞跃式增长，当年达到 55 项，随后在 2013—2014 年小幅下降后又逐年上升，2018 年申请量达到最大，为 66 项。由于国内申请人申请量占据绝对主导，使得国内外在华专利申请量也呈现相同变化趋势。

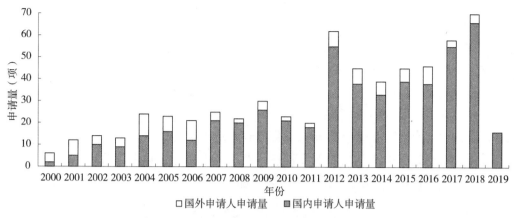

**图5-4-3 国内外申请人在华专利申请量趋势**

## 二、专利区域分布分析

### (一)全球专利申请技术流向

形状记忆合金专利技术主要技术来源国目标市场布局如图 5-4-4 所示。从图中可以看出,日本最为重视在全球市场的专利布局,为向外国技术输出的第一大国。日本向美国输出 73 件,向中国、韩国分别输出了 40 件、21 件。美国向日本输出 43 件,向中国、韩国分别输出了 33 件、14 件。日本、美国两国的专利输出量相对于中国、韩国和德国遥遥领先,这与日本、美国在形状记忆合金领域具备很强的研发实力、注重海外市场知识产权保护等多方面因素有关。

中国向国外技术输出落后于日本和美国,海外布局相对薄弱。中国虽然已经成为形状记忆合金技术领域全球第一技术来源大国,但其向其他国家和地区的专利布局相对于日本、美国是远远落后的。这一方面反映了国内创新主体在海外的知识产权保护意识和保护力度亟须加强;另一方面也反映了中国形状记忆合金专利申请的质量与日、美仍存在差距,在核心技术研发、抢占技术制高点的道路上还有很长的路要走。

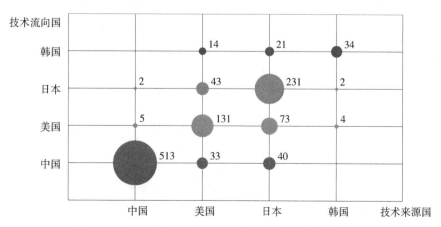

**图5-4-4 主要技术来源国的目标市场布局(申请量:件)**

（二）在华专利申请区域分布分析

图 5-4-5 为各地区专利申请排名，江苏在形状记忆合金领域的专利申请量最大，以 118 件专利申请量排名第一，约占国内专利申请总量的 23.1%，在该领域占据绝对优势地位。北京以 68 件专利申请量，位居第二；可见，形状记忆合金专利申请量与经济、科技的发展水平以及国内高等院校分布情况密切相关，江苏、浙江作为经济发达地区，具有形状记忆合金相关企业，科技研发投入也相对比较多，同时，北京、哈尔滨等城市高等院校相对集中，研发团队优势明显。

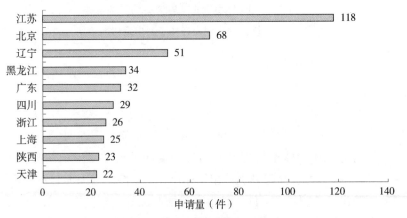

图5-4-5　各地区专利申请排名

## 三、技术分布分析

表 5-4-1 为形状记忆合金领域的技术主题分布。形状记忆合金各类型中，镍基形状记忆合金在应用领域一直处于统治地位，但其材料成本高，冷加工性差；铜基形状记忆合金热加工性能和形状记忆效应均较好且价格低廉，但其性能不稳定；铁基形状记忆合金自开发以来因其价格低廉、加工性能优良、可焊接性好等特点，目前已获得广泛应用。总体来说，形状记忆合金相关专利申请大部分都与材料的成分和制备工艺相关，其分类号涉及 C22C、C22F、C21D、B22F 等。另外，从形状记忆合金的应用领域来看，主要分布在生物医疗器械、电磁材料、半导体材料等领域，涉及 A61L、A61C、H01F、H01L 等分类号。

表5-4-1 形状记忆合金领域技术主题分布

| 技术领域 | IPC 分类 | 技术主题 |
|---|---|---|
| 镍基形状记忆合金<br><br>申请量（项）<br>535 244 37 37 33 27 26 21 17 16<br>C22C C22F A61L B22F H01F A61F C23C B22D A61M A61B | C22C | 合金 |
| | C22F | 改变有色金属或有色合金的物理结构 |
| | A61L | 材料或消毒的一般方法或装置 |
| | B22F | 金属粉末的加工；由金属粉末制造制品；金属粉末的制造；金属粉末的专用装置或设备 |
| | H01F | 磁体；电感；变压器；磁性材料的选择 |
| | A61F | 可植入血管内的滤器；假体；为人体管状结构提供开口或防止其塌陷的装置 |
| | C23C | 对金属材料的镀覆；用金属材料对材料的镀覆 |
| | B22D | 金属铸造；用相同工艺或设备的其他物质的铸造 |
| | A61M | 将介质输入人体内或输到人体上的器械 |
| | A61B | 诊断；外科；鉴定 |
| 铜基形状记忆合金<br><br>申请量（项）<br>291 125 29 16 16 13 12 12 9 9<br>C22C C22F C23C B22D B22F B32B A61L H01L A61C C21D | C22C | 合金 |
| | C22F | 改变有色金属或有色合金的物理结构 |
| | C23C | 对金属材料的镀覆；用金属材料对材料的镀覆 |
| | B22D | 金属铸造；用相同工艺或设备的其他物质的铸造 |
| | B22F | 金属粉末的加工；由金属粉末制造制品；金属粉末的制造；金属粉末的专用装置或设备 |
| | B32B | 层状产品，即由扁平的或非扁平的薄层 |
| | A61L | 材料或消毒的一般方法或装置 |
| | H01L | 半导体器件；其他类目中不包括的电固体器件 |
| | A61C | 牙科；口腔或牙齿卫生的装置或方法 |
| | C21D | 改变黑色金属的物理结构；黑色或有色金属或合金热处理用的一般设备 |

| 技术领域 | IPC 分类 | 技术主题 |
|---|---|---|
| | C22C | 合金 |
| | C21D | 改变黑色金属的物理结构；黑色或有色金属或合金热处理用的一般设备 |
| | C22F | 改变有色金属或有色合金的物理结构 |
| | H01F | 磁体；电感；变压器；磁性材料的选择 |
| | B22F | 金属粉末的加工、制造；由金属粉末制造的制品 |
| | C23C | 对金属材料的镀覆；用金属材料对材料的镀覆 |
| | B22D | 金属铸造；用相同工艺或设备的其他物质的铸造 |
| | F16B | 紧固或固定构件或机器零件用的器件 |
| | H01L | 半导体器件；其他类目中不包括的电固体器件 |
| | G11B | 基于记录载体和换能器之间的相对运动而实现的信息存储 |

铁基形状记忆合金

## 四、申请人分析

### （一）全球重要申请人分析

图 5-4-6 是全球专利申请申请人排名。从全球主要申请人的国别构成来看，形成中国遥遥领先的形状记忆合金专利申请格局，全球形状记忆合金专利申请量排名前 10 中，前 9 名的申请人均来自中国，比例占到了 90%，排名第一的镇江忆诺唯合金有限公司，其申请集中在 2007—2013 年，但随后没有相关专利申请；排名第 2~9 位的申请人都是国内高校，第 10 名为来自日本东北大学的 Ishida Kiyohito 团队，该团队长期从事金属相变研究，形状记忆合金也是其重要的研究方向。从申请人类型来看，形状记忆合金的申请人主要为高校以及科研院所。

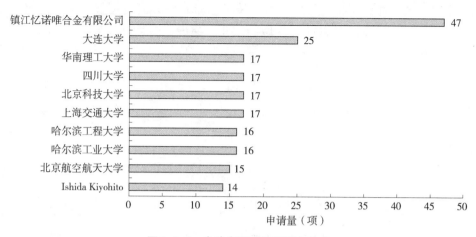

**图5-4-6　全球专利申请申请人排名**

**（二）重要企业分析**

**1. 全球重要企业分析**

表5-4-2为全球重要企业的专利申请状况。形状记忆合金领域受研究和应用规模影响，申请量较少，NEC公司和新日铁住金作为领域内的龙头企业也仅有12项和8项相关专利申请，且都只在日本本土进行申请，未在国外进行专利布局。其中NEC公司主要涉及钛镍和铜基形状记忆合金，新日铁住金则涉及钛基和铁基形状记忆合金，都是目前形状记忆合金中比较常见的类型。总体来说，形状记忆合金领域由于目前仍偏重于基础研究，而应用较少，产业市场规模较小，即使是全球行业巨头也未进行大量的专利布局。

**表5-4-2　全球重要企业专利申请状况**

| 序号 | 企业名称 | 申请量（项） | 全球布局 | 研发方向 |
| --- | --- | --- | --- | --- |
| 1 | NEC公司 | 12 | 日本 | 钛镍、铜基形状记忆合金 |
| 2 | 新日铁住金 | 8 | 日本 | 钛基、铁基形状记忆合金 |

**2. 我国重要企业分析**

表5-4-3为中国重要企业专利申请状况。国内形状记忆合金领域的重要企业申请量也都较少，以西安赛特金属为例，其是西北有色金属研究院控股的专门研发生产钛合金的企业，也是国内最早从事钛镍形状记忆合金的企业，其产品包含了丝材、棒材、板材等多种形态。西安赛特在2000—2019年共有7件相关专利申请，其中只有1件授权并维持有效，2件在审，另有4件都已撤回失效。其在专利运营方面没有转让、许可等情况发生，也没有进行专利的海外布局。

安泰科技是国内重要的形状记忆合金企业，虽然其产品在国内具有较高的市场占有率，但其主要专注于产品的生产，而在技术创新研发方面则投入不足，因此并没有相关专利申请。这也反映了目前该领域的现状，研发主体主要是科研院所而非企业，且偏重于基础研发而应用较少。

表5-4-3　中国重要企业专利申请状况

| 序号 | 企业名称 | 申请量（件） | 法律状态 | | | 研发方向 | 专利运营 | 海外布局 |
|---|---|---|---|---|---|---|---|---|
| | | | 有效 | 在审 | 失效 | | | |
| 1 | 西安赛特金属 | 7 | 14.3% | 28.6% | 57.1% | 钛镍形状记忆合金 | 无 | 无 |
| 2 | 安泰科技 | 0 | 0 | 0 | 0 | 钛镍形状记忆合金 | 无 | 无 |

**五、法律状态分析**

**（一）专利许可**

从 2000 年至 2019 年 8 月为止，形状记忆合金领域的专利许可数量较少，共 5 件，其中 2008 年 2 件，2009 年、2011 年和 2014 年各 1 件，具体许可与被许可对象情况见表 5-4-4。从表中可看出，许可人都是国内高校和科研院所，被许可人都是企业，说明该部分专利技术已经从高校和科研院所走向了产业化。

表5-4-4　专利许可与被许可对象

| 许可人 | 被许可人 | 许可种类 |
|---|---|---|
| 中南大学 | 长沙升华微电子材料有限公司 | 独占许可 |
| 中南大学 | 铜陵金威铜业有限公司 | 独占许可 |
| 江阴职业技术学院 | 无锡市科虹标牌有限公司 | 独占许可 |
| 包头稀土研究院 | 瑞科稀土冶金及功能材料国家工程研究中心有限公司 | 独占许可 |
| 中国科学院金属研究所 | 丹阳市精密合金厂有限公司 | 独占许可 |

**（二）专利转让**

专利转让是形状记忆合金领域专利运营最主要的表现形式。图 5-4-7 为专利转让数量趋势。从 2000 年至 2019 年 8 月为止，国内形状记忆合金领域专利转让数量为 32 件，除去机构变更引起的转让数据，整体上形状记忆合金技术专利转让数量仍处于较低水平。高校、科研院所专利转让数量居多，受让人以各类企业为主。

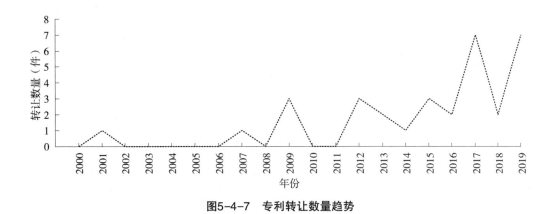

**图5-4-7　专利转让数量趋势**

### （三）专利质押

表5-4-5为专利质押数量排名情况。从表中可知，从2000年至2019年8月为止，形状记忆合金领域专利只有3件专利发生了质押，整体数量很少，一定程度上反映了该领域产业化水平较低，技术尚不成熟。

**表5-4-5　专利质押数量排名情况**

| 质押年份 | 出质人 | 质权人 |
| --- | --- | --- |
| 2016 | 鹰潭市众鑫成铜业有限公司 | 鹰潭农村商业银行股份有限公司高新支行 |
| 2018 | 河南省圣昊新材料股份有限公司 | 洛阳银行股份有限公司焦作分行 |
| 2019 | 安徽枫慧金属股份有限公司 | 界首市发展中小企业融资担保有限责任公司 |

## 六、小结

2000—2019年，全球形状记忆合金相关专利申请1129项，其中在华专利申请614项，申请量整体呈现波动性发展态势，预计在今后几年依然会持续上升。申请人数量的走势基本与申请总量趋势相同，可见该领域专利申请人活跃度直接影响专利申请量态势。

日本、美国形状记忆合金相关专利申请时间较早，技术起步及专利申请时间明显早于其他国家，专利申请量在早期占据主导优势，2004—2005年之后申请量逐渐降低。与此同时，中国申请量逐渐升高，随着2012年飞跃式增长，中国申请量开始占据主导地位，成为形状记忆合金领域最大申请国。日本最为重视在全球市场的专利布局，为向外国技术输出的第一大国。中国向国外技术输出落后于日本和美国，海外布局相对薄弱。

从全球主要申请人的国别构成来看，形成中国遥遥领先的形状记忆合金专利申请格局，全球形状记忆合金专利申请量排名前10中，前9名的申请人均来自中国。从申请人类型来看，目前形状记忆合金的研究主要依靠国内外大的高校以及科研院所，实际产业化应用较弱。形状记忆合金领域受研究和应用规模影响，共同申请人数量较少，共同申请人多为科研院所和相关企业之间的合作产生。

国内申请中，江苏在形状记忆合金领域专利申请量最大，在该领域占据绝对优势地位，北京位居第二。从专利申请排名来看，形状记忆合金专利申请量与经济、科技的发展水平以及国内高等院校分布情况密切相关。

形状记忆合金领域由于目前仍偏重于研究，而应用较少，产业市场规模较小，即使是全球行业巨头也对该领域专利不够重视，也未进行大量的专利布局。国内企业申请量也较少，甚至部分行业内知名企业也仅是进行相关产品生产而没有申请专利。

形状记忆合金领域受研究和应用规模影响，专利许可和转让活跃度不高，质押也仅有3件。

总体来说，虽然我国在形状记忆合金领域专利申请量较大，但在专利布局、专利运营方面还存在明显薄弱环节，与我国排名第一的申请量不相匹配。这一方面反映了中国形状记忆合金专利申请的质量与国外先进水平相比仍存在差距，另一方面也反映了国内创新主体的知识产权保护意识和保护力度亟须加强。

## 第五节　自修复材料专利申请分析

按照修复机理，自修复材料可分为两大类：一类是通过在材料内部分散或复合一些功能性物质来实现的，这些功能性物质主要是装有化学物质的纤维或胶囊；另一类是通过加热、光照等方式向材料提供能量，使其发生结晶、成膜或交联等作用来实现修复。基于这两大机理，自修复技术已经在混凝土、金属和高分子材料等领域有所应用。

混凝土自修复材料以水泥为基体，其自修复的核心就是在材料中嵌入玻璃空心纤维管，纤维管内注入修复液。当材料在使用过程中出现裂纹时，就会有部分纤维管破裂，修复液流出，经一段时间后，裂纹在修复液的作用下重新黏合。

目前的金属自修复材料主要是针对其磨损损耗设计的。金属磨损自修复材料由多种矿物成分、添加剂和催化剂组成，外观是一种超细粉末。由于这种材料不与油品发生化学反应，也不会改变油的黏度和性质，因此可以将它添加到各种类型的润滑油或润滑脂中使用。这种自修复材料的保护层不仅能够及时地补偿金属表面产生的磨损间隙，使零件恢复原始形状，还有利于降低摩擦振动，减少噪声，节约能源。

高分子自修复材料是目前研究最多、种类最多的材料。由于高分子材料本身便是基于原子间共价键、氢键这种可以利用化学反应控制的结合方式，这便为实现自修复提供了更为有利的条件。

本节将会对自修复材料的专利申请进行分析。

### 一、专利申请态势分析

#### （一）全球专利申请态势分析

图 5-5-1 为自修复材料领域全球申请趋势。从图中可以看出，除个别年份出现回落外，自修复材料的全球申请态势基本呈现增长态势，根据增长速度的快慢，大致可以分为两个阶段。在 2000—2010 年间，全球的申请量都维持在较低水平，申请量增长速度较慢。进入 2011 年以后，申请量开始进入快速增长阶段，申请量从 2011 年的 185 项增加到 2018 年的 753 项。

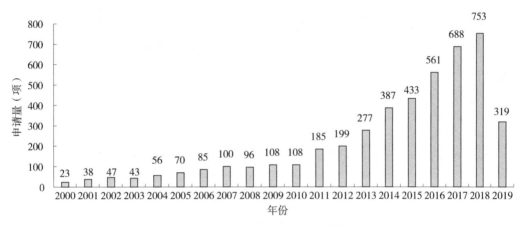

**图5-5-1　自修复材料领域全球申请趋势**

#### （二）在华专利申请态势分析

##### 1. 在华专利申请趋势

图 5-5-2 为国内外申请人在华申请情况，反映了我国的申请总量以及分别来自国内和国外申请人的申请量。可以看出，我国申请人贡献了国内申请量的绝大部分，为 95%，国外申请人的申请量占比很少，仅占 5%。总体来说，近 20 年来，我国自修复材料领域的申请量变化可分为两个阶段，第一阶段为 2000—2010 年，这一阶段申请量较低，申请量呈上涨趋势但增长处于中速增长；第二阶段为 2011 年以后，该阶段申请量出现飞跃，进入高速增长阶段。

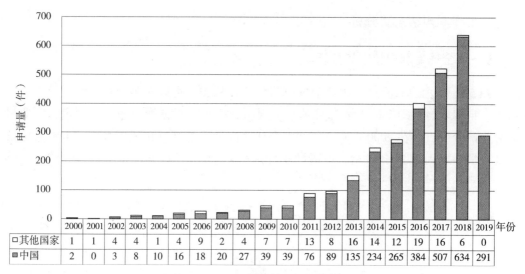

图5-5-2　国内外申请人在华申请情况

| 年份 | 2000 | 2001 | 2002 | 2003 | 2004 | 2005 | 2006 | 2007 | 2008 | 2009 | 2010 | 2011 | 2012 | 2013 | 2014 | 2015 | 2016 | 2017 | 2018 | 2019 |
|---|---|---|---|---|---|---|---|---|---|---|---|---|---|---|---|---|---|---|---|---|
| 其他国家 | 1 | 1 | 4 | 4 | 1 | 4 | 9 | 2 | 4 | 7 | 7 | 13 | 8 | 16 | 14 | 12 | 19 | 16 | 6 | 0 |
| 中国 | 2 | 0 | 3 | 8 | 10 | 16 | 18 | 20 | 27 | 39 | 39 | 76 | 89 | 135 | 234 | 265 | 384 | 507 | 634 | 291 |

## 2. 中国专利法律状态

图 5-5-3 为中国专利申请的法律状态。我国专利申请的法律状态中，处于实质审查阶段的专利申请占比最大，为46%。这反映了自修复材料处于技术迅速发展期，新增专利申请占比高。撤回、驳回、公开和权利终止的专利申请合计占比为28%，已授权且维持有效的专利占比为26%。两个数据对比，显示了在已审结发明专利申请中有效率偏低、无效率偏高的情况。这从一个侧面反映了我国在自修复材料领域的创新高度还有待于进一步提高。

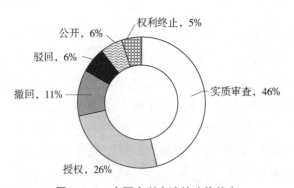

图5-5-3　中国专利申请的法律状态

## 二、专利区域分布分析

图 5-5-4 为各地区专利申请量排名。各地区排名中，江苏省排名第一，其主要申请人包括东南大学、江南大学、苏州大学等，广东省的主要申请人包括华南理工大学、中山大学、广东工业大学等；北京的主要申请人包括北京化工大学、北京科技大学、

清华大学等。山东的主要申请人包括中国科学院海洋研究所、山东科技大学、山东大学等。安徽的主要申请人包括合肥工业大学、安徽工业大学等。可以看出，排名前列的都是高校集中、学科研发实力强的省市。这说明自修复材料的研发目前主要以高校研发为主体。

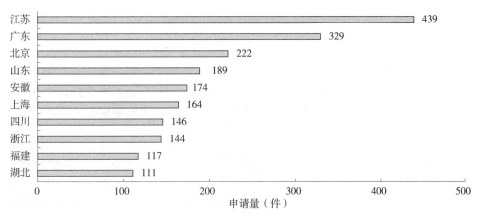

图5-5-4　各地区专利申请量排名

### 三、技术分布分析

表5-5-1为自修复材料的技术分布分析。混凝土、水泥是自修复材料应用的重点领域之一。混凝土和水泥结构受温湿度变化、外部载荷等各种环境因素影响，导致微裂纹或损伤的产生，若得不到及时的修复，将会影响结构的正常使用，并缩短使用寿命。传统方法难以实现对混凝土微裂纹的修复，而自修复混凝土可基于材料内部损伤及所处位置进行即时感知，实现对裂纹和损伤部位的主动修复。混凝土自修复技术大体可分为主动式修复和被动式修复，主动式修复目前主要包括形状记忆合金和空芯光纤修复技术，被动式修复包括微胶囊技术、中空纤维技术、渗透结晶法、微生物修复等。

表5-5-1　技术分布分析

| IPC 分类号 | 申请量（项） | 技术主题 |
|---|---|---|
| C08L | 727 | 自修复高分子的组合物 |
| C09D | 719 | 自修复涂料及涂层 |
| C08G | 633 | 自修复高分子的制备 |
| C04B | 541 | 自修复水泥混凝土材料 |
| C08J | 468 | 自修复高分子的成型工艺 |
| C08K | 460 | 自修复高分子的有机或无机配料 |
| C08F | 350 | 自修复高分子的制备 |

续表

| IPC 分类号 | 申请量（项） | 技术主题 |
|---|---|---|
| B32B | 280 | 自修复型层状材料 |
| B01J | 230 | 自修复微胶囊的制备 |
| C10M | 192 | 自修复润滑油组合物 |

高分子基材自修复材料主要涉及涂料、水凝胶、弹性体等基体。前者由于其轻质高强、优异的力学性能、良好的耐腐蚀性等优点而在建筑、航空航天、交通、电子等多个领域广泛应用。高机械强度的水凝胶材料因在承载材料（如软骨、组织工程支架）等方面具有巨大应用前景而受到人们的广泛关注。赋予水凝胶材料自修复能力可以大大提高其使用寿命和功能的可靠性。

涂料作为一种聚合物基材料涂料在使用过程中容易出现微损伤（微裂纹），这种微损伤通常目视很难检测，材料表面可能看不出什么异常，但材料的强度、完整性已大大下降，容易导致材料的整体破坏。将自修复技术应用于涂料领域，即产生了自修复涂料。涂料的自修复原理可分为以下几类：①微胶囊自修复涂料；②液芯/中空纤维自修复技术；③可逆反应自修复技术。

### 四、申请人分析

#### （一）全球重要申请人分析

图 5-5-5 为全球申请人排名。全球重要申请人主要是国内高校，在排名前 12 位的申请人中，来自国内高校的申请人占据了 10 位，包括华南理工大学、四川大学、哈尔滨工业大学、中山大学、同济大学等。韩国的乐金集团和我国的成都新柯力化工科技有限公司是为数不多的企业申请人。

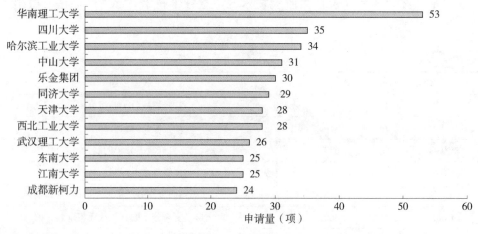

图5-5-5　全球申请人排名

华南理工大学是申请量排名第一的申请人，其研发情况见表5-5-2。华南理工大学在2013年以前仅在个别年份有少量申请，从2014年开始，申请量开始呈现一定规模。从研究方向上而言，主要涉及自修复功能的水泥混凝土、弹性体、涂料、水凝胶等。

表5-5-2　华南理工大学研发情况

| 研究方向 | 研究内容 | 重要专利 | 研发团队 |
|---|---|---|---|
| 涂料 | 具有自修复功能的海洋防污涂料、防腐涂料、超疏水涂料、防火涂料等，其自修复机理可分为微胶囊型、氢键型、离子簇等 | CN105400405A、CN108219641A、CN102390147A | 马春风、罗远芳、曾幸荣 |
| 弹性体 | 氢键作用的热驱动自修复聚氨酯弹性体、由氢键及离子键自组装形成的超分子弹性体材料、聚硅氧烷弹性体 | CN107099137A、CN105440692A、CN106279619A | 刘维锦、贾德民、郭建华 |
| 水凝胶 | 聚氨酯自修复水凝胶、琼脂氧化石墨烯双网络水凝胶、脲基嘧啶酮改性明胶可注射自愈合水凝胶 | CN105778123A、CN104151503A、CN104497219A | 李光吉、王朝阳 |

（二）国内重点企业分析

国内申请量较高的重点企业专利申请状况见表5-5-3，包括成都新柯力化工科技有限公司、桂林市和鑫防水装饰材料有限公司、中国船舶重工集团公司第七二五研究所、北京东方雨虹防水技术股份有限公司和国家电网公司。

表5-5-3　国内申请量较高的重点企业专利申请状况一览

| 序号 | 申请人 | 申请量（件） | 法律状态 | | | 研发方向 |
|---|---|---|---|---|---|---|
| | | | 有效 | 在审 | 失效 | |
| 1 | 成都新柯力化工科技有限公司 | 24 | 8% | 80% | 12% | 含石墨烯自修复材料、自修复电缆、自修复涂料 |
| 2 | 桂林市和鑫防水装饰材料有限公司 | 10 | 0% | 0% | 100% | 渗透结晶型防水剂 |
| 3 | 中国船舶重工集团公司第七二五研究所 | 8 | 50% | 50% | 0% | 自修复微胶囊、自修复防污涂层和防腐涂层 |
| 4 | 北京东方雨虹防水技术股份有限公司 | 8 | 37.5% | 12.5% | 50% | 沥青基或聚氨酯基自修复防水材料 |
| 5 | 国家电网公司 | 8 | 100% | 0% | 0% | 环氧和聚氨酯自修复带锈涂料 |

成都新柯力化工科技有限公司的自修复材料涉及涂料、电池、电缆、电子封装材料、路面修复等多个领域。从申请时间上来看，新柯力公司的申请基本集中于2017年

和 2018 年，从法律状态上来看，其绝大部分申请都处于实质审查过程中，另有少量授权和撤回。新柯力公司对于自修复的方式进行了多方面的探索，包括长效光触发、微胶囊破裂进行自生热反应使低熔点热塑性聚合物流动从而填充微裂缝、光热效应触发等，另外新柯力公司在将石墨烯应用于自修复材料方面还申请了多项专利，其主要技术研发方向和研发内容见表 5-5-4。

表5-5-4　成都新柯力化工科技有限公司的研发情况

| 研发方向 | 研发内容 | 重要专利 |
|---|---|---|
| 含石墨烯自修复材料 | 空气净化除尘用自修复石墨烯复合纤维、沥青路面用石墨烯复合自愈合修复剂、电子产品封装用自修复石墨烯环氧树脂 | CN109161986A、CN109021294A、CN108752873A |
| 自修复电缆 | 长效光触发自修复电缆材料、具有自生热修复功能的电缆材料、光热效应型自修复电缆绝缘材料 | CN108276793A、CN108070134A、CN108003604A |
| 自修复涂料 | 自修复无机纤维建筑涂料、自修复硅藻泥涂料、自修复建筑密封柔性嵌缝剂 | CN109280407A、CN108587257A、CN108996949A |
| 电池 | 将纳米硅分散在形变记忆硅橡胶中制备锂电池硅负极、掺入少量自结晶组合物的自修复型长寿命高镍三元锂电池电极材料、无机-有机自修复燃料电池质子交换膜 | CN109671913A、CN108376775A、CN108336385A |
| 路面修复 | 利用生物质相变材料作为自修复剂的载体的水泥道路材料 | CN108439868A |

桂林市和鑫防水装饰材料有限公司在 2015 年集中申请了 10 件关于渗透结晶型防水剂的专利申请，目前全部处于撤回失效的状态。显示该公司虽然申请量较大，但整体缺乏创新性。

中国船舶重工集团公司第七二五研究所 2012 年开始进行自修复技术的研究，其涉及的领域主要是自修复微胶囊及其在防污涂料和防腐涂料中的应用，主要涉及一种磁性自修复微胶囊，利用微胶囊的磁性将微胶囊定向排列在金属基体表面，实现梯度涂层的制备，使微胶囊能够有序排列在涂层中，实现微胶囊的充分利用，减少涂层的缺陷；有利于减少微胶囊在涂层中的添加量。

北京东方雨虹防水技术股份有限公司自 2010 年起开始进行自修复防水材料的开发，将前沿科技与其主营业务结合显示其具有良好的研发策略。其专利申请的 50% 处于驳回失效状态，另有 3 件处于专利权有效状态，1 件处于审查过程中。该公司推出的东方雨虹 300 自修复防水涂料已投入市场。

国家电网公司针对电力设施在沿海或酸雨环境下容易锈蚀、需要防护涂料进行保护的技术问题，与中科院金属研究所开展联合研发，申请了一系列自修复带锈涂料，涂层具有自修复能力，可广泛应用于难以完全清除锈层的钢结构部位的防腐蚀施工。国家电网公司的专利申请集中于 2014 年和 2015 年这两年，目前全部处于专利权有效状态，反映了其专利的创新高度较高，体现了产学研结合创新的优势。

除上述申请量较高的企业外，本节还将分析自修复材料产业化应用比较突出的企业，见表5-5-5。这类企业虽然专利申请量并不多，但其技术研发比较成熟，在将自修复材料从实验室推向产业化实际应用方面具有重要地位。

表5-5-5　产业化应用表现突出的重点企业情况一览

| 序号 | 申请人 | 申请量（件） | 法律状态 | | | 研发方向 |
|---|---|---|---|---|---|---|
| | | | 有效 | 在审 | 失效 | |
| 1 | 格物新材料科技有限公司 | 3 | 33% | 67% | 0 | 自修复防腐涂层 |
| 2 | 密友集团 | 2 | 50% | 0 | 50% | 自修复润滑油、纳米金属/矿石粉自修复剂 |
| 3 | 天津双君智材科技发展有限公司；天津圣工科技有限公司 | 3 | 67% | 33% | 0 | 用于沥青自修复的微胶囊 |

山东格物新材料科技有限公司自修复纳米防腐涂层添加剂中试装置投料试运行并一次开车成功，该中试装置可实现年产5t自修复纳米防腐涂层添加剂。昆山密友集团具有年产15t纳米金属粉体、200万升纳米复合自修复剂产品的生产能力。金属纳米复合自修复剂是密友集团有限公司与南京工业大学合作研制出的系列产品。该系列产品以进口高等基础油以及通用润滑脂为介质，加入金属纳米复合粉、纳米天然矿石粉和其他多种功能添加剂，以一定比例加入润滑油或润滑脂中后，经优化复配的纳米粒子均匀分散于润滑油或润滑脂中，纳米颗粒在润滑介质的带动下定向进入摩擦副磨痕中，其高活性在摩擦工况的局部高温中被激活，产生微熔融效应从而实现冶金结合自修复。天津双君智材科技发展有限公司和天津圣工科技有限公司将自修复微胶囊技术应用于路面沥青中，并于2017年年初通过了两年的实际应用验收，初步验证了采用再生剂微胶囊来延长沥青道面使用寿命的可行性，为再生剂微胶囊下一步真正的大规模应用奠定了基础。

（三）国外重点企业专利分析

国外重点企业专利申请状况见表5-5-6，以专利族项数为指标筛选出了排名前5位的重点企业。

表5-5-6　国外重点企业专利申请状况一览

| 序号 | 申请人 | 专利族（项） | 专利申请（件） | 全球布局 | 研发方向 |
|---|---|---|---|---|---|
| 1 | 乐金集团 | 30 | 46 | 韩国、中国、美国、欧洲、日本 | 用于显示屏或家用电器的自修复涂层 |

续表

| 序号 | 申请人 | 专利族（项） | 专利申请（件） | 全球布局 | 研发方向 |
|---|---|---|---|---|---|
| 2 | IBM | 21 | 21 | 美国 | 聚合物基质的自修复微胶囊 |
| 3 | 赛峰集团 | 19 | 56 | 法国、美国、日本、中国、印度 | 含硅耐火陶瓷材料的自愈合技术在火箭发动机、工业涡轮机上的应用 |
| 4 | 住友大阪水泥 | 17 | 20 | 日本、中国、韩国 | 自修复混凝土、水泥 |
| 5 | 哈利伯顿能源服务公司 | 11 | 22 | 英国、美国、澳大利亚、挪威、加拿大、中国 | 自修复水泥、自修复树脂在地下地层开采中的应用 |

　　韩国乐金集团针对外部冲击对显示装置、电子组件、家用电器表面涂层产生划痕或裂纹会使产品的外观特性、主要性能和寿命劣化的问题展开研究，提出了一系列具有自修复特性的涂层，当涂层受到外部冲击而发生断裂时，断裂面上通过自修复使损伤逐渐修复或减少。乐金公司 2015 年研制的手机 G Flex 2 具有可自动修复的后壳：当手机后壳在外力冲击下产生划痕或凹陷时，自修复树脂能够在 10s 之内覆盖这些划痕和凹陷。

　　IBM 公司在 2012 年开始在自修复材料领域进行专利申请，其研发方向主要涉及聚合物基质自修复微胶囊的催化机理和制备技术，与其他公司相比更偏重于基础和机理研究。IBM 公司主要在美国国内进行布局，其他国家和地区则没有布局。

　　法国赛峰集团（SAFRAN）主要通过其旗下的斯奈克玛公司（SNECMA）和赫勒克里斯（HERAKLES）申请了一系列具有自愈合特性的碳化硅耐火陶瓷材料，用于火箭发动机、工业涡轮机等领域，通过自愈合特性修复发动机的微裂纹。

　　住友大阪水泥有限公司针对混凝土在使用过程中发生微裂纹导致混凝土的承载能力、耐久性和抗渗能力下降的问题，将自修复技术应用到混凝土中，从而无须人工修补，提高混凝土结构的耐久性和可靠性。

　　美国哈利伯顿能源服务公司（Halliburton Energy Services）针对井下处理的水泥、树脂等在恶劣的环境下可能发生的破裂开展了一系列研究，通过使用具有自修复特性的水泥和树脂来代替传统产品，从而提高井下开采的安全性和可靠性。

　　（四）共同申请人分析

　　共同申请人反映了不同创新主体间的合作、联合研发情况，表 5-5-7 为自修复材料领域申请量较多的部分共同申请人状况。

　　从表 5-5-7 可以看出，住友大阪水泥与东京大学、横滨国立大学等高等院校以及其下游的东日本旅客铁道公司、鹿岛道路株式会社都有联合研发，申请的主题涉及自修复的混凝土、水泥。研发和创新活动本身具有成本投入大、投资回报风险高等特点，单个企业无论从投入能力还是抗风险能力方面，往往都相对较弱。而住友大阪水泥的这种创新模式通过供应链上下游企业一起协同合作，就能彼此互相分担投入和风险，从而加大研发成功的概率并且获得更大的收益。

我国在产学研结合方面也有一些有益的探索，针对电力设施在沿海或酸雨环境下容易锈蚀、需要防护涂料进行保护的技术问题，中国科学院金属研究所与国家电网公司、国网江西省电力科学研究院开展联合研发，申请了一系列自修复带锈涂料，涂层具有自修复能力，可广泛应用于难以完全清除锈层的钢结构部位的防腐蚀施工。另外，华南理工大学与广东嘉宝莉科技材料有限公司、广州冠志新材料科技有限公司、江门市强力建材科技有限公司也有一系列联合研发和申请。

表5-5-7 自修复材料领域共同申请状况

| 申请人 | 联合申请人 | 申请量（件） | 技术主题 |
| --- | --- | --- | --- |
| 住友大阪水泥 | 东京大学 | 9 | 自修复混凝土、水泥 |
| | 东日本旅客铁道公司 | 3 | |
| | 鹿岛道路株式会社 | 2 | |
| | 横滨国立大学 | 1 | |
| 中国科学院金属研究所 | 国家电网、国网江西省电力科学研究院 | 8 | 聚氨酯自修复带锈涂料、环氧自修复带锈涂料 |
| 上海维凯光电新材料有限公司 | 上海乘鹰新材料公司 | 6 | 光聚合型自修复涂料组合物 |
| 华南理工大学 | 广东嘉宝莉科技材料有限公司 | 2 | 水泥基微裂缝自修复的微胶囊、速凝水泥基渗透结晶自修复防水材料 |
| | 广州冠志新材料科技有限公司 | 1 | 交联金属超分子共聚物自修复涂层材料 |
| | 江门市强力建材科技有限公司 | 1 | 用于腐蚀环境下的免蒸压 PHC 管桩 |

### 五、法律状态分析

#### （一）专利许可

图 5-5-6 为专利许可量变化态势。我国自修复材料领域的专利许可总体数量很少，仅有 18 件，出现的时间也比较晚，2009 年才出现第一件专利许可。这主要是因为自修复材料还处于基础研究阶段，技术发展不完善，产业化程度较低，企业在技术研发和产业化推广方面参与度较低。从技术分布上来看，涉及专利许可最多的为自修复润滑油组合物，其次为自修复涂料。

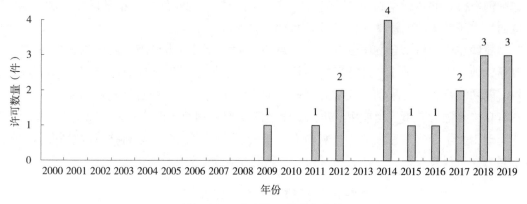

图5-5-6  专利许可量变化态势

（二）专利转让

图 5-5-7 为专利转让量变化态势。我国自修复材料领域在 2006 年出现第一次专利转让，由西安航天复合材料研究所转让给西安超码科技有限公司，转让技术涉及自愈合防氧化涂层。随后在 2008 年出现 5 件专利转让。以 2010 年为分界点，专利转让由偶发性变为常态性，每年均有一定数量的专利转让，且除个别年份外基本呈现较为稳定的增长态势。2018 年的专利转让数量达到 46 件，是 2017 年的 2.3 倍。这一方面是由于专利申请数量的大幅增长，另一方面也是由于我国各级政府和创新主体对知识产权运用和保护的日益重视，专利运营的发展模式逐渐完善。

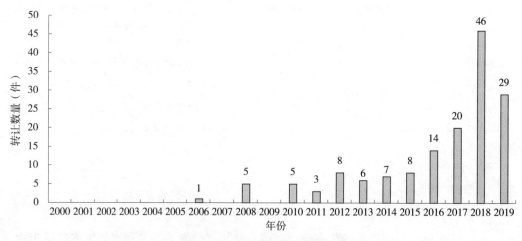

图5-5-7  专利转让量变化态势

表 5-5-8 将对转让数量排名靠前的转让人及其受让人、转让技术进行简单分析。从转让技术来看，主要涉及自修复镜片、自愈合型防水涂料、自修复微胶囊、润滑油组合物。

表5-5-8 专利转让分析

| 转让人 | 转让数量（件） | 受让人 | 受让数量（件） | 转让技术 |
|---|---|---|---|---|
| 埃西勒国际通用光学公司 | 7 | 依视路国际公司 | 7 | 自修复镜片、自修复涂层 |
| 北京东方雨虹防水技术股份有限公司 | 4 | 北京东方雨虹防水技术股份有限公司；徐州卧牛山新型防水材料有限公司 | 2 | 自愈合型止水带、自愈合型防水涂料 |
| | | 北京东方雨虹防水技术股份有限公司；昆明风行防水材料有限公司；锦州东方雨虹建筑材料有限责任公司 | 1 | 自愈合型沥青防水涂料 |
| | | 北京东方雨虹防水技术股份有限公司；上海东方雨虹防水技术有限责任公司 | 1 | 自愈合型沥青防水涂料 |
| 中国人民解放军装甲兵工程学院 | 3 | 北京睿曼科技有限公司；河北京津冀再制造产业技术研究有限公司；中国人民解放军装甲兵工程学院 | 3 | 自修复微胶囊 |
| 南京欧美加新材料有限公司 | 3 | 南京林业大学 | 3 | 含石墨烯的润滑油组合物 |

埃西勒国际通用光学公司转让给依视路国际公司的7件专利申请中，5件为有效状态，1件正处于审查中，1件失效。依视路国际公司主要研发方向为眼科用镜片，其在自修复领域的研究主要涉及通过使镜片材料具有自修复性而消除镜片上的划痕。

北京东方雨虹防水技术股份有限公司有4件专利申请转让，受让人徐州卧牛山新型防水材料有限公司、昆明风行防水材料有限公司、锦州东方雨虹建筑材料有限责任公司等均为北京东方雨虹的全资子公司，目前4件转让的专利中，仅有1件维持有效，其余3件已驳回失效。

中国人民解放军装甲兵工程学院的3件转让中，2件正处于审查中，其余1件为有效状态，受让人河北京津冀再制造产业技术研究有限公司下设有京津冀再制造产业技术研究院，具有一定研发实力。

南京欧美加新材料有限公司申请了一系列包含离子液体、改性金属粉和石墨烯的润滑油添加剂，利用石墨烯的特殊物理性能赋予润滑油添加剂以抗磨和自修复性能。其中3件专利申请转让给南京林业大学，目前均为有效状态。

（三）专利质押

表5-5-9为自修复材料领域的专利质押情况。整体来看，专利质押的数量很少，并不是专利运营的主要形式。专利质押与地方政府的政策引导、企业的专利技术水平

都密切相关。从时间分布上来看，专利质押主要分布在近几年，这也反映了政府和企业对专利质押的支持和重视程度得到了明显提升。

表5-5-9　专利质押分析

| 出质人 | 质权人 | 质押年份 | 质押专利及技术 |
|---|---|---|---|
| 安徽善孚新材料科技有限公司 | 安徽歙县农村商业银行股份有限公司 | 2017、2018 | CN104163817A 含呋喃自修复基团的环氧树脂 |
| 安徽开林新材料股份有限公司 | 天长市科技融资担保有限公司 | 2019 | CN106085238A 一种具有自修复功能的钢铁表面处理剂 |
| 烟台恒诺新材料有限公司 | 日照银行股份有限公司烟台分行 | 2019 | CN106085551A 一种石墨烯基高分子纳米合金抗磨自修复材料 |
| 鞍山市德润摩克节能科技应用有限公司 | 盛京银行股份有限公司鞍山铁西支行 | 2014、2017 | CN101117608A 微粉减摩自修复润滑材料 |

## 六、小结

自修复材料目前产业化程度还不高，但在汽车、电子产品、建筑材料等领域显示了诱人的应用前景。我国企业在自修复材料的产业化方面已经开始进行积极的探索，包括北京雨虹防水推出的东方雨虹300自修复防水涂料、山东格物新材年产5t自修复纳米防腐涂层添加剂、昆山密友集团的年产15t纳米金属粉体、200万升纳米复合自修复剂产能等。

我国自修复材料整体上还处于探索阶段，根据创新主体类型划分，企业申请数量占比为42.3%，大专院校申请数量占比为39.5%，还没有形成以企业为主体的创新体系，且申请量较多的重要申请人也以高校和科研院所为主。全球重要申请人主要是国内高校，在排名前12位的申请人中，来自国内高校的申请人占据了10位，包括华南理工大学、四川大学、哈尔滨工业大学、中山大学、同济大学等。

在地域分布上，自修复材料申请量排名靠前的省市主要包括江苏、广东、北京、山东、安徽、上海、四川、浙江、福建和湖北等地。上述省市均拥有众多研发实力较强的大专院校，其专利申请成为地区申请总量的重要部分。

产学研结合方面我国企业也有一些有益的探索，例如：针对电力设施在沿海或酸雨环境下容易锈蚀、需要防护涂料进行保护的技术问题，中国科学院金属研究所与国家电网公司、国网江西省电力科学研究院开展联合研发，申请了一系列自修复带锈涂料，涂层具有自修复能力，可广泛应用于难以完全清除锈层的钢结构部位的防腐蚀施工。另外，华南理工大学与广东嘉宝莉科技材料有限公司、广州冠志新材料科技有限公司、江门市强力建材科技有限公司也有一系列联合研发和申请。山东格物新材与中国科学院过程工程研究所开展了自修复涂料的深度合作，并已逐步开展量产化生产。

我国重点企业与国外企业相比，在企业规模、专利申请数量、全球布局方面都有很大差距。具体来说，在企业规模方面，我国企业多为中小微企业，企业人员少、规模小，创新基础受到客观条件的制约。而国外企业如乐金集团、IBM、法国赛峰集团、住友大阪水泥、哈利伯顿能源服务公司等均为全球 500 强的大型跨国公司，资金雄厚，研发实力强，创新基础良好。在专利申请数量方面，除成都新柯力公司外，国内其余企业的申请数量都在 10 件以下，山东格物新材是国内首创的自修复纳米涂层中试成功的企业，但其专利申请只有 3 件。国外企业的专利申请数量都在 20 件以上（不考虑同族情况）。在专利布局方面，我国企业全部为国内申请，而国外企业都根据自身目标市场、竞争情况等进行了广泛的全球布局，如法国赛峰集团的 19 项专利族在法国、美国、日本、中国、印度等国家进行了布局，总数量达到了 56 件。在申请态势方面，部分企业技术研发的连续性不强，如国家电网公司、上海乘鹰新材料公司和上海维凯光电新材料的申请集中于 2014 年、2015 年，后续则没有任何申请，反映了企业创新投入、研发策略的不稳定性。

## 第六节　智能、仿生与超材料专利申请分析

智能、仿生和超材料是发展迅速的前沿材料，在生物工程、传感器、显示材料、国防工程等领域具有广阔的发展前景。

智能材料是能感知外界环境或内部状态所发生的变化，而且通过材料自身的或外界的某种反馈机制，能够适时地将材料的性质改变，做出所期望的某种响应的材料。常见的智能材料如电（磁）流变流体、压电陶瓷、光致变色和电致变色材料等无机非金属智能材料，以及能够对 pH 值、温度、光产生刺激响应的高分子材料等。

仿生材料指模仿生物的各种特点或特性而开发的材料。仿生材料的最大特点是可设计性，人们可提取出自然界的生物原型，探究其功能性原理，并通过该原理设计出能够有效感知到外界环境刺激并迅速做出反应的新型功能材料。仿生新材料在建筑行业、生物医疗、信息通信、节能减排等领域已经得到了较为广泛的应用。

超材料（Metamaterial）指的是一些具有人工设计的结构并呈现出天然材料所不具备的超常物理性质的复合材料，可呈现天然材料所不具备的超常物理性能，如负折射率、负磁导率、负介电常数等性能，而且这些性质主要来自人工的特殊结构。

### 一、全球专利申请态势分析

图 5-6-1 为全球专利申请趋势。可以看出，全球申请基本呈现上升趋势，从 2000 年的 500 项左右到 2009 年的 1400 项左右，2010 年达到 1500 项以上，并在 2011 年和 2012 年达到 2000 项以上，此后几年间基本一直维持在 2000 项左右。到 2016 年，申请量又进一步突破了 2500 项。

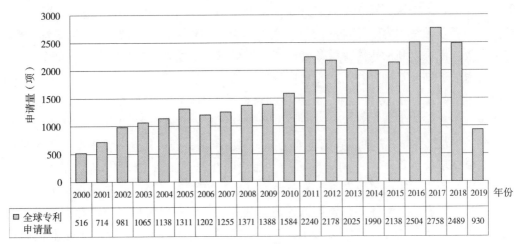

图5-6-1　全球专利申请趋势

| 年份 | 2000 | 2001 | 2002 | 2003 | 2004 | 2005 | 2006 | 2007 | 2008 | 2009 | 2010 | 2011 | 2012 | 2013 | 2014 | 2015 | 2016 | 2017 | 2018 | 2019 |
|---|---|---|---|---|---|---|---|---|---|---|---|---|---|---|---|---|---|---|---|---|
| 全球专利申请量 | 516 | 714 | 981 | 1065 | 1138 | 1311 | 1202 | 1255 | 1371 | 1388 | 1584 | 2240 | 2178 | 2025 | 1990 | 2138 | 2504 | 2758 | 2489 | 930 |

图5-6-2为各技术来源国家和地区的申请趋势。从技术来源来看，中国申请占比47%，美国占比17%，日本占比13%，韩国占比6%，欧洲占比5%，其他占比12%。从各技术来源国家和地区的申请趋势看，初期日本占据绝对优势，其余国家和地区仅有极少量申请，随后2001—2004年间美国申请量有了显著提高，年申请达到400项左右，在此后的时间内美国基本维持每年400项左右的申请量。日本的申请量在2005年达到峰值500项以上，随后申请量开始下滑，近年间申请量维持在年均200项左右。韩国和欧洲的申请量比较稳定，并未呈现随年份明显变化的趋势。相较于上述国家和地区，中国的申请量呈现明显的增长趋势，特别是进入2011年以后，年申请量超过了美、日、欧、韩的总和。

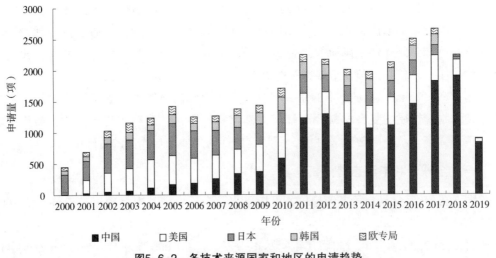

图5-6-2　各技术来源国家和地区的申请趋势

## 二、在华专利申请态势及区域分布分析

### （一）在华专利申请趋势及国内外申请人在华专利申请量对比

图 5-6-3 为中国专利申请趋势及国内外申请人在华专利申请量对比。从图中可以看出，在 2000—2010 年，我国的智能、仿生和超材料均保持快速的增长态势，其中在 2000 年左右仅有少量申请，且申请主要来自国外申请人。国内申请人的申请数量在 2004 年首次超过了国外申请人专利申请数量，且此后一直在拉大差距，是申请数量增长的主动力，而国外申请人专利申请数量基本保持稳定，年均 100 多件。在 2011—2012 年，申请数量有了较大的飞跃，年申请量接近 1500 件，较之前提高了将近一倍。通过细化分析，发现这次申请数量的飞跃来自重要申请人——深圳光启进入该领域并开始进行大量专利布局，从而对全球申请态势产生了深刻影响。在 2012 年以后的三年间，来自国内申请人的申请数量稍有下降，来自国外申请人的申请量仍然比较稳定。2016 年申请量再次进入快速增长期，而增长的主动力仍然来自国内申请人。

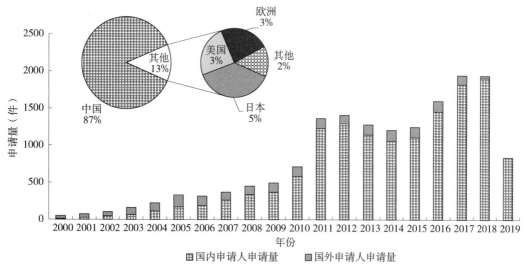

**图5-6-3　中国专利申请趋势及国内外申请人在华专利申请量对比**

整体上而言，来自国内申请人的申请数量占据 87%，来自国外申请人的申请量中，日本占据 5%，美国占据 3%，欧洲占据 3%，其他地区占据 2%。

### （二）在华专利申请的法律状态和申请人类型

图 5-6-4 为国内申请人类型构成。大专院校和科研院所合计占比达到 66%，而企业申请人占比只有 28%。另外，结合后续的国内申请人排名来看，国内申请量较大的创新主体也以大专院校和科研院所为主，而企业占比很少。说明在国内，该技术领域

还是以基础研究为主，企业参与较少，产业化程度较低，科研创新与市场需求结合度较低，还没有建立以企业为主体的创新体系。

图5-6-5为国内申请当前法律状态。从当前法律状态来看，国内申请的权利终止和驳回率合计只有18%，而授权率和实质审查率合计为65%，显示整体创新性较高，创新进程的持续性较好。

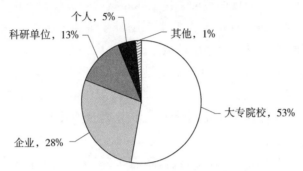

图5-6-4　国内申请人类型构成

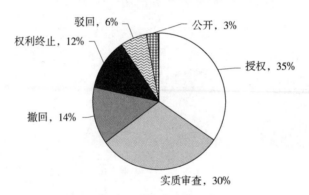

图5-6-5　国内申请当前法律状态

(三) 各省市专利申请态势

图5-6-6为各省市的专利申请量前10位排名。其中广东以绝对的优势占据第一位，而北京、江苏、上海占据第二梯队，之后陕西、浙江、四川、天津、湖北、山东申请量差距不大，为第三梯队。新材料产业是广东省优先发展的产业，省内拥有深圳光启、海洋王照明、华南理工大学、深圳大学等众多研发实力强的大型企业和大专院校，尤其是深圳光启，创新动力强劲。

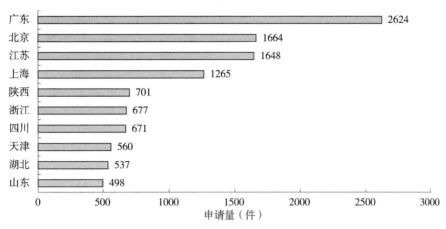

**图5-6-6　各省市专利申请排名**

### 三、技术主题分布

表5-6-1为智能、仿生和超材料领域的技术主题分布。智能材料相关的技术主题中，压电陶瓷和智能发光材料在半导体器件的应用（IPC分类号H01L）占比最多，特别是压电陶瓷在半导体压电器件中的应用（IPC分类号H01L41）和智能发光材料在有机电致发光元件（IPC分类号H01L51）中的应用。C08G是基于碳-碳不饱和键以外的反应制备的高分子基智能材料，主要是关于刺激响应型高分子、电致发光高分子、光致变色高分子等的制备工艺。C04B是智能陶瓷材料，其中大部分是压电陶瓷，另外还有少量热敏陶瓷、光致变色陶瓷、磁流变液等。C08F是基于碳-碳不饱和键得到的智能高分子材料的制备，其包含的技术主题与C08G相似。

**表5-6-1　智能、仿生和超材料领域的技术主题分布**

| 技术领域 | IPC分类 | 技术主题 |
|---|---|---|
| 智能材料<br><br>4851　4015　3890　3562　2505　2264　2012　1421　1211　1160<br>H01L C08G C04B C08F C08L C09K C08J C08K A61K H05B<br>申请量（项） | H01L | 压电陶瓷、智能发光材料相关的半导体器件 |
| | C08G | 高分子基智能材料的制备 |
| | C04B | 智能陶瓷材料，如压电陶瓷 |
| | C08F | 高分子基智能材料的制备 |
| | C08L | 高分子基智能材料的组合物 |
| | C09K | 发光材料 |
| | C08J | 高分子基智能材料的处理、配料、成型、交联等 |
| | C08K | 高分子仿生材料的配料和助剂 |
| | A61K | 含智能响应材料的医用配制品 |
| | H05B | 智能发光材料照明装置 |

| 技术领域 | IPC 分类 | 技术主题 |
| --- | --- | --- |
| 仿生材料<br><br>申请量(项)<br>A61L 1140、C08L 381、C08J 316、C09D 267、A61F 239、C08K 226、C08F 216、C08G 210、A61K 188、C01B 136 | A61L | 医用仿生材料 |
| | C08L | 高分子仿生材料组合物 |
| | C08J | 高分子仿生材料的处理、配料、成型、交联等 |
| | C09D | 仿生涂层,如仿荷叶自清洁涂料 |
| | A61F | 仿生假体,如仿生关节、仿生骨材料、仿生支架等 |
| | C08K | 高分子仿生材料的配料和助剂 |
| | C08F | 高分子仿生材料的合成 |
| | C08G | 高分子仿生材料的合成 |
| | A61K | 医用仿生配制品 |
| | C01B | 无机仿生材料,如纳米羟基磷灰石的制备、碳基仿生材料 |
| 超材料<br><br>申请量(项)<br>G02B 4287、H01Q 2091、H01L 1796、G02F 1648、H01S 1489、G01N 1220、H01P 463、G01J 396、H04B 343、C30B 281 | G02B | 超材料相关光学元件和仪器 |
| | H01Q | 超材料天线 |
| | H01L | 超材料相关半导体器件 |
| | G02F | 超材料偏振器、显示装置 |
| | H01S | 光子晶体激光器 |
| | G01N | 超材料传感器等检测装置和检测方法 |
| | H01P | 超材料滤波器、谐振器 |
| | G01J | 光的测量,如红外探测器、光谱仪等 |
| | H04B | 电通信传输 |
| | C30B | 光子晶体的制备 |

仿生材料中,医用仿生材料 A61L 相关的技术主题数量最多,并远远高于其他技术主题,这也反映了仿生材料最主要的应用是在医用领域,包括骨修复材料、仿生组织工程支架等。高分子仿生材料组合物 C08L 主要是关于高分子仿生材料与其他有机或无机配料的组合,通过多组分的配合实现仿生功能。C08J 主要是关于高分子仿生材料的处理、配料、成型、交联等工艺,如高分子仿生材料的粉化或粒化、仿生功能水凝胶的交联、成膜、预处理等。C09D 主要涉及仿生涂层,如利用荷叶自清洁原理的防污涂层、防止海洋生物黏附的仿生超滑涂层等。A61F 常与 A61L 组合出现,主要涉及由仿生材料制备的仿生假体,如仿生关节、仿生骨材料、仿生支架等。

超材料领域中,G02B 主要是超材料相关光学元件和仪器,特别是与光子晶体相关的光学元器件,如光纤、光波导。光子晶体具有全方向反射、光子局域化、光波导、光学双稳态等光学特性，使光子晶体在光集成、光信息传输和光信息处理等领域具有十分广阔的应用前景。H01Q主要涉及超材料天线，天线是一种能够将传输线中的导行波和在自由空间中的电磁波进行相互变换的变换器，是无线通信系统中必不可少的装置。超材料可极大地减小天线尺寸、增加谐振频率、改善天线辐射等特性，对于通信系统和武器装备的发展将会起到巨大的推动作用。H01L是超材料相关半导体器件，特别是光发射半导体器件、半导体光伏器件等，主要申请人包括LG公司、德国欧司朗公司、飞利浦、加州大学等。G02F主要涉及超材料偏振器、显示装置，特别是光子晶体相关的显示装置占了绝大部分，主要申请人包括三星公司、京东方、深圳大学等。H01S涉及光子晶体激光器，其起振阈值可以为零，可满足元器件不断微型化的需要，因此受到广泛重视。目前申请人主要包括佳能公司、京都大学、罗姆哈斯公司、中国科学院半导体所等。

### 四、重要申请人分析及重要企业分析

以下将分智能材料、仿生材料和超材料三个子领域对重要申请人进行分析。

#### （一）智能材料领域重要申请人分析

图5-6-7为智能材料领域重要申请人排名。在排名前10位的申请人中，中国占据了三位，分别为第1位的海洋王照明、第2位的中科院和第9位的华南理工大学。可以看出，我国的重要申请人中，有两位是大专院校和科研单位，一位是企业，而国外申请人全部为企业。这从一定程度上反映了我国在智能材料领域的技术成熟度、产业化程度还与世界发达国家存在一定差距。

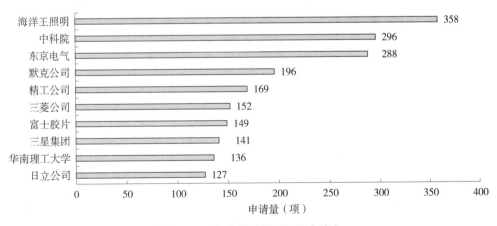

图5-6-7　智能材料领域重要申请人

中国科学院主要的研究单位包括中国科学院上海硅酸盐研究所、长春应用化学研究所、化学研究所、广州化学有限公司等，涉及的技术主题主要包括压电陶瓷、热敏陶瓷、电致发光高分子及相关元器件、刺激响应型高分子及其在医用材料中的应用等，

主要发明人团队包括陈学思、董显林、庄秀丽等。华南理工大学的曹镛院士在导电聚合物和发光材料领域有多项申请，其主持的新型高分子光电材料及发光器件在 2010 年获得国家自然科学奖二等奖。但是总体来说，我国的重要申请人在专利成果转化、与企业的合作研发方面还存在很大差距。

## （二）仿生材料领域重要申请人分析

仿生材料领域重要申请人排名如图 5-6-8 所示，可以看出，排名靠前的申请人全部为我国的高校，其中吉林大学以 57 件居于第一位，其余包括浙江大学、华南理工大学、四川大学、东华大学等。

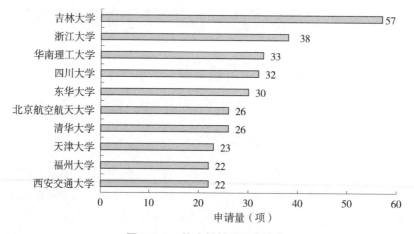

图5-6-8　仿生材料重要申请人

表 5-6-2 为各个重要申请人的研发方向和研发团队、重要专利技术分析，包括吉林大学、浙江大学、华南理工大学等。

表5-6-2　仿生材料重要申请人研发方向、研发团队及重要专利

| 申请人 | 主要研发方向 | 研发团队 | 重要专利 |
|---|---|---|---|
| 吉林大学 | 仿生超疏水表面、自清洁涂层 | 任露泉、韩志武 | CN104308369A、CN109609028A |
| | 仿生非光滑表面聚氨酯泡沫板 | 王登峰 | CN108424509A、CN108346420A |
| 浙江大学 | 仿生超分子组装体、仿生心血管支架涂层材料 | 计剑 | CN102210890A、CN102432957A |
| 华南理工大学 | 仿生组织修复材料、仿生支架 | 王迎军 | CN101954126A、CN109809810A |
| 四川大学 | 仿生设计骨制品、仿生水凝胶 | 张兴栋 | CN105944147A、CN106632833A |
| | 纳米羟基磷灰石及其复合材料的制备 | 李玉宝 | CN1544099A、CN1403369A |

续表

| 申请人 | 主要研发方向 | 研发团队 | 重要专利 |
|---|---|---|---|
| 东华大学 | 仿生血管支架 | 莫秀梅 | CN104841013A、CN105233339A |
| 北京航空航天大学 | 仿生石墨烯复合材料 | 程群峰 | CN109592962A、CN106832273A |
| | 仿生油水分类材料、仿生防覆冰表面 | 江雷 | CN102886155A、CN102492945A |
| 清华大学 | 仿生组织工程支架 | 孙伟 | CN105311683A、CN107715174A |
| 天津大学 | 羟基磷灰石复合材料 | 万怡灶 | CN101947335A |
| 福州大学 | 骨修复材料、载药微球 | 张其清 | CN108904883A、CN104689374A |
| 西安交通大学 | 仿生韧带-骨复合支架、多孔镁合金/生物陶瓷仿生支架 | 李涤尘 | CN103239300A、CN102327648A |

### （三）超材料领域重要申请人分析

图 5-6-9 为超材料领域全球重要申请人。排名前 10 位的申请人中，来自我国的申请人占据了一半，包括深圳光启、中科院、东南大学、电子科大。另外排名前 10 位的申请人还包括三星集团、京都大学、松下集团、乐金集团、加州大学、三菱公司和日本电气。可以看出，排名前 10 位的申请人来自中国、日本、韩国和美国，按照申请人类型来看，企业和大专院校、科研院所占比基本差不多，反映了超材料领域正处于从基础研发向产业应用转化的重要时期。

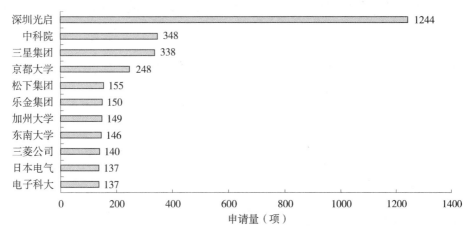

图5-6-9　超材料领域全球重要申请人

以下将对重要申请人进行介绍，其中的深圳光启、三星集团等企业在后续的"重要企业分析"部分进行介绍。

中科院的主要申请集中于光子晶体领域。中科院的年申请量都比较稳定，创新研发活动持续性很好。中科院的主要研发机构是中科院半导体所和化学所，半导体所的研发方向包括光子晶体激光器、光波导结构、分束器、发光二极管等，研发团队主要是郑婉华、渠红伟、刘安金等。化学所的研发方向主要是光子晶体及其薄膜的制备方法，研发团队主要是宋延林、陈义等。中科院的专利布局基本在国内，仅有极少量进行了海外专利布局。对其共同申请人进行研究，也未发现中科院与企业有联合申请，说明中科院的研究偏重于基础性的研究导向，距离实际应用仍有差距。

东南大学2004年左右开始有超材料的专利申请，2004—2012年申请量不大，年申请量都在10件以下。2013年开始申请量保持在较高水平。其中，顾忠泽团队利用光子晶体特殊的光学性质进行研发，进行了一系列光子晶体检测、显示器的专利申请，还将光子晶体用于生物学中，进行了生物芯片、生物分子检测的研发；崔铁军团队在电磁编码超材料、超材料透镜、微波隐身超材料领域进行了多项专利申请。

美国的加州大学在世界范围内进行了广泛的专利布局，主要目标国家/地区除美国本土外还包括中国、韩国、欧洲和日本，其研发方向主要包括光子晶体发光二极管、半导体激光器、检测方法等。

日本京都大学的研发方向主要涉及光子晶体及各种相关器件，京都大学与罗姆哈斯、TDK等多家公司进行了合作研发，除了在日本本土进行专利布局外，还在中国、美国、欧洲、韩国进行了大量申请。

## （四）重要企业分析

### 1. 全球重要企业分析

国外企业专利申请状况见表5-6-3，以专利族项数为指标筛选出了排名前3位的重点企业。

表5-6-3　国外重点企业专利申请状况一览

| 序号 | 申请人 | 专利族（项） | 专利申请（件） | 全球布局 | 研发方向 |
|---|---|---|---|---|---|
| 1 | 东京电气 | 288 | 475 | 日本、中国、美国、欧洲、韩国 | 压电陶瓷及其半导体器件 |
| 2 | 默克专利公司 | 196 | 548 | 中国、美国、韩国、欧洲、日本 | 发光聚合物及发光半导体元器件 |
| 3 | 三星集团 | 342 | 556 | 韩国、美国、中国、日本、欧洲 | 电致发光聚合物及有机发光器件、光子晶体相关的显示器件、超材料相关光学元件 |

日本的东京电气化学工业株式会社（TDK），其创始人加藤与五郎和武井武两位博士在东京发明了铁氧体后，于1935年创办了东京电气化学工业株式会社（TDK株式会

社）。该公司的主要产品包括电容（片状陶瓷电容、高压陶瓷电容、高频陶瓷电容）、电感、变压器等。TDK 公司绝大部分关于智能材料的专利申请都是关于压电陶瓷及其在半导体领域的相关应用。TDK 公司在日本本土、中国、美国、德国、韩国都进行了专利布局，但以日本本土为主。

默克专利公司（Merck Patent GmbH）主要研发方向是发光聚合物及发光半导体元器件。该公司非常注重全球专利布局，在中国、美国、欧洲、韩国都进行了大量的申请。

三星集团在智能材料领域和超材料领域都进行了研发，其专利申请主要集中于电致发光聚合物及有机发光器件、光子晶体相关的显示器件、超材料相关光学元件和仪器等。

2. 中国重要企业分析

中国重要企业专利情况见表 5-6-4。深圳光启是全球超材料领域的龙头企业，申请量占据全球第一，远高于其他申请人。光启公司成立于 2011 年，其成立之初就非常重视专利布局，2011 年、2012 年在超材料领域的专利申请量都达到了几百项，是全球超材料研发、生产的龙头企业，其产品涉及一系列具有能量（如电磁波）的自由调控、感知功能、探测功能、通信功能、自我健康管理功能、高强度、耐疲劳振动与老化、长使用寿命、耐雷击、耐冲击、耐撞击以及耐极端使用环境等特性的超材料产品。在进行超材料基础研究时，光启围绕超材料技术布局了大量的专利，包括基材、设计、微结构、制备以及超材料的应用。总体来看，光启公司的专利申请数量和质量都是很高的。

表5-6-4　中国重要企业专利情况一览

| 序号 | 申请人 | 申请量（项） | 法律状态 | | | 研发方向 | 海外布局 |
|---|---|---|---|---|---|---|---|
| | | | 有效 | 在审 | 失效 | | |
| 1 | 深圳光启 | 1244 | 80.3% | 6.9% | 12.8% | 超材料：超材料天线、超材料计算方法和装置、波导型谐振器 | 欧洲、美国 |
| 2 | 京东方 | 90 | 18% | 74% | 8% | 超材料：光子晶体显示面板 | 美国 |
| 3 | 海洋王照明 | 358 | 44.1% | 2% | 53.9% | 智能材料：电致发光聚合物及相关电致发光器件、太阳能光伏器件 | 无 |

京东方进入超材料领域研发的时间比较晚，2011—2016 年每年只有少量申请，到 2017 年申请量增加到 19 项，并在 2018 年和 2019 年每年都在 20 项以上，目前这些申请大部分处于在审状态。京东方除在国内进行申请外，还非常重视美国市场，在美国有 20 多件专利申请。

海洋王照明有限公司成立于 1995 年，主要生产各类照明灯具。2011—2013 年，海洋王照明在智能材料领域共申请了358件专利申请，均为国内申请，涉及的技术主题均为发光聚合物及相关电致发光器件、太阳能光伏器件等，2013年后再没有该领域的专利申请。从法律状态上来看，海洋王照明撤回的专利申请达到了53.9%，授权占比为44.1%，其他占比约为2%。

（五）共同申请人分析

表5-6-5为智能、仿生和超材料领域内申请人联合研发情况，此处为便于统计申请人个数，未对申请人进行标准化处理，即不同子公司作为不同申请主体。由此表可以看出，涉及联合申请的申请人中，国内申请人排名占据了11位。但是对其具体情况进行分析后发现，其联合申请多是同一集团下的不同子公司间的联合申请，缺少公司与高校、科研院所的联合申请，也几乎没有不同集团公司间的联合研发。

表5-6-5 主要共同申请人情况

| 序号 | 申请人 | 申请量（项） | 序号 | 申请人 | 申请量（项） |
|---|---|---|---|---|---|
| 1 | 深圳光启高等理工研究院 | 502 | 11 | 日本电报电话公司 | 42 |
| 2 | 深圳光启创新技术有限公司 | 500 | 12 | 罗姆公司 | 40 |
| 3 | 海洋王照明科技股份有限公司 | 344 | 13 | 中国石油化工股份有限公司北京化工研究院 | 40 |
| 4 | 深圳市海洋王照明技术有限公司 | 343 | 14 | 住友化学 | 38 |
| 5 | 深圳海洋王照明工程有限公司 | 232 | 15 | 法国国家科研中心 | 36 |
| 6 | 京都大学 | 104 | 16 | 日本电装公司 | 34 |
| 7 | 中石油 | 80 | 17 | 三菱电缆公司 | 34 |
| 8 | 京东方 | 69 | 18 | 三星电子 | 34 |
| 9 | 深圳大学 | 61 | 19 | 北京京东方显示技术有限公司 | 34 |
| 10 | 欧阳征标 | 61 | 20 | 佳能公司 | 31 |

表5-6-6为京都大学、住友化学和三星电子的共同申请人分析。由表可见，上述企业对校企合作、企企合作都比较重视，形成了产学研结合、行业内互助研发的良好模式。京都大学与罗姆公司、东京电气（TDK）、三菱、住友、夏普、阿尔卑斯电气株式会社都有较多的联合申请；住友化学与英国剑桥显示技术有限公司、Sumation都有合作研发和申请；三星电子与韩国纳诺博科公司、香港城市大学、首尔国立大学等有合作研发和共同申请。

表5-6-6 京都大学、住友化学和三星电子的共同申请人分析

| 申请人 | 联合申请人 | 申请量（件） |
|---|---|---|
| 京都大学 | 罗姆公司 | 51 |
| | 滨松株式会社 | 26 |
| | 东京电气 | 21 |
| | 三菱公司 | 20 |
| | 住友电气 | 18 |
| | 夏普公司 | 16 |
| | 日本阿尔卑斯电气公司 | 15 |
| 住友化学 | 剑桥显示技术公司 | 14 |
| | 日本 Sumation 公司 | 8 |
| 三星电子 | 韩国纳诺博科公司 | 6 |
| | 香港城市大学 | 4 |
| | 首尔国立大学工业基金会 | 4 |

## 五、专利运营分析

### （一）专利许可

图 5-6-10 为智能、仿生与超材料领域专利许可态势。进入 2008 年以来，随着国内对知识产权的日益重视和知识产权保护措施的日益严格，专利许可实现零的突破。但总体来说，基于智能、仿生和超材料领域本身产业化程度较低、市场不成熟、仍以基础研究为主的原因，专利许可数量增长并不明显，而是在一定范围内震荡。

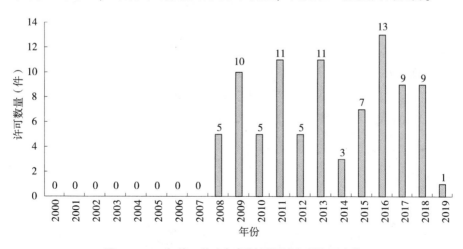

图5-6-10 智能、仿生与超材料领域专利许可态势

表 5-6-7 为专利许可数量排名靠前的许可人信息。许可人以大专院校、科研院所为主，许可的技术内容以光子晶体和相关器件为主，另外还涉及少数仿生材料。从地域分布上来看，许可人和被许可人以东南沿海省市为主，如江苏、浙江、上海、广东等，这也说明专利运营在东南沿海地区发展更为迅速，而北方地区的北京、天津、陕西、山东等省市，虽然专利申请量在全国排名靠前，但专利运营并不活跃。

表5-6-7　智能、仿生与超材料领域专利许可情况

| 许可人 | 许可数量（件） | 许可对象 | 被许可数量（件） | 许可技术 |
|---|---|---|---|---|
| 南京邮电大学 | 10 | 江苏南邮物联网科技园有限公司 | 10 | 光子晶体器件、白光聚合物 |
| | | 南京邮电大学南通研究院有限公司 | 3 | 光子晶体器件 |
| 深圳光启合众科技有限公司 | 4 | 深圳光启超材料技术有限公司 | 4 | 超材料 |
| 广州迈普再生医学科技有限公司 | 3 | 深圳迈普再生医学科技有限公司 | 3 | 仿生支架、仿生人工硬脑膜 |
| 浙江大学 | 3 | 金华市创捷电子有限公司 | 1 | 谐振器 |
| | | 镇江大成新能源有限公司 | 1 | 光子晶体 |
| | | 汇隆电子（金华）有限公司 | 1 | 谐振器 |
| 东南大学 | 2 | 南京盟联信息科技有限公司 | 2 | 光子晶体生物芯片、光子晶体编码微球 |
| 中国科学院上海技术物理研究所 | 2 | 常州银河半导体有限公司 | 1 | 光子晶体窄带滤光片 |
| | | 上海思正自动控制系统有限公司 | 1 | 光子晶体单光子光源 |

（二）专利转让

图 5-6-11 为智能、仿生与超材料领域中国专利转让数量变化态势。国内的专利转让趋势可大致分为三个阶段：第一阶段为 2005 年以前，每年的转让数量为零或维持在个位数；第二阶段为进入 2006 年以后，转让数量出现明显增长；第三阶段为 2012 年以后，转让数量迅速增长，其中 2014 年达到 200 件的规模。

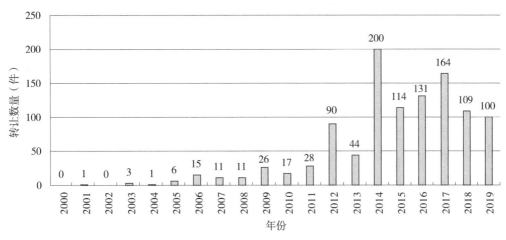

**图5-6-11 智能、仿生与超材料领域中国专利转让数量**

专利转让的原因很多，为了深入探究，表5-6-8将对专利转让数量排名靠前的申请人进行分析，包括转让对象、转让数量、转让技术等。

**表5-6-8 智能、仿生与超材料领域专利转让情况**

| 转让人 | 转让数量（件） | 受让人（部分） | 受让数量（件） | 转让技术 |
|---|---|---|---|---|
| 深圳光启创新技术有限公司 | 251 | 深圳光启高等理工研究院 | 120 | 超材料及相关器件 |
| | | 深圳光启尖端技术有限责任公司 | 79 | |
| | | 深圳光启智能光子技术有限公司 | 23 | |
| | | 深圳光启合众科技有限公司 | 6 | |
| 深圳光启高等理工研究院 | 103 | 深圳光启创新技术有限公司 | 51 | 超材料及相关器件 |
| | | 深圳光启尖端技术有限责任公司 | 33 | |
| | | 深圳光启智能光子技术有限公司 | 15 | |
| 欧阳征标；深圳大学 | 41 | 深圳大学 | 36 | 光子晶体及相关器件 |
| | | 深圳市浩源光电技术有限公司 | 3 | |
| | | 深圳市至佳生活网络科技有限公司 | 1 | |
| | | 深圳市雨新电线电缆有限公司 | 1 | |
| 中国科学院长春应用化学研究所 | 23 | 常州储能材料与器件研究院 | 23 | 智能响应高分子、光子晶体器件 |
| 三星移动显示器株式会社 | 15 | 三星显示有限公司 | 15 | 电致发光器件 |
| 三星SDI株式会社 | 14 | 三星移动显示器株式会社 | 14 | 电致发光器件 |
| 三菱化学株式会社 | 14 | 三菱丽阳株式会社 | 14 | 电致发光器件 |

国内专利申请的转让情况多是同一集团公司下不同子公司间的权利转让，如深圳光启创新技术有限公司向深圳光启高等理工研究院、深圳光启尖端技术有限责任公司、深圳光启智能光子技术有限公司进行转让；中国科学院长春应用化学研究所向其下设的常州储能材料与器件研究院进行转让等。可见，国内的专利转让数量虽多，但是多是基于同一集团内部专利和研发布局的考量，并不能反映专利技术交易的活跃程度。

### （三）专利质押

表5-6-9为智能、仿生与超材料领域专利质押情况。虽然专利质押数量不多，但发展非常迅速，专利质押已经成为科技型中小微企业投融资的重要方式。

从该表中涉及质押的技术主题来看，智能材料占据绝大部分，分别为压电陶瓷3件，光子晶体光纤2件，而出质人均为中小企业，反映了智能材料技术发展日益成熟，专利技术的产业价值已逐渐被市场接受和认可。

表5-6-9 智能、仿生与超材料领域专利质押情况

| 出质人 | 质押数量（件） | 技术主题 | 质权人 |
|---|---|---|---|
| 湖南嘉业达电子有限公司 | 3 | 压电陶瓷 | 常德财鑫科技担保有限公司 |
| 武汉长盈通光电技术有限公司 | 2 | 光子晶体光纤 | 武汉农村商业银行 |
| 西安工程大学 | 1 | 自清洁织物 | 泉州农村商业银行 |

### 六、小结

我国智能材料研发正处于从基础研究向产业化生产迈进的关键时期，尤其是压电陶瓷、热敏陶瓷、电致发光高分子及相关元器件作为研究热点的产业化进程发展迅速。但是我国企业在该领域的研发力量比较薄弱，还没有形成领军企业。海洋王照明有限公司的研发方向主要是发光聚合物及相关电致发光器件、太阳能光伏器件等，申请量较大，但是该公司的专利有效率较低，且2013年后研发出现断层，终止了在该领域的继续研发。除海洋王照明外，中科院、华南理工大学也有很高的申请量，但是总体来说，我国的重要申请人在专利成果转化、与企业的合作研发方面还存在很大差距。

我国的仿生材料处于基础研究阶段，重要申请人均为国内高校，基础研究居于世界前列，目前还基本没有产业化的产品出现。高校研究侧重仿生自清洁涂层、仿生骨修复材料、仿生支架等，多涉及材料、生物、医学的交叉学科，对于复合型人才的需求较高，这也是制约我国仿生材料产业化发展的重要因素。

我国超材料产业处于全球领先地位，产业化初具规模。深圳光启公司是全球超材料领域研发、生产的龙头企业，申请量占据全球第一，且专利质量很高。目前深圳光启已经建立全球首个超材料产业基地，初步形成产业集聚态势。光启公司的产品涉及一系列具有能量（如电磁波）的自由调控、感知功能、探测功能、通信功能、自我健

康管理功能、高强度、耐疲劳振动与老化、长使用寿命、耐雷击、耐冲击、耐撞击以及耐极端使用环境等特性的超材料产品。除光启公司外，京东方也是超材料领域的重要企业，其研发领域主要涉及光子晶体显示面板。京东方虽然进入超材料领域的时间较晚，但是申请量增加迅速，且比较重视海外专利布局，在美国有 20 多件专利申请。

## 第七节　液态金属材料专利申请分析

### 一、专利申请态势分析

#### （一）全球专利申请态势分析

图 5-7-1 是液态金属材料 2000—2019 年全球的专利申请趋势。2000—2015 年，专利申请呈现波动式增长趋势，基本维持在每年 200 项以下。自 2016 年起专利申请量迅速增长，2016 年达到 310 项，2017 年和 2018 年均超过 400 项。同时，从图 5-7-1 中申请人数量走势上可以看出，申请人数量的走势基本与申请总量趋势相同，但 2015 年后增长率要小于专利申请量增长速度。

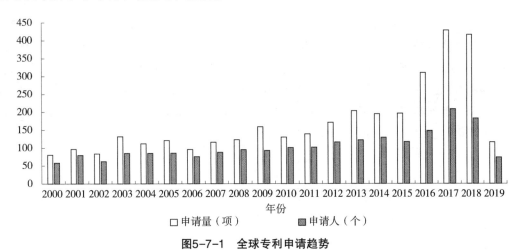

图5-7-1　全球专利申请趋势

#### （二）在华专利申请态势分析

##### 1. 在华专利申请趋势

图 5-7-2 是液态金属材料 2000—2019 年在华专利申请趋势。由图可以看出，在华专利申请量变化趋势与全球申请量变化趋势一致，但我国在该领域早期申请量较少，2008 年之前年申请量均不足 50 项，自 2015 年起，在华申请同样迎来快速增长，2016 年为 268 项，2017 年和 2018 年均超过 300 项。

从申请人数量走势上可以看出，申请人数量的走势在2000—2012年增幅不大。随着液态金属材料技术研发领域的不断扩展和研发深度的不断加深，日益受到国内相关人员的重视，该领域专利申请人数量也随之增多。早期每年申请量与申请人数量差异不大，但2012年后两项指标差距越来越大，可见随着研究的深入和广度的扩展，各申请人的年申请量有大幅增长。

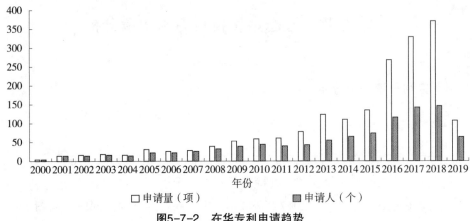

图5-7-2　在华专利申请趋势

2．国内外申请人在华专利申请量对比

图5-7-3为国内外申请人在华专利申请量趋势。2000—2007年，在华申请的国外申请人的申请数量远远超过国内申请人的申请数量，国外创新主体具有先发优势；2008—2010年，国内外申请人的申请数量基本持平，均在20项左右。但随着我国创新主体专利保护意识的逐渐增强，从2011年开始，国内申请人的申请数量开始超过国外申请人，如2017年，国外申请人的申请数量为11项，国内申请数量则达到131项。目前在华专利申请中国内申请人的申请已占绝对优势地位。

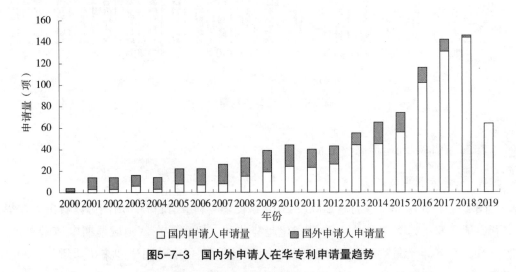

图5-7-3　国内外申请人在华专利申请量趋势

## 二、专利区域分布分析

### (一) 全球专利申请区域分布分析

#### 1. 各国家、地区、组织专利申请量对比

图5-7-4为各国家、地区、组织专利申请量对比。从申请总量上来看，技术来源国主要为中国、美国、日本、德国和韩国。中国申请数量位居全球第一，占比47.4%；美国申请量位居第二，占比14.4%；日本、德国和韩国的申请量占比分别为8.3%、4.5%以及4.3%。从申请量变化趋势来看，美国、日本、欧洲及韩国专利申请随时间变化不大，这表明上述地区在液态金属领域研发较平稳，从数量上看，美国、日本申请量较欧洲、韩国更大，部分年份达到50~60项。我国专利申请虽在早期数量较少，但2011年左右年申请量已超过其他国家/地区，此后更加迎来爆发期，申请量已超过上述地区总和。

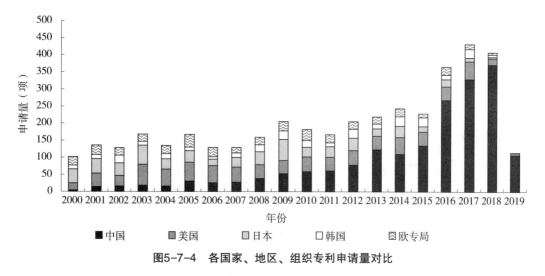

图5-7-4　各国家、地区、组织专利申请量对比

#### 2. 技术流向

从图5-7-5可以看出，美国在其他国家专利布局更加均衡，在中、日、韩布局数量均仅次于美国本土，均有数十件乃至上百件申请，可见美国在该领域较其他国家更加关注国外市场。

中国向国外技术输出落后于美、韩、日，海外布局相对薄弱。中国虽然为液态金属材料技术领域全球第一技术来源大国，但向其他国家布局的专利相对于其他产出大国是最小的。我国虽然有广阔的国内市场，但随着国际化大潮，国内创新主体在海外的知识产权保护意识和保护力度亟须加强，只有做到专利先行才能在企业"走出去"过程中站稳脚跟。

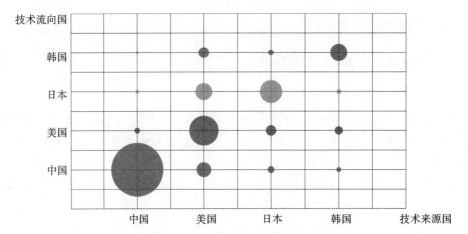

**图5-7-5 液态金属材料专利技术主要技术来源国目标市场布局**

## (二) 在华专利申请区域分布分析

图5-7-6为各地区专利申请排名，北京在液态金属材料上专利申请量最大，以429项专利申请量排名第1，在该领域占据绝对优势地位，是位于第2位的云南的两倍有余。第3~5位均为东部沿海省份。

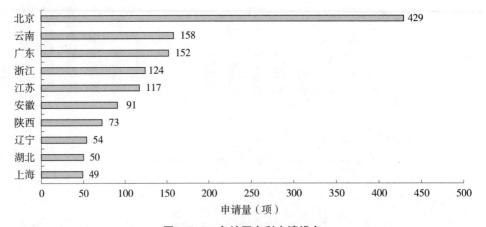

**图5-7-6 各地区专利申请排名**

## 三、技术分布分析

表5-7-1为液态金属专利技术构成，列出了该领域专利文献IPC分类号排名前10位的小类。其中涉及B22D（金属铸造）、H01L（半导体器件）、C22C（冶金）、H01M（用于直接转变化学能为电能的方法或装置）、H05K（印刷电路）、G21C（核反应堆）、H01H（电开关）、H01J（放电管或放电灯）、C23C（对金属材料的镀覆）、B22F（金属粉末的加工），涉及液态金属的组成、制备以及应用领域。其中B22D（金属铸造）以382项位居第一。

表5-7-1　液态金属专利技术构成

| IPC 分类号 | 申请量（项） | 分类号含义 |
|---|---|---|
| B22D | 382 | 金属铸造 |
| H01L | 321 | 半导体器件 |
| C22C | 296 | 冶金 |
| H01M | 167 | 用于直接转变化学能为电能的方法或装置 |
| H05K | 162 | 印刷电路 |
| G21C | 155 | 核反应堆 |
| H01H | 151 | 电开关 |
| H01J | 148 | 放电管或放电灯 |
| C23C | 138 | 对金属材料的镀覆 |
| B22F | 130 | 金属粉末的加工 |

### 四、重要申请人及重要企业分析

#### （一）全球专利申请人分析

1. 全球专利申请申请人排名

图 5-7-7 为全球专利申请申请人排名。从全球主要申请人的国别构成来看，申请量排名前 10 位的申请人中，我国申请人占 6 位，企业和科研院所各占三位，可见在该领域我国主要研发力量分布较均衡，其中前三名均为中国申请人，为中科院理化技术研究院、云南科威液态金属谷研发有限公司、云南靖创液态金属热控技术研发有限公司，分别达到 131 项、73 项和 64 项。国外申请人同样包括大型企业和科研院所，其中西马克、通用电气、西门子、韩国原子力分别为 60 项、53 项、38 项、27 项，可见在该领域部分技术还处于研究阶段，基础研发的投入也会促使该领域技术研究加快，为后续产业化发展提供保障。

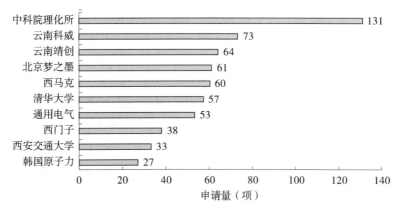

图5-7-7　全球专利申请申请人排名

## 2. 重要全球申请人区域布局策略对比

不同申请人的目标市场往往有所不同。通过分析排名靠前的申请人的目标市场布局状况，能够摸清市场的情况，为企业抢占市场提供判断，为市场风险提供先期预警。图 5-7-8 为重要全球申请人区域布局，从中可以看出，我国重要申请人仅在国内进行专利申请，国外专利申请不足，如申请量排名前三的中科院理化技术研究所、云南科威液态金属谷研发有限公司、云南靖创液态金属热控技术研发有限公司在我国的专利申请分别达到 131 件、73 件和 64 件，但未在国外进行申请。国外大型企业在各国专利布局更为均衡，如西马克公司，在中国、美国、韩国、日本的专利申请量分别为 18 件、13 件、13 件和 10 件。我国在该领域专利申请起步较晚，目前并未关注海外市场，但随着国家引领企业"走出去"，各个企业也应该做到专利先行，汲取国外大型企业专利布局经验，完善自身知识产权建设。

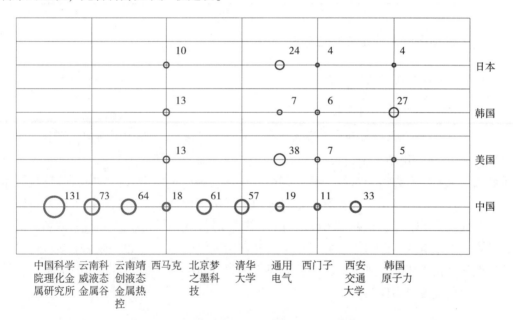

**图5-7-8　重要全球申请人区域布局（申请量：件）**

### （二）在华重要申请人分析

从图 5-7-9 列出的在华液态金属材料专利重要申请人排名来看，我国企业占据主导优势。从申请人的类型分布来看，在华专利申请量排名前 10 位的申请人中，有 1 个为国外申请人；有 9 个国内申请人，其中包括 4 个高校，1 个科研院所，4 个企业。可见在该领域部分技术还处于研究阶段，基础研发的投入也会促使该领域技术研究加快，后续应进一步提高产业开发，使更多专利技术得到应用。排入前 10 位的国外企业仅有通用电气，为 19 件。

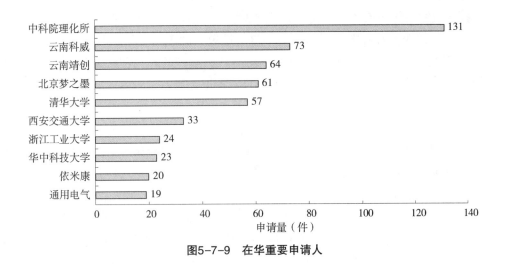

**图5-7-9 在华重要申请人**

进一步对上述重要申请人的区域布局策略进行分析，发现我国重要申请人的申请量虽然较多，但基本仅在国内进行了专利申请，没有进行海外专利布局，这也是后续发展应该高度关注的问题。反观通用电气，虽然申请量较少，但是在日本、中国、美国等重要国家和地区均有布局，其中在美国本土为38件，在中国达到19件，在日本达到24件（参见图5-7-8），其对国际市场的重视值得我国企业学习。

（三）重要企业分析

排名前10位的申请人中，国外企业包括西马克、通用电气、西门子；我国企业包括三家，为云南科威液态金属谷研发有限公司、云南靖创液态金属热控技术研发有限公司及北京梦之墨科技有限公司，其中前两位均为云南企业。液态金属产业化项目作为2014年云南省"科技入滇"签约重点项目，云南中宣液态金属科技有限公司采用中科院理化技术研究所刘静教授研究团队的先进液态金属技术，后者被誉为"室温液态金属研究的先行者和拓荒者"，同时中科院理化技术研究所联合云南科威液态金属谷研发有限公司、云南靖创液态金属热控技术研发有限公司、北京梦之墨科技有限公司、云南靖华液态金属科技有限公司在云南打造液态金属谷产业集群，建成实验室、研发中心、检测中心以及液态金属科技馆。

当前，我国主要液态金属企业集中于云南曲靖、宣威地区，形成我国"液态金属谷"，云南液态金属谷项目被评为"云南省十大科技进展"。云南矿产资源丰富，号称"有色金属王国"，开展液态金属产业化具有得天独厚的优势。

**五、法律状态分析**

（一）专利许可

液态金属领域专利许可发生在2015年和2016年，分别为4件和12件。中国科学院理化技术研究所作为该领域申请量最大的申请人，其专利许可量也是最大的，达到12件。北京梦之墨科技有限公司作为一个申请量较大的国内公司，其被许可专利数量为12件，位居第一，该企业专利申请始于2016年，起步较晚，在意识到专利重要性后也加快了专利布局，此外也通过专利许可的方式扩展市场。

（二）专利转让

从2000年至2019年8月为止，液态金属材料领域专利转让的情况如图5-7-10所示。其专利转让呈波动式增长状态，国内液态金属材料技术专利转让发生时间较晚，2007年才有专利发生转让，随后专利转让数量逐渐增加，2019年已超过20件。转让人方面以科研院所和个人居多，其中转让人排名前两位的为曹帅和中国科学院理化技术研究院，分别为7件和5件。受让案件较多的受让人均为企业，排名前两位的为宁波新瑞清科金属材料有限公司、金湖中博物联网科技有限公司，分别为7件和3件。

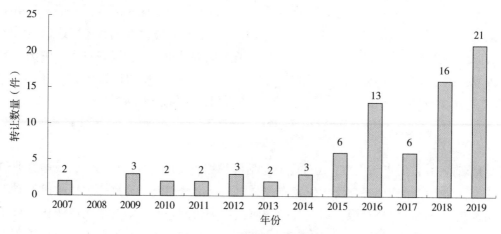

图5-7-10　专利转让数量趋势

## 六、小结

液态金属材料属于高科技新兴材料，自2000年以来全球液态金属材料相关专利申请3428项，从国内外专利申请数量变化趋势上看，2000—2015年，专利申请呈现波动式增长趋势，自2015年、2016年起专利申请量迅速增长。目前国内液态金属领域的专利许可、转让、质押并不活跃。

液态金属材料专利申请技术来源国主要为中国、美国、日本、德国和韩国，但中国向国外技术输出落后于美、韩、日，海外布局相对薄弱，国内申请量排名靠前的企业及科研院所，仅在国内进行专利布局，未涉足国外申请，海外专利布局不够，这也是后续发展应该高度关注的问题。美国在其他国家专利布局更加均衡，专利布局数量也最大，在中、日、韩布局数量均仅次于所在地国，其对国际市场的重视值得我国企业学习。国内创新主体在海外的知识产权保护意识和保护力度亟须加强，只有做到专利先行才能在企业"走出去"过程中站稳脚跟。

全球液态金属材料专利申请量排名前 10 位中，我国申请人占 6 位，企业和科研院所各占三位，国外申请人包括西马克、通用电气、西门子、韩国原子力。北京在液态金属材料上的专利申请领先于其他省市，在该领域技术研发起步早，发展稳定，主要申请人包括中科院理化技术研究所、北京梦之墨科技有限公司、清华大学等。位于第二位的云南起步较晚，2015 年之前仅有 6 件申请，但在 2016—2018 年迎来爆发，这与云南省对液态金属行业发展的重点扶持密不可分。

液态金属处于快速发展阶段，云南、北京成为我国液态金属产业集中区域，在政府的大力扶持下呈现快速发展趋势，政府主导引入高新技术扶植本地企业发展的模式值得其他地区借鉴。但是目前国内企业专利申请仅着眼于国内，对于今后企业"走出去"存在很大风险，应加强对海外专利布局，使用知识产权保护企业研发成果，研发、专利布局"两条腿走路"，才能在国际竞争中走得更远更稳。

# 第八节　新型低温超导材料专利申请分析

## 一、专利申请态势分析

### （一）全球专利申请态势分析

通过对相关专利数据库进行检索并筛选后，得到全球新型低温超导材料相关专利申请 1415 项；其中在华专利申请 581 项。图 5-8-1 为新型低温超导材料全球专利申请趋势，通过该图可以看出，近 20 年来新型低温超导材料全球专利申请量及申请人数量情况随时间均较为平稳，其技术发展相对平稳；从趋势来看，每年的申请量为 70~90 项；申请人数量为 40~60 个，其中 2016 年申请量和申请人数量达到峰值，分别为 90 项、67 个。

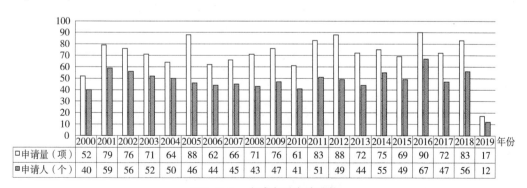

| 年份 | 2000 | 2001 | 2002 | 2003 | 2004 | 2005 | 2006 | 2007 | 2008 | 2009 | 2010 | 2011 | 2012 | 2013 | 2014 | 2015 | 2016 | 2017 | 2018 | 2019 |
|---|---|---|---|---|---|---|---|---|---|---|---|---|---|---|---|---|---|---|---|---|
| 申请量（项） | 52 | 79 | 76 | 71 | 64 | 88 | 62 | 66 | 71 | 76 | 61 | 83 | 88 | 72 | 75 | 69 | 90 | 72 | 83 | 17 |
| 申请人（个） | 40 | 59 | 56 | 52 | 50 | 46 | 44 | 45 | 43 | 47 | 41 | 51 | 49 | 44 | 55 | 49 | 67 | 47 | 56 | 12 |

图5-8-1　全球专利申请趋势

（二）在华专利申请态势分析

1. 在华专利申请趋势

图 5-8-2 是在华专利申请趋势。通过该图可以看出，2000—2004 年，在华专利申请的申请量与申请人数量相对较少，2000 年申请量仅为 5 项，申请人为 5 个；从 2005 年开始，出现了较大的增幅，之后的申请量与申请人数量除 2012 年和 2018 年较高之外均处于较为平稳态势，其中 2012 年申请量为 58 项，申请人数量为 30 个。

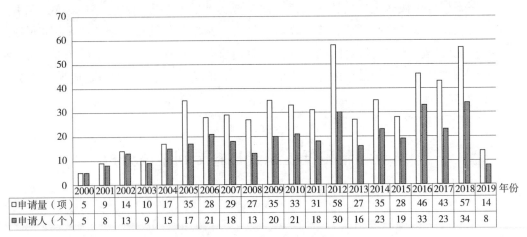

| 年份 | 2000 | 2001 | 2002 | 2003 | 2004 | 2005 | 2006 | 2007 | 2008 | 2009 | 2010 | 2011 | 2012 | 2013 | 2014 | 2015 | 2016 | 2017 | 2018 | 2019 |
|---|---|---|---|---|---|---|---|---|---|---|---|---|---|---|---|---|---|---|---|---|
| □申请量（项） | 5 | 9 | 14 | 10 | 17 | 35 | 28 | 29 | 27 | 35 | 33 | 31 | 58 | 27 | 35 | 28 | 46 | 43 | 57 | 14 |
| ■申请人（个） | 5 | 8 | 13 | 9 | 15 | 17 | 21 | 18 | 13 | 20 | 21 | 18 | 30 | 16 | 23 | 19 | 33 | 23 | 34 | 8 |

**图5-8-2　在华专利申请趋势**

2. 国内外在华专利申请量对比

图 5-8-3 为国内外申请人在华专利申请量趋势。通过该图可以得出，2000—2006 年，国外申请人的申请量相比国内申请多，在此期间，国内申请数量相对较少；2006 年以后，国内申请数量逐渐超过国外申请数量，并逐步达到国内申请占主导地位；其中，国外申请人在 2012 年达到最多，为 23 个。国内申请数量的增多，也说明国内相关申请人对新型低温超导材料专利技术的研究正在进一步深入，该项技术也越来越多地受到国内申请人的重视。国外申请则经历了增长—稳定—放缓的阶段，说明国外申请人前期认为中国市场具有广阔空间，并开始在中国市场布局，直至布局完善后则开始放缓节奏。

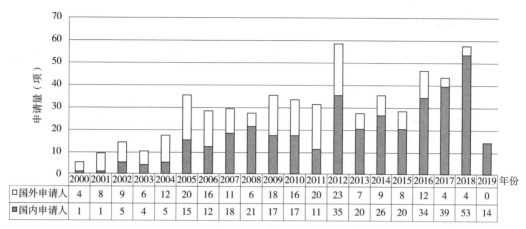

| | 2000 | 2001 | 2002 | 2003 | 2004 | 2005 | 2006 | 2007 | 2008 | 2009 | 2010 | 2011 | 2012 | 2013 | 2014 | 2015 | 2016 | 2017 | 2018 | 2019 |
|---|---|---|---|---|---|---|---|---|---|---|---|---|---|---|---|---|---|---|---|---|
| □国外申请人 | 4 | 8 | 9 | 6 | 12 | 20 | 16 | 11 | 6 | 18 | 16 | 20 | 23 | 7 | 9 | 8 | 12 | 4 | 4 | 0 |
| ▨国内申请人 | 1 | 1 | 5 | 4 | 5 | 15 | 12 | 18 | 21 | 17 | 17 | 11 | 35 | 20 | 26 | 20 | 34 | 39 | 53 | 14 |

**图5-8-3　国内外申请人在华专利申请量趋势**

## 二、专利区域分布分析

### （一）全球专利申请区域分布分析

图5-8-4为主要技术来源的技术流向。通过该图可以看出，各技术来源国均十分重视在本国的专利布局。除此之外，日本非常重视在美国的专利布局，其次为中国和韩国；美国申请人在中国、日本和韩国的专利布局数量基本相同；而中国申请人的专利布局基本集中于国内，国外仅有极少量的申请；韩国比较重视在美国的专利布局，其次为中国和日本。从上述分析可以看出，日本作为出口导向型经济体，非常重视在目标市场的专利布局，通过专利技术的抢先布局达到遏制潜在竞争对手、扩大市场份额等目的。而中国创新主体，尤其是大型企业，需要更加重视海外市场的专利侵权风险，进一步提高技术创新高度，积极进行海外专利布局。

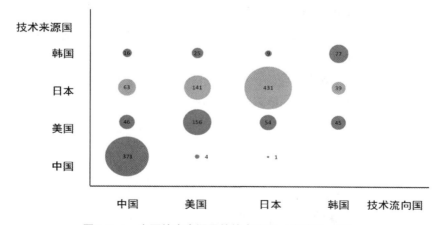

**图5-8-4　主要技术来源国的技术流向（申请量：件）**

### (二)在华专利申请区域分布分析

图 5-8-5 为各地区专利申请排名，北京在新型低温超导材料方面专利申请量最大，以 99 件专利申请量排名第 1，约占国内专利申请总量的 1/6，在该领域占据绝对优势地位。陕西以 74 件专利申请量，位居第 2；江苏、上海分别位居第 3、第 4。从地域情况来看，排名前 10 位的地区基本是在中国的中东部，经济相对发展较快的区域。

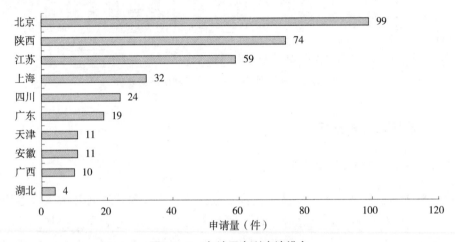

图5-8-5　各地区专利申请排名

## 三、技术分布分析

表 5-8-1 为新型低温超导材料技术分布情况。目前，新型低温超导材料的研究热点主要集中在铌（Nb）基低温超导材料和镁（Mg）基低温超导材料；其中，Nb 基低温超导材料又主要包括 Nb-Al 系、Nb-Sn 系及 Nb-Ti 系。低温超导材料广泛应用于超导电力传输、超导发电机、超导磁悬浮等相关技术领域。从以上三类超导材料的申请量来看，其申请量相当，也说明该三种超导材料的研究情况较为均衡。通过对新型低温超导材料相关专利的技术分布情况进行分析，铌基和镁基两类高温超导材料应用领域都主要集中在 H01B（电缆；导体；绝缘体；导电、绝缘或介电材料）、H01L（半导体器件），其他分类号主要涉及超导材料的制备技术。

表5-8-1　新型低温超导材料技术分布情况

| 技术领域 | IPC分类 | 技术主题 |
|---|---|---|
| 铌基低温超导材料（柱状图）<br>申请量（项）<br>391 155 124 118 74 24 19 18 16 16<br>H01B H01L C22C H01F C22F C01G C04B B22F B21C C23C | H01B | 电缆；导体；绝缘体；导电、绝缘或介电材料的选择 |
| | H01L | 半导体器件 |
| | C22C | 合金 |
| | H01F | 磁体；电感；变压器；磁性材料的选择 |
| | C22F | 改变有色金属的物理结构 |
| | C01G | 金属的化合物 |
| | C04B | 石灰；氧化镁；矿渣；水泥；其组合物 |
| | B22F | 金属粉末的加工、制造、专用装置或设备 |
| | B21C | 用非轧制的方式生产金属 |
| | C23C | 材料的镀覆 |
| 镁基低温超导材料（柱状图）<br>申请量（项）<br>452 216 116 93 89 78 68 33 26 20<br>H01B H01L C01B H01F C01G C04B C22C C23C C30B B22F | H01B | 电缆；导体；绝缘体；导电、绝缘或介电材料的选择 |
| | H01L | 半导体器件 |
| | C01B | 非金属元素；其化合物 |
| | H01F | 磁体；电感；变压器；磁性材料的选择 |
| | C01G | 金属的化合物 |
| | C04B | 石灰；氧化镁；矿渣；水泥；其组合物 |
| | C22C | 合金 |
| | C23C | 材料的镀覆 |
| | C30B | 单晶、多晶、共晶材料的处理 |
| | B22F | 金属粉末的加工、制造、专用装置或设备 |

## 四、重要申请人分析

### （一）全球专利申请人及重要企业分析

1. 全球专利申请申请人排名

图5-8-6为全球专利申请申请人排名。通过该图可以看出，排名前10位的申请人中，日本公司占4个，分别是日立公司、神户制钢、住友公司、日本物质材料研究所；中国占3个，分别是中科院、西北有色金属研究院、西部超导；其他为耐克森公司、LS电缆、西门子。从申请量来看，日立公司以89项申请排名第1；中科院以62项排名第2。日立公司、耐克森公司、住友公司均是该领域的龙头企业，在后续的重要企业分

析部分会对其进行详细分析。

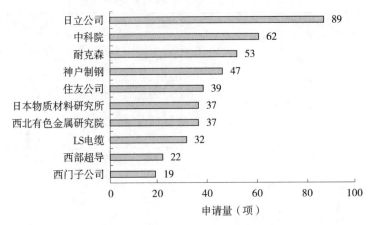

图5-8-6　全球专利申请申请人排名

从申请人类型来看，国内申请人以研究院所为主，而国外则是以企业申请人为主。可以看出，国外产业化的水平相对国内较高，具有较高的市场化水平。

2. 全球重要申请人区域专利布局

图5-8-7为全球重要申请人专利布局分析。从中可以看出，日立公司的专利申请主要集中于日本本土，其次为美国，而在中国、韩国则仅有少量或没有申请。中科院除在美国有1件专利申请外，其余申请均为国内申请，这与中科院侧重基础研究的研发特点有关。耐克森公司是全球超导电缆的重要制造商，在中国、美国、日本和韩国进行了均衡的专利布局，反映了该公司在全球重要目标市场和重要技术输出国进行全面布局的策略。神户制钢更为重视在日本本土的专利布局，在中国、美国和韩国仅有少量申请。住友公司的专利布局策略与耐克森公司相似，都采取了在全球重要目标市场和重要技术输出国进行全面布局的策略，从而达到遏制潜在竞争对手、扩大市场份额、树立专利壁垒等目的。

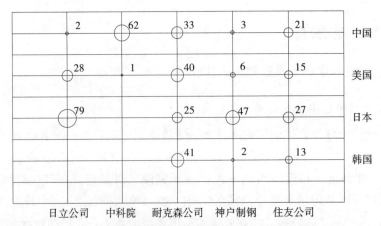

图5-8-7　全球重要申请人区域专利布局（申请量：件）

### 3. 全球共同申请人分析

新型低温超导材料领域全球共同申请人涉及共同申请专利193件，表5-8-2为新型低温超导材料共同申请情况。其中，日立公司的联合申请12件，与4个相应公司联合，其中与物质材料研究所共有9件联合申请。住友公司涉及7件联合申请，分别是国际超电、产综研所、东京电力等；其中与国际超电、产综研所各涉及联合申请2件。然后是产综研所与JSW、爱信艾达、古河电工、日本科学等4个联合申请人申请专利共5件（不包括与住友公司联合申请）；神户制钢与日本科学、东海大学涉及联合申请3件。根据以上联合申请人可以得出，日本相关企业联合申请相对较多，并且多为行业内实力较强的公司，联合申请主要为企业和企业之间，同时也有部分公司与高校或研究所的联合申请。

表5-8-2 新型低温超导材料共同申请情况

| 申请人 | 联合申请人 | 申请量（件） |
| --- | --- | --- |
| 日立公司 | 物质材料研究所 | 9 |
| | 国际超电 | 1 |
| | 物质材料研究所；KEK研究所 | 1 |
| | 中部电力 | 1 |
| 住友公司 | 国际超电 | 2 |
| | 产综研所 | 2 |
| | 藤仓公司；关西电力；铁道综合；国际超电 | 1 |
| | 藤仓公司；铁道综合；国际超电 | 1 |
| | 东京电力 | 1 |
| 产综研所 | JSW | 2 |
| | 爱信艾达 | 1 |
| | 古河电工 | 1 |
| | 日本科学 | 1 |
| 神户制钢 | 日本科学；东海大学 | 2 |
| | 东海大学 | 1 |

### （二）在华专利申请人分析

图5-8-8为在华专利申请申请人排名。通过该图可以看出，在华申请排名前4位的申请人中，仅有耐克森公司为国外申请人，而其余三个则为国内申请人，其中两个为科研院所。从申请量来看，各申请人申请量均相对不高，排名第一的中科院其申请量为62件；国外申请人耐克森公司为33件。西部超导公司则是从2012年开始进行相

应专利的布局，并在此后保持稳定的申请量。

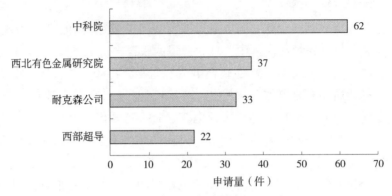

图5-8-8　在华专利申请申请人排名

(三) 重要企业分析

通过前期对新型低温超导材料领域企业情况进行检索梳理，结合企业的专利申请量、产能、市场占有率等因素，确定全球重要企业和我国重要企业，并对企业专利情况进行分析。

1. 全球重要企业分析

表5-8-3为新型低温超导材料全球重要企业分析。通过对该技术领域相应企业分析，综合考虑各因素，日立公司、耐克森公司、住友公司为该领域综合实力排名靠前的公司。

表5-8-3　新型低温超导材料全球重要企业分析

| 序号 | 申请人 | 专利族（项） | 全球布局 | 研发方向 |
| --- | --- | --- | --- | --- |
| 1 | 日立公司 | 89 | 日本、中国、美国、欧洲 | 镁系超导材料，超导线缆 |
| 2 | 耐克森公司 | 53 | 韩国、欧洲、美国、日本 | 低温超导线缆、超导导体 |
| 3 | 住友公司 | 39 | 日本、加拿大 | 铌系超导材料、超导线缆 |

日立公司在此领域具有很强的竞争力，其对于镁系超导材料研究较为深入，申请了多篇关于此技术的专利，此外也对于低温超导线缆进行了相应的专利布局。耐克森公司在全球线缆行业具有显著的技术优势，其具有长达百年的研发经验，该公司在低温超导材料领域的研究方向主要在于低温超导线缆、超导导体两大方向，具有较强的研发实力，在多国布局了相应的专利。住友公司的业务范围涉及多个领域，其旗下住友电工公司涉及低温超导材料的研究，主要研究方向为铌系超导材料、超导线缆等，并在日本、加拿大进行了布局。

2. 我国重要企业分析

表5-8-4为新型低温超导材料我国重要企业分析。通过对该领域国内相应企业分

析，综合考虑各因素，确定重点企业为西部超导材料科技有限公司、宝胜科技创新股份有限公司。

表5-8-4　新型低温超导材料我国重要企业分析

| 序号 | 申请人 | 申请量（件） | 法律状态 | | | 研发方向 | 专利运营 | 海外布局 |
| --- | --- | --- | --- | --- | --- | --- | --- | --- |
| | | | 有效（件） | 在审（件） | 失效（件） | | | |
| 1 | 西部超导材料科技有限公司 | 22 | 15 | 5 | 2 | 铌系、镁系低温超导材料 | 无 | 无 |
| 2 | 宝胜科技创新股份有限公司 | 8 | 4 | 0 | 4 | 镁系低温超导材料、线缆 | 许可2件 | 无 |

西部超导公司的研发方向为铌系、镁系低温超导材料，并以铌系超导材料为主，涉及铌钛、铌三锡材料，该企业较为重视知识产权的保护，有22件专利申请，其中有15件处于有效状态，5件处于在审状态，体现了良好的技术研发持续性，但该企业在专利运营方面还处于空白状态，且并未在海外进行专利布局。宝胜科技是我国线缆行业的重点企业，其在低温超导材料方面进行了一定的专利研究及布局，主要涉及镁系低温超导材料的研究，在专利运营方面涉及2件专利许可，且同样未在国外进行专利布局。

### 五、法律状态分析

#### （一）专利许可

从2000年至2019年8月为止，低温超导材料领域专利许可数量较少，仅有2件专利许可。许可人分别为宝胜科技创新股份有限公司和中国科学院电工研究所，相应被许可人分别为宝胜集团有限公司、苏州新材料研究所有限公司，均为独占许可。

#### （二）专利转让

图5-8-9为专利转让数量趋势。从国内专利转让情况来看，从2012年开始有专利转让发生，在之后波动上升，并在2017年、2019年达到5件。2000—2019年共涉及23件低温超导材料相关专利的转让。从专利转让人和受让人分析来看，北京有色金属研究总院以4件专利转让排名第一，其专利受让人为有研工程技术研究院有限公司，二者为关联公司；专利转让排名第二的为电子科技大学，其有3件专利转让。通过专利转让和受让情况可以看出，科研院所在技术输出方面有一定的技术优势，同时国内在低温超导材料专利运营方面仍有较大的发展空间。

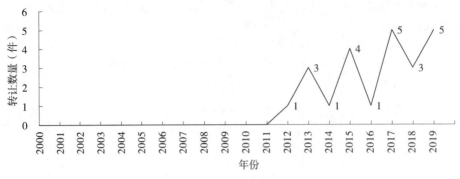

图5-8-9　专利转让数量趋势情况

## 六、小结

本节对新型低温超导材料领域专利情况进行了分析。从专利申请态势情况来看，全球专利申请量及申请人数量随时间均较为平稳，其技术发展相对平稳；其中，2016年申请量和申请人到达峰值，分别为90项、67个。

通过对专利区域分布进行分析，中、日、美三国申请量较大，是主要的技术来源国，日本、美国总体申请量在2000—2018年处于较为平稳的状态，每年申请量比较接近，申请量在15~30项；中国在2005年之前申请量相对较少，之后专利申请量有所增长，逐渐成为全球主要技术来源国。

从国内各省市专利申请来看，北京在新型低温超导材料领域专利申请量最大，以99件专利申请量排名第1，约占国内专利申请总量的1/6，在该领域占据绝对优势地位。陕西以74件专利申请量位居第2；江苏、上海分别位居第3、第4。从地域情况来看，排名前10位的省市基本是在中国的中东部，经济相对发展较快的区域。

从技术分布分析，其应用领域都主要集中在H01B（电缆；导体；绝缘体；导电、绝缘或介电材料）、H01L（半导体器件）。

从全球申请量排名前10位的申请人来看，来自日本的重要申请人包括日立公司、神户制钢、住友公司等，均为该领域的龙头企业，具有雄厚的研发实力和技术转化能力。来自我国的重要申请人包括中科院、西北有色金属研究院和西部超导公司，其中中科院以学科基础研究为主，西北有色金属研究院与西部超导公司在人才、技术上实现了有效的沟通和交流，是产学研结合实现人才流动、技术转化的典型示范。但是总体来说，我国的重要申请人在该领域的研发水平、技术转化能力还与国外先进水平存在一定差距。从申请人间联合申请的情况来看，日本公司除注重与科研院所进行联合申请外，还非常注重与产业链上下游公司的合作研发以及与同行业其他公司间的互补研发。这种研发模式能够更好地把握市场需求，同时对于研发成果的推广利用也更加有利。我国创新主体可以借鉴这种多维度的联合研发模式，以实现人才、技术、市场的良性互动。

低温超导材料领域发生运营的专利数量很少，其中专利许可仅有 2 件，无专利质押，专利转让自 2012 年开始有少量出现，每年转让数量为 1~5 件。这主要是因为低温超导材料在国内的技术发展尚不成熟，且技术研发的门槛较高，主要的创新主体集中于少数高校院所和企业当中，因此专利运营并不活跃。

## 第九节　高温超导材料专利申请分析

### 一、专利申请态势分析

#### (一) 全球专利申请态势分析

图 5-9-1 是高温超导材料 2000—2019 年的全球专利申请趋势，其整体呈现波动性发展态势。2000—2003 年申请量较为稳定。2004—2007 年，专利申请的增长量出现了一段停滞，并且在总体上有下降的趋势，年申请量在 120 项左右。2008—2011 年，该领域专利申请量又表现出逐步上升的趋势，2011 年申请量最高达 211 项，随后专利申请量趋于平缓。同时，从申请人数量走势上可以看出，申请人数量的走势基本与申请总量趋势相同。

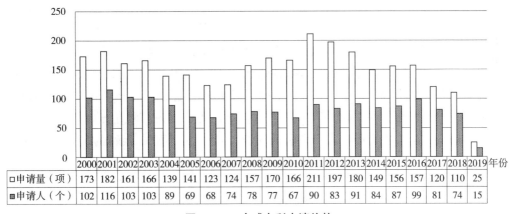

| 年份 | 2000 | 2001 | 2002 | 2003 | 2004 | 2005 | 2006 | 2007 | 2008 | 2009 | 2010 | 2011 | 2012 | 2013 | 2014 | 2015 | 2016 | 2017 | 2018 | 2019 |
|---|---|---|---|---|---|---|---|---|---|---|---|---|---|---|---|---|---|---|---|---|
| 申请量（项） | 173 | 182 | 161 | 166 | 139 | 141 | 123 | 124 | 157 | 170 | 166 | 211 | 197 | 180 | 149 | 156 | 157 | 120 | 110 | 25 |
| 申请人（个） | 102 | 116 | 103 | 103 | 89 | 69 | 68 | 74 | 78 | 77 | 67 | 90 | 83 | 91 | 84 | 87 | 99 | 81 | 74 | 15 |

图5-9-1　全球专利申请趋势

#### (二) 在华专利申请态势分析

1. 在华专利申请趋势

图 5-9-2 是高温超导材料 2000—2019 年在华的专利申请趋势，由图中可以看出，虽然高温超导材料在 20 世纪初就被发现，但是我国涉及高温超导技术的专利申请量在 2000—2002 年仅有 20 项左右，相比全球申请量明显处于较低水平。从 2003 年起，在华高温超导材料相关专利申请数量开始增长，呈现快速发展态势，2009 年专利申请量达 73 项。虽然在 2010—2011 年以及 2014—2015 年申请量出现回落现象，但整体上我

国高温超导材料呈现了稳中有升的发展态势。

从申请人数量走势上可以看出，申请人数量在 2003—2011 年增幅不大，与申请量急剧增长不同，其数量保持平稳状态，主要原因在于我国高温超导材料技术研发主要集中在少数高等院校及企业，技术研发门槛较高，申请人相对较集中。随着高温超导材料技术研发领域的不断扩展和研发深度的不断加深，高温超导材料日益受到国内相关人员的重视，该领域专利申请人数量也随之增多。

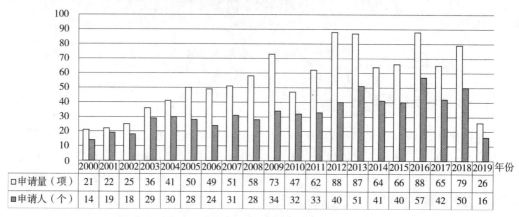

| 年份 | 2000 | 2001 | 2002 | 2003 | 2004 | 2005 | 2006 | 2007 | 2008 | 2009 | 2010 | 2011 | 2012 | 2013 | 2014 | 2015 | 2016 | 2017 | 2018 | 2019 |
|---|---|---|---|---|---|---|---|---|---|---|---|---|---|---|---|---|---|---|---|---|
| □申请量（项） | 21 | 22 | 25 | 36 | 41 | 50 | 49 | 51 | 58 | 73 | 47 | 62 | 88 | 87 | 64 | 66 | 88 | 65 | 79 | 26 |
| ■申请人（个） | 14 | 19 | 18 | 29 | 30 | 28 | 24 | 31 | 28 | 34 | 32 | 33 | 40 | 51 | 41 | 40 | 57 | 42 | 50 | 16 |

图5-9-2　在华专利申请趋势

2. 国内外在华专利申请态势分析

图 5-9-3 为国内外申请人在华专利申请趋势。从中可以看出，2000—2016 年，国外申请人在华申请量变化趋势不大，反映了国外申请人在该领域的研发规模、研发投入基本保持稳定。2017 年及以后由于受 PCT 申请尚未公开等因素的影响，国外申请人的在华申请量不能准确反映实际情况，因此不做考虑。国内外申请人的申请量随时间呈现明显的增长态势，在 2006 年申请量首次超过国外申请人，并在此后一直保持申请量占据多数的态势。国内申请人申请量的快速增长一方面反映了我国持续加大在高温超导领域的研发力度，另一方面也反映了国内创新主体知识产权保护意识的增强。

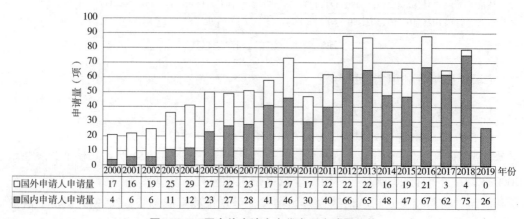

| 年份 | 2000 | 2001 | 2002 | 2003 | 2004 | 2005 | 2006 | 2007 | 2008 | 2009 | 2010 | 2011 | 2012 | 2013 | 2014 | 2015 | 2016 | 2017 | 2018 | 2019 |
|---|---|---|---|---|---|---|---|---|---|---|---|---|---|---|---|---|---|---|---|---|
| □国外申请人申请量 | 17 | 16 | 19 | 25 | 29 | 27 | 22 | 23 | 17 | 27 | 17 | 22 | 22 | 22 | 16 | 19 | 21 | 3 | 4 | 0 |
| ■国内申请人申请量 | 4 | 6 | 6 | 11 | 12 | 23 | 27 | 28 | 41 | 46 | 30 | 40 | 66 | 65 | 48 | 47 | 67 | 62 | 75 | 26 |

图5-9-3　国内外申请人在华专利申请量趋势

### 二、专利区域分布分析

#### (一) 全球专利申请区域分布分析

从图5-9-4可以看出，日本最为重视在全球市场的专利布局，为向外国技术输出的第一大国。日本在中国申请177件，向美国、韩国分别申请了291件、121件，总和达到了589件。其数量之多相当于韩、中海外布局数量的总和。这与日本一贯重视拓展海外市场、在高温超导材料研究重点技术领域具备很强的研发实力、注重海外市场知识产权保护等多方面因素有关。

中国虽然为高温超导材料技术领域全球第二技术来源国，但向其他国家和地区布局的专利数量远落后于日、美、韩。这一方面反映了国内创新主体在海外的知识产权保护意识和保护力度亟须加强；另一方面也反映了中国高温超导材料专利申请的质量与美、韩仍存在差距，在核心技术研发、抢占技术制高点的道路上还有很长的路要走。

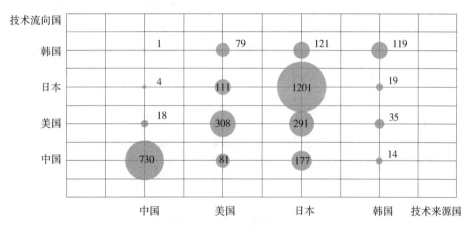

**图5-9-4 高温超导材料专利技术主要技术来源国目标市场布局（申请量：件）**

#### (二) 在华专利申请区域分布分析

图5-9-5为各省市专利申请排名，北京在高温超导材料领域专利申请量最大，以225件排名第一，约占国内专利申请总量的30%，在该领域占据绝对优势地位。上海以104件专利申请量位居第二。从各省市专利申请排名来看，高温超导材料专利申请量与经济、科技的发展水平密切相关，北京、上海作为经济发达地区，科技研发投入也相对比较多，同时，这些城市高等院校相对集中，研发团队优势明显。

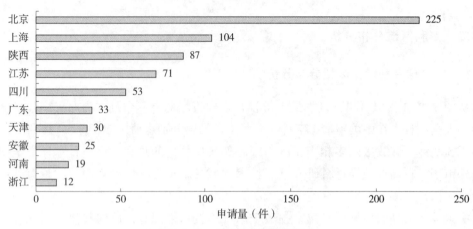

图5-9-5　各省市专利申请排名

## 三、技术分布分析

表 5-9-1 为高温超导材料技术分布。目前，高温超导材料的研究热点主要集中在铜氧化物系高温超导材料及铁基超导材料，其中铜氧化物系高温超导材料又包括铋系（BSCCO）、钇系（YBCO）。其中 BSCCO 被称为第 1 代高温超导材料，YBCO 被称为第 2 代高温超导材料。铁基超导体由于具有临界温度较高、临界电流密度高、各向异性小等特点，有望在超导储能系统（SMES）、核磁共振谱仪（NMR）等方面得到应用。铜氧化物系高温超导材料发现时间较早，技术发展相对成熟，因此其专利申请量相对较多。两类高温超导材料应用领域都主要集中在 H01B（电缆；导体；绝缘体；导电、绝缘或介电材料）、H01L（半导体器件），其他分类号主要涉及超导材料的制备技术。

表5-9-1　高温超导材料技术分布

| 技术领域 | IPC 分类 | 技术主题 |
|---|---|---|
| 铜氧化物系高温超导材料<br><br>申请量（项）<br>682　292　279　144　98　83　79　42　23　15<br>H01B H01L C01G H01F C04B C23C C30B C22C B32B B22F | H01B | 电缆；导体；绝缘体；导电、绝缘或介电材料的选择 |
| | H01L | 半导体器件 |
| | C01G | 金属的化合物 |
| | H01F | 磁体；电感；变压器；磁性材料的选择 |
| | C04B | 石灰；氧化镁；矿渣；水泥；其组合物 |
| | C23C | 材料的镀覆 |
| | C30B | 单晶、多晶、共晶材料的处理 |
| | C22C | 合金 |
| | B32B | 层状产品 |
| | B22F | 金属粉末的加工、制造、专用装置或设备 |

续表

| 技术领域 | IPC 分类 | 技术主题 |
|---|---|---|
| 铁基高温超导材料 | H01B | 电缆；导体；绝缘体；导电、绝缘或介电材料的选择 |
| | H01L | 半导体器件 |
| | H01F | 磁体；电感；变压器；磁性材料的选择 |
| | C04B | 石灰；氧化镁；矿渣；水泥；其组合物 |
| | C01G | 金属的化合物 |
| | C30B | 单晶、多晶、共晶材料的处理 |
| | C01B | 非金属元素；其化合物 |
| | C22C | 合金 |
| | C23C | 材料的镀覆 |

## 四、申请人分析

### (一) 全球专利申请人分析

1. 全球专利申请申请人排名

图 5-9-6 为全球专利申请的申请人排名。从全球主要申请人的国别构成来看，来自日本的住友、藤仓两大公司专利申请量遥遥领先。另外，国际超电、东芝、日立、美国超导也有较大的申请量。来自我国的申请人占据了 4 位，分别为上海交通大学、西北有色金属研究院、北京工业大学以及中国科学院电工研究所。可见，全球重要申请人主要来自日本和中国。从中日两国重要申请人的对比来看，日本的重要申请人均为企业，而我国均为高校和科研院所，这在一定程度上反映了两国在该领域的创新体系存在明显差别，日本已经形成了以企业为主体的创新体系，在综合研发实力、专利技术的推广和产业转化方面具有明显优势。而我国在该领域的研究还偏向于基础研究，企业参与技术创新的程度还比较低，产业化水平较低，专利技术的推广应用存在短板。

从国外申请人的构成来看，日本和美国目前在高温超导材料技术领域的研发和专利布局走在世界前列，这两个国家也都是当今世界的发达国家，其均在高温超导材料技术领域中投入了相当的研发资源并进行了一定的专利布局，说明国外发达国家对高温超导材料技术的市场价值也抱有一定预期，并且积极投入了一定的研发力度。尤其是日本的相关企业，在该领域布局了大量专利，以住友、藤仓为代表的企业研发活动相当活跃，可以看出日本的企业和科研机构对高温超导材料技术的市场化前景持有相当乐观的态度。

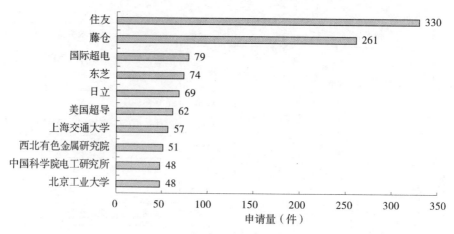

**图5-9-6　全球专利申请申请人排名**

### 2. 全球重要申请人区域布局策略对比

图5-9-7为全球重要申请人区域布局。从住友申请布局状况来看，其在日本本土进行了大量布局，同时在美国、中国均有专利申请，表明住友对海外市场比较重视，积极展开专利布局。藤仓、国际超电、东芝、日立的布局策略比较类似，除本土布局外，主要以美国市场为主要专利布局国家，在中国、韩国也有一定量的申请。美国超导除重视本土布局外，还比较重视日本、韩国市场。国内的研发单位主要集中在国内进行申请。例如上海交通大学、西北有色金属研究院、北京工业大学和中国科学院电工研究所几乎全部的专利申请都为国内申请。

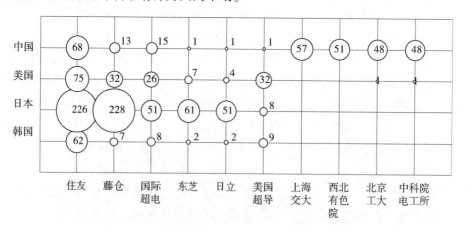

**图5-9-7　全球重要申请人区域布局（申请量：件）**

### （二）在华专利申请人分析

从图5-9-8列出的高温超导材料在华专利重要申请人排名来看，住友以68件的申请量位居首位，上海交通大学、中国科学院电工研究所、北京工业大学、西北有色金属研究院也凭借其在高温超导材料方面的领先优势名列前茅。从申请人的类型分布来看，在华专利申请量排名前 10 的申请人中，有 2 个为国外申请人，分别为住友、古河电工；有 8 个国内申请人，其中包括 5 个高校，2 个科研院所，1 个企业。其中北京英纳超导技术有限公司成立于 2000 年，是我国首家专业从事高温超导材料及其应用产品开发、生产和销售的高新技术企业，其部分专利为与清华大学联合申请。因此，国内以基础研究为主的申请格局凸显中国企业对高温超导材料技术研发整体参与度不高，整体而言我国仍停留在以科学研究为主的阶段，高温超导材料技术产业化任重而道远。

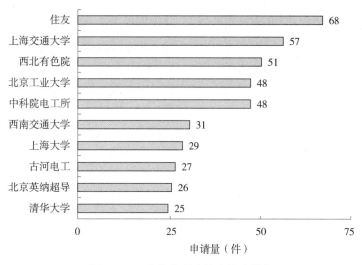

图5-9-8 在华专利申请申请人排名

## (三) 重要企业分析

### 1. 全球重要企业分析

表 5-9-2 为高温超导全球重要企业的专利分析。高温超导材料领域，日本和美国的优势明显，在 BSCCO 铋系高温超导材料领域，日本住友一直处于垄断地位。在 YB-CO 铜氧化物高温超导带材领域则竞争相对较大，藤仓、美国超导均表现出较强的研发实力。住友自 1986 年就开始了对高温超导材料的研究，经过 30 多年的研发，铋系高温超导带材已在商业范围内进行应用，住友是世界上第一个生产长型铋系超导带材的公司，现已成为全球标准，其在 Bi2223 领域基本处于垄断地位。

表5-9-2 高温超导全球重要企业专利分析

| 序号 | 申请人 | 申请量（项） | 全球布局 | 研发方向 |
|---|---|---|---|---|
| 1 | 住友 | 330 | 日本、美国、欧洲、中国、韩国 | BSCCO 超导带材、高温超导电缆 |
| 2 | 藤仓 | 261 | 日本、美国、欧洲、中国、韩国 | 高温超导带材 |
| 3 | 国际超电 | 79 | 法国、美国、日本、中国、印度 | 高温超导带材 |

续表

| 序号 | 申请人 | 申请量（项） | 全球布局 | 研发方向 |
|---|---|---|---|---|
| 4 | 美国超导 | 62 | 英国、美国、澳大利亚、挪威、加拿大、中国 | 高温超导带材 |

**2. 我国重要企业分析**

表5-9-3为我国重要企业专利申请情况。北京英纳超导技术有限公司成立于2000年，其在高温超导材料方面申请专利26件，其中有效专利17件，占比达65.39%，该企业的专利质量与数量均处于较高水平。该企业也比较重视产学研合作，其中5件专利为与清华大学合作申请，同时还有两件PCT专利申请。

江苏中天科技股份有限公司投入了220kV/3kA冷绝缘高温超导电缆关键技术的研发项目，并与华北电力大学进行研发合作，项目总投资1033万元。目前中天科技累计申请专利286件，其中高温超导材料领域专利5件，有效专利3件，5件专利申请均与华北电力大学共同申请。

上海超导科技股份有限公司主要生产第二代高温超导带材和基于第二代高温超导带材的超导电力设备，同时生产应用于超导带材生产线的成套装备，整套生产工艺具备自主知识产权。基于物理镀膜方法制备的超导带材具有高载流量和很好的电流均一性，强磁场下性能优越。上海超导科技股份有限公司可批量供应长距离、高性能二代高温超导带材，并根据超导应用领域的不同需求提供相应规格的超导带材。目前上海超导累计申请专利41件，其中高温超导材料方面专利7件，有效专利4件。

江苏永鼎股份有限公司在高温超导线材方面具有较强的研发实力，2018年12月，永鼎集团成功研制出首根10m长、±10kV/6kA的冷绝缘高温超导直流电缆通电导体，在超导电缆的均流工艺等关键技术上取得了突破。江苏永鼎公司在高温超导领域的专利申请为5件，目前均为在审状态。

表5-9-3 我国重要企业专利申请情况

| 序号 | 申请人 | 申请量（件） | 有效（件） | 在审（件） | 失效（件） | 研发方向 | 专利运营 | 海外布局 |
|---|---|---|---|---|---|---|---|---|
| 1 | 北京英纳超导技术有限公司 | 26 | 17 | 0 | 9 | 铋系高温超导导线 | 无 | 美国（2件） |
| 2 | 江苏中天科技股份有限公司 | 5 | 3 | 1 | 1 | 冷绝缘高温超导电缆 | 无 | 无 |
| 3 | 上海超导科技股份有限公司 | 7 | 4 | 3 | 0 | 第二代高温超导带材及相应电力设备 | 无 | 无 |
| 4 | 江苏永鼎股份有限公司 | 5 | 0 | 5 | 0 | 高温超导电缆 | 无 | 无 |

### 五、法律状态分析

#### （一）专利许可

2000—2019 年 8 月，高温超导领域专利许可领域活跃度不高，仅涉及 2 件专利许可，分别来自中国科学院合肥物质研究院和中国科学院电工研究所，相应被许可人分别为宁波镇海国创高压电器有限公司、苏州新材料研究所有限公司，均为独占许可。

#### （二）专利转让

图 5-9-9 为专利转让数量趋势，可以看出，专利转让是高温超导材料领域专利运营最主要的表现形式。2000—2019 年 8 月，国内高温超导材料领域专利转让数量为 44 件。国内高温超导材料技术专利转让发生时间较晚，2009 年才有第 1 件专利发生转让，随后专利转让数量逐年增加，整体态势呈波动式增长状态。但除去机构变更引起的转让数据，整体上高温超导材料技术专利转让数量仍处于较低水平。

专利转让人中，高校、科研院所专利转让数量居多，其中北京有色金属研究院在该领域专利转让数量最多，为 13 件；北京工业大学以 10 件位居第二。受让人排名第一的为有研工程技术研究院有限公司，其 13 件受让专利均来自北京有色金属研究院，该专利转让主要是由于机构变更，有研工程技术研究院有限公司前身为北京有色金属研究院；受让人排名第二的郭福良，其 10 件受让专利均来自北京工业大学。

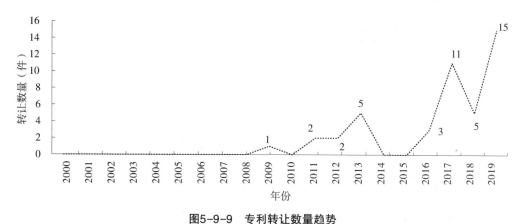

图5-9-9 专利转让数量趋势

### 六、小结

从全球专利申请数量的年度分布情况来看，其整体呈现波动性发展态势，申请人数量的走势基本与申请总量趋势相同。高温超导材料在华申请量呈现了稳中有升的发展态势，与申请量急剧增长不同，在华申请人数量一直保持平稳状态，这主要原因在于我国高温超导材料技术研发主要集中在少数高等院校及企业，技术研发门槛较高，申请人相对较集中。

高温超导材料主要技术来源国为中国、美国、韩国和日本，日本开始高温超导材料专利申请时间较早，技术起步及专利申请时间明显早于其他国家，中国自介入高温超导材料技术领域后，专利申请量迅速增加，2013 年起中国高温超导材料相关专利申请数量开始超出日本，成为该领域主要申请国。日本最为重视在全球市场的专利布局，为向外国技术输出的第一大国。中国虽然为高温超导材料领域全球第二技术来源国，但向其他国家和地区的专利布局数量却相当少。这一方面反映了国内创新主体在海外的知识产权保护意识和保护力度亟须加强；另一方面也反映了中国高温超导材料专利申请的质量与美、韩仍存在差距，在核心技术研发、抢占技术制高点的道路上还有很长的路要走。另外，全球高温超导材料专利申请量排名前 10 位的申请人中，前 5 位的申请人均来自日本，以住友、藤仓为代表的企业研发活动相当活跃。而国内则主要依靠国内大的科研院所以及高校，实际产业化应用较弱。

专利转让是高温超导材料领域专利运营最主要的表现形式，国内高温超导材料领域专利转让数量达 44 件，但其中大部分为机构变更引起的转让，少部分存在技术转移；仅有 2 件专利发生许可，尚无质押专利，可见高温超导材料领域其专利运营活跃度不高，需要在提高高温超导材料整体专利质量的基础上丰富其运营形式。

# 第十节　小　结

## 一、前沿新材料产业专利发展总体状况

我国前沿新材料产业起步较晚，2000 年仅占全球专利申请总量的 10%，但我国申请量的增速远远高于全球平均增速，2010 年申请量已达到 1000 余项，占全球总量的 41%。进入 2011 年以后，随着我国创新主体对知识产权的日益重视和我国科技创新体系的不断完善，申请量进入迅速增长阶段，2017 年申请量占全球总量的 67%。

表 5-10-1 为前沿新材料产业主要技术分支的性能特点、应用领域及重点省市。我国的前沿新材料产业在北京、天津、山东、辽宁的环渤海区域，上海、浙江、江苏的长三角区域以及广东的珠三角地区分布密集，上述省市的专利申请量居于全国前列。同时中西部地区的一些省市依托当地丰富的自然资源、人才资源和政策支持也获得了良好的发展，如安徽的 3D 打印产业，重庆的石墨烯和增材制造产业，云南的液态金属产业、陕西的超导材料等。

表5-10-1 前沿新材料产业主要技术分支的性能特点、应用领域及重点省市

| | 技术领域 | IPC 分类 | 性能特点 | 应用领域 | 重点省市 |
|---|---|---|---|---|---|
| 前沿新材料产业 | 石墨烯 | C01B、B82Y、H01M、B01J、H01B | 优异的光学、电学和力学性能 | 材料学、能源、生物医学和药物传递 | 江苏、北京、广东、上海、浙江、山东 |
| | 增材制造材料 | B33Y、B29C、C08L、B22F、C08K、C04B | 可快速精密制造复杂结构零件,工序少,周期短 | 生物医疗、工业零部件制造、航空航天、国防军工 | 广东、江苏、北京、安徽、浙江、上海 |
| | 形状记忆合金 | C22C、C22F、C21D、B22F | 形变记忆性、超弹性、阻尼性 | 建筑减震、汽车部件、飞机部件、生物医用 | 江苏、北京、辽宁、黑龙江 |
| | 自修复材料 | C08L、C09D、C08G、C04B、C08J | 可自动修复基体缺陷 | 路面修复、自修复涂料、自修复水凝胶 | 江苏、广东、北京、山东、安徽 |
| | 智能、仿生与超材料 | H01L、G02B、C08G、C04B、C08F | 智能响应、生物仿生、天然材料所不具备的超常物理性质 | 医疗卫生、发光半导体元器件、显示装置、光学元器件、天线、传感器 | 广东、北京、江苏、上海、陕西、浙江 |
| 前沿新材料产业 | 液态金属材料 | B22D、H01L、C22C、H01M | 低熔点、超强塑形能力、高屈服强度、高硬度、优异的强度质量比 | 电子油墨、散热器、电池、生物医疗 | 北京、云南、广东、浙江、江苏、安徽 |
| | 新型低温超导材料 | H01B、H01L、H01F、C22C | 零电阻、抗磁性、宏观量子效应 | 超导电缆、超导限流器、超导磁悬浮、医疗核磁共振成像 | 北京、陕西、江苏、上海、四川、广东 |
| | 低成本高温超导材料 | H01B、H01L、C01G、H01F、C04B | 超导转变温度高,超导性能具有很强的各向异性 | 超导量子干涉仪、红外探测器、微波谐振器、磁悬浮和磁性轴承 | 北京、上海、陕西、江苏、四川、广东 |

　　我国的石墨烯申请量居全球首位,在全球前10位石墨烯专利申请机构中,浙江大学、清华大学等5所中国高校入围,但在应用研究方面还比较落后。在增材制造材料方面,我国的基础研究、材料的制备工艺以及产业化方面与国外相比存在相当大的差距,存在产业规模化程度较低、专用材料发展滞后、高端材料需要进口和行业标准体系不健全等问题。深圳光启为全球超材料领域龙头企业,专利申请量达到千余项,远超其他企业,已经建立全球首个超材料产业基地。我国的液态金属具有全球领先的技

术原创性，目前已形成云南液态金属产业集群并形成一定的产业规模。在超导材料方面，低温超导材料、超导电子学应用以及超导电工学应用领域的研究已达到或接近国际先进水平，但在实际应用方面的研究进展与发达国家还有一定差距，目前国内超导材料主要从美国和日本进口，成本昂贵。

## 二、前沿新材料产业发展现状、现存问题和面临的风险

### （一）产业集聚及领军企业情况分析

#### 1. 石墨烯、增材制造、液态金属、超材料初步形成区域性产业集群和行业领军企业

2015 年，工业和信息化部、国家发改委、科技部联合发布《关于加快石墨烯产业创新发展的若干意见》，明确提出引导石墨烯产业创新发展。此后，《中国制造 2025》和《新材料产业发展指南》等文件也明确将石墨烯产业作为发展重点，各地方政府也纷纷制定相关产业政策。在这些政策的支持下，石墨烯产业进入快速发展阶段。截至 2018 年 6 月，我国各地成立了 20 余家石墨烯产业园/创新中心/生产基地，包括环渤海区域的北京石墨烯产业创新中心、青岛石墨烯产业园；长三角区域的江苏常州石墨烯科技产业园、无锡石墨烯产业发展示范区、南京石墨烯创新中心暨产业园、宁波石墨烯产业园，另外还有重庆石墨烯产业园、哈尔滨石墨烯产业基地等区域性产业集群，涌现出了常州第六元素、常州二维碳素、重庆墨希等一批领军企业，其中常州第六元素已建成 100t/a 的石墨烯粉体生产线，常州二维碳素建成 3 万 $m^2/a$ 的石墨烯薄膜生产线。

增材制造领域，在《国家增材制造产业发展推动计划》等相关政策的引导和支持下，我国增材制造产业规模不断扩大，目前已建成了环渤海地区的北京丰台 3D 打印孵化器、辽宁增材制造产业技术研究院；长三角地区的浙江杭州萧山 3D 小镇、上海松江 3D 新兴产业园、安徽春谷 3D 打印智能装备产业园；珠三角地区的广州 3D 打印产业园、粤港澳 3D 打印产业创新中心；以及中部地区的陕西渭南 3D 打印产业园、重庆永川 3D 打印产业化示范基地等产业集群。上述产业园具有良好的配套措施，涌现出先临三维、华曙高科等一批领军企业。

2014 年，云南宣威市政府与中国科学院理化技术研究所签订"科技入滇"重点项目，与中国科学院理化技术研究所、清华大学联合打造云南液态金属谷产业集群，建立了宣威虹桥液态金属产业园，目前园区已建成年产 120t 液态金属生产线，液态金属 LED 灯具已量产开工，云南科威液态金属谷研发有限公司成为液态金属领域的领军企业，北京梦之墨公司也入驻园区，建设液态金属电子电路打印机、3D 打印机等项目。

从以上分析可以看出，我国的石墨烯、增材制造产业已初步形成了以长三角、珠三角、环渤海地区为核心，中西部地区为纽带的空间发展格局。云南依托其独特的自然资源优势在液态金属领域获得了快速的发展。珠三角地区的深圳在光启公司这一全球龙头企业的带动下，建立了超材料产业园区，带动产业升级与优化，建立完整的超

材料关键电子信息器件以及其应用产品上下游产业链。

2. 自修复材料、智能材料、仿生材料处于基础研究阶段，未形成产业集聚和领军企业

自修复材料、智能材料、仿生材料的研究主要都集中在大专院校和科研院所，企业研究也多以中小微企业为主，技术分散且发展不成熟，处于基础研究阶段，目前仅有少量产品实现产业化生产，包括山东格物新材料的自修复纳米防腐涂层、昆山密友集团金属纳米复合自修复剂、天津圣工科技的自修复路面沥青等。行业内未形成产业集聚，缺乏领军企业，技术集中度很低，使得产业化进程发展缓慢。

### （二）关键技术尚未突破

石墨烯领域，包括粉体分散、大面积薄膜、应用和环保等关键技术和装备都与国外先进水平存在差距，规模化、低成本、高品质和大尺寸的宏量制备技术尚未取得突破性进展，难以满足工业化量产的需求。在增材制造材料方面，材料品种少、高性能材料严重依赖进口，企业选择受到较大限制，严重影响着相关产品的更新换代和品质升级。

### （三）海外专利布局缺乏，企业缺乏参与全球竞争的意识

我国新材料产业处于快速发展期，已有部分产品达到国际先进水平并出口海外市场。但是，我国申请人的海外专利布局还非常薄弱。以自修复材料为例，我国申请人97%的专利布局都在国内，海外申请数量仅占总量的3%；智能、仿生与超材料领域中，我国申请人94%的专利申请都布局在国内，海外申请仅占总量的6%。我国的石墨烯专利申请居全球首位，但我国石墨烯的领军企业重庆墨希、常州第六元素等企业都未进行任何海外专利布局，与三星、LG、巴斯夫等国外企业形成鲜明对比。

海外专利布局的匮乏对我国企业的产品销售、投资都带来了潜在威胁，与国外跨国公司所执行的"市场未动、专利先行"的策略相比明显具有不利因素。这一方面是由于我国企业对专利保护的重要性认识不够，专利布局意识不足，部分企业对专利的认识还停留在完成指标任务、评定高新技术企业层面；另一方面也反映了我国企业缺乏核心技术和自主知识产权的情况。

### （四）高校知识产权转化运用不足

在前沿新材料领域，大专院校和科研院所的专利申请占比较高，见表5-10-2。

表5-10-2　前沿新材料领域大专院校和科研院所的专利申请占比情况

| 申请人类型 | 申请数量占比 | | | | | | | |
|---|---|---|---|---|---|---|---|---|
| | 石墨烯 | 增材制造材料 | 形状记忆合金 | 自修复材料 | 智能、仿生与超材料 | 液态金属 | 低温超导 | 高温超导 |
| 企业 | 37% | 55% | 34% | 42% | 28% | 44% | 48% | 39% |
| 大专院校 | 44% | 30% | 49% | 40% | 53% | 28% | 20% | 34% |
| 个人 | 6% | 6% | 8% | 11% | 5% | 8% | 6% | 6% |
| 科研单位 | 12% | 8% | 8% | 6% | 13% | 19% | 25% | 20% |
| 其他 | 1% | 1% | 1% | 1% | 1% | 1% | 1% | 1% |

大专院校和科研院所的人才优势突出，可以形成稳定的研发团队在某一领域进行深入研究。我国前沿新材料中，高校和科研院所占比较高，如何加快推进其专利成果转化、避免专利技术束之高阁是亟待解决的问题。

高校和科研院所实现专利成果转化运用的方式包括专利许可、专利转让、专利质押等形式，另外通过与企业的联合申请数量也能在一定程度上反映专利技术转化运用的可能性。表5-10-3为前沿新材料领域高校和科研院所的专利成果转化运用情况。

表5-10-3　前沿新材料领域高校和科研院所的专利成果转化运用情况

| 项目 | 联合申请（件） | 专利运营 | | | 申请总量（件） | 占比 |
|---|---|---|---|---|---|---|
| | | 转让（件） | 许可（件） | 质押（件） | | |
| 石墨烯 | 283 | 202 | 29 | 1 | 5033 | 10.2% |
| 增材制造材料 | 182 | 68 | 9 | 0 | 2545 | 10.2% |
| 形状记忆合金 | 6 | 17 | 5 | 0 | 328 | 8.5% |
| 自修复材料 | 56 | 26 | 6 | 0 | 1389 | 6.3% |
| 智能、仿生与超材料 | 267 | 264 | 57 | 3 | 10161 | 5.8% |
| 液态金属 | 33 | 24 | 15 | 0 | 828 | 8.7% |
| 低温超导 | 29 | 1 | 1 | 0 | 234 | 13.25% |
| 高温超导 | 65 | 47 | 2 | 0 | 566 | 20.1% |

注：联合申请、转让、许可、质押是指高校和科研院所申请中涉及上述四种情形的专利申请数量；申请总量是指高校和科研院所申请总量；占比为上述四种情形的专利申请数量/高校和科研院所申请总量。

从表5-10-3可以看出，我国高校和科研院所进行专利成果转化的主要途径还是通过与企业的联合申请；其次是专利转让，而专利许可和质押数量很少。总体来说，高校和科研院所的专利成果转化数量还是占比非常少。高校和科研院所的研究偏向基础研究、学科研究和自由探索，缺乏与市场需求的有效结合，是导致其专利成果转化受到制约的内在因素。

### （五）创新产品推广应用困难、生产与应用脱节

应用是新材料产业发展的重要一环，我国在前沿新材料领域的应用研究还比较缺乏。如液态金属领域，理论可应用在"四大领域十大产业"，但目前只有在散热技术等领域的少数实现应用，市场化的产品主要还是液态金属手写笔、导热片等，其他产品的研发面世还需大量的工作和资金投入。

新材料投入市场之初，往往需要长期的测试评价和应用考核，时间成本和资金成本很高，下游用户也承担着较大风险。我国在新材料产业中处于追赶国际先进水平的阶段，很多产品市场认可度不够，很多企业宁愿选择高价进口产品也不愿尝试使用国产材料，这就导致了创新产品的推广应用困难、生产与应用脱节的问题。

### （六）部分产业存在重复建设问题，同质化竞争严重

自2010年石墨烯获得诺贝尔物理学奖后，我国掀起了石墨烯研究热潮，石墨烯领域的申请人和申请数量都急剧增加，到2017年我国石墨烯领域的申请人数量已达到710个，是2010年的11.6倍，专利申请数量是2010年的5.3倍，产业发展存在过热现象。申请人多以高校和中小微企业为主；应用领域多涉及电加热、复合材料等低端应用，同时各地区间存在重复建设和同质化竞争现象，透支了产业发展后劲。

## 三、前沿新材料产业发展建议

### （一）上中游技术突破，下游产品拉动，推动全产业链协同创新发展

#### 1. 加强产业链上下游协同创新

产业链上下游合作研发、协同创新能够分担风险，研发活动的针对性更强，对专利技术的转化也更为有利。我国的新材料企业虽然在协同创新上不断尝试，但总体来说合作形式比较单一，基本还停留在与高校和科研院所的少量共同申请上，在合作形式上与国外相比还有差距。表5-10-4为自修复材料领域共同申请状况。

表5-10-4　自修复材料领域共同申请状况

| 申请人 | 联合申请人 | 申请量（件） | 技术主题 |
|---|---|---|---|
| 住友大阪水泥 | 东京大学 | 9 | 自修复混凝土、水泥 |
| | 东日本旅客铁道公司 | 3 | |
| | 鹿岛道路株式会社 | 2 | |
| | 横滨国立大学 | 1 | |

续表

| 申请人 | 联合申请人 | 申请量（件） | 技术主题 |
|---|---|---|---|
| 中国科学院金属研究所 | 国家电网、国网江西省电力科学研究院 | 8 | 聚氨酯自修复带锈涂料、环氧自修复带锈涂料 |
| 上海维凯光电新材料有限公司 | 上海乘鹰新材料公司 | 6 | 光聚合型自修复涂料组合物 |
| 华南理工大学 | 广东嘉宝莉科技公司 | 2 | 水泥基微裂缝自修复的微胶囊、速凝水泥基渗透结晶自修复防水材料 |
| | 广州冠志新材料公司 | 1 | 交联金属超分子共聚物自修复涂层材料 |
| | 江门市强力建材公司 | 1 | 用于腐蚀环境下的免蒸压PHC管桩 |

从表5-10-4可以看出，住友大阪水泥与东京大学、横滨国立大学等高等院校以及其下游的东日本旅客铁道公司、鹿岛道路株式会社都有联合研发，申请的主题涉及自修复的混凝土、水泥。研发和创新活动本身具有成本投入大、投资回报风险高等特点，单个企业无论从投入能力还是抗风险能力方面，往往都相对较弱。而住友大阪水泥的这种创新模式通过供应链上下游企业一起协同合作，就能彼此互相分担投入和风险，从而加大研发成功的概率并且获得更大的收益。我国企业应借鉴这种模式，通过开展产业链上下游协同创新摸准市场需求，找准研发方向，从而提高创新回报、降低投入风险、促进产品应用推广。

2. 鼓励新材料的下游应用，通过应用拉动产业链整体发展

为破解新材料产品应用受限、推广困难问题，2017年以来，工信部联合财政部和银保监会开展了重点新材料首批次应用保险补偿机制试点工作。2019年9月工信部发布的《重点新材料首批次应用示范指导目录（2019年版）》（征求意见稿）中，公开了256种重点应用示范材料，其中前沿新材料领域包括石墨烯相关材料（8种）、3D打印材料（2种）、超导材料（3种）、液态金属及电子浆料等。

新材料产业应充分利用政策支持，推动材料在产业链下游的高附加值应用，完善细分市场，避免一哄而上，从而使上中游企业能够获得稳定的商业模式和盈利模式，推动全产业链整体发展。

3. 加强政产学研结合创新，推动高校专利成果转化

高校和科研院所研究力量雄厚，人才优势突出，拥有大批的专利成果，是创新体系中的重要力量。在产学研结合过程中，政府要建立高校和企业的沟通、交流平台，在高校和企业间牵线搭桥，促进信息交流；同时要提供金融、人才方面的支持政策，

帮助企业防范和化解风险。

在政产学研结合创新方面,我国已有一些非常成功的经验:云南宣威市政府与中国科学院理化技术研究所、清华大学联合打造云南液态金属谷产业集群;金义都市新区、清华长三角研究院杭州分院、牛墨石墨烯应用科技有限公司共同建设了石墨烯应用研究产业园,是政产学研协同发展的石墨烯产业基地。

### (二) 充分发挥领军企业的创新示范作用,带动行业技术升级

领军企业是重要的创新主体,其产品在市场上占有率高,在很大程度上反映了我国新材料产业的技术发展程度。领军企业的技术提升改造能够带动整个行业的技术升级和产品更新换代。行业领军企业应加强自主创新,攻克技术难关,提升核心竞争力,一方面科学制定研发战略和发展规划,保障在人才、资金上给予科技研发稳定、持续的投入,营造良好的创新氛围;另一方面注重鼓励创新人才,加强科技队伍建设,通过多种措施提高科技人员的研发热情。

### (三) 加强知识产权保护,积极进行海外专利布局

新材料产业是技术密集型产业,在源头上加强知识产权保护、提高侵权成本能够很好地维护企业的创新热情,提升产业创新活力。新材料产业可通过成立行业或区域内的知识产权保护联盟,建立协作机制,帮助解决企业在知识产权申请、技术创新、知识产权保护等方面的需求,打击侵权假冒,预判侵权风险,共同应对纠纷、维护企业知识产权合法权益。另外企业应转换意识,专利不仅是衡量企业创新实力的标准,也是捍卫创新成果的重要武器,行业领军企业要秉持"市场未动,专利先行"的理念,加快海外专利布局,为参与国际竞争赢得先机。在这方面,政府也可加强引领,鼓励企业去海外市场进行专利布局。

### (四) 加快标准制定,引导行业健康发展

加快石墨烯核心术语、材料定义、制备方法、检测方法、表征方法等方面的国家标准制定;加快增材制造领域的专用材料、准备及成形件的特性、可靠性、安全等测试方法的国家标准制定修订工作。通过制定标准建立科学化、规范化的评估体系,支撑和引领产业健康发展,推动技术的规模化应用。

### (五) 实施积极的人才引进政策,服务人才创新发展

创新驱动对于新材料产业的发展而言至关重要,而掌握行业尖端技术、具有创新精神的人才是实现创新驱动发展战略的关键。我国新材料产业正处于转型升级、技术突破的重要时期,要实现后来居上、赶超世界先进水平,关键就是要积极引进人才,服务好人才创新发展。

# 新材料产业重点技术专项分析

## 第一节　聚酰亚胺材料专利分析

聚酰亚胺（Polyimide，PI）是指分子链中含有环状酰亚胺结构的高分子聚合物，其具有优异的耐高低温、高强高模、高抗蠕变、高尺寸稳定、低热膨胀系数、高电绝缘、低介电常数与低损耗、耐辐射、耐腐蚀等优点，同时具有真空挥发份低、挥发可凝物少等特点，可加工成薄膜、黏结剂、涂层、纤维和泡沫等多种形式，广泛应用在航空航天、微电子、分离膜、激光、医疗等领域。鉴于其优异的性能，聚酰亚胺被列为"21世纪最有希望的工程塑料"之一，甚至被业内普遍认为"没有聚酰亚胺就不会有今天的微电子技术"。

聚酰亚胺具有较为漫长的发展过程，1908年，Bogert 和 Rebshaw 首次在实验室通过加热4-氨基邻苯二甲酯或二甲酸酐脱去醇或水生成了聚酰亚胺，但由于技术水平有限，那时仅仅是合成了聚酰亚胺，对聚合物的本质还未深入认识，所以没有受到重视。直至20世纪40年代中期才有一些专利出现，但真正作为一种高分子材料来发展则始于20世纪50年代。1955年，美国杜邦公司申请了世界上第一篇有关聚酰亚胺应用于材料方面的专利，并于20世纪60年代初期，首先将聚酰亚胺薄膜（Kapton）及清漆（Pyre ML）商品化，就此开始了一个聚酰亚胺蓬勃发展的时代。

1964年，Amoco 公司开发聚酰胺-亚胺电器绝缘用清漆（AI），1972年该公司开发了模制材料（Torlon），并于1976年 Torlon 实现商品化。1969年法国罗纳-普朗克公司首先开发成功双马来酰亚胺预聚体（Kerimid 601），该聚合物在固化时不产生副产物气体，容易加工成型，制品无气孔，以该树脂为基础，该公司制备了压缩和传递模塑成型用材料（Kine1）。之后，美国西屋公司与孟山都公司相继开展了这方面的研究，随后在黏结剂、绝缘材料和层压制品等领域都用到了聚酰亚胺，聚酰亚胺模压制品也在1965年和1967年相继推出。自此，聚酰亚胺作为耐热工程塑料得到了快速的发展。

随着电子工业的高速发展及对聚酰亚胺材料的认识，50年来国内外十分重视聚酰亚胺的工业化和商品化开发。1972年，美国 GE 公司开始研发聚醚酰亚胺（PEI），

1982年建成1万t/a生产装置，并正式以商品名 Ultem 在市场上销售。1978年，日本宇部兴公司相继开发了聚联苯四甲酰亚胺 Upilex R 和 Upilexs，该聚合物制备的薄膜性能与 Kapton 存在相当大的差异，尤其是线膨胀系数小，达 12~20ppm（ppm = $10^{-6}$），而铜的线膨胀系数为 17ppm，因此该聚合物非常适合作为覆铜箔薄膜，能广泛用于柔性印制电路板。

1994年，日本三井东压公司研发了全新的热塑性聚酰亚胺（Aurum）注射和挤出成型用粒料，该树脂的薄膜商品名为 Regulus。另外还有日本钟渊的流延成膜薄膜，三菱塑料有限公司的 SuperioU T（PEI 挤出）薄膜。目前，除通用的 Kapton 薄膜外，杜邦公司又开发了半导体型、导热型、热收缩型、电荷转移型、耐电晕型、高黏型和自粘型等多种牌号约 30 种规格的 Kapton 薄膜产品。在纤维方面，奥地利 Lenz ing AG 公司（即现在的 Inspec Fibers）在 20 世纪 80 年代中期推出了一款聚酰亚胺纤维产品，即 P84，是聚酰亚胺纤维中产量最大的产品。此种纤维在 260℃ 的高温下不会产生物理降解现象，而且耐化学性能好，在较大的 pH 值范围内都能适用。它的主要用途是高温蒸汽过滤、防护服、隔热防护层、包装等。

国内方面，我国聚酰亚胺的相关研究始于 20 世纪 60 年代初，中国科学院长春应用化学所和上海合成树脂研究所等单位最先开始聚酰亚胺的研究，并在 60 年代后期开始了均苯型聚酰亚胺的生产，主要为满足绝缘薄膜和漆包线绝缘漆的需要。

20 世纪 60 年代末，为满足耐高温塑料的需要，中国科学院长春应用化学所和上海合成树脂研究所又同时开展了以醚酐类聚酰亚胺为主的热塑性聚酰亚胺的研制，并在 70 年代初开始小批量生产，上海合成树脂研究所的二苯醚二酐及其与二苯醚二胺反应所得到的聚酰亚胺已正式打进国际市场，并在高新技术产业中发挥了作用。长春应用化学研究所则致力于以氯代苯酐为原料的一系列聚酰亚胺的合成，尤其在 3-、4-氯代苯酐的合成路线的开发及异构体分离上取得了较大成功。

20 世纪 70 年代中期，中国科学院化学所和成都科技大学（现合并为四川联合大学）分别开展了 PMR 聚酰亚胺和双马来酰亚胺的研究，在绝缘材料上已得到广泛应用。进入 80 年代后，一些航空部门研究所开始了双马来酰亚胺在飞机部件上的应用研究，上海交通大学开始了聚酰亚胺在微电子技术中的应用研究。80 年代中后期，聚酰亚胺的主要发展方向是功能材料，长春应用化学研究所在气体分离膜、光刻胶、液晶取向排列、液晶显示用负性补偿膜、耐高温透明薄膜及压电材料等方面都取得了不同程度的成果。

近年来，中科院长春应用化学所与吉林省纺织工业研究院共同研发出了一种新型聚酰亚胺纤维结构（干喷-湿纺法），其纤维强度和模量超过了 Kevlar-49。另外，长春应用化学所研发了一种全新的聚酰亚胺制备工艺，由氯代苯酐直接合成聚酰亚胺，由原来的 6 个步骤简化到 2 个步骤，实现成本降低 30%。

目前，美国杜邦、日本东丽、韩国 LG 等跨国公司针对聚酰亚胺进行了大量的技术研发和专利申请，其产品在全球市场的认可度和占有率高，具有明显的"先发优势"，而我国在产品种类、产品性能、产能规模、应用开发等方面与发达国家相比差距还很大。为了促进国内聚酰亚胺材料的发展，2015年5月，《中国制造2025》将包括聚酰亚胺等特种工程塑料在内的新材料领域列为重点发展方向之一，同时国家发改委、商务部联合发布的《外商投资产业指导目录（2015年修订）》中也明确将聚酰亚胺列入鼓励外资投资产业目录。

据此，本书将聚酰亚胺作为新材料产业的重点技术，对其专利申请趋势、技术来源、重点企业及重点专利、共同申请情况等进行分析、梳理，以期为聚酰亚胺产业的发展提供参考❶。

## 一、全球专利申请分析

### （一）全球专利申请态势

聚酰亚胺作为最早进行实用化开发的特种工程塑料，目前全球专利申请共计20272项，其中在华专利申请8619项。由图6-1-1可以看出，2000—2011年专利申请量保持平稳状态，年均申请量不足1000项。而从2012年开始，聚酰亚胺申请量呈逐步上升趋势，年均突破1000项，2016年聚酰亚胺的专利申请达到鼎盛阶段，申请量高达1968项。

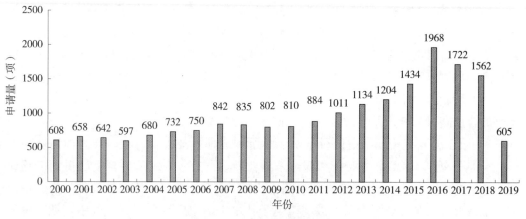

图6-1-1　全球专利申请趋势

### （二）全球专利申请技术来源

图6-1-2是聚酰亚胺专利技术来源国区域分布，中、美、日、韩四国的聚酰亚胺申请总量占到全球的94%，说明该领域的专利技术集中度较高，尤其是日本专利申请量最大，占全球申请总量的43%，可以看出日本在聚酰亚胺领域居于技术领先地位，

---

❶　由于2018年和2019年的专利申请存在未完全公开的情况，故本节所列图表中2018年、2019年的相关数据不代表这两个年份的全部申请。

掌握大量核心专利技术。而中国紧随其后，占全球申请总量的32%。美国和韩国分居第3位和第4位，申请量分别占全球申请总量的11%和8%。

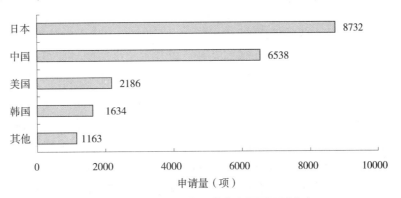

图6-1-2　聚酰亚胺专利技术来源国区域分布

### (三) 全球专利申请技术流向

从图6-1-3可以看出，中国、日本、美国、韩国是该领域的主要市场，各个国家的专利申请主要集中在本土市场。除中国外，美国、韩国、日本还在海外进行了大量专利布局。日本是全球最大的技术输出国，其在韩国、中国和美国的申请量分别为1676项、1553项和1109项。而韩国的主要技术流向国是美国，美国最大的技术流向市场是日本。相较而言，美国是最注重在海外市场进行专利布局的国家，在中国、日本、韩国的申请量总和超越了在本土进行的专利申请数量。而中国的总申请量虽然位于全球第2位，但是国内申请占比高达99%，技术输出量很少，远远落后于美国、日本、韩国，海外市场布局相对薄弱，聚酰亚胺目前还处于对国外技术的跟随模仿阶段，尚未形成具有影响力的科研机构和企业，在全球市场中竞争能力明显不足，我国由专利申请大国走向专利技术强国的道路仍然任重道远。

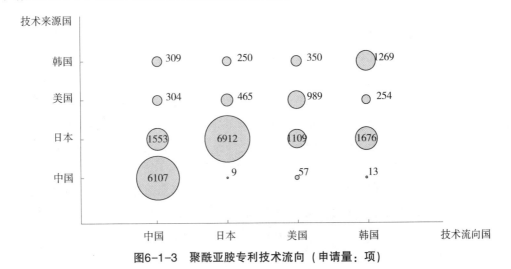

图6-1-3　聚酰亚胺专利技术流向 (申请量：项)

### （四）全球重要申请人分析

图6-1-4为聚酰亚胺领域的全球排名前10位的主要申请人，其中6个日本企业，1个美国企业，1个沙特企业，1个韩国企业，以及1个中国的科研单位。而排名前两位的重要申请人均为日本申请人，分别是日立化成株式会社和东丽株式会社，日本其余的4所企业排在第4~7位，分别为日本合成橡胶（JSR）、日产化学、宇部兴产、钟渊化学，这些企业是聚酰亚胺的主要生产厂商，可见日本企业在聚酰亚胺领域的技术和市场上均占据主导地位。另外，排在第三位的美国杜邦公司，是聚酰亚胺薄膜最早进行规模化生产的企业，也是目前聚酰亚胺薄膜全球产能最大的企业，该公司在聚酰亚胺领域具有强大的研发实力和市场份额。中国科学院系研究所作为唯一的上榜申请人，也仅排在第10位，可见我国企业在聚酰亚胺领域技术相比国外企业还比较落后，在聚酰亚胺领域还未能达到一定规模。

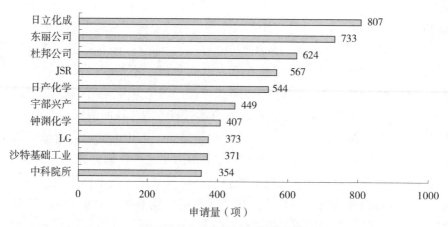

图6-1-4　全球主要申请人排名

通过对全球主要申请人专利申请情况进行分析（见图6-1-5）可以发现，每个主要申请人的专利申请情况各有不同。日立化成在各年均进行了大量的聚酰亚胺相关专利申请，2000—2007年日立化成的申请量呈缓慢下降趋势，2008年申请量出现了明显上升，2009年开始申请量基本保持不变，近三年日立化成在聚酰亚胺领域的申请量开始逐渐减小，表明该企业在聚酰亚胺领域的研究已经相对成熟。东丽公司在2000—2007年，专利申请量呈现先缓慢下降后缓慢上升的趋势。2008年开始，专利申请量保持稳定状态，在2013年和2016年出现了申请高峰。杜邦公司的申请量变化趋势与东丽公司整体上较为相似。JSR在2007年之前申请量不大，但相对稳定，2008年申请量出现了明显增长，在此之后JSR的申请量呈现持续稳定的状态。日产化学、LG整体上呈现上升趋势，申请量分别在2012年、2013年出现了明显增加。宇部兴产、钟渊化学出现先增大后减小的申请态势，分别在2011年、2005年出现了申请量峰值。沙特基础工业的申请趋势为先增加后减小，然后又增加。我国中科院所的申请趋势整体上呈现增加趋势。

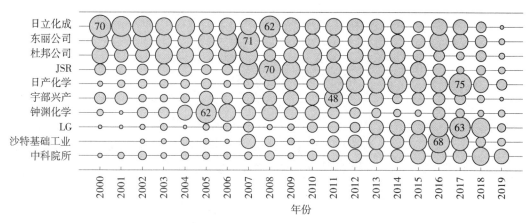

图6-1-5 全球主要申请人申请趋势（申请量：项）

通过对全球重要申请人近20年专利申请布局情况进行统计（见图6-1-6）可以看出，聚酰亚胺领域排名前10位的申请人中大部分以本土申请为主，日产化学除在本土进行申请之外，还将目光聚焦在韩国和中国市场，在上述两个国家进行了大量的专利布局，专利申请数量甚至高于本土申请数量。韩国和中国是日本企业的海外重要市场，美国次之。美国杜邦公司将日本作为重要的目标市场，在日本申请了422件专利申请。韩国LG集团和沙特基础工业则更注重中国、欧洲和美国的市场。我国中科院系研究所的专利申请几乎全部在国内，可见我国申请人的全球布局意识相对薄弱，对于专利技术在海外市场的知识产权保护意识有待加强。

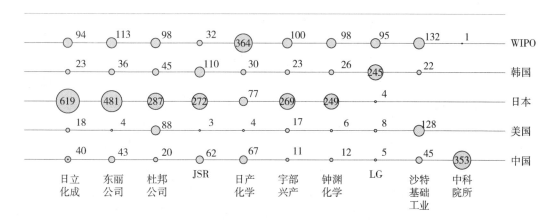

图6-1-6 全球重要申请人区域布局（申请量：件）

## 二、在华专利申请分析

### （一）在华专利申请趋势

图 6-1-7 是聚酰亚胺近 20 年在华的专利申请趋势。通过该图可以看出，聚酰亚胺专利整体上呈现上升趋势。2000—2011 年，聚酰亚胺在华专利申请量上升趋势较为缓慢，年均申请量增长在几十项。从 2012 年开始，聚酰亚胺呈快速增长趋势，年均申请量均为 500 项以上，年均申请量增长也突破百项，这表明聚酰亚胺领域国内市场需求增大，市场化竞争激烈，越来越多的创新主体进入聚酰亚胺研究领域。从目前申请趋势来看，聚酰亚胺在未来一段时间将会保持良好的发展态势。

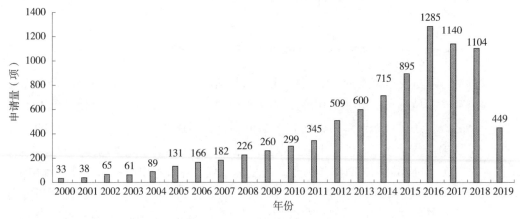

图6-1-7　在华专利申请趋势

### （二）国内外申请人在华专利申请量对比

图 6-1-8 是国内外申请人在华专利申请量趋势。从图中可以看出，早期聚酰亚胺在华申请总量较低，2000—2009 年在华专利申请人以国外申请人为主，表明这段时间我国聚酰亚胺技术发展缓慢。2010 年开始，国内申请人的申请量反超国外申请人，并且逐年呈大幅上涨趋势。近 5 年聚酰亚胺在华申请国内申请人申请量远远大于国外申请人。说明近几年随着国内政策的大力扶持，以及我国对聚酰亚胺的需求量和消费量不断增加和国外企业对聚酰亚胺生产技术的封锁，国内相关企业和科研机构加强了对聚酰亚胺的重视程度，我国聚酰亚胺技术得到了快速发展，特别是在聚酰亚胺薄膜和聚酰亚胺纤维领域，国内多家企业实现了规模化生产，因而申请量呈现持续增长态势。

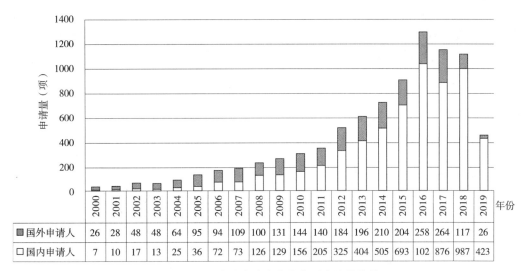

| | 2000 | 2001 | 2002 | 2003 | 2004 | 2005 | 2006 | 2007 | 2008 | 2009 | 2010 | 2011 | 2012 | 2013 | 2014 | 2015 | 2016 | 2017 | 2018 | 2019 |
|---|---|---|---|---|---|---|---|---|---|---|---|---|---|---|---|---|---|---|---|---|
| ■ 国外申请人 | 26 | 28 | 48 | 48 | 64 | 95 | 94 | 109 | 100 | 131 | 144 | 140 | 184 | 196 | 210 | 204 | 258 | 264 | 117 | 26 |
| □ 国内申请人 | 7 | 10 | 17 | 13 | 25 | 36 | 72 | 73 | 126 | 129 | 156 | 205 | 325 | 404 | 505 | 693 | 102 | 876 | 987 | 423 |

图6-1-8　国内外申请人在华专利申请量趋势

## (三) 在华专利申请技术来源

从图 6-1-9 聚酰亚胺在华专利申请的来源国/地区分布情况来看，中国申请总量达 6119 项，占申请总量的 71%，具有明显的数量优势。而国外申请人中最大的技术来源国是日本，申请量为 1555 项，占申请总量的 18%，韩国和美国分居第三、第四位，占申请总量的 3.6% 和 3.4%，日本、韩国、美国在华申请量总和占申请总量的 25%，可见聚酰亚胺在华专利申请中，日、韩、美三国是主要的申请主体。

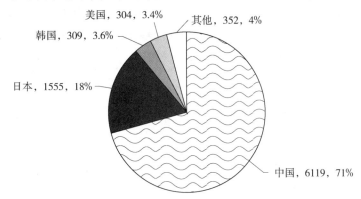

图6-1-9　在华申请来源国申请情况 (申请量：项)

## (四) 地区分布

图 6-1-10 是我国聚酰亚胺领域各地区专利申请排名，从图中可以看出，陕西是申请量最大的省份，达到 1000 件以上。这是由于陕西省十分重视新材料产业领域发展，组建了以西安航天三沃化学有限公司为主体的陕西省聚酰亚胺材料及应用工程研究中心，通过开展聚酰亚胺材料的应用和新工艺研究，加快薄膜材料的科技成果转化，推

动了聚酰亚胺产业的发展。其次是福建、安徽、四川，申请量均为 500 件以上，其余依次为山东、浙江、上海、广东、北京、江苏，申请量在 200 件以上。总体而言，我国聚酰亚胺主要集中在环渤海、长三角、珠三角区域。

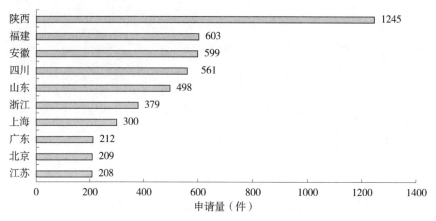

图6-1-10　各地区专利申请排名

## （五）在华重要申请人分析

由图 6-1-11 在华专利申请申请人排名可知，在华专利申请人中国申请人有 3 个，日本申请人 4 个，沙特申请人 1 个，韩国申请人 1 个，美国申请人 1 个。日本申请人分别为日产化学、东丽公司、JSR 株式会社、宇部兴产，沙特申请人为沙特基础工业，韩国申请人为 LG 集团，美国申请人为美国杜邦公司。国内申请人中有 1 所高校、1 个中国科学院和 1 个企业申请人，其中中国科学院在聚酰亚胺方面的专利申请量位居首位，表明其在该领域具有一定的研发实力，对聚酰亚胺的基础研究较为深入。东华大学的申请量排名第三，该所高校注重聚酰亚胺薄膜和聚酰亚胺纤维的研究。

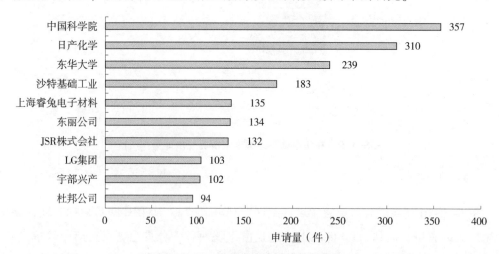

图6-1-11　在华专利申请申请人排名

从图 6-1-12 可以看出，国内重要申请人的专利申请几乎全部在国内，技术输出较少。而国外的重要申请人除了本国外，在其他国家、地区和组织都有大量申请，进行了相关专利布局，如日产化学、东丽公司在中国、美国、韩国都进行了大量专利布局，国内申请人在全球专利布局意识上较国外申请人还有很大差距。

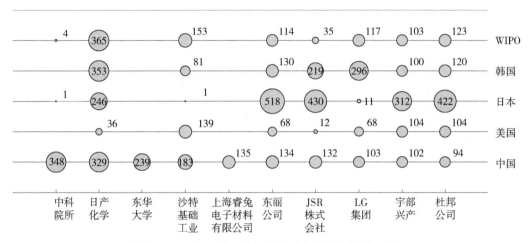

图6-1-12　重要在华申请人专利布局（申请量：件）

### 三、技术主题分布

表 6-1-1 列出了聚酰亚胺领域专利申请排名前 10 位的 IPC 分类号（小类），可以看出，技术领域 C08G（用碳-碳不饱和键以外的反应得到的高分子化合物）的申请量最多，达到 13088 件，其次是 C08L（高分子化合物的组合物）、C08K（使用无机物或非高分子有机物作为配料）、C08J（加工；配料的一般工艺过程；不包括在 C08B，C08C，C08F，C08G 或 C08H 小类中的后处理），上述研究领域的申请量均达到了 5000 件以上。聚酰亚胺的具体应用也是聚酰亚胺领域的研究热点，主要集中在 B32B（层状产品，即由扁平的或非扁平的薄层，例如泡沫状的、蜂窝状的薄层构成的产品）、G02F（用于控制光的强度、颜色、相位、偏振或方向的器件或装置）、H05K（印刷电路；电设备的外壳或结构零部件；电气元件组件的制造）、H01L（半导体器件；其他类目中不包括的电固体器件）、C09D（涂料组合物）、G03F（图纹面的照相制版工艺）。

表6-1-1　主要技术分支的专利申请量

| IPC 分类号（小类） | | 申请量（件） |
|---|---|---|
| C08G | 用碳-碳不饱和键以外的反应得到的高分子化合物 | 13088 |
| C08L | 高分子化合物的组合物 | 10793 |
| C08K | 使用无机物或非高分子有机物作为配料 | 6194 |

续表

| IPC 分类号（小类） | | 申请量（件） |
|---|---|---|
| C08J | 加工；配料的一般工艺过程；不包括在 C08B，C08C，C08F，C08G 或 C08H 小类中的后处理 | 5366 |
| B32B | 层状产品，即由扁平的或非扁平的薄层，例如泡沫状的、蜂窝状的薄层构成的产品 | 2294 |
| G02F | 用于控制光的强度、颜色、相位、偏振或方向的器件或装置，例如转换、选通、调制或解调，上述器件或装置的光学操作是通过改变器件或装置的介质的光学性质来修改的；用于上述操作的技术或工艺；变频；非线性光学；光学逻辑元件；光学模拟/数字转换器 | 1969 |
| H05K | 印刷电路；电设备的外壳或结构零部件；电气元件组件的制造 | 1844 |
| H01L | 半导体器件；其他类目中不包括的电固体器件 | 1684 |
| C09D | 涂料组合物，例如色漆、清漆或天然漆；填充浆料；化学涂料或油墨的去除剂；油墨；改正液；木材着色剂；用于着色或印刷的浆料或固体；原料为此的应用 | 1424 |
| G03F | 图纹面的照相制版工艺，例如，印刷工艺、半导体器件的加工工艺；其所用材料；其所用原版；其所用专用设备 | 1187 |

## 四、重要企业及重点专利分析

### （一）全球重要企业及重点专利分析

目前国外聚酰亚胺产业集中在少数国家的少数企业，PI 薄膜技术掌握在美国杜邦、日本宇部兴产、钟渊化学以及韩国 SKC 手中，PI 纤维产品的生产与销售主要集中在德国赢创，这些企业在专利申请量、产能、市场占有率方面都处于世界领先地位。表 6-1-2 列出了全球重要企业在 PI 领域的产业及专利申请状况，专利申请量是 2000 年以后的数据。

**表6-1-2　全球重要企业在 PI 领域的产业及专利申请状况**

| 公司名称 | 申请量（项） | 申请量（件） | 全球布局 | 研发方向 | 产品/商标 | 产能/t |
|---|---|---|---|---|---|---|
| 杜邦（Dupont） | 636 | 1183 | 日本、中国、欧洲、美国 | 薄膜 工程塑料 涂料 泡沫塑料 胶黏剂 | Kapton® Vespel® Pyre® ML SF-0930，SF-0940 | 2640 |

续表

| 公司名称 | 申请量（项） | 申请量（件） | 全球布局 | 研发方向 | 产品/商标 | 产能/t |
|---|---|---|---|---|---|---|
| 宇部兴产（Ube） | 445 | 939 | 日本、韩国、中国、美国 | 薄膜<br>涂料<br>工程塑料<br>覆铜层压板 | Upilex®<br>UPIA®<br>PETI<br>Upisel® | 2020 |
| 钟渊化学（Kaneka） | 489 | 757 | 日本、中国、韩国、美国 | 薄膜 | Apical® | 3200 |
| SKC KOLON PI（SKPI） | 23 | 54 | 韩国、中国、美国 | 薄膜 | — | 2740 |
| 赢创工业（Evonik） | 30 | 104 | 欧洲、中国、美国、日本 | 纤维 | P84® | 1400 |

### 1. 美国杜邦公司

美国杜邦是最早进行聚酰亚胺薄膜批量化生产的企业，同时也是目前全球产能最大、占比最高的聚酰亚胺薄膜生产商，拥有产品 Kapton® 工业薄膜，还有多种以 Kapton® 为基础的其他产品，在多地共有 12 条生产线，PI 薄膜的年产能达到 2640t，占据全球 40% 以上的高性能聚酰亚胺薄膜市场。杜邦"Kapton®"是世界名牌产品，其生产技术包括工艺路线、生产方法、工艺设备、原料控制、薄膜厚度均匀性控制方法等都是严格保密的，其合成主要采用均苯四甲酸二酐单体，制造方法采用热亚胺环化与化学亚胺环化两种方式，分别应用于得克萨斯州与俄亥俄州两个聚酰亚胺薄膜生产基地。另外，杜邦在聚酰亚胺领域的研发和生产还包括工程塑料、涂料、胶黏剂、泡沫塑料等，拥有 Vespel® 工程塑料系列产品，为应对密封、磨损或摩擦方面最严峻的挑战提供高效解决方案。杜邦的专利申请量达到 600 余项，其专利申请在全球的布局涉及日本、中国、欧洲、美国等主要的消费市场大国。

杜邦的 Kapton® 系列产品品种齐全，产品类型多达十余种，产品规格多达几十种，而且性能优良，能够满足普通绝缘、电子级基膜、航空航天、军工、太阳能背板等各类 PI 薄膜应用需求。在散热器、精密激光刻蚀、牵引电机等方面的应用要求 PI 薄膜具有低光线反射、耐击穿、导热性良好、介电性能良好等特点，代表性的专利技术包括 US6156438A、US2005096429A1、US2007066734A1、US2006124693A1、US2006127686A1 等，例如专利 US6156438A 于 2000 年公开了一种包含封装设计的整体式聚酰亚胺层压板及其制备方法，提供了一种单片聚酰亚胺层压制品；在电路板方面的应用要求 PI 薄膜具有良好的尺寸稳定性、高黏附力等优良性能，重要专利技术包括 JP2003147099A、JP2008238788A、JP2008222922A 等，例如专利 JP2003147099A 于 2003 年公开了一种具有低热收缩应力和高黏附性的芳族聚酰亚胺膜及其制造方法；在机械部件、电子电气部件方面的应用要求 PI 薄膜具有良好的力学性能、介电性能和热性能，重要专利技术包括 US5478913A、US5688841A、US2007290379A1、JP2004149591A 等，例如专利 US5688841A 于 1997 年公开了一种抗静电芳香族聚酰亚胺薄膜，其中芳族聚酰亚胺是由芳族二胺组分和芳族四羧酸组分反应制备而成的；在军事、航空航天方面的应用要求 PI 薄膜具有耐高温、耐辐射、尺寸稳定性良好、机械性能良好等优异性能，重要专利技术包括 US2006019102A1、JP2008290304A、WO2016100629A1、US2014350210A1 等，例如专利 US2006019102A1 于 2006 年公开了一种在航空器中应用的绝热阻燃型无卤素聚酰亚胺薄膜及其制备方法。

此外，杜邦公司在 PI 领域较为注重与其他公司的合资或合作，其中合资公司有 3 个：杜邦东丽有限公司、日立化成杜邦微系统股份有限公司和杜邦帝人美国有限合伙公司。东丽株式会社、日立化成株式会社和帝人株式会社都起源于日本，是世界知名的高科技跨国企业，杜邦公司与它们建立合资企业，属于强强联手，也是为了拓展自己的下游产品市场。在合作申请方面，杜邦公司也与多个公司有合作关系，杜邦公司和丰田公司联合申请多篇专利，主要涉及包含有机黏土的 PI 材料，可同时用于薄膜和成型体。杜邦公司和松下公司的联合申请涉及 PI 成形体。杜邦公司和赛特技术有限公司的共同申请涉及高玻璃化转变温度、高热氧化稳定性和回潮率的 PI，可用于薄膜和成型体。杜邦公司和通用电气公司的共同申请涉及高强度的聚醚酰亚胺材料（见表 6-1-3）。

表6-1-3　杜邦公司产业合作情况

| | 合作公司 | 涉及领域 |
|---|---|---|
| 杜邦公司 | 杜邦东丽有限公司 | 薄膜、纤维、聚酯、涂层和黏合剂等 |
| | 日立化成杜邦微系统股份有限公司 | 光敏材料 |
| | 杜邦帝人美国有限合伙公司 | 共聚酯 PI 薄膜 |
| | 丰田公司 | 包含有机黏土的 PI 材料 |
| | 松下公司 | PI 成型体 |
| | 赛特技术有限公司 | 高 $T_g$、高热氧化稳定性和回潮率的 PI |
| | 通用电气公司 | 高强度的聚醚酰亚胺材料 |

### 2. 日本宇部兴产工业公司

日本宇部兴产工业公司在 20 世纪 80 年代初研制成功一种新型线性聚酰亚胺即联苯型薄膜，包括 Upilex R、Upilex S 和 Upilex C 型系列薄膜，打破了以 "Kapton" 为代表的聚酰亚胺薄膜独占市场 20 年的局面，相关技术的专利申请量有 400 余项，在日本、韩国、中国、美国等多个国家都进行了相关的专利布局。联苯型聚酰亚胺薄膜的成型工艺技术采用流延制膜，其特点是在合成过程中，把聚酰胺酸先酰亚胺化，所得到的聚酰亚胺仍是可溶的，然后溶在特殊的溶剂中制膜，制膜时仅让溶剂挥发出去即可，采用这种方法制成的薄膜，表面缺陷小。与 Kapton 相比，Upilex 型系列薄膜产品具有高耐热性、良好的尺寸稳定性、低吸湿性、高黏结性、高机械强度等特点，下面列举几项重要专利技术：

专利 JPS61264028A 于 1986 年公开了一种具有高尺寸稳定性的聚酰亚胺薄膜及其制备方法，以联苯四酸二酐（BPDA）与对苯二胺作为单体制备聚酰亚胺薄膜，其在高温下具有高尺寸稳定性，甚至通过层压至陶瓷上也不会发生卷曲。

专利 JPS5565227A 于 1980 年公开了一种聚酰亚胺薄膜的制备方法，以联苯四酸二酐（BPDA）与二氨基二苯醚作为单体在卤代苯酚的溶剂中聚合，然后进行酰亚胺化，得到聚酰亚胺溶液，适合用作涂覆电线的清漆，得到的固化膜具有高强度。

专利 JP2003071983A 于 2003 年公开了一种具有金属薄膜的聚酰亚胺膜及其制造方法，通过使用经放电处理的聚酰亚胺膜，可以得到具有金属薄膜的聚酰亚胺膜。

专利 JP2009033775A 于 2009 年公开了一种聚酰亚胺薄膜，通过在聚酰亚胺前体溶液的自支撑性薄膜的单面或双面涂布含有铝螯合物和非离子型表面活性剂和/或醇铝的溶液，并将其加热、酰亚胺化来制备聚酰亚胺薄膜，具有改善的黏合性和优异的表面光滑度，可用于金属层压板和电路板。

3. 日本钟渊化学

日本钟渊化学最早于 1980 年开始在实验室内研究聚酰亚胺薄膜，并成功开发出一种新型"均苯"型 PI 薄膜，商品名为"Apical"，1984 年在日本志贺建立第一条 Apical 聚酰亚胺薄膜生产线，并于 1985 年开始量产，产品主要应用于 FPCS。钟渊生产 Apical 的制造技术是保密的，相关专利技术从未公布，其制造方法、步骤和 Kapton 的基本相同，原料单体都是均苯四甲酸二酐和二氨基二苯醚，生产方法为两步法：第一步，在高极性溶剂中合成聚酰胺酸树脂溶液（缩聚反应）；第二步，将聚酰胺酸树脂溶液流延，加热挥发溶剂，亚胺化成 PI 薄膜。

钟渊化学的专利申请量多达近 500 项，在全球也进行了广泛的专利布局，包括日本、中国、韩国、美国等地，积极抢占有利市场。钟渊化学生产的产品类型主要为 Apical® AH 和 Apical® NPI，产品具有优异的力学、电气性能、自熄性、耐化学药品性、高模量、低热膨胀系数等优点，广泛应用于挠性覆铜板、高温绝缘以及航空航天领域。代表性专利技术列举如下：

专利 JPS57178831A 于 1982 年公开了一种聚酰亚胺膜的制备方法，在保持在热处理中新产生的液态材料的蒸发速率高于或等于液态材料的生成速率的条件下，对凝胶膜进行热处理以获得厚度均匀的耐热膜。

专利 JPS63175024A 于 1988 年公开了一种新型聚酰亚胺共聚物及制备方法，将含有对苯二胺和 4，4′-二氨基二苯醚的芳族二胺组分与基本上等物质的量的均苯四酸二酐进行聚合，然后将所得芳族聚酰胺共聚物进行热或化学脱水环化（酰亚胺化）反应，得到具有优异的热尺寸稳定性、柔软性、耐热性的聚酰亚胺共聚物。

#### 4. 韩国 SKC

韩国 SKC KOLON PI 是由 SKC 与 KOLON 整合聚酰亚胺胶片事业，于 2008 年 6 月合资兴建的公司。韩国 SKC 于 2001 年启动聚酰亚胺薄膜的研发，2002 年与 KRICT（韩国化学技术研究院）参与政府的聚酰亚胺研发项目；2003 年建立第一条 PI 生产线（0#试验线）并于 2004 年成功量产，成为韩国史上第一个制造聚酰亚胺薄膜的企业。2005 年完成 IN、IF 型号开发，建立 1#批量生产线并成功销售 SKC 聚酰亚胺薄膜；2006 年完成 IS 型号开发；其制膜过程主要包括聚合、涂布、固化成膜、热处理、电晕处理、分条、包装等。

韩国 SKC 是一家年轻的企业，其专利申请量不多，但除本国外，在中国、美国等国家积极进行相关技术的布局，产业化程度较高，在全球消费市场占有一定份额。IN、IS 型号产品具有良好的柔性，在半导体磁带、光学部件等领域具有广泛应用，相关专利技术包括：专利 KR20090013921A 采用 2,2-双（4-（3,4-二羧基苯氧基）苯基）丙烷二酐（BPADA）和联苯四甲酸二酐、对苯二胺作为单体合成了聚酰亚胺薄膜；专利 KR20080063906A 采用的芳香族二胺单体中 5%~60%（摩尔分数）的主链含有砜基，赋予了聚酰亚胺薄膜良好的性能。IF 型号产品具有良好的尺寸稳定性，在胶黏剂型挠性覆铜板领域应用广泛，专利 KR20080070924 通过添加 0.01%~0.15% 的交联剂 N,N-双(2-羟乙基)-2-氨基乙磺酸（BBS）合成了交联聚酰亚胺薄膜，提高了产品的力学性能和尺寸稳定性。

#### 5. 德国赢创

聚酰亚胺纤维因其优异的机械性能和耐高温性能，在很多领域均有重要的作用，主要包括以下几个方面：①航空航天：轻质电缆护套、耐高温特种编织电缆、大口径展开式卫星天线张力索等；②环保领域：工业高温除尘过滤材料；③防火材料：耐高温阻燃特种防护服、防寒服、赛车防燃服等。聚酰亚胺纤维的开发最早由美国和日本主导，但出于种种原因，目前在美国和日本均未见聚酰亚胺纤维的产业化。目前真正实现耐高温聚酰亚胺纤维产业化生产并销售的企业并不多，包括德国赢创工业 Evonik 的 P84® 纤维和我国长春高琦的轶纶® 纤维以及江苏奥神的甲纶 Suplon® 纤维。

德国赢创是全球领先的特种化学品公司，专注特种化工业务，是耐化学腐蚀、耐高温和不易燃的聚酰亚胺纤维的全球领导者。1984 年，赢创在高性能塑料聚酰亚胺中首次纺出纤维，以 P84® 为品牌将这一创新推向市场，成为用于要求苛刻的烟气除尘中的耐高温纤维的代表。P84® 纤维具有独特的多叶型横截面，能够确保最高水平的过滤效率，在高温烟气粉尘过滤中，由 P84® 纤维制成的过滤材料在稳定压降下仍能保持较高的透气性，且延续至其整个生命周期，可降低粉尘排放，并最大限度地降低耗能。凭借优异的物理和化学性能，P84® 纤维还被广泛应用于防护服、航天器的密封应用，以及绝缘隔热板等高温应用。赢创在聚酰亚胺纤维领域已经深耕了 30 多年，在全球多个国家和地区包括欧洲、日本、美国、中国等都进行了专利技术布局，近 20 年的专利申请量虽然不多，但凭借其先进和成熟的技术，在聚酰亚胺纤维领域的地位仍无法撼动。

（二）国内重要企业及重点专利分析

结合专利申请量、市场竞争力、技术先进水平以及产业产能等多方面，筛选出以下包括台湾达迈、长春高琦、株洲时代新材料、江苏奥神等在内的 8 个国内重点企业进行分析。国内重要企业在 PI 领域的产业和专利申请状况见表 6-1-4，相关专利申请信息是 2000 年以后的数据。

表6-1-4　国内重要企业 PI 领域的产业和专利申请状况

| 公司名称 | 研发方向/产品 | 技术及产能 | 申请量（项） | 法律状态 | | | 专利运营 | 全球布局 |
|---|---|---|---|---|---|---|---|---|
| | | | | 有效 | 在审 | 失效 | | |
| 台湾达迈科技股份有限公司 | PI 薄膜，产品包括 TH、TL、TX；BK（黑色）、OT（无色）、WB（白色） | 目前共有 5 条生产线 | 41 | 65% | 13% | 22% | 无 | 无 |
| 长春高琦聚酰亚胺材料有限公司 | 轶纶纤维（PI 纤维）、PI 特种纸、PI 薄膜 | 生产基地 6 万 $m^2$，可容纳 12 条生产线，轶纶纤维的产能约为 1000t/a | 6 | 80% | 20% | 0 | 转让 2 件 | 无 |
| 株洲时代新材料科技股份有限公司 | 电子级 TN 型 PI 薄膜，可用于柔性印制电路板和 IC 封装基板领域 | 化学亚胺法、双向拉伸制造技术，产能为 500t/a | 34 | 29% | 56% | 15% | 转让 17 件 | 无 |
| 江苏奥神新材料股份有限公司 | 甲纶 Suplon® 聚酰亚胺短纤、长丝 | 干法纺丝生产技术，目前产能为 2000t/a | 7 | 43% | 43% | 14% | 无 | 无 |
| 深圳丹邦科技股份有限公司 | 聚酰亚胺单双面基材 | 化学亚胺法、双向拉伸技术，产能为 300t/a | 4 | 50 | 25% | 25% | 转让 2 件 | 无 |
| 深圳瑞华泰薄膜科技有限公司 | PI 薄膜 | 热亚胺法、双向拉伸技术，产能为 1500t/a | 8 | 37% | 63% | 0 | 转让 1 件 | 无 |

续表

| 公司名称 | 研发方向/产品 | 技术及产能 | 申请量（项） | 法律状态 | | | 专利运营 | 全球布局 |
|---|---|---|---|---|---|---|---|---|
| | | | | 有效 | 在审 | 失效 | | |
| 桂林电器科学研究院有限公司 | PI 薄膜 | 热亚胺法、双向拉伸技术，产能为 1280t/a | 66 | 30% | 62% | 8% | 许可 1 件，质押 3 件，转让 1 件 | 无 |
| 江阴天华科技有限公司 | PI 薄膜 | 热亚胺法、双向拉伸技术，产能为 500t/a | 0 | 0 | 0 | 0 | 无 | 无 |

台湾达迈开发了热膨胀系数与铜相近的聚酰亚胺薄膜，避免因温度变化导致软板剥离（TW200424234A 和 TW200513482A），同时也开发了聚酰亚胺薄膜表面处理技术（TW200738447A 和 TW200706562A），对聚酰亚胺表面进行粗化及利用电浆或电晕来改质表面化特性，使塑料薄膜与金属的结合性更佳。达迈还推出了白色聚酰亚胺薄膜用于 LED 和液晶显示器（LCD）设备以及黑色聚酰亚胺薄膜用于 FPC 的覆盖层（CN104419205A）。达迈的大部分专利仍处于有效状态，但缺乏专利运营和专利布局。达迈还与日本荒川化学联合开发了有机、无机技术联合制造聚酰亚胺薄膜，用于高阶封装电路板（CN105657966A）。重要专利技术概括如下：

专利 TW200424234A 于 2004 年公开了一种低吸水性聚酰亚胺及制备方法，如此制得的改性聚酰亚胺材料具有低至 1.1% 的吸水性及极佳的表面疏水性，大幅增加其耐候性及应用范围，同时其制备过程相当简单，极具工业价值。

专利 TW200513482A 于 2005 年公开了一种高透明性高模量的纳米聚酰亚胺及制备方法，如此制得的纳米聚酰亚胺材料可大幅提高其在可见光范围的穿透率，改善外观，同时大幅增加材料的弹性模量、降低其吸水性、增加耐候性而得以扩大应用范围；另一方面本发明的制备过程相当简单，极具工业价值。

专利 CN104419205A 于 2015 年公开了一种黑色聚酰亚胺膜及其加工方法，该聚酰亚胺聚合物及该炭黑之蚀刻速率大约相同。该膜可有效改善在去胶渣过程中的掉色问题。

专利 CN103374130A 于 2013 年公开了一种芳香族聚酰亚胺膜及制备方法，该芳香族聚酰亚胺膜可用于制备迭层体、挠性太阳能电池及显示装置。

专利 TW200738447A 于 2007 年公开了一种表面金属化聚酰亚胺材料及其制备方法，其步骤包含对聚酰亚胺材料的表面进行碱处理，使该聚酰亚胺材料表面开环；对该聚酰亚胺材料的表面进行离子交换处理。

专利 CN105657966A 于 2016 年公开了一种具有微通孔的挠性金属积层板及其制造

方法，其厚度均匀且无色差，在制造过程中可连续性电镀第一铜层和第二铜层，以维持良好的操作性，且也具有较佳的可靠性和弯折特性。

长春高琦聚酰亚胺材料有限公司是专业发展聚酰亚胺材料的公司，成立于2004年，技术源于中国科学院长春应用化学研究所，并与长春应用化学研究所联合成立了研发中心，为公司聚酰亚胺新产品开发和高分子尖端技术提升奠定了坚实基础。长春高琦是国内具备从聚酰亚胺原料合成到最终制品的全路线规模化生产能力的企业之一，主要从事聚酰亚胺原料、树脂、胶黏剂、工程塑料及制品、耐热纤维、高强纤维及织物等的研发、生产和销售。长春高琦是中国首家聚酰亚胺纤维制造及销售企业，拥有产品轶纶®纤维，目前产能约为1000t/a。长春高琦在聚酰亚胺纤维技术上的突破解决了我国军事及航空航天领域对聚酰亚胺需求问题，但由于在更广阔的环保材料、阻燃材料等领域，聚酰亚胺纤维的需求市场尚未完全打开，目前我国聚酰亚胺纤维的整体市场容量有限。其重点专利分析如下：

专利CN102817096A于2012年公开了一种聚酰亚胺纤维的连续化生产方法，通过控制纤维的运行速度、干燥处理的温度、酰亚胺化处理的温度和牵伸处理的温度，使得纤维能够在较短时间内连续完成干燥、酰亚胺化和牵伸等过程，从而实现聚酰亚胺纤维的连续化生产，缩短生产周期、提高生产效率。

专利CN102839560A于2012年公开了一种聚酰亚胺纤维纸的制备方法，采用本发明提供的制备方法制备得到的聚酰亚胺纤维纸的抗张指数均在40N·cm/g以上。另外，本发明提供的制备方法制备工艺简单，成本较低，适于工业化生产。

专利CN107151833A于2017年公开了一种聚酰亚胺微细旦纤维及其制备方法，本发明的纺丝工艺简便快捷、生产成本低，纺丝过程稳定安全且易于实现工业化及连续化生产，纺丝过程中所使用的有机溶剂易于回收，节能环保，降低了纺丝断头率，提高了条干不匀率，进而提高了生产效率。通过上述制备工艺获得的聚酰亚胺微细旦纤维综合性能优异。

专利CN107675288A于2018年公开了一种聚酰亚胺超短纤维及其制备方法，通过本发明的制备方法所获得的聚酰亚胺超短纤维具有耐高低温、耐紫外辐照、绝缘性好等特点，可用于浆料涂覆液制备，树脂、橡胶等增强、浆粕等。

江苏奥神集研发、生产高性能聚酰亚胺纤维及后道制品为一体，拥有2000t/a的聚酰亚胺纤维生产能力，是全球产能最大的聚酰亚胺纤维制造商，产品品牌为"甲纶Suplon®"。江苏奥神与东华大学纤维材料改性国家重点实验室合作，实施自主开发聚酰亚胺纤维研究及产业化项目，开发出拥有自主知识产权的干法纺丝及一体化生产技术，生产工艺效率高、产品均匀性好、溶剂回收率高、节能环保，突破了发达国家采用的湿法或干湿法纺丝路线所存在的环保处理压力大、投资成本高的局限。公司生产的聚酰亚胺纤维可在高温、强辐射、强腐蚀等条件下长期使用，高效捕捉$PM_{2.5}$颗粒，保护空气不受污染。

株洲时代新材料开发出电子级PI薄膜，可用于柔性印制电路板和IC封装基板领域，采用化学亚胺法和双向拉伸制造技术，2015年建成国内首条化学亚胺法制膜中试线，目前年产500t的聚酰亚胺薄膜产品生产线已建成投产。此外，公司未来目标是向中车供应高铁用高性能聚酰亚胺薄膜，有望成为国内第一家供应轨道交通领域聚酰亚胺薄膜的公司。株洲时代新材料的专利申请共有34项，其中发生转让的有17项，主要的受让人是株洲时代华鑫新材料技术有限公司，属于其全资子公司。

深圳丹邦科技股份有限公司是专门从事挠性电路基材及挠性电路开发和生产的中外合资企业，主要产品有聚酰亚胺挠性覆铜箔基材（单双面片状、单双面卷状）、覆盖膜（聚酰亚胺、聚酯），以及单双面、高密度多层挠性电路。采用化学亚胺法和双向拉伸制造技术量产聚酰亚胺薄膜，目前年产能为300t，其微电子级PI薄膜研发与产业化项目于2017年4月开始量产。目前，化学法电子级特种聚酰亚胺厚膜达到可工业化生产条件，以多重结构倾斜苯环单体为原料，在零下100℃进行预聚，并对经架桥反应形成的多重倾斜相嵌结构进行掺杂、杂化及离子交换，最后通过化学法、喷涂法以口井式加热工艺，获取大面积大宽幅化学法微电子级聚酰亚胺厚膜，产品具有优异的尺寸稳定性、低热膨胀系数，是首家在全球推出来的新产品。深圳丹邦共有专利4项，其中两项受让于广东丹邦科技有限公司。

深圳瑞华泰薄膜科技有限公司于2003年与中科院化学研究所合作，致力于高性能聚酰亚胺薄膜产业化，计划建造8条高性能聚酰亚胺薄膜生产线，建成后，将具备1500t/a电子级聚酰亚胺生产能力，产值超过10亿元。目前公司已建成1条流延法、3条双拉伸法生产线，实际产能约400t/a，是国内目前少数能生产电子级聚酰亚胺薄膜的厂商。

桂林电器科学研究院早在1978年从剖析世界名牌产品Kapton® H薄膜和国产薄膜的大分子聚集态结构及性能的差异入手，通过反复摸索、验证确定了双轴定向制造PI薄膜的工艺路线，并研制制造双轴定向PI薄膜的专用设备，成功实现量产，目前产能为1280t/a，拥有桂林双轴定向薄膜成套装备工程技术研究中心。桂林电器科学研究院有较多的专利申请量，62%的专利处于在审状态，有一项专利转让并许可给桂林金格电工电子材料科技有限公司，另有三项专利质押。

江阴天华科技是采用国内最先进的流延双轴拉伸工艺生产聚酰亚胺薄膜的专业工厂，公司设备精良，工艺完善，技术力量雄厚，主要生产用于柔性印制电路板的覆盖膜FP系列、覆铜膜FC系列以及部分特殊胶带膜T系列和电工膜H系列，产品具有强度高、各向同性、电性能好、收缩率低、剥离强度好、线胀系数低、厚度公差小、外观平整等特点，完全满足FCCL的要求，产品质量和各项性能指标已处于国内领先并逐渐接近国际水平，未检索到该公司存在关于聚酰亚胺的相关专利。

### 五、共同申请人分析

表6-1-5为聚酰亚胺领域申请人联合研发情况，此处为便于统计申请人个数，未对申请人进行标准化处理，即不同子公司作为不同申请主体。由此表可以看出，涉及

联合申请的排名前 20 位的申请人中，国外申请人占了 17 个，国内申请人有 3 个。

表6-1-5　联合申请人专利申请量

| 序号 | 申请人 | 申请量（项） | 序号 | 申请人 | 申请量（项） |
|---|---|---|---|---|---|
| 1 | 东华大学 | 147 | 11 | 三星 SDI 株式会社 | 42 |
| 2 | 上海睿兔电子材料有限公司 | 135 | 12 | 杜邦公司 | 37 |
| 3 | 日产化学工业株式会社 | 92 | 13 | 东丽株式会社 | 34 |
| 4 | 沙特基础全球技术有限公司 | 74 | 14 | PI 技术研究所株式会社 | 34 |
| 5 | 智索株式会社 | 65 | 15 | 中国石油化工股份有限公司 | 33 |
| 6 | 宇部兴产株式会社 | 59 | 16 | 通用电气公司 | 32 |
| 7 | 三星电子株式会社 | 55 | 17 | 日立化成株式会社 | 32 |
| 8 | 智索石油化学株式会社 | 49 | 18 | 三井化学株式会社 | 32 |
| 9 | 钟渊化学 | 46 | 19 | JSR 株式会社 | 29 |
| 10 | 沙特基础创新塑料 IP 私人有限公司 | 44 | 20 | 三菱重工株式会社 | 28 |

对国内联合申请人具体情况进行分析后得到表 6-1-6 所示主要联合申请人联合申请情况，联合申请数量排名最多的东华大学和上海睿兔电子材料有限公司合作密切，上海睿兔电子材料有限公司的专利申请全部与东华大学合作完成。国外申请人非常注重与其他企业和高校开展相关研发工作，如 JSR 株式会社与夏普公司、东京工业大学、东京大学、千叶大学、神奈川大学进行了合作。通过产学研的结合方式，能够有效推动科技成果转化，推动聚酰亚胺产业发展。

表6-1-6　主要联合申请人联合申请情况

| 申请人 | 主要联合申请人 | 申请量（项） |
|---|---|---|
| 东华大学 | 上海睿兔电子材料有限公司 | 135 |
| | 虞鑫海 | 6 |
| | 上海绝缘材料厂有限公司 | 2 |
| | 吴江市东风电子有限公司 | 2 |
| | 常州大学 | 1 |
| JSR 株式会社 | 东京工业大学 | 18 |
| | 夏普公司 | 3 |
| | 东京大学 | 2 |
| | 千叶大学 | 2 |
| | 神奈川大学 | 2 |

　　相比较而言，国外的大型企业对校企合作、企企合作都比较重视，形成了产学研结合、行业内互助研发的良好模式。比如，韩国的 LG 集团与日本东丽公司、韩国科学技术院（KOREA ADVANCED INSTITUTE OF SCIENCE AND TECHNOLOGY）、汉阳大学（HANGYANG UNIVERSITY）和韩国大学（KOREA UNIVERSITY）都有合作研发和共同申请；日东电工与太阳星公司（SUNSTAR ENGINEERING INC）、松下集团、日本原子能机构（JAPAN ATOMIC ENERGY AGENCY）和丰田汽车公司（TOYOTA MOTOR CORP.）都有较多的联合申请；可乐丽公司与山口大学有密切合作。

## 六、小结

　　在专利申请和布局方面，聚酰亚胺来源国主要为日本、中国、美国、韩国，并且全球范围内排名前 10 位的申请人中有 6 家日本企业，1 家美国企业，1 家沙特企业，1 家韩国企业，中国仅 1 家科研单位中国科学院位列第 10，由此可见，日本是技术输出最多的国家，处于聚酰亚胺技术的领先地位。而我国聚酰亚胺专利申请量虽然位居全球第 2，但是技术输出数量很小，远远落后于美国、日本、韩国，海外市场布局相对薄弱，处于对国外技术的跟随模仿阶段，尚未形成具有影响力的科研机构和企业，在全球市场中竞争能力明显不足。而国外重要企业杜邦、宇部兴产和钟渊化学都拥有多达几百项的专利申请，并且在全球主要的消费市场国家和地区如中国、日本、美国、韩国、欧洲等都进行了广泛的专利布局，韩国 SKC 和德国赢创虽然专利申请量不多，但是凭借较高的产业化程度，或者先进成熟的技术和合成工艺，再加之在全球范围内广泛的专利布局，在全球消费市场也占有很大的份额。相比较而言，我国国内的重要企业专利申请量较少，多为几件或几十件，全部申请均为国内申请，没有技术输出。这表明我国重要企业在聚酰亚胺领域的技术创新还有待加强，技术水平还有待提高。

　　在聚酰亚胺薄膜技术领域，杜邦等跨国公司围绕高性能聚酰亚胺的改性单体种类构建专利壁垒，国内产品的高端化进程受阻。杜邦公司在制备一种导热聚酰亚胺薄膜技术中采用了聚硅氧烷二胺单体，制备得到的聚酰亚胺薄膜具有良好的机械伸长率、良好的介电强度、良好的黏合性和低模量。杜邦公司还开发了一种具有高玻璃化转变温度的聚萘二甲酸亚烷基酯的共聚酯酰亚胺和由其制成的膜，具体涉及聚萘二甲酸乙二醇酯（PEN）的新型共聚物，其具有改进的耐热性和热机械稳定性，适用于暴露于高温下的应用和需要高热机械性能的应用。韩国 SKC 采用了一种主链含有砜基的芳香族二胺单体合成聚酰亚胺薄膜，使产品具有优异的金属结合强度以及抗弯曲性。国内企业生产聚酰亚胺薄膜采用的大多是常规的二元酐和二元胺单体，产品性能较为单一；此外，国内聚酰亚胺产业主要以均苯二酐为原料生产均苯型聚酰亚胺薄膜，而国外企业采用的生产原料更为丰富，产品种类也多样化，日本宇部兴产在联苯型聚酰亚胺薄膜技术领域拥有先进水平，已经开发出多种型号系列产品，产品相比于均苯型聚酰亚胺薄膜具有不同的性能特点，拥有更广泛的应用市场。

近年来，我国凭借在技术和工艺上的突破，聚酰亚胺的应用由过去只在军工、航空、航天等高端行业已经拓展到微电子、纺织、环保、交通等多个领域，也有像台湾达迈、长春高琦、江苏奥神这样的行业领军企业，相关领域的研究和应用已经达到世界先进水平。但与国外企业和国外产品相比仍存在较大差距，主要表现：①企业整体产能规模较小，多为百吨级；②产品品种少且规格不齐全，缺少具有品牌影响力的产品；③制造精细化程度低，产品质量较差；④原料价格高且品种少，生产成本高；⑤生产线的可靠性、稳定性、自动化程度及效率较低；⑥产品应用范围窄。

针对上述问题，为我国聚酰亚胺技术和产业的发展提出以下几点建议：

第一，尽快提高聚酰亚胺的产业化规模生产。从国内市场对聚酰亚胺的迫切需求角度考虑，尽快提高聚酰亚胺的产业化规模是当务之急。目前聚酰亚胺研究的主要方向之一仍应是在单体合成及聚合方法上寻找降低成本的途径，合成有新功能的单体，从而制备出耐高温、力学性能好、绝缘性能优异、对环境敏感的新型聚酰亚胺材料。建议继续加大聚酰亚胺产业化技术的研发力度，采用具有自主知识产权的聚酰亚胺生产工艺技术并逐步实现产业化工程技术的突破，推动聚酰亚胺及其制品的国产化进程，满足国内需求，逐步替代进口。

第二，完善聚酰亚胺关键性工艺技术。随着有关聚酰亚胺研究的不断深入，我国自行生产聚酰亚胺技术也逐渐完善，生产成本也逐渐降低。当前急需积极开发生产稳定的原材料，提高产品质量，为聚酰亚胺产业化提供坚实的基础。同时积极开展新合成关键性工艺路线的研究和开发，重视发展原料产业，重点建设从原料到合成再到制品的系列生产装置，加强技术创新和合作。打破国外对这一技术的垄断，为国内发展这类高新技术材料提供全套成熟的关键性技术，推动我国相关行业的技术进步和产业升级。

第三，积极扩展产品类型。研发主要通过分子结构设计、新合成技术以及纳米复合等措施实现产品的系列化和功能化，不断扩大新品种和用途，提高市场占有率。生产企业应向规模化、系列化方向发展，形成完整的聚酰亚胺应用产业链，填补我国在相关技术领域和应用领域的空白。

第四，推动聚酰亚胺终端应用市场发展。随着科学技术的不断发展，尤其是近年来IT、微电子领域的高速发展，对聚酰亚胺的性能要求也越来越高，其应用也将越来越广泛。以聚酰亚胺优异的特性，加快市场的开发，进一步拓展其在高强度、高负荷、高温领域内的应用，积极拓展其新的应用领域，比如微电子、能源动力等高科技领域的应用，将更加巩固聚酰亚胺在复合材料领域中的重要地位，使其发挥更大的作用，成为最具有发展潜力和广阔应用前景的新兴产业。

## 第二节　稀土磁性材料专利分析

稀土磁性材料主要包括钐钴（SmCo）永磁材料、钕铁硼（NbFeB）永磁材料以及钐铁氮永磁材料等。20 世纪 60 年代，第一代稀土永磁材料钐钴 5（SmCo5 的 1∶5 型永磁合金）被研发出来，70 年代，第二代稀土永磁材料钐 2 钴 17（SmCo5 的 2∶17 型永磁合金）被研发出来，同属 Sm-Co 系永磁合金。它们的最高磁能积 $(BH)_{max}$、剩磁强度 $(B_r)$、矫顽力 $(H_c)$、居里温度 $(T_c)$ 等磁性能较好，各项指标都优于 Al-Ni-Co 系和铁氧体。

1983 年，日本住友特殊金属公司 Sagawa 等人首先用粉末冶金法制备出 Nd-Fe-B 系永磁体，磁性能高达 286kJ/m³。不久，美国通用汽车公司也用快淬和随后热处理的方法成功研制出 $H_c$=1194kA/m、$(BH)_{max}$=103.5kJ/m³ 的 Nd-Fe-B 永磁体。自此第三代稀土永磁材料诞生了，与前两代相比：首先，由资源丰富的 Fe 元素代替了资源稀缺的 Co 元素，由价格相对便宜的 Nd 元素代替了价格较昂贵的 Sm 元素，大大降低了成本；其次，3d 铁原子在 $Nd_2Fe_{14}B$ 四方结构的晶场作用下，使 Nd-Fe-B 呈单轴各向异性，具有较大的各向异性场 $(B_a$=73kOe$)$；再者，它具有较高的饱和磁化强度 $(M_s$=116T$)$ 和较大的理论磁能积 $(BH)_{max}$=509kJ/m³。因而它被赋予"磁王"的美誉，大量运用。自 1990 年以来，稀土-铁-氮间隙型化合物成为稀土永磁的研究方向，爱尔兰和日本发现的 $Sm_2Fe_{17}N_x$ 和我国发现的 Nd（Fe，M）$12N_x$ 成为国际上 2 个独立开发系列。此外，1994 年拥有纳米结构的 Sm（CoFeCuZr）$_z$ 的制备成功，使人们对稀土永磁的纳米级新时代满怀憧憬。目前纳米级稀土永磁材料还停留在研究阶段，其磁能积与理论有较大差距，矫顽力也难达预期❶。

稀土永磁材料在近 20 多年来发展十分迅速，随着我国《中国制造 2025》战略的推进，稀土永磁材料已经大规模进入风力发电、清洁能源汽车、工业电机、轨道交通等高新技术制造领域，尤其是所涉及的新一代信息技术产业、高档数控机床和机器人、航空航天装备、海洋工程装备及高技术船舶、先进轨道交通装备、节能与新能源汽车、电力装备、农机装备、新材料、生物医药及高性能医疗器械 10 大重点领域与稀土产业关联度高，对稀土材料的保障能力和质量性能提出了更高要求，将带动稀土产业高速发展。

但是在发展过程中，我国稀土磁性材料领域也面临诸多困难，一是稀土初级产品生产能力过剩，违法开采、违规生产屡禁不止，导致稀土产品价格低迷，未体现稀土资源价值，迫切要求进一步规范行业秩序，严格控制增量，优化稀土初级产品加工存量，淘汰落后产能；二是我国稀土产业整体处于世界稀土产业链的中低端，高端材料和器件的研发与先进国家仍存在较大差距，缺乏自主知识产权技术，产业整体需要由低成本资源和要素投入驱动，向扩大新技术、新产品和有效供给的创新驱动转变，优

❶ 周寿增，董清飞：《超强永磁体：稀土铁系永磁材料》，冶金工业出版社，2004 年 2 月，第 1-14 页。

化产业结构，重点发展稀土高端材料和器件产业。在未来稀土永磁的发展过程中，应
当深入实施《中国制造2025》、战略性新兴产业等国家战略，以创新驱动为导向，持续
推进供给侧结构性改革，加强稀土战略资源保护，规范稀土资源开采生产秩序，有效
化解冶炼分离和低端应用过剩产能，提升智能制造水平，扩大稀土高端应用，提高行
业发展质量和效益，充分发挥稀土战略价值和支撑作用。

本节对稀土磁性材料的专利申请趋势、技术来源、重点企业及重点专利等进行统
计分析，并对稀土磁性材料的主要分支——钕铁硼材料的专利情况进行重点研究❶。

## 一、申请趋势分析

### （一）在华专利申请趋势

图6-2-1示出了2000—2019年，稀土永磁材料的在华专利申请趋势，进入21世
纪以来，我国稀土永磁材料产业进入了快速发展期，国内专利申请量整体保持了快速
增长的趋势，从2000年的13项增长到了2016年的588项，在2000—2010年，专利申
请数量虽然呈增长趋势，但是增长量不大，2011年，为了进一步提高对有效保护和合
理利用稀土资源重要性的认识，采取有效措施，切实加强稀土行业管理，加快转变稀
土行业发展方式，促进稀土行业持续健康发展，国务院印发了《关于促进稀土行业持
续健康发展的若干意见》，意见中为我国稀土行业的发展指明了方向。随着国家政策的
支持，稀土永磁材料的专利申请量开始迅速增长，稀土永磁产业迎来蓬勃发展期。

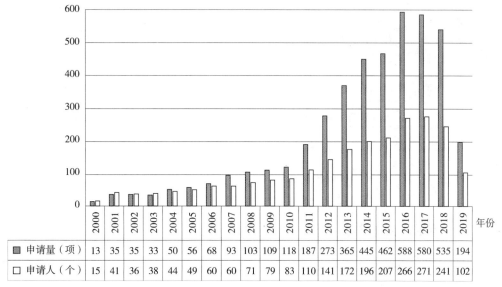

| | 2000 | 2001 | 2002 | 2003 | 2004 | 2005 | 2006 | 2007 | 2008 | 2009 | 2010 | 2011 | 2012 | 2013 | 2014 | 2015 | 2016 | 2017 | 2018 | 2019 |
|---|---|---|---|---|---|---|---|---|---|---|---|---|---|---|---|---|---|---|---|---|
| ■ 申请量（项） | 13 | 35 | 35 | 33 | 50 | 56 | 68 | 93 | 103 | 109 | 118 | 187 | 273 | 365 | 445 | 462 | 588 | 580 | 535 | 194 |
| □ 申请人（个） | 15 | 41 | 36 | 38 | 44 | 49 | 60 | 60 | 71 | 79 | 83 | 110 | 141 | 172 | 196 | 207 | 266 | 271 | 241 | 102 |

图6-2-1 在华专利申请趋势

❶ 由于2018年和2019年的专利申请存在未完全公开的情况，故本节所列图表中2018年、2019年的相关数
据不代表这两个年份的全部申请。

## （二）技术生命周期分析

从申请人数量走势上可以看出，申请人数量的走势在 2000—2010 年增幅不大，数量保持平稳状态，2011 年以后增长幅度较大，2017 年申请人数量达到 271 人，是 2000 年的 18 倍，目前处于技术生命周期的成长期。材料的研究需要经过基础研究，再到发展应用阶段，随着我国稀土永磁材料研发领域的不断扩展和研发深度的不断加深，稀土永磁材料日益受到国内相关人员的重视，申请人的数量将进一步增加。

## （三）国内外在华专利申请量对比

图 6-2-2 为国内外申请人在华专利申请量趋势，在 2000 年以后，国内申请人的占比逐渐增加，由 2000 年的 38.4% 增加到了 2017 年的 90.3%，成为稀土永磁材料在华专利申请的主要力量。我国稀土资源丰富，进行稀土冶炼分离的企业较多，但是稀土永磁材料企业生产的产品性能较低，工艺和设备相对落后，专利申请存在多而不优的问题，而国外企业专利申请量虽然少于中国企业，但是其拥有较多的高价值、核心专利，掌握了高性能稀土永磁材料的主要制备技术。

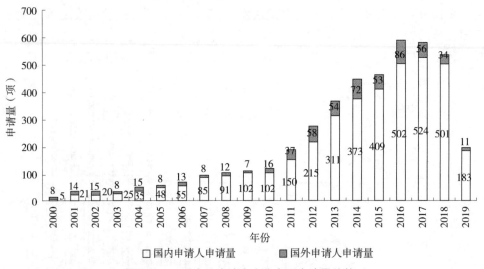

图6-2-2　国内外申请人在华专利申请量趋势

## 二、专利区域分布分析

### （一）全球专利申请区域分布分析

#### 1. 各国家、地区、组织专利申请量对比

图 6-2-3 为主要国家与地区专利申请量对比，从图中可以看出，2000 年全球专利申请中，日本申请量最多，占全球申请量的 59.92%，2000 年以后，中国的专利申请逐年增多，申请量占比由 2000 年的 4.96%，增长到了 2016 年的 55.3%。

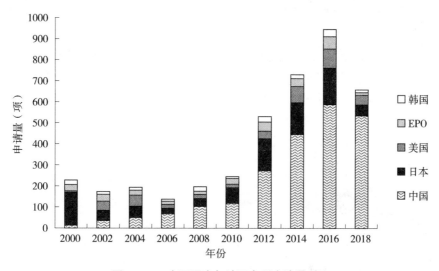

图6-2-3 主要国家与地区专利申请量对比

## 2. 技术来源

图 6-2-4 为主要国家与地区在稀土永磁材料领域的专利申请情况，由图可以看出，中国以 3857 项申请量稳居首位，日本以 1240 项申请量位列第 2 名，中国和日本的专利申请量均远超美国、欧洲和韩国，由此可见，中国和日本是稀土永磁材料领域专利技术的主要来源国。

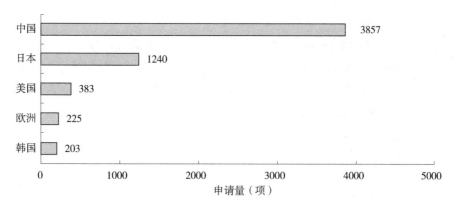

图6-2-4 主要国家与地区的专利申请情况

## 3. 技术流向

如图 6-2-5 所示，中国、美国、日本、韩国在本土的专利申请均是最多的，相对于中国和韩国，日本和美国申请人在其他国家的专利申请相对比较均匀，尤其是日本，作为稀土永磁材料技术发展较成熟的国家，掌握大量稀土永磁材料的核心专利，在中国的专利申请量为 517 项、美国为 635 项、WIPO 为 449 项、EPO 为 448 项，在上述几个国家或地区的专利申请量基本持平。日本企业在国外的专利申请量占据其总申请量的 59.96%，而中国在国外的专利申请量仅为 7.87%，说明很多的国内企业没有"走出去"，在国际专利布局中的关注度较小，持续创新能力不强，核心专利受制于人，基础研究实力有待提升；另外，结构性矛盾依然突出，上游冶炼分离产能过剩，下游高端应用产品相对不足。因此，国内申请人在专利数量提升的同时，应着重关注专利质量的提升，加强基础研究，提升核心专利和高价值专利数量。

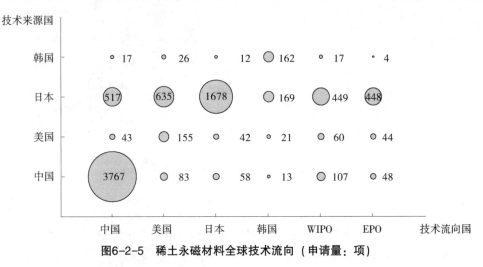

图6-2-5　稀土永磁材料全球技术流向（申请量：项）

## （二）在华专利申请区域分布分析

### 1. 各国家、地区、组织专利申请量对比

图 6-2-6 示出了排名前 4 位的国外申请人在华专利申请量趋势。从图中可以看出，日本和美国在 2000 年就开始在中国进行专利布局，尤其是日本在华的专利申请量逐年增加，由 2000 年的 5 项增至 2016 年的 67 项，而德国申请人进入中国较晚，2011 年申请了第一件在华专利，随后几年申请量逐年增加。

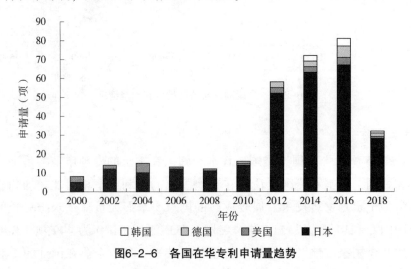

图6-2-6　各国在华专利申请量趋势

2．技术来源

图6-2-7示出了在华主要国家的专利申请量对比，从图中可以看出我国国内申请人的申请量达到了 3757 项，占比达 86.79%，日本申请人在华申请量为 488 项，占比达到 11.27%，美国、德国和韩国申请人在华申请量的占比分别为 0.92%、0.62%、0.39%。

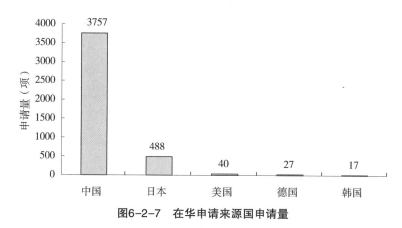

**图6-2-7　在华申请来源国申请量**

3．省份分布

（1）各省市专利申请排名

图 6-2-8 为全国专利申请量排名前 10 位的省市申请情况。从图中可以看出，浙江省的申请量最大，占比 18.95%，其次分别为北京、江苏、安徽、广东和天津等，位于前列的省市中，大部分省市都位于沿海地区，中西部地区的申请量均排名靠后，显示出东西部区域发展不平衡，排名前 10 位的省市总体的申请量占据了所有在华专利申请量的 68%。

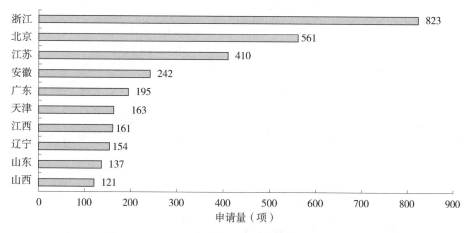

**图6-2-8　各省市专利申请排名**

（2）各省市专利申请趋势

图 6-2-9 示出了中国国内申请量排名前 10 位的省市的申请量趋势，整体上均呈现了稳步增长的态势，不同省市呈现不同程度的增长。浙江作为"领头羊"，其申请量基本上保持了领先地位，在 2009 年被北京的申请量首次超过以后，在 2011 年实现反超，随后均保持了领先的位置，各省市也迎来了蓬勃发展期。

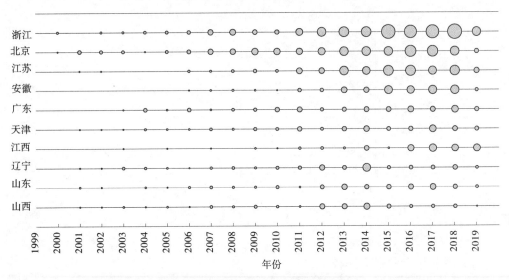

图6-2-9　国内主要省市专利申请趋势

## 三、申请人分析

### （一）重点申请人排名分析

#### 1. 全球专利申请申请人排名

图 6-2-10 是全球专利申请人排名情况，总体来看，前 10 名被中国和日本申请人包揽，其中日本申请人有 7 个，分别是日立、TDK 株式会社、住友、丰田、东芝、信越、日东电工，中国申请人有 3 个，分别是中科三环、北京工业大学、中科院宁波材料技术与工程研究所。日本公司整体排名靠前，其 7 个重要申请人都是公司，可见日本公司在稀土方面实力雄厚，其中日立公司以 466 项位居首位，日立的专利申请主要集中在 Nd-Fe-B 烧结磁体领域。中国申请人相对均衡，既有研究院所也有公司，其中中科三环以 173 项位居第 4 位。

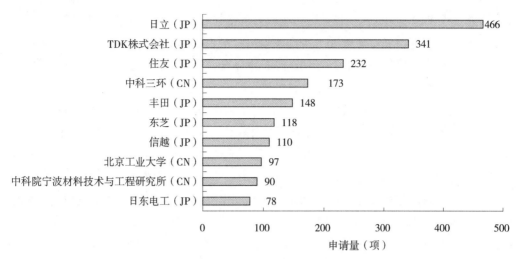

**图6-2-10　全球专利申请申请人排名**

2．在华专利申请申请人排名

图6-2-11是在华专利申请的申请人排名情况，前10名中有7个中国申请人、3个日本申请人，排名先后依次是中科三环（173项）、日立（116项）、TDK株式会社（108项）、北京工业大学（97项）、中科院宁波材料技术与工程研究所（90项）、北京科技大学（75项）、钢铁研究总院（66项）、安徽大地熊新材料（63项）、东芝（62项）、京磁材料（56项），可见在中国市场，国内申请人占主要地位，重视知识产权的国内保护，在稀土永磁材料领域，国内申请人的类型包括企业、大学、研究所，类型比较全。另外国外企业也十分重视中国市场，在全球申请较多的日立、TDK株式会社以及东芝均积极在中国进行专利布局。

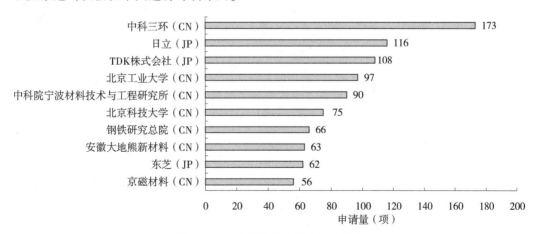

**图6-2-11　在华专利申请申请人排名**

**（二）重点申请人区域布局分析**

根据全球重点企业分析其全球区域布局情况，对全球排名前10位和国内前5位的申请人进行分析（见图6-2-12），了解稀土永磁材料领域的申请人对目标市场的重视情况，有利于摸清市场布局情况，为企业抢占市场提供判断，为市场风险提供预警。

日立公司的布局比较全面，分别选择日本本土进行布局，本土有364件专利申请，其次是中国（116件）、WIPO（102件）、美国（75件）、EPO（67件）和韩国（23件），表明日立比较重视本土的市场，而且对中国和美国也比较重视。TDK公司同样最重视本土市场，在美国申请了122件专利，略高于中国市场。住友与前两大公司的目标市场具有一定差异，其除了对日本本土进行重点布局外，海外市场主要布局了欧洲市场，美国、中国和韩国次之。中科三环是中国企业，其主要对中国市场进行布局，对于海外市场布局较少，在美国、欧洲和韩国分别仅有1件申请，在PCT申请方面共10件，相对于国外的大企业，其知识产权保护意识还有待提高，并且侧面也反映了其核心竞争力有待提高。在其他日本企业中，丰田和东芝的布局趋势相近，除了进行本土布局外，也都选择了中国和美国作为海外布局的重点对象，但是东芝对韩国市场重视程度不高，仅有2件专利。信越公司在专利布局上最重视的是欧洲市场，其在欧洲市场有67项申请，高于日本本国的60项申请，是这12个重点申请人中唯一一个将海外市场作为重点区域进行布局的企业，并且其在全球的布局比较均衡，各个市场都有涉及。日东电工也是日本企业，其整体的布局分布比较均衡。北京工业大学、中科院宁波材料技术与工程研究所、北京科技大学、钢铁研究总院是国内重要的申请人，其共同特点是主要在本国布局，在海外市场布局较少。

整体来看，国外的申请人布局全面，并且不同申请人的布局重点不同，国内申请人的海外布局意识比较弱，侧面反映了核心技术还有待于提高，在海外的竞争力不足。

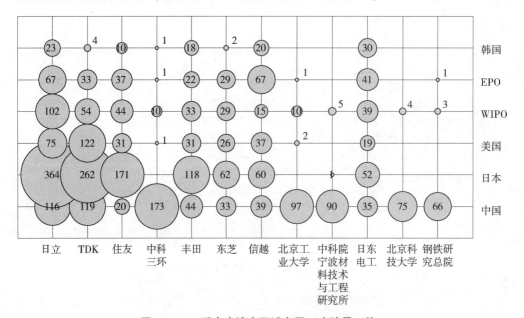

图6-2-12　重点申请人区域布局（申请量：件）

## （三）重点申请人技术分布分析

图 6-2-13 显示的是重点申请人的技术分布情况，其中不同颜色的长度表示各技术分支的比例。可以看出，钕铁硼材料是专利申请的重点，其次是钐钴材料，最后是钐铁氮材料，其中有 8 个企业在三种材料上都有布局，其余 4 个企业仅对钕铁硼材料和钐钴材料进行了布局。在这些企业中，东芝和住友公司比较重视钐钴材料的布局，占比在 30.0% 以上。首先，钐钴磁性材料是第一、二代稀土永磁材料，而钕铁硼材料是第三代稀土永磁材料，由资源丰富的 Fe 元素代替了资源稀缺的 Co 元素，由价格相对便宜的 Nd 元素代替了价格较昂贵的 Sm 元素，降低了成本；其次，3d 铁原子在 $Nd_2Fe_{14}B$ 四方结构的晶场作用下，使 Nd-Fe-B 呈单轴各向异性，具有较大的各向异性场（$B_a=73kOe$），另外它具有较高的饱和磁化强度（$M_s=116T$）和较大的理论磁能积 $(BH)_{max}=509kJ/m^3$，因此成为各大厂家积极投入研发和布局的对象。

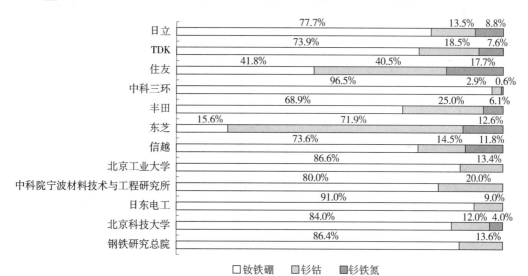

图6-2-13 重点申请人技术分布

## 四、钕铁硼系材料

### （一）概述

#### 1. 全球申请态势

稀土永磁材料不仅是最重要的稀土功能材料，也是在稀土领域发展最快、比例最大的一个产业，稀土永磁材料按化学成分分类主要包括钕铁硼永磁、钐钴永磁、钐铁氮永磁等几类材料，其中钕铁硼永磁材料占 80% 左右。稀土永磁材料，尤其是钕铁硼永磁材料由于其具有极优异的磁性能，在新一代信息技术、航空航天、先进轨道交通、节能与新能源汽车等领域有着非常广泛的应用。目前，全球钕铁硼永磁材料生产主要集中在中国和日本两国。其中国内重点企业有中科三环、宁波韵升、安徽大地熊、有研稀土、烟台正海、横店东磁等企业。日本从事钕铁硼永磁材料生产的主要有日立金属、TDK、大同电子和信越化工 4 家公司，产品以高端钕铁硼磁体为主❶。

图 6-2-14 示出了 2000—2019 年全球范围内公开的涉及钕铁硼、钐钴、钐铁氮稀土永磁材料的专利申请趋势。上述三种永磁体的申请量总体上呈现了增长的趋势，但是相较于钕铁硼永磁体的快速发展，钐铁氮和钐钴永磁体发展较为缓慢，在最近 20 年间，专利申请量增长的幅度不大，例如，钐钴永磁体在 2000 年的申请量为 47 项，到了 2016 年专利申请量达到了 132 项。而钕铁硼永磁体是 20 世纪 80 年代研制并成功运用生产的第三代稀土永磁材料，具有高磁能积、高矫顽力和高工作温度等特性，一经问世，就因其优异的磁性能得到了市场的青睐。在 2000 年，钕铁硼的专利申请量为 158 项左右，在 2000 年以后的 10 年发展较为缓慢，在 2010 年申请量也仅为 190 项，但是在前期经过 10 年左右的稳定发展以后，到了 2010 年钕铁硼的申请量迎来了快速发展期，在 2017 年达到了 679 项，申请量远远超过了同期的钐钴永磁体和钐铁氮永磁体。

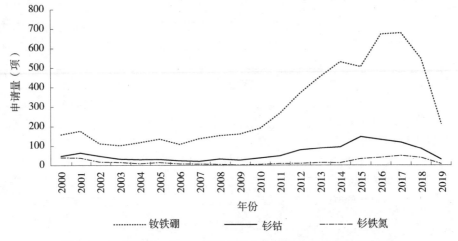

图6-2-14　钕铁硼、钐钴、钐铁氮稀土永磁材料专利全球申请态势

我国钕铁硼产业经过长期的发展，取得了长足的进步，在 2016 年钕铁硼产量达到了全球总产量的 85% 左右，然而，目前我国的钕铁硼产品主要集中在低端产品，在高端钕铁硼产业中，由于存在较高的产业壁垒，研发周期较慢，市场占有率不高。国家工信部发布《稀土行业发展规划（2014—2020 年）》，指出目前我国企业在稀土高端材料中国际市场份额约为 25%，争取到 2020 年，高端功能材料市场占有率指标达到 50% 以上。与此同时，在"节能环保、低碳经济"的大背景下，我国相继出台相关政策，鼓励发展新能源汽车、风力发电、节能电机及变频家电等新兴行业，从而为稀土

❶　胡伯平，等："稀土永磁材料的技术进步和产业发展"，载《中国材料进展》2018 年第 9 期。

磁性材料（主要是钕铁硼磁性材料）提供了更大的发展空间❶。

2．专利申请技术功效

稀土永磁材料按制备工艺分类主要包括烧结磁体、黏结两大类。图 6-2-15 示出了在烧结钕铁硼、黏结钕铁硼以及其他工艺制备的钕铁硼材料中，各技术功效对应的专利申请数量。在钕铁硼材料中烧结钕铁硼的改进占比达到了 69.8%，黏结钕铁硼改进占比为 16.5%，其他工艺制备的钕铁硼占比为 13.3%；其中对于烧结钕铁硼来讲，涉及矫顽力提高的专利占比为 50.6%，涉及剩磁、耐腐蚀性以及最大磁能积的专利申请量各自的占比相差不多。在黏结钕铁硼中，涉及矫顽力以及耐腐蚀性提高的专利占比相差不多，各自占比为 30% 左右，涉及剩磁以及最大磁能积的专利各自占比为 20% 左右。

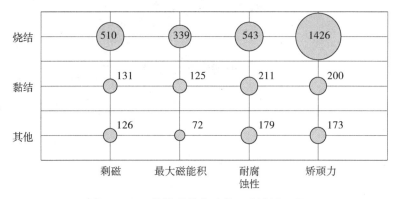

图6-2-15　钕铁硼技术功效（申请量：项）

3．制备工艺以及技术主题

图 6-2-16 示出了钕铁硼制备工艺以及技术主题对应的专利数量，从图中可以看出，在技术主题方面主要将钕铁硼分为钕铁硼的制备方法、钕铁硼生产过程中所使用的设备，以及钕铁硼产品的应用三个技术主题，其中制备方法专利占比为 73%，总专利申请量为 4122 项；生产设备专利占比为 18%，产品应用专利占比为 9%，可见，在钕铁硼涉及的技术主题中制备方法专利居多，需要说明的是，在制备方法的专利中基本均保护了钕铁硼产品本身，因此，该章节中制备方法专利同时也是产品专利。另外，在制备方法专利中制备工艺为烧结的专利占比为 52%，制备工艺为黏结的专利占比为 17%，采用其他制备工艺的专利占比为 4%。

---

❶　王方："钕铁硼永磁材料发展探究"，载《稀土信息》2018 年总第 416 期。

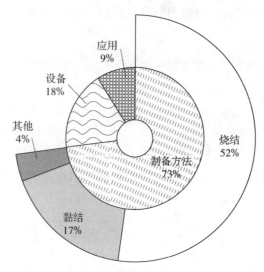

图6-2-16　钕铁硼制备工艺以及技术主题

## （二）技术脉络

### 1. 钕铁硼发展脉络

稀土永磁材料是指稀土金属和过渡族金属（如钴、铁等）形成的合金经一定的工艺制成的永磁材料。世界永磁材料的发展经历了如下过程：20世纪40年代出现了Al-NiCo永磁，50年代诞生了铁氧体永磁，60年代研制出了第一代稀土永磁SmCo5，70年代开发成功第二代稀土永磁SmCo17，1983年日本住友特殊金属的佐川真人（Masato Sagawa）和美国通用汽车公司各自研发出钕铁硼永磁NdFeB，为第三代稀土永磁材料。第三代稀土永磁材料——钕铁硼（NdFeB）因其优异的综合磁性能，广泛应用于计算机、通信、医疗、交通、音响设备、办公自动化与家电等各种支柱产业与高新技术产业[1]。

我国磁性材料工业在20世纪50年代初创建。由于具有丰富的原材料和廉价的劳动力，发展速度很快，20世纪60~70年代，美欧曾在磁性材料领域居领先地位，20世纪80年代以后，由于消费电子产品在日本的迅速发展推动了磁性材料工业发展，因此，日本无论在磁性材料产量或工业生产技术方面均居世界首位，到了20世纪90年代中期，我国磁性材料工业奋起直追，近年来工业产量已逐步超过日本，到1997年我国产量已达10万t，居世界首位。工业生产技术方面，经过加强投资、引进关键技术、设备和生产线技术改造以后，磁性材料性能、质量已有很大提高，部分产品可达国际水平，如软磁铁氧体中变压器磁芯（E形或U形）和彩电偏移芯，可替代进口或大量出

---

[1]　梁树勇，王惠新，苏振华，陆文钏，袁晨斌："中国烧结钕铁硼磁体产业的历史、现状及未来"，载《磁性材料及器件》2005年第6期。

口。永磁铁氧体产品中，我国扬声器磁体产量居世界首位且大量出口，电机用瓦形体的产品性能也已达日本 TDK 公司 FB4 材料水平。稀土永磁合金方面，多数工厂可生产 N35、N38 烧结 NdFeB 永磁体产品，少数工厂已可生产 N40、N42 级别产品，主要用于出口。目前，我国的设备已经趋近于国产化，研发水平开始向西方国家逼近，钕铁硼企业越来越多，产品也在走高端化市场❶。

总的来说，中国的钕铁硼永磁产业经历了 3 个技术发展阶段。第一阶段（1984—1990 年）：围绕实验室制备高磁能积钕铁硼磁体。关键技术突破是低氧控制技术，获得了国家科技进步奖一等奖。第二阶段（1990—2000 年）：实验室技术向中试生产转变。此阶段我国在单体制备、铸锭技术、机械制粉、双相烧结技术等关键技术方面均取得成果，解决了高稳定性永磁材料的制备和应用，获得了国家科技进步奖二等奖。第三阶段（2000—2019 年）：实现千吨级生产线关键技术的自主化和全部设备的国产化。此阶段我国在速凝工艺、氢破制粉工艺等千吨级关键技术方面取得突破，获得了 2008 年国家科技进步奖二等奖。

自 1983 年被发现以来，钕铁硼一直是当今世界上磁性最强的永磁材料。由于制备方法不同，钕铁硼材料主要分为烧结和黏结两大类。烧结钐钴由于其优异的耐高温特性，仍然保持着旺盛的生命力。我国钕铁硼相关专利申请速度随着钕铁硼产能的增加有所增加，但专利始终是困扰我国烧结钕铁硼发展的一个重要问题。

2. 重点企业和重点专利

从全球专利分布来看，日本在钕铁硼领域的专利申请量排名第一，中国排名第二，接下来是美国、欧洲等。这些国家和地区均较为关注钕铁硼技术的专利布局。截至目前，稀土永磁专利经历过两个高峰期：第一高峰期出现在 1987 年左右，主要以日本专利申请为主，在此期间钕铁硼技术获得突破性进展；第二个高峰期是在 2013 年左右，主要以中国申请为主，集中在烧结钕铁硼成分改进和工艺改进方面，以日本和中国企业为主。

（1）核心专利权人——日立金属

日立金属公司作为稀土永磁行业核心专利权人，一直以来，非常重视其专利在全球的布局，日立金属公司在钕铁硼成分专利的基础上在各国申请了一批基本专利，通过不断地研发新技术，形成专利延伸，围绕基本的专利进行有序的布局，从而垄断全球市场，获得高额利润并形成竞争优势。总体来说，日立金属公司专利申请稳定持续，布局全面，重点突出，十分重视在中国的专利布局，其布局热点由成分、工艺、后处理转向工艺、微结构改进，聚焦对准晶相、晶界相的改进。

专利 EP1408518A2 于 2003 年公开了烧结型 R-Fe-B 系永磁体及其制造方法。本烧结型 R-Fe-B 系永磁体具有表面磁通量密度均匀性优良、不发生变形或裂纹、径向各向异性低的效果，可用于马达中使用的环状磁体。

---

❶ 王根富："尽瞰业界博展：我国磁性材料工业发展走势"，载《世界产品与技术》2000 年第 1 期。

专利 EP1879201A1 于 2008 年公开了稀土类烧结磁铁及其制造方法，准备具有含有轻稀土类元素 RL（Nd 和 Pr 中的至少一种）作为主要的稀土类元素 R 的 $R_2Fe_{14}B$ 型化合物晶粒作为主相的 R-Fe-B 系烧结磁铁。

专利 EP1970916A1 于 2008 年公开了一种 R-Fe-B 系多孔质磁铁和其制造方法。本发明的 R-Fe-B 系多孔质磁铁是具有平均结晶粒径 $0.1\sim1\mu m$ 的 $Nd_2Fe_{14}B$ 型结晶相的集合组织，至少一部分具有长径 $1\sim20\mu m$ 的细孔的多孔质。

专利 WO2009122709A1 于 2009 年公开了 R-T-B 系烧结磁体及其制造方法。烧结磁体的主相是 $R_2T_{14}B$ 型化合物，主相的结晶粒径以相当于圆的直径计为 $8\mu m$ 以下，并且 $4\mu m$ 以下的结晶颗粒占比为 80% 以上。

专利 EP2899726A1 于 2015 年公开了 R-Fe-B 系稀土类烧结磁铁的制造方法，向烧结磁体的表面供给重稀土类元素 RH（选自 Dy、Ho 和 Tb 中的至少一种），同时对烧结磁体进行加热，使重稀土类元素 RH 从表面扩散到稀土类烧结磁体的内部。

专利 WO2013002376A1 于 2013 年公开了一种从 R-Fe-B 系永久磁石的碎屑或浆液、使用过的磁石等产生的含碳合金，有效地除去碳，制造合金再生材料的方法。通过对含碳 R-Fe-B 系永久磁石合金进行 HDDR 处理来除去碳。本发明的方法制造的合金再生材料，由于含碳量降低，所以可再用于磁石的制造，即使在真空熔融炉进行高频加热，仍能够避免所制造的磁石中所含的碳量大幅增加。

专利 EP2899726A1 于 2013 年公开了 R-Fe-B 系稀土类烧结磁铁的制造方法，向烧结磁体的表面供给重稀土类元素 RH（选自 Dy、Ho 和 Tb 中的至少一种），同时对烧结磁体进行加热，使重稀土类元素 RH 从表面扩散到稀土类烧结磁体的内部。

（2）住友株式会社[1]

专利 CN1272212A 于 2000 年公开了耐腐蚀性钕铁硼永磁体的制造方法：清洁 R-Fe-B 永磁体表面；通过气相成膜工艺在磁体表面形成膜厚 $0.06\sim30\mu m$ 的 Al 或 Ti 涂敷膜；在含 $O_2$ 的气体气氛中，通过气相成膜工艺形成 $0.1\sim10\mu m$ 的氧化铝涂敷膜层，提高磁性能以及电绝缘性能。

专利 JP2003203818A 于 2003 年公开了在包括模腔的空间中形成振动磁场，解决现有钕铁硼永久磁体的制造过程由于残留磁性导致磁化困难、生产周期长、成本高的问题，永久磁体能可靠地供给磁体粉末、提高成型体的密度。

专利 CN102510782A 于 2012 年公开了一种钕铁硼永磁粉末的制备方法，该方法能够容易地制造具有高磁相比率和复杂形状的稀土磁体。

专利 CN103262182A 于 2013 年公开了提供含有 15%～100% 质量分数的粒径不大于 $2\mu m$ 的微细颗粒的钕铁硼材料粉末，向粉末成形体施加弱磁场，再以 $0.01\sim0.15T/s$ 的激发速率施加强磁场，相对于形成生压坯的晶粒所期望的取向方向，弱磁场施加方向的立体角为 90°～180°。强磁场通过使用超导线圈沿所期望的取向方向施加，形成优异

---

[1] 李婷婷，崔艳："钕铁硼永磁材料专利技术综述"，载《河南科技》2017 年第 12 期。

磁性能的稀土钕铁硼磁体。

（3）国内企业

北京中科三环的专利 CN101783219A 于 2010 年公开了一种柔性黏结稀土永磁体及其制造方法，本发明的永磁体，其磁粉填充比达到 96.5%（质量分数），其压延成形磁体的拉伸强度即柔韧性均大于 3MPa，并且在解决柔性磁体高温下磁性衰减快的缺陷的同时，也克服了其高温下易变脆和变形的缺点。北京中科三环和天津三环乐喜共同申请的专利 CN101029389A 公开了一种钕铁硼永磁材料的表面保护技术，该发黑工艺得到的保护膜结合力强、表面均匀、耐蚀性高，高温减磁在 0.1%～1.6%，低于同类产品。

厦门钨业股份有限公司的专利 CN102956337A 于 2013 年公开了一种烧结 Nd-Fe-B 系磁铁的省却工序的制作方法，该方法实现了能够将气流粉碎工序省略掉，达到了可有效利用宝贵的稀土资源，简化工序，还可以进行低成本生产的目的；另外，还可以防止气流粉碎法中无论如何都避免不了的氧化作用，使之成为实质上的非氧化工序，使超高性能磁铁的大量制造成为可能。

沈阳中北真空磁电科技有限公司的专利 CN103212710A 于 2013 年公开了一种高性能钕铁硼稀土永磁材料的制造方法，通过控制合金熔炼、粗破碎、气流磨制粉、成型的工艺参数和添加纳米级氧化物微粉，细化了气流磨制粉粒度并将气流磨的过滤器中收集的细粉与旋风收集器的粉末混合，明显提高了材料的利用率和磁体的性能；可显著节省稀土的使用量，特别是重稀土的使用量，保护稀缺资源。专利 CN104252939A 于 2014 年还公开了一种具有复合主相的钕铁硼稀土永磁体及制造方法。

烟台正海磁性材料股份有限公司的专利 CN102108511A 于 2011 年公开了钕铁硼永磁体的电镀与化学镀复合防护工艺及一种具有复合防护层的钕铁硼永磁体涉及一种钕铁硼永磁体的表面处理防护工艺。专利 CN103258633A 于 2013 年公开了一种 R-Fe-B 系烧结磁体的制备方法，处理速度快、涂层均匀、产率高，热处理后磁体矫顽力大幅度提高。专利 CN103646773A 于 2014 年公开了一种 R-Fe-B 类烧结磁体的制造方法，一方面实现磁体与重稀土 RHX 的非直接接触，另一方面阻缓重稀土 RHX 蒸气的扩散过程，防止重稀土 RHX 蒸气过量蒸发至磁体表面。

浙江英洛华磁业有限公司的专利 CN103123839A 于 2013 年公开了一种应用高丰度稀土 Ce 生产的稀土永磁体及其制备方法，本发明应用高丰度稀土 Ce，在有效降低成本的同时促进稀土产品的产销平衡；同时晶界相辅合金的成分设计选用 Pr、Nd 等形成主相边界的硬磁壳层，这些元素相较于高价格重稀土元素 Dy 和 Tb，进一步实现了成本控制。

**五、稀土磁性材料小结**

第一，2000—2019 年，全球范围内公开的涉及稀土永磁材料的专利申请量整体呈现增长的趋势，其中 2002—2007 年小幅下降。从 2011 年开始稀土功能材料专利的申请量整体保持了较快增长，在 2016 年左右达到了 794 项的历史最高值。从技术生命周期上看，申请人和申请量均在上升，可见稀土永磁材料正处于发展期。而国内稀土永磁材料的发展要晚于国外，尤其是钕铁硼磁体 2000—2010 年专利申请量变化不大，发展较为缓慢，但 2011 年国务院出台了《关于促进稀土行业持续健康发展的若干意见》，在国家政策支持以及国内企业逐渐认识到掌握核心技术的重要性的情况下，专利申请量出现快速增长，从 2010 年的 190 项增至 2017 年的 679 项。可见 2010 年以后，稀土磁性材料技术在国内得到快速发展。

第二，稀土永磁材料包括钕铁硼稀土永磁体、钐钴稀土永磁体以及钐铁氮稀土永磁体，钕铁硼稀土永磁体的申请量占比为 79%，钐钴稀土永磁体以及钐铁氮稀土永磁体的专利申请量占比分别为 16% 和 5%。可见，钕铁硼稀土永磁体是永磁材料中最重要的分支，也是最热门的分支。在全国所有的省市中，浙江省的申请量最大，占比 18.95%，其次分别为北京、江苏、安徽、广东和天津等，位于前列的省市中，大部分省市都位于沿海地区，中西部地区的申请量均排名靠后，申请量比较少，显示出东西部区域发展不平衡，排名前 10 位的省市总体的申请量占据了所有在华专利申请量的 68%。

第三，通过重点申请人和重要企业的分析可以看出，国内申请人已成为稀土永磁材料在华专利申请的主体力量，虽然国外在华申请专利较少，但是其中高价值、核心专利较多，国内申请人的专利申请量虽然大，但是高价值、核心专利相对较少，专利申请质量有待提高。日本在该领域占据绝对核心的地位，重要企业如日立金属、TDK 株式会社、住友、丰田、东芝、信越、日东电工在全球都有广泛的专利布局，中国申请人排名前三的分别是中科三环、北京工业大学、中科院宁波材料技术与工程研究所，缺乏海外布局。在钕铁硼领域，重要企业有日立金属、TDK 株式会社、住友、丰田、信越、德国 VAC，我国重要企业有中科三环、安徽大地熊、京磁材料、宁波韵升、沈阳中北通磁、天津三环乐喜、烟台首钢、烟台正海、银河磁体、英洛华。

第四，钕铁硼系材料具有极优异的磁性能，在新一代信息技术、航空航天、先进轨道交通、节能与新能源汽车等领域有着非常广泛的应用。2016 年，我国的钕铁硼产量达到了全球总产量的 85% 左右，然而，目前我国的钕铁硼产品主要集中在低端产品，在高端钕铁硼产业中，由于存在较高的产业壁垒，研发周期较慢，市场占有率不高。在钕铁硼材料中烧结钕铁硼的改进占比达到了 69.8%，黏结钕铁硼改进占比为 16.5%，其他工艺制备的钕铁硼占比为 13.3%；其中对于烧结钕铁硼来讲，涉及矫顽力提高的专利占比为 50.6%，在黏结钕铁硼中，涉及矫顽力以及耐腐蚀性提高的专利占比相差不多，各自占比为 30% 左右。在技术主题方面主要将钕铁硼分为钕铁硼的制备方法、钕铁硼生产过程中所使用的设备，以及钕铁硼产品的应用三个技术主题，其中制备方法专利占比为 73%，总专利申请量为 4122 项；生产设备专利占比为 18%，产品应用专利占比为 9%。制备方法专利中涉及制备工艺为烧结的专利占比为 71.6%，涉及黏结工艺制备的专利占比为 23.6%，其他工艺制备的专利占比为 4.8%。

第五，建立整合先进资源，开展专项研究。美国能源部在 2013 年成立了美国关键材料研究院，由能源部下属 4 个国家级实验室、7 个大学、9 个工业合作伙伴的科学家和工程师组成，加强基础研究，促进原始创新，从国家层面支持基础研究，为从事基础研究的科研人员和研究机构提供足够的保障。而日本国立材料研究所（NIMS）长期以来主要进行材料的合成、表征和应用的研究，致力于理论研究，在多个领域成为全球的领导者。由于国外发达国家在稀土磁、光等功能材料领域长期处于知识产权垄断地位，企业通过知识产权来形成技术垄断，已经形成一大批在细分领域拥有极强技术和市场优势的领军企业，而国内却鲜有这样的企业，如在磁性材料领域我国有几百家企业，其产品类型、目标市场等均存在大量重叠，内部竞争十分激烈，难以在与国外企业的竞争中取得主动，处于明显的劣势。因此，应在细分领域培育大型领军企业，可以引领整个行业的发展❶。

## 第三节 金属增材制造技术专利分析

增材制造技术（即 3D 打印技术）是 20 世纪 80 年代开始迅速发展的一类不同于传统减式加工技术的增式技术和成型技术，是通过计算机辅助设计三维立体构型，结合快速成型技术将材料逐层叠加起来，最后形成三维物体；其是一门融合了计算机软件、材料、机械、控制、网络信息等多学科知识的系统性、综合性技术。相比于传统的加工技术，增材制造在原理上便有很大不同，机械加工采用数控机床控制，材料的利用率较低，并且设备的体积十分庞大，能源消耗严重；而增材制造技术采用增材的方式形成所制造工件，对材料进行逐层的堆积，材料的利用率较高，工艺简单且方便自动化控制。经过 30 多年的发展，增材制造技术成为当前先进制造技术领域技术创新蓬勃发展的源泉，其在航空航天、生物医疗、汽车、模具、珠宝首饰、文化创意等领域得到了广泛应用，具有生产效率高、加工时间短、加工成本低和个性化定制的特点，在工业制造中发挥着巨大的作用。

商业增材制造技术最早始于 1984 年，美国的 Charles W. Hull 创建了 3D Systems 公司，并推出了第一台商业化的 3D 打印机，随后新的打印技术不断涌现，国外诞生了众多增材制造企业，产业与技术集中度越来越高，而国内从 1988 年就开始了增材制造技术方面的研究，与国外基本同步，但是发展缓慢，处于跟随阶段，缺乏完整的产业链布局，国内企业呈现多而不强的局面，缺少具有国际影响力的龙头企业。

我国于 2015 年印发《中国制造 2025》，将生物 3D 打印技术列入重点扶持领域之一，随后出台了《增材制造产业发展行动计划（2017—2020 年）》《重大技术装备和产品进口关键零部件、原材料商品目录》《国家支持发展的重大技术装备和产品目录》《增强制造业核心竞争力三年行动计划（2018—2020 年）》等对 3D 打印材料行业起推动作用的政策，这些政策从制定行业发展目标、给予财政补贴、列入重点领域等方面

❶ 国家发展和改革委员会高技术产业司、工业和信息化部原材料工业司、中国材料研究学会：《中国新材料产业发展报告（2017）》，化学工业出版社，2018 年 7 月版，第 451-452 页。

对 3D 打印材料行业的发展给予支持。在国家政策支持与引导之下，西安交通大学、华中科技大学、西北工业大学等众多高校以及先临三维、铂力特、联泰科技、华曙高科等企业纷纷投身 3D 打印领域，国内的 3D 打印产业近年来得到了快速的发展。

增材制造技术分为很多种，目前应用较为广泛的有激光选区熔化（SLM）、激光立体成形技术（LSF）、电子束熔融技术（EBM）、电弧增材制造（WAAM）等。而不同的增材制造技术对于成形材料的要求有所不同，成形材料决定了快速成形技术的成败。增材制造技术材料种类繁多，主要有树脂、陶瓷、金属、复合材料等。其中金属具有良好的强度和导电性，能够直接立体制造高性能金属功能件，金属增材是增材制造技术中最重要的一个分支，通过金属增材制造技术成形的金属材料零部件正逐渐被应用于航空航天、医疗器械、汽车制造等领域。另外，随着投身增材制造领域企业数量的飞速增长，企业之间的竞争日益激烈，专利技术的争夺逐步成为增材制造企业竞争的主要战场，从而使专利申请成为技术发展和市场保护的重要反映，本节将从专利申请角度对金属增材制造材料的相关技术的发展进行介绍❶。

## 一、专利申请态势分析

### （一）全球专利申请趋势

目前全球金属增材相关专利申请共 4365 件；其中在华专利申请 3036 件。图 6-3-1 是金属增材 2000—2019 年在全球的专利申请趋势，从增长速度情况来看，2000—2010 年申请量及申请人数量增速均较为平缓，而自 2010 年起，无论是申请量还是申请人数量均有较快的增长，并均在 2017 年达到高峰，最大的年申请量为 1171 件及年申请人数量达 633 个，由此可见，金属增材制造技术仍处在高速发展阶段。

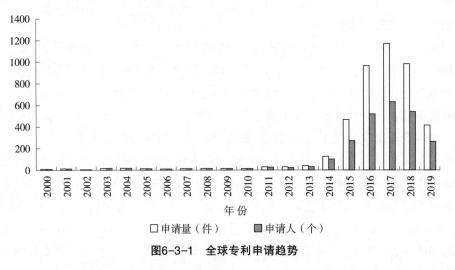

图6-3-1　全球专利申请趋势

❶　由于 2018 年和 2019 年的专利申请存在未完全公开的情况，故本节所列图表中 2018 年、2019 年的相关数据不代表这两个年份的全部申请。

## （二）技术分布

图 6-3-2 为金属增材专利申请的 IPC 分布情况，其技术领域主要集中在 B22F（金属粉末的加工、制造）、C08L（高分子）、C22C（合金）、C04B（氧化物陶瓷）、B29C（塑料的成型）；其中 B22F 技术分支以 1323 件排名第一。

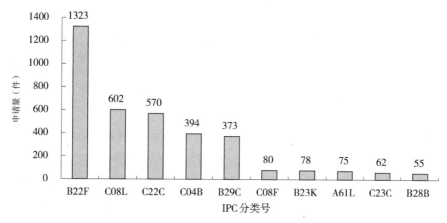

**图6-3-2　金属增材制造技术分布情况**

## （三）在华专利申请趋势

通过图 6-3-3 可以看出，金属增材制造在华专利其申请量及申请人数量在 2010 年之前增长缓慢；自 2011 年起，无论是申请量还是申请人数量均有较快的增长，并均在2017 年达到相应最大的年申请量 842 件及年申请人数量 423 个，表明国内增材制造技术与全球发展趋势一致。

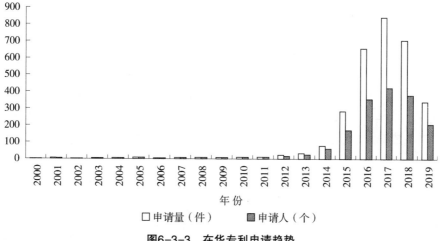

**图6-3-3　在华专利申请趋势**

## 二、专利区域分布分析

### (一) 全球专利申请区域分布分析

图6-3-4为全球专利申请区域分布，通过该图可以得出，各国家/地区的申请量具有较大差异，中国申请量最高，其次是美国、日本、韩国。从申请趋势来看，各国家在2013年之前均具有较少的申请量，从2014年开始，申请量增长较快，各国家均是在2016年或2017年达到相应最大的申请量。2014年之后，中国逐步成为全球最大申请国，且所占比例也越来越大，这也充分证明了中国在金属增材制造方面的研发投入不断加大。

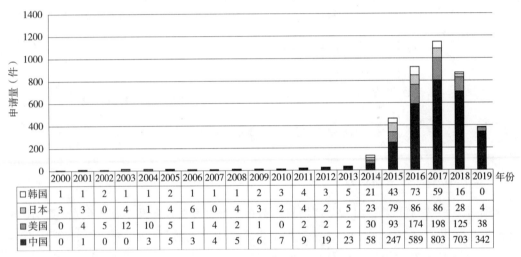

| | 2000 | 2001 | 2002 | 2003 | 2004 | 2005 | 2006 | 2007 | 2008 | 2009 | 2010 | 2011 | 2012 | 2013 | 2014 | 2015 | 2016 | 2017 | 2018 | 2019 |
|---|---|---|---|---|---|---|---|---|---|---|---|---|---|---|---|---|---|---|---|---|
| □韩国 | 1 | 1 | 2 | 1 | 1 | 2 | 1 | 1 | 1 | 2 | 3 | 4 | 3 | 5 | 21 | 43 | 73 | 59 | 16 | 0 |
| ▨日本 | 3 | 3 | 0 | 4 | 1 | 4 | 6 | 0 | 4 | 3 | 2 | 4 | 2 | 5 | 23 | 79 | 86 | 86 | 28 | 4 |
| ▦美国 | 0 | 4 | 5 | 12 | 10 | 5 | 1 | 4 | 2 | 1 | 0 | 2 | 2 | 2 | 30 | 93 | 174 | 198 | 125 | 38 |
| ■中国 | 0 | 1 | 0 | 0 | 3 | 5 | 3 | 4 | 5 | 6 | 7 | 9 | 19 | 23 | 58 | 247 | 589 | 803 | 703 | 342 |

**图6-3-4　全球专利申请区域分布**

### (二) 在华专利申请区域分布分析

#### 1. 各国家、地区、组织专利申请量对比

通过图6-3-5可以看出，美国是主要在华申请国，其申请量相比日本、韩国更多，特别是在2014年之后，每年的申请量均超过了日韩申请量之和，也表明美国对于中国市场的重视。从申请年份来看，各国家均是从2014年起申请量增速较快，日本、韩国在2016年申请量达到最高，分别为20件、11件，美国在2017年达到最高的64件。

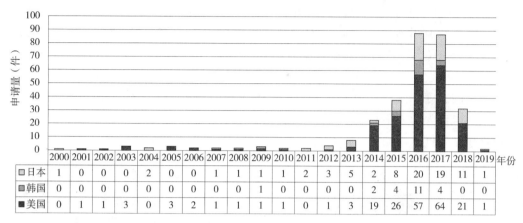

**图6-3-5　在华专利申请的主要技术来源分析**

| 年份 | 2000 | 2001 | 2002 | 2003 | 2004 | 2005 | 2006 | 2007 | 2008 | 2009 | 2010 | 2011 | 2012 | 2013 | 2014 | 2015 | 2016 | 2017 | 2018 | 2019 |
|---|---|---|---|---|---|---|---|---|---|---|---|---|---|---|---|---|---|---|---|---|
| 日本 | 1 | 0 | 0 | 0 | 2 | 0 | 0 | 1 | 1 | 1 | 1 | 2 | 3 | 5 | 2 | 8 | 20 | 19 | 11 | 1 |
| 韩国 | 0 | 0 | 0 | 0 | 0 | 0 | 0 | 0 | 0 | 1 | 0 | 0 | 0 | 0 | 2 | 4 | 11 | 4 | 0 | 0 |
| 美国 | 0 | 1 | 1 | 3 | 0 | 3 | 2 | 1 | 1 | 1 | 1 | 0 | 1 | 3 | 19 | 26 | 57 | 64 | 21 | 1 |

**2. 地区分布**

通过对国内申请进行统计，得出金属增材专利排名前10的地区（见图6-3-6）。其中，江苏、广东以343件排名并列第一，北京、安徽次之，分别为239件、151件。通过地区分布情况来看，排名前10的主要为经济发展较好地区，也体现了各地区对于该方面技术的研究及其区域企业对技术的重视度。

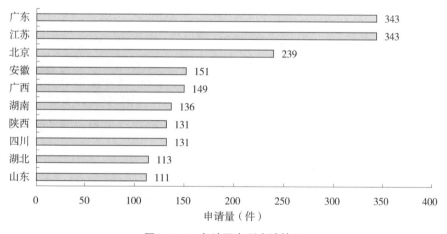

**图6-3-6　各地区专利申请情况**

### 三、申请人分析

**（一）全球专利申请人分析**

图6-3-7是全球金属增材技术专利申请量排名前10位的申请人，美国和中国各占据5个。目前美国在金属增材技术领域的研发和专利布局走在世界前列，在该领域中投入了相当的研发资源并进行了一定的专利布局。惠普作为传统打印技术的龙

头企业，3D 打印兴起之后也对新技术非常重视并积极投入。ARCONIC 公司是美铝公司的子公司，通用电气和联合技术公司也是美国老牌金属材料厂商，只有 Desktop Metal 公司是一家新成立的以 3D 打印为主要业务的科技公司，以这几家企业为代表的美国企业研发活动相当活跃，可以看出美国的企业对金属增材技术的市场化前景持有乐观的态度。而与美国主要申请人均为企业不同的是，我国在金属增材制造领域的主要申请人为 3 个高校和 2 个企业，表明我国重要申请人在金属增材制造领域产业化程度较低。

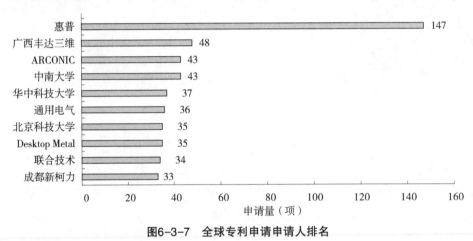

图6-3-7　全球专利申请申请人排名

## （二）在华专利申请申请人排名

图 6-3-8 是金属增材技术在华专利申请申请人排名，其中企业和高校各占 5 位，广西丰达三维科技有限公司以 48 件专利申请排名第一，中南大学以 43 件专利申请排在高校中的首位。前 10 位中的 5 家企业只有排名第 9 位的惠普公司为国外企业，其他 4 家都是国内相关金属增材制造企业。

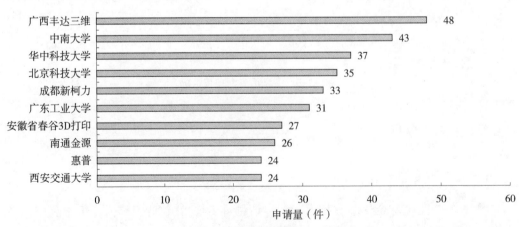

图6-3-8　在华专利申请申请人排名

## （三）重点申请人区域布局分析

不同的申请人，其目标市场往往有所不同。通过分析排名靠前的申请人的目标市场布局状况，能够摸清市场的情况，为企业抢占市场提供判断，为市场风险提供先期预警。如图6-3-9所示，全球金属增材技术相关专利申请量排名前10位的申请人中，美国和中国各占5位。其中5家美国企业包括惠普公司、ARCONIC公司、通用电气、联合技术公司、Desktop Metal公司，都是在美国本土申请最多，同时也均在本土以外的中国、日本和韩国这些重要的市场目标国家进行了专利布局。

排名前10位的5个中国申请人在专利布局上呈现非常明显的本土化特点，专利申请都主要集中在国内，仅华中科技大学有1件美国专利申请，其余4个申请人都没有在国外进行布局。相比之下，国内申请人对专利的重视程度不够，未能积极地在海外进行专利布局，在今后需要积极改善。

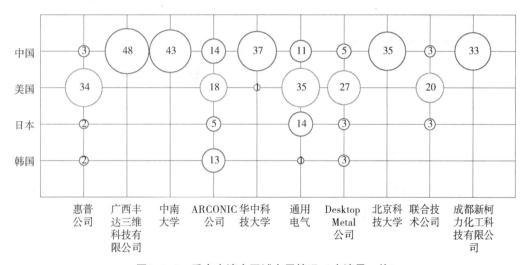

**图6-3-9　重点申请人区域布局情况（申请量：件）**

## （四）重点申请人技术分布分析

表6-3-1是金属增材技术领域重点申请人技术分布，主要分析各申请人所申请专利中占比超过50%的主分类号分布。从表中可以看出，B22F是金属增材技术中最为相关的一个分类号，涉及金属粉末的制造和加工，而钛合金增材所用材料主要是钛合金粉末，最常用的制备方法是气雾化法；其次是C22C，涉及合金，主要涉及合金组分的改进。B29C和C08L则涉及塑性材料和高分子材料的成型和后处理，这部分专利则主要是从增材的应用对象角度进行技术改进。

表6-3-1　重点申请人技术分布分析

| 申请人 | 主要分类号 |
|---|---|
| 惠普公司 | B29C 塑料的成型或连接；塑性状态物质的一般成型；已成型产品的后处理 |
| | B22F 金属粉末的加工；由金属粉末制造制品；金属粉末的制造 |
| 广西丰达三维科技有限公司 | C08L 高分子化合物的组合物 |
| 中南大学 | C22C 合金 |
| | B22F 金属粉末的加工；由金属粉末制造制品；金属粉末的制造 |
| ARCONIC 公司 | C22C 合金 |
| | B22F 金属粉末的加工；由金属粉末制造制品；金属粉末的制造 |
| 华中科技大学 | B22F 金属粉末的加工；由金属粉末制造制品；金属粉末的制造 |
| | C22C 合金 |
| Desktop Metal 公司 | B22F 金属粉末的加工；由金属粉末制造制品；金属粉末的制造 |
| 北京科技大学 | B22F 金属粉末的加工；由金属粉末制造制品；金属粉末的制造 |
| | C22C 合金 |
| 联合技术公司 | B22F 金属粉末的加工；由金属粉末制造制品；金属粉末的制造 |
| 成都新柯力化工科技有限公司 | B22F 金属粉末的加工；由金属粉末制造制品；金属粉末的制造 |
| | C08L 高分子化合物的组合物 |

## 四、钛合金增材

### （一）概述

钛合金具有比强度高、耐热性好、耐腐蚀性好、无磁性、生物相容性强等特点，其广泛应用于飞机、军工、舰船、汽车、石油、化工、生物医学等领域。尤其是钛的无极性、钛铌合金的超导性、钛铁合金的储氢能力等特性，使钛合金在尖端科学和高科技领域有不可替代的应用。

但由于钛合金具有导热性差、塑性低、硬度高和比热低等特点，导致钛合金热加工中存在变形抗力大、流变应力大、变形温度高、热加工温度范围窄、加工难度大、加工周期长等难题，增加了钛合金零件的制造周期与供货成本，限制着钛合金的应用。

增材制造技术的出现，使金属材料的加工由传统的铸造、轧制、切削转变为金属的逐层累积成形。增材制造技术解决了钛合金的成形难题，快速拓展了其应用领域。增材制造钛合金技术通过高功率激光熔化同步输送的钛合金粉末，逐点逐层堆积成形零件，克服了传统技术难以生产复杂钛合金构件、钛合金冷加工变形抗力大等缺点，给大型整体结构件的制造提供了新的技术途径，且其具有与锻件相当的力学性能。利用增材制造技术制备航空航天、民用结构和生物医用钛合金材料，可充分发挥钛合金的优异物理与化学性能，同时具有增材制造的快速成形、个性化定制的优点。

1. 全球专利申请趋势

通过对相关专利数据库进行检索并筛选后，得到全球钛合金增材制造领域相关专利申请 318 项；其中在华专利申请 225 项。图 6-3-10 是钛合金增材制造领域 2000—2019 年在全球的专利申请趋势。在 2013 年之前，该领域处于萌芽期，总计有寥寥数件相关专利申请。2014 年开始，钛合金增材制造技术进入快速发展期，年申请量首次突破 2 位数，达到 12 件，此后数年，申请量快速增长，2018 年达到最高，为 94 件。专利申请总体态势可以预测，钛合金增材领域相关专利申请量在今后几年依然会持续上升。

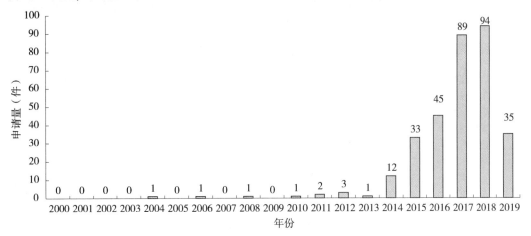

图6-3-10 全球专利申请趋势

2. 技术来源国分析

图 6-3-11 是钛合金增材制造领域专利申请技术来源国分布。从图中可以看出，中国在该领域申请量最大，达到 220 件，美国和日本分别以 51 件和 14 件排名第 2 位和第 3 位，而中、日、美为钛合金增材制造领域专利申请的主要来源国，总的专利产出量占全球的近 90%。

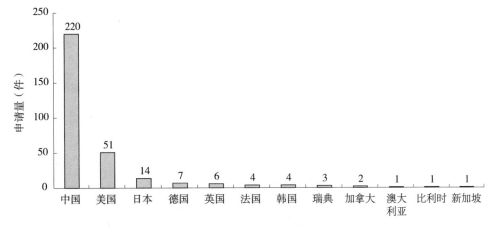

图6-3-11 技术来源国分布

（二）重点企业分析

1. 全球申请人分析

图 6-3-12 是钛合金增材制造领域全球申请人排名情况。排名第 1 位的是 ARCON-IC 公司，其是镁铝公司的子公司，在有色合金制造技术方面实力雄厚，共有 12 件专利申请。排名第 2 位的是中国科学院，其下属研究所共有 8 件相关专利申请。图中所列申请人中只有 ARCONIC 公司和 MTU 发动机公司来自国外，其他都是国内申请人，这和该领域专利申请技术来源国分布相符合。而国内申请人中除了北京康普锡威科技有限公司外，其他申请人都是国内高校和科研院所，说明目前钛合金增材制造技术主要还处于研究阶段，尚未实现大规模产业化。

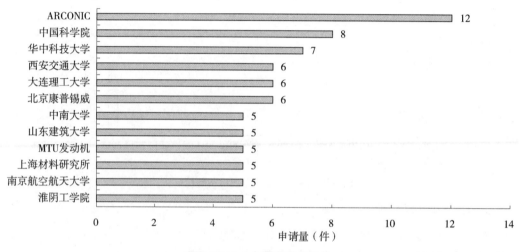

图6-3-12　全球申请人排名

2. 省市分布

图 6-3-13 为各省市专利申请排名，北京在钛合金增材制造领域专利申请量最大，以 36 件专利申请量排名第 1，约占国内专利申请总量的 16.4%，在该领域占据优势地位。江苏以 25 件专利申请量，位居第 2。从专利申请排名的省市来看，专利申请量与经济、科技的发展水平以及国内高等院校分布情况密切相关，北京、江苏作为经济发达地区，高等院校相对集中，研发团队优势明显，同时具有钛合金增材制造相关企业，科技研发投入也相对比较多。

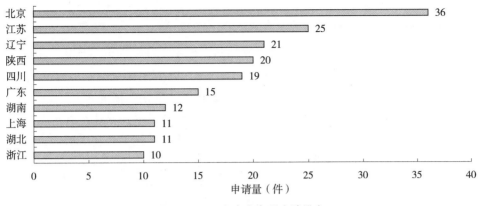

**图6-3-13　各省市专利申请排名**

### 3. 重点企业分析

美铝公司作为全球重要的轻金属生产企业，早在2014年，就宣布了要采取3D打印技术来制造喷气发动机零件，因为美铝发现例如喷气发动机这样的叶片，用传统方法生产从设计到成品，约为一年，而使用3D打印技术，时间可以减少到仅仅25周。除了减少了一半以上的时间，新产品开发的成本可能比传统工艺减少25%。另外，相比于传统制造来说，增材制造可以制造出复杂的几何结构，制造出很多传统制造方式无法完成的结构，也突出了增材制造的优势。

由于十分看重增材制造行业的市场前景，镁铝将下游服务业务以ARCONIC公司的名义拆分出来，ARCONIC公司致力于发展钛合金增材制造，其业务范围涵盖了金属粉末生产、3D打印、热等静压、锻造、铸造、机加工、质量检测等，目前ARCONIC已经成为Airbus的供应商，为A320商用飞机生产线提供3D打印镍钛部件，如机身和发动机吊挂部件，并且两家公司合作推进飞机制造的金属3D打印，以生产大型3D打印机身部件。

华中科技大学作为国内最早开始3D打印技术研究的单位之一，由张海鸥教授团队主导研发的"铸锻铣一体化"金属3D打印技术，成功制造出世界首批3D打印锻件，而西安交通大学依托陕西恒通智能机器、西安瑞特快速制造工程研究有限公司以及西安增材制造国家研究院等公司为载体，进行技术成果转化，实现了快速成型设备与模具制造设备的产业化，经过20多年的发展，在增材制造工艺以及材料方面均取得了较大进展。

### (三) 技术脉络

### 1. 钛合金增材制造材料形态

根据制造工艺的不同，钛合金增材制造所用材料可以采用粉末状的钛合金和丝材钛合金，增材所用钛合金粉末主要采用雾化法制得，粉末粒度分布窄、球形度高、流动性好。相较于丝材，粉末的制备工艺简单，且对材料成分要求限制少，因此，在增材中获得了更多的应用。

2. 钛合金增材制造工艺方法

增材制造工艺按加热方式主要分为激光加热、电子束加热和电弧加热。图6-3-14是钛合金增材制造工艺方法分布，从图中可以看出，以激光作为热源进行加热是钛合金增材制造中最常用的加热方式，共有143件专利申请采用了激光加热。电子束加热和电弧加热分别有65件和16件专利申请。除了以上三种，还有少量其他方式的增材制造工艺，如等离子体熔覆、直接能量沉积等方式，共有7件相关专利申请。

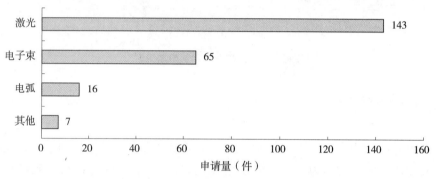

图6-3-14　钛合金增材制造工艺方法分布

3. 钛合金增材制造应用领域

图6-3-15是钛合金增材制造应用领域分布情况，从图中可以看出，航空航天和生物医疗是钛合金增材制造的主要应用领域，相关专利申请分别达到了115件和113件。具体来说，钛合金由于其良好的耐高温性能在航空航天用发动机部件中使用广泛，钛合金增材制造也在其中一些复杂结构件的制造以及零部件的修复中得到较多应用。同时钛合金因其良好的生物相容性和耐腐蚀性，在生物医疗中的假肢、假牙等植入件方面也得到广泛使用。钛合金在船舶、汽车等交通运输行业、电子器件行业也得到较多利用。此外，钛合金增材制造在能源化工、国防军事、体育器材等领域也有一定数量的专利申请，共有34件。

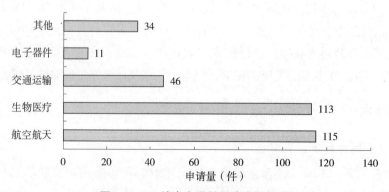

图6-3-15　钛合金增材制造应用领域

### 4. 钛合金增材制造技术发展状况

钛合金具有密度低、强度高、耐腐蚀、耐高温的特点，钛合金增材制造在医疗、航空航天、交通运输、微电子等众多领域得到广泛应用。为进一步提高获得的增材材料在使用中的性能，改进增材材料性能是申请人重要的思路之一。图6-3-16为钛合金增材材料改进性能与改进手段对应示意图，现有技术中主要的性能改进包括耐腐蚀性、生物相容性、机械性能、粉末性能几个角度，主要的改进手段为调整钛合金元素成分、添加增强相以及钛合金制备工艺的改进。从图中可以看出以改进机械性能为目的的专利申请最多，以改善粉末性能的次之。从改进角度看，以调整元素的方式改善为最多。综合来看通过调整元素以改善增材用钛合金机械性能专利数量最多，达到92件。

图6-3-16　钛合金增材材料改进性能与改进手段对应示意（申请量：件）

**（1）改进耐腐蚀性**

通过钛合金元素进行调整主要有两个改进思路。首先可以选择添加合金元素的种类。浙江亚通焊材有限公司在2016年6月28日提交的专利申请中采用组成为Ti25Nb10Ta1Zr0.1R（R为稀土元素Ce、La、Y中的一种）的钛合金粉末，经电极感应气雾化法制备得到用于3D打印的钛合金医用部件，添加少量的稀土元素是为了减少杂质的影响，起到提高耐腐蚀性、抗氧化性能、相变超弹性、冷加工性和形状记忆性能等作用（CN106148760A）。其次可以通过优化现有钛合金的元素含量改进耐腐蚀性。大连理工大学团队在前人开发的Ti-6Al-4V合金（原子百分比为Ti：86.20at.%；Al：10.20at.%；V：3.60at.%）的基础上，将Al的含量升高到11.81at.%，其他合金化元素降低到2.90at.%。Al含量的增加，提高了合金的抗氧化性和流动性（CN107723517A）。美国有色金属巨头奥科宁克（ARCONIC），以具有BCC结构的钛合金（2.0~6.0wt.%的Al，4.0~12.0wt.%的V，1.0~5.0wt.%的Fe，余量为钛）为原料通过电子束增材或电弧增材制造航空发动机叶片结构，通过试验调整各元素具体含量配比，并添加多种合金元素，如硅、钇、铒、碳、氧、硼等，促使产生强化沉淀物，在优化钛合金耐腐蚀性的同时进一步提高其在高温下的使用寿命（US20170306449A1）。

通过在钛合金中添加增强相，能够改善增材用钛合金的耐腐蚀性，加入的颗粒为 $SiC$、$WC$、$Al_2O_3$、$ZrO_2$ 等陶瓷颗粒，陶瓷颗粒既具韧性、高导热性和良好的热稳定性等优点，又具高抗压强度、耐高温、耐腐蚀和耐磨损等特性。华中科技大学研究人员选取非晶合金粉末增强金属合金粉末作为原料，以增强最终产品的耐蚀性等性能，增强体颗粒可为各类非晶粉末，如铁基非晶、锆基非晶、钛基非晶等物质中的一种或多种，采用 SLM 成形非晶增强金属基复合材料来解决传统陶瓷增强相造成的润湿性差、裂纹、孔隙等问题以及 SLM 成形过程中材料易氧化的问题（CN109434118A）。

通过调整制备增材用钛合金材料的工艺同样可以改善其耐腐蚀性。东北大学团队在增材制造生产的富含 $Ti$、$Al$、$V$、$Fe$ 等元素的 α+β 两相钛合金的基础上，辅以热处理步骤调整原始钛合金的组织结构，消除残余应力，提升钛合金的耐腐蚀性能，具体的热处理可以为固溶处理+水淬冷却、固溶处理+时效处理+空冷（CN110129801A）。深圳市众诚达应用材料科技有限公司则开发了一种 3D 打印粉末材料，包括球形金属合金颗粒以及包覆于所述球形金属合金颗粒表面的金属包覆层，所述金属包覆层的金属选自 $Ni$、$Cr$、$Ti$、$Mo$ 或 $Co$。包覆的方法选自 PVD 金属沉积、真空蒸发、磁控溅射、电子束蒸发或电弧离子镀，使 3D 打印粉末材料表面的光滑度进一步提高，同时增强了抗氧化能力（CN109759581A）。

（2）改进生物相容性

由于 $Ti$ 的弹性模量与人体硬组织最接近，为 80~110GPa，其 3D 打印制备得到的产品在人体硬组织修复、骨科手术辅助等方面得到了较多的应用。但应用于人体中时就需要考虑其元素是否有有害析出、与周围组织结合性等生物相容性问题。

通过调整钛合金元素成分使其性能更接近人体骨骼，从而有利于与基体的结合，有益元素的添加更有利于促进人体组织生长。由于具有高弹性模量的金属植入物会向该植入物周围的区域施加更大的负载，并且该区域中的天然骨骼不会由于压缩和弯曲而承受拉力，天然骨的厚度和重量逐渐减小，从而导致严重的问题，例如植入物周围的骨质疏松或坏死。法国申请人 DJEMAI 选择了纯钛（Ti）、锆（Zr）和铌（Nb）的合金元素得到 TZN 合金，利用基于化学相互作用的模拟预测方法和用于发展的分子轨道方法，设计了具有非常低的弹性模量（小于 20GPa）的钛的合金组合物，采用该组分粉末增材制造得到的人体骨骼适合医疗用途（FR3047489A1）。杭州电子科技大学工作人员采用选择性激光烧结法制备多孔钛镁合金人工骨，钛镁合金粉末由以下组分组成（质量分数）：0.3%~9.5%的钼，1.5%~6.5%的镍，2.5%~14.5%的钴，1.5%~3.5%的钇，1.5%~5.5%的铌，2%~3.0%的镁，其余为钛和不可避免的杂质，得到的钛镁合金人工骨的密度、弹性模量、压缩屈服强度及断裂韧性相比纯的钛合金和钴铬合金人工骨，与人体骨骼相应的数值更相近。钴元素能促进骨髓造血功能，镍、铌具有良好的耐腐蚀性，能同骨骼组织长期结合而无害地留在人体里，镁可以诱导骨生长因子，使人骨得到再次生长。本发明的钛镁合金人工骨能通过促进宿主骨与移植材料表面的结合，引导骨形成，从而促进骨愈合，且对骨骼组织无感染（CN108159488A）。

在钛合金中加入增强相颗粒同样能够起到提高其生物相容性的作用。淮阴工学院申请专利文件中基于钛与氧化银原位反应的热力学特性及纳米银粒子优异的抗菌功能，采用激光增材制造技术，通过原位反应 $2Ag_2O+Ti{\rightarrow}TiO_2+4Ag$，生成双相抗菌性的纳米尺度银与纳米二氧化钛粒子，大大增强了钛合金骨植入体的抗菌性能；而且，基于纳米银与二氧化钛粒子的抗菌能力与其尺度的依赖关系，可通过改变激光增材制造工艺参数，实现原位纳米粒子的可控生长，进而实现对抗菌功能的调控；另外，基于氧化银低熔点的物性特点，微米尺度的氧化银在高能激光束作用下完全熔化，与钛原位反应生成的纳米二氧化钛陶瓷与钛合金基体具有良好的界面结合强度，其分散于钛合金基体中，增强了钛合金植入体在人体生理条件下的耐磨性能（CN108543109A）。则在增材制造得到的牙科种植体钛基体中加入分散的石墨烯纳米片，质量分数为 0.025% ~ 2.5%，可以大幅度地提高牙科种植体的强度，并且促进成骨细胞的黏附、增殖与分化，提高种植体初期稳定性和远期修复效果（CN108578763A）。

Tosoh Smd Inc 公司采用电极感应熔融气体雾化法制备增材用 Ti-Ta 合金粉末。电极感应熔融气体雾化（EIGA）是生产所需球形颗粒的常见且行之有效的方法。在真空或惰性气体保护下，原料棒（原材料形式）通过高频感应线圈加热，并在没有坩埚的情况下进行感应式连续熔化。熔融物自由下落并流入雾化系统，被来自雾化器喷雾板的高压惰性气体压碎成大量小液滴。小液滴然后在飞行中固化成球形颗粒粉末。该方法利用 EIGA 雾化器不存在坩埚和陶瓷喷嘴，从而防止了合金粉末中任何陶瓷夹杂物的污染，避免了增材制备得到的修复骨在使用时杂质有害元素的析出（US20190084048A1）。

（3）改进机械性能

改进增材用钛合金机械性能最常用的方式是调整元素添加种类及含量。中国科学院金属研究所和中国航空工业集团公司北京航空制造工程研究所联合申请的专利文献中公开了一种强高韧电子束熔丝堆积快速成形构件的钛合金丝材，丝材的成分及质量分数为 Al：6.2% ~ 7.0%；V：4.0% ~ 5.0%；O：0.13% ~ 0.24%，Fe≤0.1%；余量为 Ti 和不可避免的杂质元素。用其制作的电子束熔丝堆积材料拉伸强度 $Rm$ 在 850 ~ 900MPa，延伸率 $\delta{\geq}9\%$，冲击韧性 $\alpha_{kU_2}{\geq}65J/cm^2$，断裂韧度 $K_{IC}{\geq}100MPa{\cdot}m^{1/2}$，从而满足高安全可靠性、长寿命电子束熔丝堆积快速成形钛合金结构件的设计需要。钛合金丝材中将 Al 的加入量控制在 6.2% ~ 7.0%，使材料保持高塑性和韧性的同时保证高的静强度，将 V 的加入量确定在 4.0~5.0，具有固溶强化、稳定 β 相和降低 $\alpha+\beta/\alpha$ 相变点的作用，还具有细晶强化作用（CN102776412A）。霍尼韦尔公司在市售的 Ti-6Al-4V 粉末中加入特定含量的铁、镍和铜粉末作为 β 共析稳定剂，通过掺入有效量的 β 共析稳定剂，当在增材制造过程中进行熔融或烧结时，钛合金会产生等轴晶组织，可以降低或消除增材组件的各向异性机械性能（US15901097）。

在钛合金增材材料中加入增强相同样能够提高其耐磨性、韧性、强度等机械性能。惯用的增强相颗粒包括碳化物（WC、SiC、TiC）、氧化物（$Al_2O_3$、$ZrO_2$）、氮化物（TiN、AlN）、硼化物（$TiB_2$）等。南京航空航天大学以均匀分散的 CNTs 与纯 Ti 粉末为原料，在激光增材较高成形温度下，碳原子与钛原子通过扩散转移的方式进行原子间的结合，制备出原位 TiC 增强 Ti 基复合材料，形成树枝晶形貌的金相结构，同时 TiC 增强相与 Ti 基体间界面润湿性良好，结合紧密，成形后复合材料满足各向同性，进一步提高了其综合机械性能（CN105033254A）。

通过改进钛合金增材材料中的粉末制备工艺及热处理工艺同样能够改善钛合金的机械性能。西安交通大学采用感应加热辅助变质剂细化激光增材制造钛合金晶粒的方法，利用感应加热辅助变质剂细化 TC4 钛合金晶粒，明显改善了由于变质剂混合不均、熔化不均所导致的晶粒细化分布不均、大小差异过大的缺点，进一步增强了 TC4 钛合金的晶粒细化程度和均匀性，提高激光增材制造 TC4 钛合金的力学性能，减小其各向异性，变质剂为 B、Zr、Si、$Y_2O_3$ 或 Ta（CN107442774A）。比利时布鲁塞尔大学团队提供了一种创新的热处理方法处理钛合金增材材料，温度在 850~920℃，以形成较多的 β 相，再经淬火以将 β 相转变为 α′马氏体，得到用于制造增材零件的具有高强度、高延展性和高加工硬化能力的钛合金（US20190127834A1）。

（4）改进粉末性能

粉末作为增材制备中最常采用的材料性状，其性能也显著影响着最终增材得到的产品性能，因此改进粉末性能也是目前的主要目的之一。

通过添加合金元素能够改善合金粉末自身的性能。上海材料研究所通过在钛或钛合金中添加稀土元素使得气雾化粉末细粉率显著增加，例如添加 1.0wt.% 的 Y 后，TC4 钛合金细粉（15~53μm）比例可达 58%，细粉率提高约 1.5 倍（CN109877332A）。我国台湾中央大学（US20180274070A1）使用包含一定比例 Si 的 Ti42ZrTa3Si 合金作为增材材料。Si 在合金中具有最小的原子尺寸，能够提高合金粉末的堆积密度（US20180274070A1）。

加入增强相同样能够起到改善粉末性能的作用。吉林云亭石墨烯技术股份有限公司在增材用钛粉或钛合金粉末中加入石墨烯，石墨烯具有较大的比表面积和独特的纳米吸附性，可以作为载体负载金属颗粒，不仅能提高金属颗粒的活性并改善其分散性能，而且能显著地提高复合材料的拉伸强度、硬度和耐磨性（CN107999752A）。

改进制备工艺是改善粉末性能的最主要的方法。传统工艺通过熔炼得到合金体，再经过高速气流雾化得到粉末。雾化的方式决定了粉末性能，中国人民大学科研团队采用射频等离子方法制备球形化 TC4 钛合金粉末，是一种球化钛合金粉末的新技术，可以得到高纯度、低氧含量、球化率高、流动性好的球形粉末（CN107052353A）。自贡长城硬面材料有限公司直接通过高能量电弧将金属丝材熔融并被超音速气体破碎、冷却制粉（CN106881464A）。此外超声气雾化、电极感应气雾化等均能够改善粉末的形貌及流动性，最终提高增材产品质量。英国汉胜公司（Hamilton Sundstrand Corporation）使钛合金粉末在气雾化过程中与含氮气体接触，由此接触导致粉末表面上的含氧基团的置换而改善了粉末的流动性（EP3488950A1）。

### 五、小结

从专利申请量角度看，2000—2010 年申请量及申请人数量增速均较为平缓，自 2010 年起，无论是申请量还是申请人数量均有较快的增长。从申请趋势来看，各国家在 2013 年之前均具有较少的申请量，从 2014 年开始，申请量增长较快，各国家均在 2016 年或 2017 年达到相应最大的申请量。2014 年之后，中国逐步成为全球最大申请国，且所占比例也越来越大。中国作为技术来源国，其在美、日、韩国家的申请数量相比其在本国的数量较少，其向其他国家布局的专利相对于其他产出大国是最少的，美国、日本、韩国则在各个国家的申请量相对较为均衡。江苏、广东是我国该领域专利申请量最大的两个省。惠普公司申请量最大，达到了 147 件，惠普本身就是传统打印技术的龙头企业。

钛合金具有比强度高、耐热性好、耐腐蚀性好、无磁性、生物相容性强等特点，其广泛应用于飞机、军工、舰船、汽车、石油、化工、生物医学等领域。在 2013 年之前，该领域处于萌芽期，从 2014 年开始，钛合金增材制造技术进入快速发展期，2018 年申请量达到最高，为 94 件。中国在该领域申请量最大，达到 220 件，超过了其他国家申请量总和。美国和日本分别以 51 件和 14 件排名第 2 位和第 3 位。ARCONIC 公司作为钛合金增材领域专利申请量最大的公司，其是镁铝公司的子公司，为 A320 商用飞机生产线提供 3D 打印镍钛部件。增材所用钛合金粉末主要采用雾化法制得，粉末粒度分布窄、球形度高、流动性好。增材工艺按加热方式主要分为激光加热、电子束加热和电弧加热三种，以激光作为热源进行加热是钛合金增材制造中最常用的加热方式，航空航天和生物医疗是钛合金增材制造的主要应用领域。现有技术中主要的性能改进包括耐腐蚀性、生物相容性、机械性能、粉末性能几个角度，主要的改进手段为调整钛合金元素成分、添加增强相以及钛合金制备工艺的改进。从图中可以看出以改进机械性能为目的的专利申请最多，以改善粉末性能的次之。从改进角度看，以调整元素的方式改善为最多。

金属增材制造技术是目前科技最前沿的技术之一，目前国内增材制造企业呈"小而散"的格局，企业规模普遍较小，缺少具有国际影响力的龙头企业。我国企业可以借鉴国外企业先进的发展经验，整合行业内资源，重视和加大产学研合作模式，结合企业和高校、科研院所各自的优势，推动增材制造产业化发展。全面、系统地规划增材制造领域专利申请布局方式，加强全球专利布局，提升海外市场竞争力。国内企业之间应当加强交流、合作，实现优势互补、强强联合，实现增材制造领域技术的突破。

目前我国 3D 打印材料缺乏行业标准，国内有能力生产 3D 打印材料的公司很少，用于高精度产品的 3D 打印材料主要依赖于进口，费用较高。另外，增材制造技术国外重要申请人注重专利申请与布局，而国内企业对于专利布局的意识比较薄弱，不利于对自身技术的保护。

# 第七章 新材料产业专利运营状况分析

## 第一节 新材料产业专利运营发展环境

经济发展离不开良好的外部环境，专利运营的发展也需要良好的专利运营环境。以下分别从政策环境、法律环境和社会环境三个角度阐述新材料产业专利运营的发展环境。

### 一、政策环境

随着自主创新能力的不断提高，我国已经具有相当规模的创新成果和专利存量，知识产权运营对企业和国家发展的重要意义日益凸显，如表7-1-1所示，政府和各省市均出台了很多促进知识产权运营的政策，对创新主体和运营机构的知识产权运营起到了较大的推动作用和重要影响。

表7-1-1 国家政策文件

| 时间 | 政策文件 |
|---|---|
| 2008.6 | 《国家知识产权战略纲要》 |
| 2010.4 | 《国家中长期人才发展规划纲要（2010—2020年）》 |
| 2014.12 | 《深入实施国家知识产权战略行动计划（2014—2020年）》 |
| 2015.6 | 《关于大力推进大众创业万众创新若干政策措施的意见》 |
| 2015.10 | 《关于进一步加强知识产权运用和保护助力创新创业的意见》 |
| 2015.12 | 《国务院关于新形势下加快知识产权强国建设的若干意见》 |
| 2016.3 | 《关于深化人才发展体制机制改革的意见》 |
| 2016.5 | 《国家创新驱动发展战略纲要》 |
| 2016.7 | 《国家信息化发展战略纲要》 |
| 2016.8 | 《"十三五"国家科技创新规划》 |
| 2017.9 | 《国家技术转移体系建设方案》 |

国务院于 2008 年对外发布了《国家知识产权战略纲要》，奠定了中国知识产权发展的基础，是指导中国知识产权事业发展的纲领性文件。2015 年的三份文件将知识产权运营平台上升到国家战略的同时，知识产权强国建设也被纳入国家知识产权战略计划中。2016 年知识产权的成果转化、证券化、质押融资等成为知识产权工作重点，为专利运营的发展提高了制度保障。

国家知识产权局为了贯彻落实《国务院关于新形势下加快知识产权强国建设的若干意见》和《国务院关于印发"十三五"国家知识产权保护和运用规划的通知》的有关部署，加快构建知识产权运营服务体系，充分释放知识产权综合运用效应，促进经济创新力和竞争力不断提高，服务高质量发展，在全国选择了若干创新资源集聚度高、辐射带动作用强、知识产权支撑区发展需求迫切的重点城市，开展知识产权运营服务体系建设。

新材料作为国民经济先导性产业和高端制造及国防工业等的关键保障，是各国战略竞争的焦点，我国高度重视新材料产业的发展，先后将其列入国家高新技术产业、重点战略新兴产业和《中国制造 2025》10 大重点领域，并制定了许多规划和政策大力推动新材料产业的发展，实现我国从材料大国向材料强国的转变，促进我国特色资源新材料的可持续发展。

### 二、法律环境

在知识产权运营过程中，由于信息不对称等原因，存在逆向选择和道德风险的可能性，需要立法机关制定法律保障知识产权运营的顺利开展以降低运营风险，比如在知识产权许可和转让过程中，需要相关法律的支撑消除交易过程中有可能发生的交易风险，同样在进行知识产权质押融资和担保等模式的运营时也需要相关法律法规的支持。

1985 年我国《专利法》施行，30 多年来，随着形势的发展，针对专利领域出现的新情况、新问题，专利法经过三次修正，对鼓励和保护发明创造、促进科技进步和创新发挥了重要作用，2018 年 12 月 29 日，十三届全国人大常委会第七次会议对专利法修正草案进行分组审议，草案加强对专利权人合法权益的保护，促进专利实施和运用，对进一步鼓励和保护发明创造、促进科技进步、激发全社会创新活力起到重要保障作用，此次修法的目的在于强化专利保护，促进实施运用，这也是我国发展专利运营的根本目的所在。

1996 年 10 月我国颁布了《促进科技成果转化法》，1999 年颁布了《合同法》，其第 18 章"技术合同"相关法令为智力劳动成果转化、运用提供法律层面的保障。2016 年 2 月 26 日，国务院印发实施《中华人民共和国促进科技成果转化法》鼓励研究开发机构、高等院校通过转让、许可或者作价投资等运营方式向企业或者其他组织转移科技成果。同时中央和地方在此后也制定了多项行政法规用于促进知识产权的运用。如四川省在 2012 年推出《四川省专利实施与促进专项资金管理办法》，西安市在 2013 年推出《西安市专利活动专项资金管理办法》。

我国自 2008 年由国务院颁布实施《国家知识产权战略纲要》以来，全社会的知识产权确权、维权、用权水平得到了明显提高，国家在知识产权法制上持续完善，同时为了加强对知识产权的保护，2014 年年底，北京、广州、上海相继成立了知识产权法院并创造性地开展工作，初步探索出一条中国特色知识产权专门化审判道路。2017 年以来，南京、苏州、武汉、成都、杭州、宁波、合肥、福州、济南、青岛、深圳、天津、郑州、长沙、西安、南昌 16 个中心城市先后设立知识产权法庭，集中优势审判资源，跨区域管辖专利等技术类案件，执法力度与执法水平稳步提高，同时国家对知识产权的政策导向开始从确权申请到用权运营转变。

随着市场经济的发展和知识产权相关法律的普及，社会对知识产权相关法律法规已经有了一定的认识。最高人民法院发布的《最高人民法院知识产权案件年度报告（2018）》显示，最高人民法院知识产权审判庭 2018 年全年共新收各类知识产权案件 1562 件，比 2017 年多 665 件，按照所涉客体类型划分共有专利案件 684 件。这说明随着中国知识产权保护力度的不断加大，在全社会已经树立起维护知识产权的法律意识，净化了运营的意识形态环境。

### 三、社会环境

材料是人类赖以生存和发展的物质基础，也是人类社会发展的先导，进入 21 世纪以来，气候变化、能源危机等问题日益突显，以知识技术密集、绿色低碳增长为主要特征的新兴产业逐渐崛起，而新材料作为引导性新兴产业正成为未来经济发展的重要力量。世界各国对新材料的关注与重视达到了一个新的高度。经过多年的努力，我国新材料产业从无到有，得到国家的高度重视，实现了快速发展，已经具备了相当的实力和优势，为促进我国材料产业升级换代、加快经济发展方式转变、提升国防军工实力及实现节能环保目标做出重大贡献。

据前瞻产业研究院发布的《中国新材料产业市场前瞻与投资战略规划分析报告》统计数据显示，2010 年，我国新材料产业总产值仅仅为 0.6 万亿元，截至 2017 年我国新材料产业市场规模达到 3.1 万亿元。预计 2023 年我国新材料产业规模将达到 8.73 万亿元。

此外，我国的新材料产业呈现出明显的区域特色。新材料产业基于区域基础与特色，在原有地域空间上进行资源整合，呈现聚集发展的良好态势，区域特色逐步显现。国内已形成多个新材料产业城市集聚群，骨干企业和新材料产业基地主要分布在高端人才集中、科研基础雄厚、经济发达的东部地区，如北京、上海、天津、河北、山东、江苏等省市，以及资源优势明显的中西部地区，如内蒙古、四川、陕西、湖北等，且分布具有明显的地域特征，已初步形成"东部沿海集聚，中西部特色发展"的空间格局。例如，环渤海、长三角、珠三角地区依托自身的产业优势、人才优势、技术优势，形成了较为完整的新材料产业体系，中西部地区则基于原有产业基础或资源优势，发展本地区的新材料产业，具有代表性的有内蒙古的稀土新材料、云南和贵州的稀贵金属新材料、广西的有色金属新材料等，宁波的钕铁硼（NdFeB）永磁材料，广州、天津、青岛等地的化工新材料产业基地，重庆、西安、甘肃金昌、湖南长株潭、陕西宝鸡、山东威海及山西太原等地的航空航天材料、能源材料及重大装备材料的主要基地，江苏徐州、河南洛阳、江苏连云港、四川乐山等地的硅材料产业等。

## 第二节　新材料产业专利运营基本情况

新材料技术是世界各国的战略性新兴产业，是最重要、发展最快的科学技术领域之一。随着国家创新驱动发展战略的深入实施，我国新材料领域的知识产权创造能力得到整体提升，运用能力不断增强。然而，由于我国专利运营起步较晚，新材料领域的运营产业距离专业化和体系化还有一定差距。

### 一、专利运营的主体

专利运营的主体是专利运营的组织者和实施者，可以是自然人、法人或其他组织，根据是否进行实体生产制造，专利运营的主体可分为生产型和服务型两大类，前者为专利的创造者和使用者，包括高校、科研院所、科技企业、个体发明人等，后者为专利服务提供者，如提供专利申请、收购、转让、许可、诉讼、融资、投资等专利运营相关服务的机构组织。

企业处于市场的前沿，是科学研究的指挥棒，能敏锐地感受到市场需求。市场需求是什么，可能遇到的运营风险，这些企业都最为了解。同时，企业也是创新的沃土，其自身具有较强的创新能力，更有比较充裕的资金开展专利运营工作，企业的角色有点复杂，一方面有的企业本身参与专利研发，是专利技术的生产者；另一方面，专利技术最终是要转化应用到企业中去，企业又是专利技术的需求者，企业是专利运营主体中的重要组成部分。

高校和科研院所是专利运营的重要来源地，是科技进步的主体力量，在专利运营过程中发挥着至关重要的作用，其不但培养了大量技术创新和知识产权创造的人才，具有较强的研究开发能力，还拥有丰富的知识储备，高校和科研机构在整个专利生产中占有重要份额，这也是专利运营的重要基础。个体发明人也是重要的专利来源，越来越多的高校开始注重科技成果的转化，而科研院所和个体发明人也都不同程度参与到专利运营中来。

专利服务提供者及中介机构是专利运营活动的沟通桥梁，是专利供给方与成果需求方有效沟通的桥梁，在政府政策的指导下，创建专利运营服务体系，搭建专利服务网络平台，面向社会开展专利技术扩散、专利成果转化、科技评估及管理咨询等专业化服务，对其他专利运营主体与市场之间的专利技术转移发挥着关键性的促进作用，但目前为止，这些中介机构还处在基础阶段，其还有很大的可发挥空间。

金融机构，主要为专利运营提供资金支持。随着专利运营活动的成熟化、多样化，如近几年来越来越多的专利质押融资，金融机构在专利运营活动中的角色越来越重要，金融机构主要为专利运营提供资金支持，包括研发期间和转化期间，只有拥有充足的资金支持，专利运营才能顺利进行，专利成果价值才能得到最终实现。

### 二、专利运营的客体

专利运营客体就是专利本身。在特定的情况下，专利申请也会成为专利运营的客体，具有高质量且足够数量的专利是一切专利运营的基础。

专利数量的增加导致了专利运营客体形式的变化。随着市场上专利数量大幅度增加，在一些特定领域甚至出现专利丛林化的现象。过多的专利导致特定领域权利过于碎片化，任何一个生产商都无法全部拥有该领域所有专利，每推出一件新产品都要受到其他专利权人的制约，这种现象极大地增加了专利调查和谈判成本。在这种情况下，专利组合、专利池等专利运营模式应运而生，专利运营的客体由单件专利转变为多件专利组合，甚至专利池的聚合形式。

一般地，专利运营的客体实质为专利保护的技术，例如专利购买者购买专利的目的在于希望实施该专利技术，因此在专利转让合同中通常有技术资料交付、技术服务等条款。随着专利运营的发展，专利购买者购买专利可能并非为了实施该专利技术，而是为了专利权本身（专利证书），专利转让不再伴随着技术资料的交付、技术服务等内容，此时的专利运营客体实际上为专利权本身。

无论专利技术还是专利权本身，专利运营客体都具有无形性、地域性和时效性的特点。无形性使得专利权相较有形财产更便于流通，但同时也给专利运营带来了更大的风险。地域性和时效性决定了专利运营必须在特定地域和时限内开展，这可能会增加运营者的成本。

### （一）专利申请量

随着国家知识产权战略、创新驱动发展战略以及知识产权强国建设的稳步推进，新材料产业的创新活力得到进一步激发，专利保护意识进一步增强，专利数量快速增加和质量稳步提升。根据新材料产业分析中统计的2000年1月1日至2019年8月1日的专利数据，我国新材料领域专利申请量稳步提升，其中先进基础材料与关键战略材料整体申请量远高于前沿新材料，关键战略材料专利申请量增幅高于先进基础材料。如图7-2-1所示，前沿新材料整体申请量较少，2010年开始专利申请量突破1000件，该领域整体增长速度较慢，这也与前沿新材料研发困难大、创新突破难有很大关系。

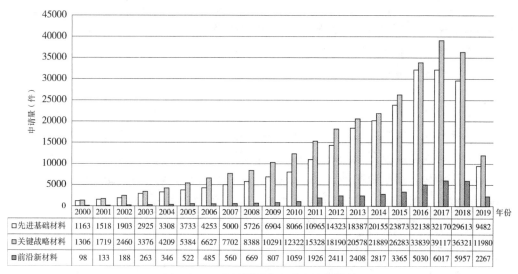

| 年份 | 2000 | 2001 | 2002 | 2003 | 2004 | 2005 | 2006 | 2007 | 2008 | 2009 | 2010 | 2011 | 2012 | 2013 | 2014 | 2015 | 2016 | 2017 | 2018 | 2019 |
|---|---|---|---|---|---|---|---|---|---|---|---|---|---|---|---|---|---|---|---|---|
| □先进基础材料 | 1163 | 1518 | 1903 | 2925 | 3308 | 3733 | 4253 | 5000 | 5726 | 6904 | 8066 | 10965 | 14323 | 18387 | 20155 | 23873 | 32138 | 32170 | 29613 | 9482 |
| ▨关键战略材料 | 1306 | 1719 | 2460 | 3376 | 4209 | 5384 | 6627 | 7702 | 8388 | 10291 | 12322 | 15328 | 18190 | 20578 | 21889 | 26283 | 33839 | 39117 | 36321 | 11980 |
| ▪前沿新材料 | 98 | 133 | 188 | 263 | 346 | 522 | 485 | 560 | 669 | 807 | 1059 | 1926 | 2411 | 2408 | 2817 | 3365 | 5030 | 6017 | 5957 | 2267 |

图7-2-1  新材料国内专利申请量趋势

（二）专利有效性

根据新材料产业分析中统计的2000年1月1日至2019年8月1日的专利数据，目前国内专利申请中先进基础材料有效专利累计82789件，占比35.7%，无效专利90561件，占比39.05%；关键战略材料有效专利累计94495件，占比32.43%，无效专利109183件，占比37.48%；前沿新材料有效专利11561件，占比30.52%，无效专利16654件，占比43.97%。先进基础材料、关键战略材料、前沿新材料三大领域中无效专利相对有效专利占比较高，无效原因包括驳回、视撤、专利权放弃等，无效专利比例高也说明我国新材料产业还存在多而不优、创新高度不高、专利质量有待进一步提升的问题。

专利运营的客体是专利，要培育运营需求、实现运营收益，必须有好的专利，从根本上说，就是要有核心技术研究能力。这一点目前是国内创新主体的短板，某种程度上也导致了专利运营"无米可炊"。针对我国专利申请"多而不优"的矛盾，2013年年底国家知识产权局出台《关于进一步提升专利申请质量的若干意见》，提出了"高水平的创造、高质量的申请、高标准的审查、高规格的授予"的工作思路，并于2015年年初提出"数量布局、质量取胜"的工作理念。随着这些工作思路和工作理念的逐步落实，可供运营的专利质量将稳步提升。

**三、专利运营的模式**

根据专利运营的作用并结合运用模式的复杂度可将专利运营模式分为基本型、专业型和综合型3个层次。基本型模式包括专利商品化、专利转让、专利许可和专利质押4种；专业型模式包括融资投资型专利运营、市场占有型专利运营、营销获利型专利运营和风险防御型专利运营；综合型模式包括综合服务型和创新创业型两种，其中综合服务型包括专利价值评估、专利保险、专利担保、专利诉讼、专利融资、专利分析、专利展示等，创新创业型指的是不同的创业模式、不同的创业阶段伴随着不同的专利运营行为。目前新材料领域专利运营模式还处于基本型模式中，以专利转让、专利许可、专利质押等为主。

（一）专利转让

专利转让是新材料领域专利运营最主要的表现形式。如图 7-2-2 所示，关键战略材料专利转让次数明显多于先进基础材料和前沿新材料。关键战略材料的专利转让主要分为三个阶段：第一阶段是 2000—2005 年，专利转让数量呈现稳步增长态势；第二阶段是 2007—2010 年，专利转让数量基本平稳；第三阶段是 2011—2018 年，专利转让数量快速增长。先进基础材料专利转让相对平稳，2000—2013 年基本维持在 1000 件左右，2014 年后专利转让数量明显增长；前沿新材料专利转让数量相对较少，发展也较为缓慢，2009 年开始专利转让数量超过 100 件，随后也保持一定的增长态势。专利转让数量的增加一方面是由于专利申请数量的大幅增长，另一方面也是由于我国各级政府和创新主体对知识产权运用和保护的日益重视，专利运营的发展模式逐渐完善。

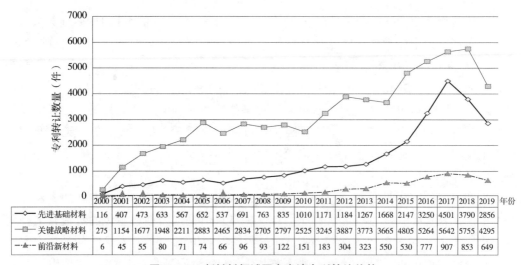

| | 2000 | 2001 | 2002 | 2003 | 2004 | 2005 | 2006 | 2007 | 2008 | 2009 | 2010 | 2011 | 2012 | 2013 | 2014 | 2015 | 2016 | 2017 | 2018 | 2019 |
|---|---|---|---|---|---|---|---|---|---|---|---|---|---|---|---|---|---|---|---|---|
| 先进基础材料 | 116 | 407 | 473 | 633 | 567 | 652 | 537 | 691 | 763 | 835 | 1010 | 1171 | 1184 | 1267 | 1668 | 2147 | 3250 | 4501 | 3790 | 2856 |
| 关键战略材料 | 275 | 1154 | 1677 | 1948 | 2211 | 2883 | 2465 | 2834 | 2705 | 2797 | 2525 | 3245 | 3887 | 3773 | 3665 | 4805 | 5264 | 5642 | 5755 | 4295 |
| 前沿新材料 | 6 | 45 | 55 | 80 | 71 | 74 | 66 | 96 | 93 | 122 | 151 | 183 | 304 | 323 | 550 | 530 | 777 | 907 | 853 | 649 |

图7-2-2　新材料领域国内申请专利转让趋势

（二）专利许可

专利许可是新材料领域专利运营的重要表现形式之一。如图 7-2-3 所示，先进基础材料、关键战略材料专利许可态势基本一致，可以分为四个阶段：第一阶段是 2000—2006 年，专利许可数量很少，先进基础材料在这一阶段未发生专利许可，关键战略材料专利许可数量仅 12 件；第二阶段是 2007—2009 年，专利许可数量急剧增加，先进基础材料专利许可数量在 2009 年达 231 件，关键战略材料专利许可数量在 2009 年达 189 件；第三阶段是 2010—2015 年，这段时间专利许可数量维持平稳，数量变化不明显；第四阶段是 2016—2018 年，该阶段，先进基础材料专利许可数量保持在 50 件左右，关键战略材料在 2017 年出现波动上升，达 194 件。前沿新材料整体专利许可数量不多，自 2008 年开始进行专利许可后，专利许可数量历年波动不大。

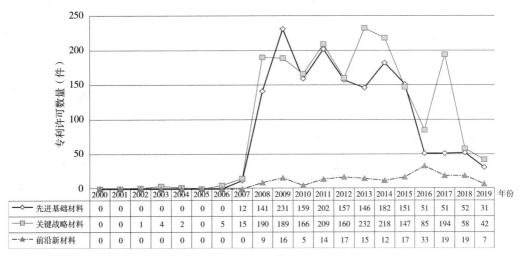

| 年份 | 2000 | 2001 | 2002 | 2003 | 2004 | 2005 | 2006 | 2007 | 2008 | 2009 | 2010 | 2011 | 2012 | 2013 | 2014 | 2015 | 2016 | 2017 | 2018 | 2019 |
|---|---|---|---|---|---|---|---|---|---|---|---|---|---|---|---|---|---|---|---|---|
| 先进基础材料 | 0 | 0 | 0 | 0 | 0 | 0 | 0 | 12 | 141 | 231 | 159 | 202 | 157 | 146 | 182 | 151 | 51 | 51 | 52 | 31 |
| 关键战略材料 | 0 | 0 | 1 | 4 | 2 | 0 | 5 | 15 | 190 | 189 | 166 | 209 | 160 | 232 | 218 | 147 | 85 | 194 | 58 | 42 |
| 前沿新材料 | 0 | 0 | 0 | 0 | 0 | 0 | 0 | 0 | 9 | 16 | 5 | 14 | 17 | 15 | 12 | 17 | 33 | 19 | 19 | 7 |

图7-2-3　新材料领域国内申请专利许可趋势

（三）专利质押

如图 7-2-4 所示，相对于专利转让、专利许可，新材料领域专利质押数量相对较少，其中关键战略材料专利质押数量相对较多，先进基础材料与关键战略材料专利质押数量均在 2008 年发生迅速增长，其中关键战略材料质押数量在 2012 年后基本保持100 件左右，先进基础材料则呈现继续上升态势，2018 年专利质押数量达 277 件；前沿新材料自 2012 年才有专利质押发生，其整体专利质押数量较少。

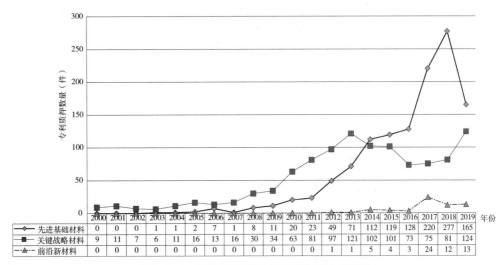

| 年份 | 2000 | 2001 | 2002 | 2003 | 2004 | 2005 | 2006 | 2007 | 2008 | 2009 | 2010 | 2011 | 2012 | 2013 | 2014 | 2015 | 2016 | 2017 | 2018 | 2019 |
|---|---|---|---|---|---|---|---|---|---|---|---|---|---|---|---|---|---|---|---|---|
| 先进基础材料 | 0 | 0 | 0 | 1 | 1 | 2 | 7 | 1 | 8 | 11 | 20 | 23 | 49 | 71 | 112 | 119 | 128 | 220 | 277 | 165 |
| 关键战略材料 | 9 | 11 | 7 | 6 | 11 | 16 | 13 | 16 | 30 | 34 | 63 | 81 | 97 | 121 | 102 | 101 | 73 | 75 | 81 | 124 |
| 前沿新材料 | 0 | 0 | 0 | 0 | 0 | 0 | 0 | 0 | 0 | 0 | 0 | 1 | 1 | 5 | 4 | 3 | 24 | 12 | 13 |

图7-2-4　新材料领域国内申请专利质押趋势

### 四、小结

我国新材料领域国内专利申请量稳步提升，先进基础材料与关键战略材料整体申请量远高于前沿新材料。我国新材料领域专利申请量处于世界领先地位，足够的专利申请量为专利运营提供了基础保障。然而目前国内专利申请中先进基础材料、关键战略材料以及前沿新材料的有效专利占比较低，无效原因包括驳回、视撤、专利权放弃等，无效专利比例高也说明我国新材料产业还存在多而不优、创新高度不高、专利质量有待进一步提升的问题。专利运营客体的数量与质量是其运营的基础，我国目前的新材料专利还是处于由数量逐步过渡到数量与质量并重的阶段，到达以质量取胜的新阶段还有一定距离。然而随着推动培育高价值专利、培育新材料产业核心技术组合等措施的逐步实施，涌现出越来越多的高价值专利运营客体，新材料产业的专利质量大幅提升，专利运营在新材料产业结构升级和企业创新中也会发挥更大的作用。

目前，新材料领域专利运营模式相对单一，尚处在专利整合前的基本运营阶段，以专利转让、专利许可、专利质押等为主，企业运营工作经验有待进一步增加。其中专利转让是新材料领域专利运营最主要的表现形式，关键战略材料专利转让次数明显多于先进基础材料和前沿新材料。专利转让数量的增加一方面是由于专利申请数量的大幅增长，另一方面也是由于我国各级政府和创新主体对知识产权运用和保护的日益重视，专利运营的发展模式逐渐完善。专利许可是新材料领域专利运营的重要表现形式之一。先进基础材料、关键战略材料专利许可态势基本一致，前沿新材料整体专利许可数量不多，自 2008 年开始进行专利许可后，专利许可数量历年波动不大，专利池许可也是我国许多产业内实体开展专利许可的模式之一。相对于专利转让、专利许可，新材料领域专利质押数量相对较少，其中关键战略材料专利质押数量相对较多，新材料领域企业对利用专利质押进行担保借贷债务、融资投资等方面的运营参与还较少。

## 第三节　新材料产业重点省市专利运营状况分析

### 一、专利运营活跃度分析

通过对新材料产业前期的专利分析，确定了 10 个新材料产业重点省市，分别为江苏、广东、北京、安徽、浙江、上海、山东、四川、辽宁、湖南。随后通过对各新材料产业重点省市专利交易（转让、许可、质押、诉讼）数量进行统计分析，研究新材料产业重点省市的专利运营活跃度。

通过对各新材料产业重点省市专利交易（质押）金额情况的分析，研究新材料产业重点省市的专利运营活跃度。通过图 7-3-1 可以看出，从各城市 2013—2018 年专利质押金额情况来看，广东省和北京市专利质押金额每年均处在较高水平，湖南、上海相比其他城市其质押金额相对较低，也体现了不同省市其质押金额的差别。从每年的质押金额来看，各省份表现情况不同：浙江省在 2013—2016 年其质押金额相比 2017—2018 年低很多，2017—2018 年浙江省质押金额分别为 96.52 亿元、102.91 亿元，其他年份则低于 40 亿元；山东省 2014—2015 年质押金额相比其他年份高，分别为 96.88 亿元、80.26 亿元，其他年份低于 60 亿元；四川省则是 2014 年质押金额较高，而江苏省则表现为每年质押金额波动不大。由以上分析可见，各省市每年质押金额不具有明显的规律性。

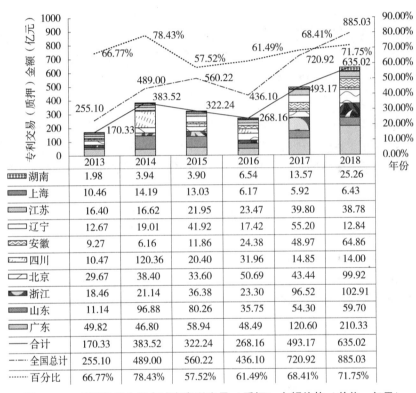

| | 2013 | 2014 | 2015 | 2016 | 2017 | 2018 |
|---|---|---|---|---|---|---|
| 湖南 | 1.98 | 3.94 | 3.90 | 6.54 | 13.57 | 25.26 |
| 上海 | 10.46 | 14.19 | 13.03 | 6.17 | 5.92 | 6.43 |
| 江苏 | 16.40 | 16.62 | 21.95 | 23.47 | 39.80 | 38.78 |
| 辽宁 | 12.67 | 19.01 | 41.92 | 17.42 | 55.20 | 12.84 |
| 安徽 | 9.27 | 6.16 | 11.86 | 24.38 | 48.97 | 64.86 |
| 四川 | 10.47 | 120.36 | 20.40 | 31.96 | 14.85 | 14.00 |
| 北京 | 29.67 | 38.40 | 33.60 | 50.69 | 43.44 | 99.92 |
| 浙江 | 18.46 | 21.14 | 36.38 | 23.30 | 96.52 | 102.91 |
| 山东 | 11.14 | 96.88 | 80.26 | 35.75 | 54.30 | 59.70 |
| 广东 | 49.82 | 46.80 | 58.94 | 48.49 | 120.60 | 210.33 |
| 合计 | 170.33 | 383.52 | 322.24 | 268.16 | 493.17 | 635.02 |
| 全国总计 | 255.10 | 489.00 | 560.22 | 436.10 | 720.92 | 885.03 |
| 百分比 | 66.77% | 78.43% | 57.52% | 61.49% | 68.41% | 71.75% |

图7-3-1　新材料产业重点城市专利交易（质押）金额趋势（单位：亿元）

从新材料产业重点城市专利质押金额和全国质押金额趋势来看，其在 2014 年、2017 年、2018 年质押金额相比其他年份更高，新材料产业重点城市专利质押金额在 2014 年、2017 年、2018 年分别为 383.52 亿元、493.17 亿元、635.02 亿元，并且在 2017—2018 年表现出较好的增长趋势。从新材料产业重点城市专利质押金额占全国总金额的比例来看，该 10 省市每年其金额量均超过了全国总计的 57%，这也体现了新材料产业重点城市专利质押在全国的体量和优势。

## 二、新材料产业重点省市专利运营基础实力

### (一) 江苏省

江苏是全国新材料制造和需求大省，具有良好的产业基础和发展空间，技术水平

和综合实力居全国前列。其中，先进钢铁材料、新型高分子材料等先进基础材料，产业规模稳步增长；高性能纤维及复合材料、先进半导体和新型显示材料等关键战略材料，产业发展增速明显；石墨烯、纳米材料、碳纤维等前沿新材料，影响力和竞争力日益增强。涌现了南京膜材料产业园、常州石墨烯小镇、苏州纳米城、连云港碳纤维产业基地等一批新材料集聚区，以及申源特钢、承煦电气、金发科技、中复神鹰等一批龙头骨干企业。

江苏省在新材料领域专利申请量较多，如图7-3-2所示，从当前的法律状态来看，江苏省在先进基础材料领域，国内专利申请中授权专利6362件，占比达17%，在审专利达12330件（其中实质审查专利达9688件，公开专利达2642件），占比达34%，无效专利累计18023件（其中撤回11678件，权利终止1359件，驳回4914件，放弃72件），占比49%。在先进基础材料领域，无效专利占比较大，可以看出在先进基础材料领域发展较为成熟。

在关键战略材料领域，国内专利申请中授权专利7653件，占比24%，在审专利达13020件（其中实质审查专利达11709件，公开专利达1311件），占比40%。另外撤回6549件，权利终止1580件，驳回3576件，放弃78件。关键战略材料领域在审专利及已授权专利占有较大体量，专利运营的基础实力相对雄厚，有进一步挖掘的空间。

在前沿新材料领域，国内专利申请中授权专利1104件，占比26%，在审专利1784件（其中实质审查专利1632件，公开专利达152件），占比42%，撤回625件，权利终止269件，驳回429件，放弃7件。

总体来讲，江苏省在三种新材料领域的授权率和在审专利的体量较为突出，专利质量较为良好，专利基础实力较突出。

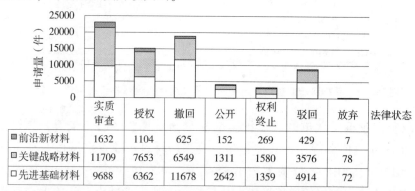

| 法律状态 | 实质审查 | 授权 | 撤回 | 公开 | 权利终止 | 驳回 | 放弃 |
|---|---|---|---|---|---|---|---|
| 前沿新材料 | 1632 | 1104 | 625 | 152 | 269 | 429 | 7 |
| 关键战略材料 | 11709 | 7653 | 6549 | 1311 | 1580 | 3576 | 78 |
| 先进基础材料 | 9688 | 6362 | 11678 | 2642 | 1359 | 4914 | 72 |

图7-3-2　江苏省三种新材料专利申请法律状态

从申请人主体来看，如图7-3-3所示，在三种新材料领域，企业、大专院校和个人的创新活跃度较高，其中在先进基础材料领域和关键战略材料领域，企业都是占比最大的创新主体，而在前沿新材料领域大专院校占比最高，这也说明，大专院校在前沿研究方面有绝对的优势。江苏省在新材料领域产学研的融合度较好，科研创新与市场结合度较好。

—— 先进基础材料　……… 关键战略材料　—·—· 前沿新材料

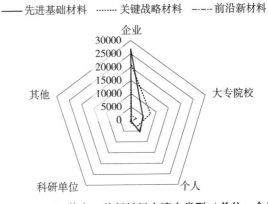

**图7-3-3　江苏省三种新材料申请人类型（单位：个）**

## （二）北京市

北京市新材料产业具有全国领先的创新能力以及强大的科研能力，新材料产业领域申请专利数量位居全国前列，这些为北京市新材料产业的发展提供了独特的优势，另外北京新材料产业的发展集聚态势初显，拥有众多具有竞争力的新材料生产、研发单位，建立了中关村科学城、北京石化新材料科技产业基地等产业集群。

如图 7-3-4 所示，从当前的法律状态来看，北京市在先进基础材料领域，国内专利申请中授权专利 4110 件，占比达 38%，在审专利达 3190 件（其中实质审查专利达 2980 件，公开专利达 210 件），占比达 29%。另外，撤回 1290 件，权利终止 1188 件，驳回 1014 件，放弃 23 件。在先进基础材料领域，授权专利占比较高，可以看出在先进基础材料领域比较有实力。

在关键战略材料领域，国内专利申请中授权专利 10690 件，占比 39%，在审专利达 8792 件（其中实质审查专利达 8157 件，公开专利达 635 件），占比 33%，另外撤回 2842 件，权利终止 2239 件，驳回 2146 件，放弃 64 件。关键战略材料领域在审专利及已授权专利占有较大体量，专利运营的基础实力相对雄厚，有进一步挖掘的空间。

在前沿新材料领域，国内专利申请中授权专利 1454 件，占比 38%，在审专利 1364 件（其中实质审查专利达 1272 件，公开专利达 92 件），占比 36%。另外撤回 328 件，权利终止 458 件，驳回 232 件，放弃 3 件，可见在前沿新材料领域的创新难度还是较大的。

总体来讲，北京市在先进基础材料和关键战略材料方面的专利体量及授权量上还是比较客观的，专利质量较为良好，在专利方面的基础实力比较突出。

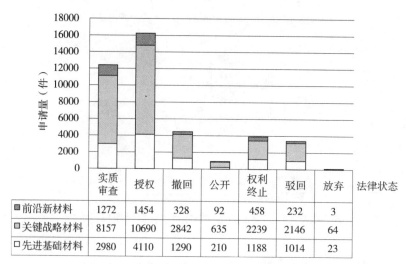

| 法律状态 | 实质审查 | 授权 | 撤回 | 公开 | 权利终止 | 驳回 | 放弃 |
|---|---|---|---|---|---|---|---|
| 前沿新材料 | 1272 | 1454 | 328 | 92 | 458 | 232 | 3 |
| 关键战略材料 | 8157 | 10690 | 2842 | 635 | 2239 | 2146 | 64 |
| 先进基础材料 | 2980 | 4110 | 1290 | 210 | 1188 | 1014 | 23 |

**图7-3-4 北京市三种新材料专利申请法律状态**

如图 7-3-5 所示,从申请人主体来看,在三种新材料领域,企业、大专院校和科研单位的创新活跃度较高,其中在先进基础材料领域和关键战略材料领域,企业都是主要创新主体,而在前沿新材料领域大专院校和科研单位占比较高,这也说明,大专院校和科研单位在前沿研究方面占有绝对优势。北京市在新材料领域产学研的融合度较好,科研创新与市场结合度较高。

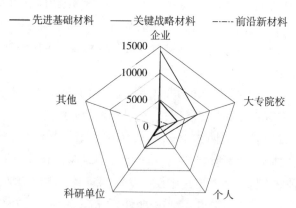

**图7-3-5 北京市三种新材料申请人类型(单位:个)**

(三)广东省

广东省新材料产业发展迅猛,并着力打造了以广州、佛山、中山等为重点区域的高性能复合材料及战略前沿材料产业基地,和以广州、湛江为重点的高端精品钢材生产基地。

如图 7-3-6 所示,从当前的法律状态来看,广东省在先进基础材料领域,国内专利申请中授权专利 3104 件,占比达 26%,在审专利达 5514 件(其中实质审查专利达

5062 件，公开专利达 452 件），占比达 46%，无效专利累计 3456 件（其中撤回 1556 件，权利终止 613 件，驳回 1257 件，放弃 30 件），占比约 28%。在先进基础材料领域，在审专利占比较高，为后续专利运营提供了较好的基础。

在关键战略材料领域，国内专利申请中授权专利 8486 件，占比 30%，在审专利达 12148 件（其中实质审查专利达 11114 件，公开专利达 1034 件），占比 43%，无效专利累计 7638 件（其中撤回 3419 件，权利终止 1223 件，驳回 2902 件，放弃 94 件），占比 27%。关键战略材料领域在审专利及已授权专利占有较大体量，专利运营的基础实力相对雄厚，有进一步挖掘的空间。

在前沿新材料领域，国内专利申请中授权专利 1990 件，占比 44%，在审专利 1565 件（其中实质审查专利达 1466 件，公开专利达 99 件），占比 34%，无效专利累计 983 件（其中撤回 479 件，权利终止 138 件，驳回 365 件，放弃 1 件），占比 22%。在前沿新材料领域，广东省的授权率占比较高，专利申请质量比较好。

总体来讲，广东在先进基础材料和关键战略材料方面的专利质量较好，其在前沿新材料领域的授权率较高，授权维持量大，专利实力突出。

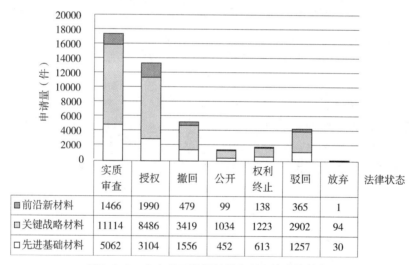

图7-3-6　广东省三种新材料专利申请法律状态

如图 7-3-7 所示，从申请人主体来看，在三种新材料领域，企业、大专院校和个人的创新活跃度较高，其中在先进基础材料领域、关键战略材料领域及前沿新材料领域，企业都是占比最大的创新主体，广东省企业创新主体在前沿新材料领域的占比高达 57%。

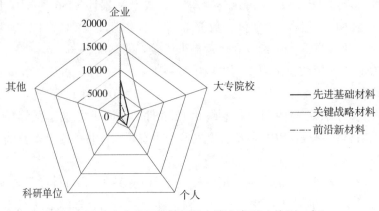

图7-3-7　广东省三种新材料申请人类型（单位：个）

（四）安徽省

安徽省很重视新材料的发展，并发布了《安徽省新材料产业发展规划（2018—2025年）》，将集中优势资源，重点发展先进基础材料、关键战略材料和前沿新材料三类新材料产业。

如图7-3-8所示，从当前的法律状态来看，安徽省在先进基础材料领域，国内专利申请中授权专利2195件，占比达16%，在审专利达6074件（其中实质审查专利达5663件，公开专利达411件），占比达43%，无效专利累计5791件（其中撤回2495件，权利终止391件，驳回2881件，放弃24件），占比41%。在先进基础材料领域，授权率较低，无效的专利占比较高，专利质量整体不太好。

在关键战略材料领域，国内专利申请中授权专利2213件，占比18%，在审专利达6163件（其中实质审查专利达5797件，公开专利达366件），占比49%，无效专利累计4168件（其中撤回1894件，权利终止436件，驳回1821件，放弃17件），占比33%。关键战略材料领域授权率占比较低，专利质量有待进一步提高。

在前沿新材料领域，国内专利申请中授权专利236件，占比19%，在审专利692件（其中实质审查专利达659件，公开专利达33件），占比55%，无效专利累计334件（其中撤回137件，权利终止63件，驳回133件，放弃1件），占比26%。在前沿新材料领域，安徽省的授权率占比较低，专利申请质量有待提高。

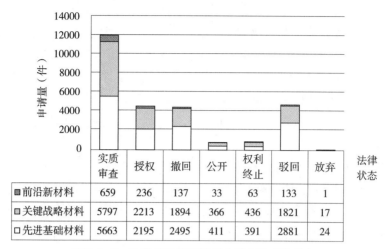

| 法律状态 | 实质审查 | 授权 | 撤回 | 公开 | 权利终止 | 驳回 | 放弃 |
|---|---|---|---|---|---|---|---|
| 前沿新材料 | 659 | 236 | 137 | 33 | 63 | 133 | 1 |
| 关键战略材料 | 5797 | 2213 | 1894 | 366 | 436 | 1821 | 17 |
| 先进基础材料 | 5663 | 2195 | 2495 | 411 | 391 | 2881 | 24 |

**图7-3-8　安徽省三种新材料专利申请法律状态**

如图7-3-9所示,从申请人主体来看,在三种新材料领域,企业是创新主体中的绝对主力,在先进基础材料、关键战略材料和前沿新材料领域的占比分别为88%、74%、53%,而大专院校、科研单位等的占比相对较少,这可能跟安徽省所能依托的高校和科研院所等资源较少相关,个人创新主体的占比相对较高。

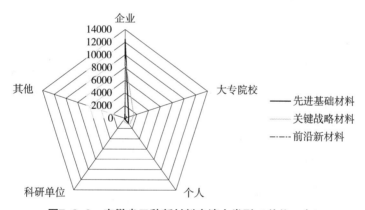

**图7-3-9　安徽省三种新材料申请人类型（单位:个）**

### (五)上海市

上海近些年来不断发展新材料产业,并形成了新型金属材料、新型有机材料、新型无机材料、复合材料、纳米材料、纺织新材料等发展格局。其中上海宝钢的汽车用钢、造船钢板等精品钢材使我国从钢铁大国向钢铁强国迈出了坚实的一步。

如图7-3-10所示,从当前的法律状态来看,上海市在先进基础材料领域,国内专利申请中授权专利3164件,占比达32%,在审专利达2589件(其中实质审查专利达2368件,公开专利达221件),占比达26%,无效专利累计4263件(其中撤回1896

件，权利终止 1286 件，驳回 1053 件，放弃 28 件），占比约 42%。在先进基础材料领域，授权率偏低，无效的专利占比偏高，专利质量整体不太好。

在关键战略材料领域，国内专利申请中授权专利 4551 件，占比 27%，在审专利达 5320 件（其中实质审查专利达 4885 件，公开专利达 435 件），占比 31%，无效专利累计 7069 件（其中撤回 3236 件，权利终止 2053 件，驳回 1740 件，放弃 40 件），占比 42%。关键战略材料领域授权率占比较低，无效专利占比较高，尤其是专利终止和撤回的比例均较高。

在前沿新材料领域，国内专利申请中授权专利 829 件，占比 33%，在审专利 828 件（其中实质审查专利达 771 件，公开专利达 57 件），占比 32%，无效专利累计 875 件（其中撤回 327 件，权利终止 348 件，驳回 196 件，放弃 4 件），占比 35%。

总体来讲，上海作为我国的一线城市，拥有较好的经济资源和科研资源，但无论从申请量上还是授权率方面都没有发挥出国际大都市应有的实力，上海市还可以在鼓励创新方面多做出努力。

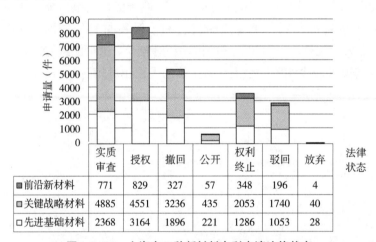

图7-3-10　上海市三种新材料专利申请法律状态

| | 实质审查 | 授权 | 撤回 | 公开 | 权利终止 | 驳回 | 放弃 |
|---|---|---|---|---|---|---|---|
| 前沿新材料 | 771 | 829 | 327 | 57 | 348 | 196 | 4 |
| 关键战略材料 | 4885 | 4551 | 3236 | 435 | 2053 | 1740 | 40 |
| 先进基础材料 | 2368 | 3164 | 1896 | 221 | 1286 | 1053 | 28 |

如图 7-3-11 所示，从申请人主体来看，在三种新材料领域，企业、大专院校、科研单位是比较活跃的创新主体，其中在先进基础材料和关键战略材料领域，企业占主要优势，而在前沿新材料领域大专院校占主要优势，其占比高达 59%，这与上海所拥有的高校资源息息相关。

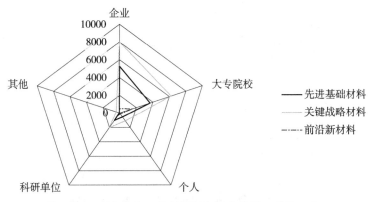

**图7-3-11 上海市三种新材料申请人类型（单位：个）**

## （六）浙江省

浙江是新材料领域的重点省份，拥有一批优秀的新材料企业和技术领先产品，特别是在磁性材料、氟硅新材料、高性能纤维等产业优势突出，多个领域处于全国领先地位。建立了稀土永磁材料产业链、电子硅产业链、含氟新材料产业链、石墨烯产业链等多个产业链。

如图 7-3-12 所示，从当前的法律状态来看，浙江省在先进基础材料领域，国内专利申请中授权专利 3342 件，占比达 27%，在审专利达 4733 件（其中实质审查专利达 4122 件，公开专利达 611 件），占比达 38%，无效专利累计 4438 件（其中撤回 2087 件，权利终止 809 件，驳回 1511 件，放弃 31 件），占比 35%。在先进基础材料领域，授权率偏低，无效的专利占比偏高，专利质量整体不太好。

在关键战略材料领域，国内专利申请中授权专利 4570 件，占比 29%，在审专利达 6365 件（其中实质审查专利达 5744 件，公开专利达 621 件），占比 41%，无效专利累计 4712 件（其中撤回 1948 件，权利终止 1256 件，驳回 1474 件，放弃 34 件），占比 30%。关键战略材料领域授权率占比较低，无效专利占比较高，尤其是专利终止和撤回的比例较高。

在前沿新材料领域，国内专利申请中授权专利 501 件，占比 29%，在审专利 854 件（其中实质审查专利达 784 件，公开专利达 70 件），占比 49%，无效专利累计 389 件（其中撤回 139 件，权利终止 121 件，驳回 129 件），占比 22%。

总体来讲，专利授权占比较低，而无效专利占比较高，专利质量有待进一步提高。

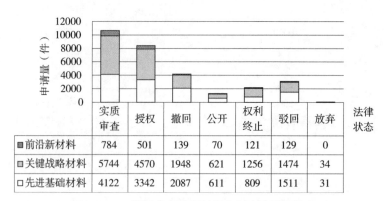

| 法律状态 | 实质审查 | 授权 | 撤回 | 公开 | 权利终止 | 驳回 | 放弃 |
|---|---|---|---|---|---|---|---|
| ■ 前沿新材料 | 784 | 501 | 139 | 70 | 121 | 129 | 0 |
| ■ 关键战略材料 | 5744 | 4570 | 1948 | 621 | 1256 | 1474 | 34 |
| □ 先进基础材料 | 4122 | 3342 | 2087 | 611 | 809 | 1511 | 31 |

图7-3-12 浙江省三种新材料专利申请法律状态

如图 7-3-13 所示，在申请人类型上，企业、大专院校和个人申请人的占比较高，在先进基础材料领域和关键战略材料领域，企业申请人占比最大，而在前沿新材料领域，大专院校的占比最高，达 50%，因此，高校在先进科学研究上占有绝对优势。

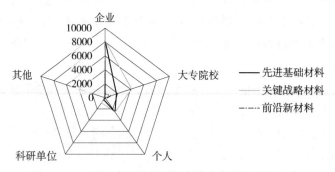

图7-3-13 浙江省三种新材料申请人类型（单位：个）

（七）山东省

山东省新材料产业技术水平与综合实力已跃居全国前列。在高技术陶瓷、化工新材料、特种纤维、高分子材料等领域的研发及产业化具有较强竞争优势；围绕济南的半导体、淄博陶瓷、烟台聚氨酯等产业集群，已形成 8 家新材料高新技术产业化基地。培育出了烟台万华、山东东岳、山东海龙、泰山玻纤等一批新材料龙头企业。

如图 7-3-14 所示，从当前的法律状态来看，山东省在先进基础材料领域，国内专利申请中授权专利 2671 件，占比达 25%，在审专利达 3453 件（其中实质审查专利达 2741 件，公开专利达 712 件），占比达 33%，无效专利累计 4422 件（其中撤回 2565 件，权利终止 851 件，驳回 991 件，放弃 15 件），占比 42%。在先进基础材料领域，授权率偏低，无效的专利占比偏高，专利质量整体不太好。

在关键战略材料领域，国内专利申请中授权专利 3197 件，占比 27%，在审专利达 4294 件（其中实质审查专利达 3716 件，公开专利达 578 件），占比 36%，无效专利累计

4417件（其中撤回2479件，权利终止907件，驳回1011件，放弃20件），占比37%。关键战略材料领域授权率占比较低，无效专利占比较高，尤其是驳回和撤回的比例较高。

在前沿新材料领域，国内专利申请中授权专利379件，占比29%，在审专利593件（其中实质审查专利达531件，公开专利达62件），占比46%，无效专利累计329件（其中撤回166件，权利终止85件，驳回77件，放弃1件），占比25%。

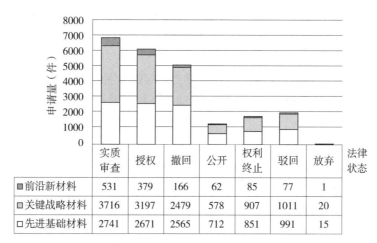

| 法律状态 | 实质审查 | 授权 | 撤回 | 公开 | 权利终止 | 驳回 | 放弃 |
|---|---|---|---|---|---|---|---|
| 前沿新材料 | 531 | 379 | 166 | 62 | 85 | 77 | 1 |
| 关键战略材料 | 3716 | 3197 | 2479 | 578 | 907 | 1011 | 20 |
| 先进基础材料 | 2741 | 2671 | 2565 | 712 | 851 | 991 | 15 |

图7-3-14 山东省三种新材料专利申请法律状态

如图7-3-15所示，在申请人类型上，企业、大专院校和个人申请人的占比较高，在先进基础材料领域和关键战略材料领域，企业申请人占比最大，而在前沿新材料领域，大专院校的占比最高，达48%，因此，高校在先进科学研究上具有绝对的优势。

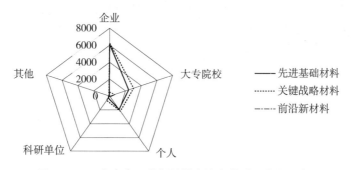

图7-3-15 山东省三种新材料申请人类型（单位：个）

（八）四川省

四川省依托硅材料、稀土材料、钒钛材料、金属及复合材料等产业基础，大力发展新型金属材料、无机非金属材料、先进高分子材料、高性能特种纤维及复合材料、高性能功能材料、精细化工材料、锂钒钛材料、新型绿色环保建筑材料、石墨材料等。

如图7-3-16所示，从当前的法律状态来看，四川省在先进基础材料领域，国内专利申请中授权专利 1676 件，占比达 28%，在审专利达 2282 件（其中实质审查专利达 1925 件，公开专利达 357 件），占比达 39%，无效专利累计 1939 件（其中撤回 822 件，权利终止 435 件，驳回 673 件，放弃 9 件），占比 33%。

在关键战略材料领域，国内专利申请中授权专利 2600 件，占比 29%，在审专利达 3420 件（其中实质审查专利达 3028 件，公开专利达 392 件），占比 38%，无效专利累计 3018 件（其中撤回 1661 件，权利终止 556 件，驳回 790 件，放弃 11 件），占比 33%。

在前沿新材料领域，国内专利申请中授权专利 405 件，占比 26%，在审专利 687 件（其中实质审查专利达 638 件，公开专利达 49 件），占比 44%，无效专利累计 461 件（其中撤回 208 件，权利终止 143 件，驳回 110 件，放弃 0 件），占比 30%。

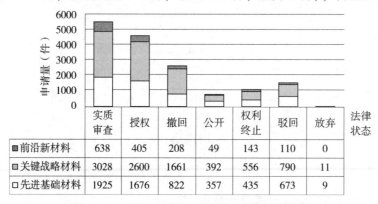

图7-3-16　四川省三种新材料专利申请法律状态

如图 7-3-17 所示，在申请人类型上，在先进基础材料领域，企业、大专院校和个人是比较活跃的创新主体，其占比分别为 68%、17%、12%。在关键战略材料领域，企业、大专院校和科研单位是主要的创新主体，其占比分别为 49%、27%、14%；而在前沿新材料领域企业和大专院校的占比都为 44%，企业在前沿新领域有一定的竞争力。

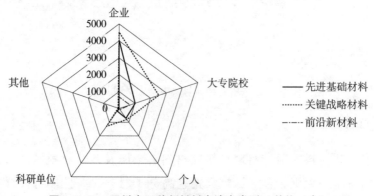

图7-3-17　四川省三种新材料申请人类型（单位：个）

### （九）辽宁省

辽宁省是全国的材料大省，其新材料产业发展优势明显，在精品钢材、纳米材料、新型膜材料、新型建材等若干新材料领域均具有较强的发展优势，基本形成了基础研究、应用研究以及产业化并进的格局。

如图 7-3-18 所示，从当前的法律状态来看，辽宁省在先进基础材料领域，国内专利申请中授权专利 1876 件，占比达 29%，在审专利达 2109 件（其中实质审查专利达 1749 件，公开专利达 360 件），占比达 33%，无效专利累计 2392 件（其中撤回 1264 件，权利终止 601 件，驳回 508 件，放弃 19 件），占比 38%。

在关键战略材料领域，国内专利申请中授权专利 2557 件，占比 31%，在审专利达 2604 件（其中实质审查专利达 2392 件，公开专利达 212 件），占比 32%，无效专利累计 3012 件（其中撤回 1428 件，权利终止 932 件，驳回 636 件，放弃 16 件），占比 37%。

在前沿新材料领域，国内专利申请中授权专利 187 件，占比 29%，在审专利 279 件（其中实质审查专利达 266 件，公开专利达 13 件），占比 43%，无效专利累计 184 件（其中撤回 80 件，权利终止 64 件，驳回 40 件，放弃 0 件），占比 28%。

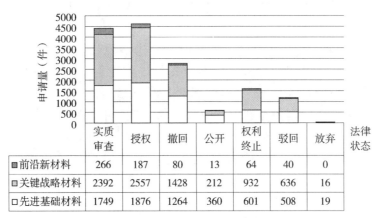

| 法律状态 | 实质审查 | 授权 | 撤回 | 公开 | 权利终止 | 驳回 | 放弃 |
|---|---|---|---|---|---|---|---|
| ■ 前沿新材料 | 266 | 187 | 80 | 13 | 64 | 40 | 0 |
| □ 关键战略材料 | 2392 | 2557 | 1428 | 212 | 932 | 636 | 16 |
| □ 先进基础材料 | 1749 | 1876 | 1264 | 360 | 601 | 508 | 19 |

**图7-3-18　辽宁省三种新材料专利申请法律状态**

如图 7-3-19 所示，在申请人类型上，在先进基础材料领域，企业、大专院校、个人和科研单位是比较活跃的创新主体。在关键战略材料领域，大专院校、企业、科研单位和个人是主要的创新主体；而在前沿新材料领域，大专院校、科研单位是主要的创新主体，因此，在前沿新材料领域，充分发挥了高校和科研院所的优势，后期可以进一步提高其转化率。

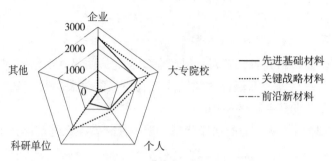

**图7-3-19　辽宁省三种新材料申请人类型（单位：个）**

## （十）湖南省

湖南省依托中南大学、湖南大学、湘潭大学等高校和科研机构在碳材料、电池材料、铝资源高效利用与高性能铝材上处于领先水平，并在储能材料、先进复合材料、金属材料等领域形成了一批具有竞争力的骨干企业。

如图7-3-20所示，从当前的法律状态来看，辽宁省在先进基础材料领域，国内专利申请中授权专利1386件，占比达20%，在审专利达2004件（其中实质审查专利达1795件，公开专利达209件），占比达29%，无效专利累计3481件（其中撤回1124件，权利终止802件，驳回1547件，放弃8件），占比51%。其中授权专利占比较低，而无效专利占比较高，其中撤回、驳回等专利数量较高，专利质量有待进一步提升。

在关键战略材料领域，国内专利申请中授权专利1926件，占比28%，在审专利达3227件（其中实质审查专利达2495件，公开专利达732件），占比48%，无效专利累计1618件（其中撤回865件，权利终止386件，驳回357件，放弃10件），占比24%。

在前沿新材料领域，国内专利申请中授权专利202件，占比29%，在审专利321件（其中实质审查专利达292件，公开专利达29件），占比47%，无效专利累计162件（其中撤回96件，权利终止41件，驳回24件，放弃1件），占比24%。

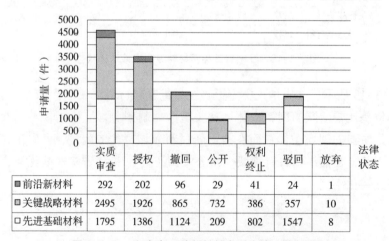

| 法律状态 | 实质审查 | 授权 | 撤回 | 公开 | 权利终止 | 驳回 | 放弃 |
|---|---|---|---|---|---|---|---|
| 前沿新材料 | 292 | 202 | 96 | 29 | 41 | 24 | 1 |
| 关键战略材料 | 2495 | 1926 | 865 | 732 | 386 | 357 | 10 |
| 先进基础材料 | 1795 | 1386 | 1124 | 209 | 802 | 1547 | 8 |

**图7-3-20　湖南省三种新材料专利申请法律状态**

如图 7-3-21 所示，在申请人类型上，在先进基础材料领域，个人、企业、大专院校是比较活跃的创新主体，其占比分别为 38%、36%、25%，个体发明人比较活跃，在专利申请中参与度较高。在关键战略材料领域，企业、大专院校和个人是主要的创新主体，其占比分别为 50%、36%、10%；而在前沿新材料领域大专院校和企业是主要的创新主体，其占比分别为 44%、37%。

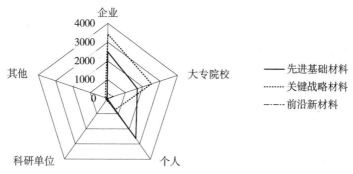

图7-3-21 湖南省三种新材料申请人类型（单位：个）

### 三、新材料产业重点省市专利运营潜力

#### （一）江苏省

专利运营中涉及许可、质押、转让共 5536 件，其中关键战略材料和先进基础材料占比较高，均为 47%，而前沿新材料的运营占比最低，仅为 6%。专利运营量约占申请量的 7%，运营量占授权专利的 36.6%，因此，专利运营还有很大的提升空间。在专利许可中先进基础材料主要集中在 C22C 先进钢铁材料（75 件）、C04B 先进建筑材料（45 件），关键战略材料主要集中在 C22C 先进钢铁材料（27 件）、H01M 能源材料（23 件）。专利转让中先进基础材料主要集中在 C22C 先进钢铁材料（576 件）、C04B 先进建筑材料（483 件）、C08L 先进化工材料（299 件）。关键战略材料主要集中在 H01M 能源材料（350 件）。

#### （二）北京市

专利运营中涉及许可、质押、转让共 3320 件，其中关键战略材料占比 55%，先进基础材料占比 39%，前沿新材料占比 6%。专利运营量占申请量的 7.6%，运营量占授权专利的 20%，因此，专利运营还有很大的提升空间。专利许可主要集中在 C22C 先进钢铁材料、H01M 能源材料、C08L 化工材料等领域。专利转让主要集中在关键战略材料中的 H01M 能源材料，以及先进基础材料中的 C22C 先进钢铁材料、C04B 特种陶瓷材料。

#### （三）广东省

专利运营中涉及许可、质押、转让共 4548 件，其中关键战略材料占比 56%，先进基础材料占比34%，前沿新材料占比12%。专利运营量占申请量的9.4%，运营量占授权专利的33.5%，因此，专利运营还有很大的提升空间。专利许可主要集中在C04B特种陶瓷材料、H01M能源材料、C08L化工材料等领域。专利转让主要集中在C22C钢铁材料、C04B特种陶瓷材料、H01M能源材料、C08L化工材料。

### （四）安徽省

专利运营中涉及许可、质押、转让共1727件，其中先进基础材料占比62%，关键战略材料占比36%，前沿新材料占比2%。专利运营量占申请量的4.9%，运营量占授权专利的33.5%，因此，专利运营还有很大的提升空间。其中专利许可主要集中在C22C钢铁材料、H01M能源材料等领域。专利转让主要集中在C22C钢铁材料、C04B特种陶瓷材料、H01M能源材料、C08L化工材料等领域。

### （五）上海市

专利运营中涉及许可、质押、转让共2782件，其中先进基础材料占比62%，关键战略材料占比36%，前沿新材料占比2%。专利运营量占申请量的8%，因此，专利运营还有很大的提升空间。其中专利许可主要集中在C01F无机材料、H01M能源材料等领域。专利转让主要集中在C22C钢铁材料、C04B特种陶瓷材料、H01M能源材料、C08L化工材料等领域。

### （六）浙江省

专利运营中涉及许可、质押、转让共2944件，其中先进基础材料占比52%，关键战略材料占比45%，前沿新材料占比3%。专利运营量占申请量的9%，因此，专利运营还有很大的提升空间。其中专利许可主要集中在C22C钢铁材料等领域。专利转让主要集中在C22C钢铁材料、C04B特种陶瓷、H01M能源材料、C08L化工材料、C01B非金属元素材料等领域。

### （七）山东省

专利运营中涉及许可、质押、转让共2012件，其中先进基础材料占比50%，关键战略材料占比47%，前沿新材料占比3%。专利运营量占申请量的7.5%，因此，专利运营还有很大的提升空间。专利转让中先进基础材料集中在C04B特种陶瓷、C22C钢铁材料、C08L化工材料，关键战略材料主要集中在H01M能源材料，前沿新材料主要集中在C01B非金属材料。

### （八）四川省

专利运营中涉及许可、质押、转让共1278件，其中先进基础材料占比40%，关键战略材料占比53%，前沿新材料占比7%。专利运营量占申请量的7.2%，因此，专利运营还有很大的提升空间。专利转让中先进基础材料主要集中在 C04B 陶瓷材料（79 件）、C22C 钢铁材料（73 件）、C08L 化工材料（59 件），关键战略材料主要集中在 H01M 能源材料（202 件），前沿新材料主要集中在 C01B 非金属化合物（25 件）。

### （九）辽宁省

专利运营中涉及许可、质押、转让共 874 件，其中先进基础材料占比 43%，关键战略材料占比 4%，前沿新材料占比 3%。专利运营量仅占申请量的 5.5%，专利运营还有很大的提升空间。专利转让中先进基础材料主要集中在 C22C 钢铁材料（97 件）、C04B 特种陶瓷材料（55 件）和 C08L 化工材料（17 件），关键战略材料主要集中在 H01M 能源材料（123 件）。

### （十）湖南省

专利运营中涉及许可、质押、转让共 2154 件，其中先进基础材料占比 79%，关键战略材料占比 19%，前沿新材料占比 2%。专利运营量占申请量的 14.6%。专利转让中先进基础材料主要集中在 E04B 建筑材料（810 件）、E04C 建筑材料（381 件），关键战略材料主要集中在 H01M 能源材料（98 件）。

## 四、小结

江苏省、北京市、广东省、安徽省、上海市、浙江省、山东省、四川省、辽宁省、湖南省作为新材料领域的前 10 名重点省市，首先在专利申请数量上具有一定的体量，但各城市在申请量上也有较大差异，其中江苏省和北京市是新材料领域的最重要地区，其申请量分别高达 79607 件和 43553 件，而湖南省新材料领域的申请量为 14713 件，因此，各城市在专利申请量上差异明显。此外，从已获授权专利数量来看，北京市的专利申请量虽然远不如江苏省，但北京市获得授权的专利数量最多，达 16254 件，北京市在新材料领域具有绝对优势。而从申请人类型来看，虽然各个省市中不同创新主体的占比有差异，但是总的来说，企业、高校、科研单位都是最为活跃的创新主体。从运营次数来看，上述 10 大地区的运营次数分别为 5536、3320、4548、1727、2782、2944、2012、1278、874、2154。单从运营次数看，江苏省无疑是运营次数最多的地区；而从运营件数与申请量的比值来看，各个城市分别占比为 6.95%、7.62%、9.39%、4.94%、8.81%、9.00%、7.53%、7.17%、5.48%、14.64%，湖南省是运营率最高的地区；而从运营次数占比已授权专利来看，各省市占比分别为 36.62%、20.43%、33.49%、37.19%、32.56%、34.99%、32.21%、27.30%、18.92%、61.30%，从这个维度看，湖南省、江苏省、安徽省是对现有有效专利运营较充分的地区。同时也说明各个地区在专利运营上存在较大的可挖掘空间。从运营模式上看，各个地区都集中在专利转让、专利许可、专利质押这三种模式上，其中专利转让最为活跃，而专利质押数量较少。从运营情况来看，运营主要涉及先进基础材料和关键战略材料，而前沿新材料占比较少,各个地区在先进钢铁材料、先进化工材料、能源材料、特种陶瓷、合金等领域运营较为频繁。

## 第四节 知识产权运营服务体系建设城市专利运营状况分析

### 一、知识产权运营服务体系建设城市专利运营基础实力分析

财政部办公厅、国家知识产权局办公室在2016—2018年遴选了26个城市作为知识产权运营服务体系建设重点城市,包括2017年:苏州、宁波、成都、长沙、西安、郑州、厦门、青岛(8个);2018年:北京市海淀区、上海市浦东新区、南京、杭州、武汉、广州、海口、深圳(8个);2019年:台州、济南、上海市徐汇区、无锡、东莞、石家庄、天津市东丽区、重庆市江北区、大连、泉州(10个)。

(一)苏州市

苏州市在新材料领域专利申请情况主要以先进基础材料和关键战略材料为主。

如图7-4-1所示,从法律状态来看,苏州市在先进基础材料领域,国内专利申请中授权专利1769件,占比达17.10%;实质审查及公开的在审专利共2956件,占比达28.58%;无效专利累计5618件;在关键战略材料领域,国内专利申请中授权专利2083件,占比达22.83%,实质审查及公开的在审专利共3378件,占比达37.03%,其无效专利累计3661件;在前沿新材料领域,国内专利申请中授权专利274件,占比达27.05%,实质审查及公开的在审专利共413件,占比达40.77%,其无效专利累计326件。整体来说,苏州市专利申请量较大,授权率和在审率合计占比约为专利申请的一半,无效专利占比较高。

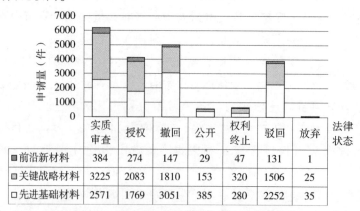

| 法律状态 | 实质审查 | 授权 | 撤回 | 公开 | 权利终止 | 驳回 | 放弃 |
|---|---|---|---|---|---|---|---|
| 前沿新材料 | 384 | 274 | 147 | 29 | 47 | 131 | 1 |
| 关键战略材料 | 3225 | 2083 | 1810 | 153 | 320 | 1506 | 25 |
| 先进基础材料 | 2571 | 1769 | 3051 | 385 | 280 | 2252 | 35 |

图7-4-1 苏州市三种新材料专利申请法律状态

（二）宁波市

宁波市在新材料领域专利申请情况主要以先进基础材料和关键战略材料为主。

如图7-4-2所示，从法律状态来看，宁波市在先进基础材料领域，国内专利申请中授权专利1015件，占比达28.08%；实质审查及公开的在审专利共1131件，占比达31.29%；无效专利累计1469件；在关键战略材料领域，国内专利申请中授权专利1302件，占比达31.42%，实质审查及公开的在审专利共1568件，占比达37.83%，其无效专利累计1274件；在前沿新材料领域，国内专利申请中授权专利134件，占比达35.36%，实质审查及公开的在审专利共176件，占比达46.44%，其无效专利累计69件。整体来说，宁波市授权率和在审率合计占比较高，无效专利占比相对较低，体现了其专利质量较为良好。

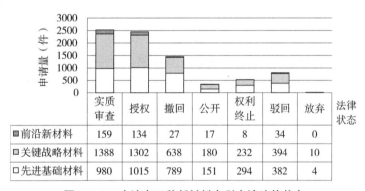

图7-4-2　宁波市三种新材料专利申请法律状态

（三）成都市

成都市在新材料领域的专利申请情况主要以先进基础材料和关键战略材料为主，且关键战略材料占比相对其他两种新材料较高。

如图7-4-3所示，从当前法律状态来看，成都市在先进基础材料领域，国内专利申请中授权专利754件，占比达22.62%，实质审查及公开的在审专利共1379件，占比达41.37%，其无效专利累计1200件；在关键战略材料领域，国内专利申请中授权专利1876件，占比达27.44%，实质审查及公开的在审专利共2544件，占比达37.21%，其无效专利累计2417件；在前沿新材料领域，国内专利申请中授权专利352件，占比达27.18%，实质审查及公开的在审专利共507件，占比达39.15%，其无效专利累计436件。整体来说，授权率和在审率合计占比均较为突出，三种材料均超过了60%，专利质量较为良好，创新进程的持续发展态势较为稳定。

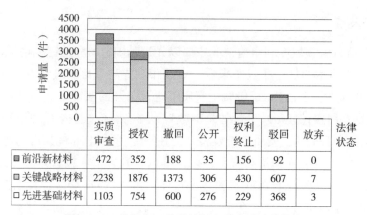

| 法律状态 | 实质审查 | 授权 | 撤回 | 公开 | 权利终止 | 驳回 | 放弃 |
|---|---|---|---|---|---|---|---|
| 前沿新材料 | 472 | 352 | 188 | 35 | 156 | 92 | 0 |
| 关键战略材料 | 2238 | 1876 | 1373 | 306 | 430 | 607 | 7 |
| 先进基础材料 | 1103 | 754 | 600 | 276 | 229 | 368 | 3 |

图7-4-3　成都市三种新材料专利申请法律状态

### (四) 长沙市

长沙市在新材料领域的专利申请情况主要以先进基础材料和关键战略材料为主，且先进基础材料占比相对其他两种新材料较高。

如图 7-4-4 所示，从当前法律状态来看，长沙市在先进基础材料领域，国内专利申请中授权专利 928 件，占比达 19.01%，实质审查及公开的在审专利共 2291 件，占比达 46.93%，其无效专利累计 1663 件，占比为 34.06%；在关键战略材料领域，国内专利申请中授权专利 560 件，占比达 32.22%，实质审查及公开的在审专利共 726 件，占比达 41.77%，其无效专利累计 452 件；在前沿新材料领域，国内专利申请中授权专利 140 件，占比达 31.39%，实质审查及公开的在审专利共 203 件，占比达 45.52%，其无效专利累计 103 件。整体来说，授权率和在审率合计占比均较为突出，三种材料均超过了 65%，专利质量较为良好，创新进程的持续发展态势较为稳定；且对比三种材料，关键战略材料和前沿新材料其授权率和在审率均高于先进基础材料。

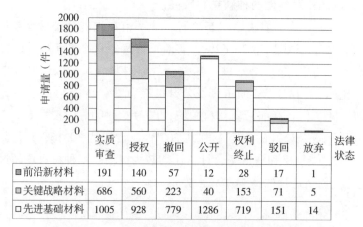

| 法律状态 | 实质审查 | 授权 | 撤回 | 公开 | 权利终止 | 驳回 | 放弃 |
|---|---|---|---|---|---|---|---|
| 前沿新材料 | 191 | 140 | 57 | 12 | 28 | 17 | 1 |
| 关键战略材料 | 686 | 560 | 223 | 40 | 153 | 71 | 5 |
| 先进基础材料 | 1005 | 928 | 779 | 1286 | 719 | 151 | 14 |

图7-4-4　长沙市三种新材料专利申请法律状态

（五）西安市

西安市在新材料领域专利申请情况主要以先进基础材料和关键战略材料为主，且关键战略材料占比相对其他两种新材料较高，占三种新材料申请的一半。

如图7-4-5所示，从当前法律状态来看，西安市在先进基础材料领域，国内专利申请中授权专利1199件，占比达29.96%，实质审查及公开的在审专利共1537件，占比达38.40%，其无效专利累计1266件；在关键战略材料领域，国内专利申请中授权专利1730件，占比达30.33%，实质审查及公开的在审专利共2241件，占比达39.30%，其无效专利累计1732件；在前沿新材料领域，国内专利申请中授权专利516件，占比达36.19%，实质审查及公开的在审专利共497件，占比达34.85%，其无效专利累计413件。对比三种材料来看，前沿新材料授权率最高；整体来说，三种材料授权率和在审率合计占比均较为突出，均超过了70%，专利质量较为良好，创新进程的持续发展态势较为稳定。

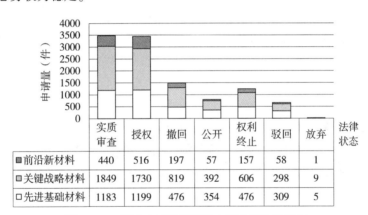

| 法律状态 | 实质审查 | 授权 | 撤回 | 公开 | 权利终止 | 驳回 | 放弃 |
|---|---|---|---|---|---|---|---|
| ■ 前沿新材料 | 440 | 516 | 197 | 57 | 157 | 58 | 1 |
| ■ 关键战略材料 | 1849 | 1730 | 819 | 392 | 606 | 298 | 9 |
| □ 先进基础材料 | 1183 | 1199 | 476 | 354 | 476 | 309 | 5 |

图7-4-5 西安市三种新材料专利申请法律状态

（六）郑州市

郑州市在新材料领域专利申请情况主要以先进基础材料和关键战略材料为主，且先进基础材料占比最高；对于前沿新材料的研发相对较少。

如图7-4-6所示，从当前法律状态来看，郑州市在先进基础材料领域，国内专利申请中授权专利468件，占比达25.80%，实质审查及公开的在审专利共821件，占比达45.26%，其无效专利累计525件；在关键战略材料领域，国内专利申请中授权专利429件，占比达24.70%，实质审查及公开的在审专利共844件，占比达48.59%，其无效专利累计464件；在前沿新材料领域，国内专利申请中授权专利50件，占比达29.94%，实质审查及公开的在审专利共86件，占比达51.50%，其无效专利累计31件。郑州市主要以在审申请为主，约占所申请专利的50%，体现了其创新过程的发展潜力；整体来说，授权率和在审率合计占比均较为突出，三种材料均超过了60%，专利质量较为良好，创新进程的持续发展态势较为稳定。

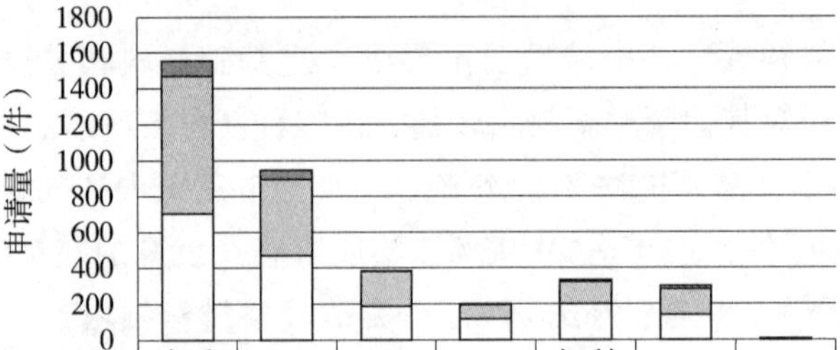

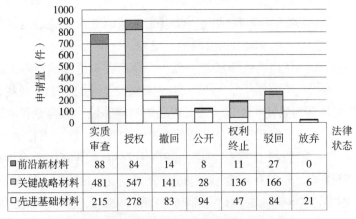

| 法律状态 | 实质审查 | 授权 | 撤回 | 公开 | 权利终止 | 驳回 | 放弃 |
|---|---|---|---|---|---|---|---|
| 前沿新材料 | 82 | 50 | 5 | 4 | 11 | 15 | 0 |
| 关键战略材料 | 765 | 429 | 193 | 79 | 123 | 143 | 5 |
| 先进基础材料 | 705 | 468 | 185 | 116 | 198 | 139 | 3 |

图7-4-6 郑州市三种新材料专利申请法律状态

## （七）厦门市

厦门市在新材料领域的专利申请情况主要以先进基础材料和关键战略材料为主，且关键战略材料占比相对其他两种新材料较高。整体而言，厦门市在新材料领域仍处于不断发展阶段。

如图7-4-7所示，从当前法律状态来看，厦门市在先进基础材料领域，国内专利申请中授权专利278件，占比达33.82%，实质审查及公开的在审专利共309件，占比达37.59%，其无效专利累计235件；在关键战略材料领域，国内专利申请中授权专利547件，占比达36.35%，实质审查及公开的在审专利共509件，占比达33.82%，其无效专利累计449件；在前沿新材料领域，国内专利申请中授权专利84件，占比达36.21%，实质审查及公开的在审专利共96件，占比达41.38%，其无效专利累计52件。对比三种材料，其授权率情况较为稳定；整体来说，授权率和在审率合计占比均较为突出，三种材料均超过了70%，专利质量较为良好，创新进程的持续发展态势较为稳定。

| 法律状态 | 实质审查 | 授权 | 撤回 | 公开 | 权利终止 | 驳回 | 放弃 |
|---|---|---|---|---|---|---|---|
| 前沿新材料 | 88 | 84 | 14 | 8 | 11 | 27 | 0 |
| 关键战略材料 | 481 | 547 | 141 | 28 | 136 | 166 | 6 |
| 先进基础材料 | 215 | 278 | 83 | 94 | 47 | 84 | 21 |

图7-4-7 厦门市三种新材料专利申请法律状态

## （八）青岛市

青岛市在新材料领域专利申请情况主要以先进基础材料和关键战略材料为主，且先进基础材料占比相对其他两种新材料较高，超过了一半申请量。

如图7-4-8所示，从当前法律状态来看，青岛市在先进基础材料领域，国内专利申请中授权专利460件，占比达13.68%，实质审查及公开的在审专利共1112件，占比达33.07%，其无效专利累计1791件；在关键战略材料领域，国内专利申请中授权专利689件，占比达17.69%，实质审查及公开的在审专利共1317件，占比达33.82%，其无效专利累计1888件；在前沿新材料领域，国内专利申请中授权专利144件，占比达28.35%，实质审查及公开的在审专利共211件，占比达41.53%，其无效专利累计153件。整体来说，青岛市授权率和在审率合计占比相对较低，仅前沿新材料超过了60%，且专利授权率均未超过30%，专利质量相对较为一般。

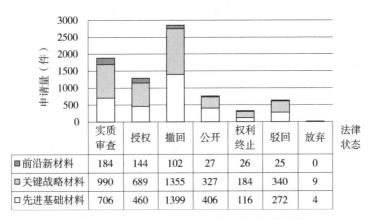

图7-4-8　青岛市三种新材料专利申请法律状态

## （九）北京市海淀区

北京市海淀区是我国第一个国家级自主创新示范区——中关村国家自主创新示范区的核心区，作为全国科技创新中心的核心区，产业结构优良，创新资源密集，知识产权服务基础雄厚。在新材料领域，北京市海淀区专利申请量名列前茅，这与北京市海淀区大专院校和科研院所较多相关。

如图7-4-9所示，专利申请法律状态中，授权和处于实质审查中的专利申请比例均超过50%，授权占比均达到30%以上，表明其可供运营的客体均较多。三种新材料授权量共6952件，关键战略材料、先进基础材料和前沿新材料的授权占比分别为37.92%、33.49%和39.57%。

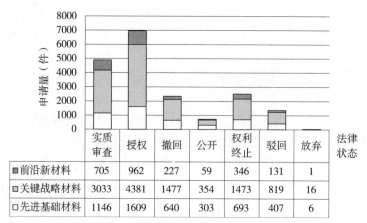

| 法律状态 | 实质审查 | 授权 | 撤回 | 公开 | 权利终止 | 驳回 | 放弃 |
|---|---|---|---|---|---|---|---|
| 前沿新材料 | 705 | 962 | 227 | 59 | 346 | 131 | 1 |
| 关键战略材料 | 3033 | 4381 | 1477 | 354 | 1473 | 819 | 16 |
| 先进基础材料 | 1146 | 1609 | 640 | 303 | 693 | 407 | 6 |

**图7-4-9 北京市海淀区三种新材料专利申请法律状态**

## （十）上海市浦东新区

上海市浦东新区拥有张江高科技园区、临港人工智能产业基地，生物医药等产业聚集，但新材料领域专利运营基础实力方面，上海市浦东新区优势不明显，新材料领域可供专利运营的客体数量较少。三种新材料占比中，关键战略新材料占比较大，远超过其他两种新材料专利申请量。

如图7-4-10所示，三种新材料专利申请法律状态中，授权和处于实质实审中的专利申请比例均超过50%，授权占比均达到25%以上，授权量共1183件，其中申请量最多的关键战略材料专利申请授权占比达到32%，授权量868件，前沿新材料目前处于实质审查的专利申请占比48%，共139件，后续可提供更多可供运营的客体。

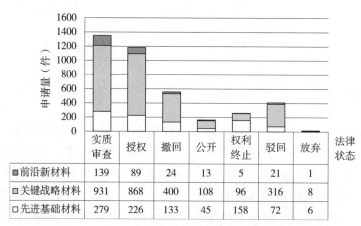

| 法律状态 | 实质审查 | 授权 | 撤回 | 公开 | 权利终止 | 驳回 | 放弃 |
|---|---|---|---|---|---|---|---|
| 前沿新材料 | 139 | 89 | 24 | 13 | 5 | 21 | 1 |
| 关键战略材料 | 931 | 868 | 400 | 108 | 96 | 316 | 8 |
| 先进基础材料 | 279 | 226 | 133 | 45 | 158 | 72 | 6 |

**图7-4-10 上海市浦东新区三种新材料专利申请法律状态**

## （十一）南京市

围绕智能电网、新能源汽车、生物医药、集成电路、人工智能等领域产业地标，南京构建知识产权工作运营体系"一核两翼多平台"，形成高效的知识产权运营生态，在新材料领域，南京市专利申请量较大，可供运营的客体数量在26个运营城市中位于前列。

如图7-4-11所示，三种新材料专利申请法律状态中，授权占比均达到25%以上，授权总量3261件，其中前沿新材料授权占比最高，达到29.03%，此外，新材料领域目前处于实质审查的申请较多，共4196件，三种新材料实质审查申请占比均在35%以上，表明南京市新材料领域的专利申请目前较为活跃，后续可提供更多可供运营的客体。

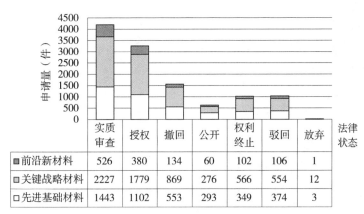

| 法律状态 | 实质审查 | 授权 | 撤回 | 公开 | 权利终止 | 驳回 | 放弃 |
|---|---|---|---|---|---|---|---|
| ■ 前沿新材料 | 526 | 380 | 134 | 60 | 102 | 106 | 1 |
| ■ 关键战略材料 | 2227 | 1779 | 869 | 276 | 566 | 554 | 12 |
| □ 先进基础材料 | 1443 | 1102 | 553 | 293 | 349 | 374 | 3 |

图7-4-11　南京市三种新材料专利申请法律状态

**（十二）杭州市**

杭州市拥有国家级知识产权园区7家，省级知识产权示范区6家，建立了杭州知识产权公共服务平台。

如图7-4-12所示，三种新材料专利申请法律状态中，授权占比均达到25%以上，共2916件，其中先进基础材料授权占比最高，为34.72%。目前处于实质审查的专利申请占比较高，均在30%以上，其中前沿新材料处于实质审查状态的专利申请占比高达42%，后续可提供更多可供运营的客体。

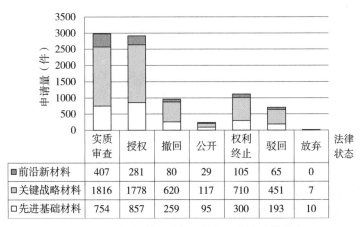

| 法律状态 | 实质审查 | 授权 | 撤回 | 公开 | 权利终止 | 驳回 | 放弃 |
|---|---|---|---|---|---|---|---|
| ■ 前沿新材料 | 407 | 281 | 80 | 29 | 105 | 65 | 0 |
| ■ 关键战略材料 | 1816 | 1778 | 620 | 117 | 710 | 451 | 7 |
| □ 先进基础材料 | 754 | 857 | 259 | 95 | 300 | 193 | 10 |

图7-4-12　杭州市三种新材料专利申请法律状态

### (十三) 武汉市

武汉市已形成以国家知识产权运营公共服务平台高效运营试点平台为龙头，7 个知识产权运营机构为框架的 "1+7" 知识产权运营服务体系，拥有信息光电子创新中心等 2 家国家级制造业创新中心和氢能等 4 家省级制造业创新中心。

如图 7-4-13 所示，三种新材料专利申请法律状态中，授权占比均达到 25% 以上，共 3198 件，目前处于实质审查的专利申请占比较高，均在 30% 以上，其中专利申请量占比最多的关键战略材料授权占比 29.09%，实质审查占比 41.42%，后续可能提供更多可供运营的客体。

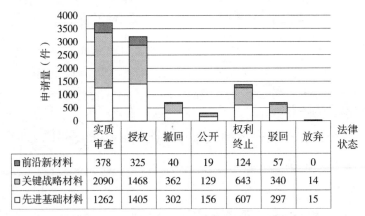

| 法律状态 | 实质审查 | 授权 | 撤回 | 公开 | 权利终止 | 驳回 | 放弃 |
|---|---|---|---|---|---|---|---|
| 前沿新材料 | 378 | 325 | 40 | 19 | 124 | 57 | 0 |
| 关键战略材料 | 2090 | 1468 | 362 | 129 | 643 | 340 | 14 |
| 先进基础材料 | 1262 | 1405 | 302 | 156 | 607 | 297 | 15 |

图7-4-13 武汉市三种新材料专利申请法律状态

### (十四) 广州市

广州市知识产权运营基础实力较为雄厚，2018 年，广州市知识产权运营服务机构完成知识产权交易达 274.7 亿元，在新材料领域，广州市专利申请量较大，可供运营的客体数量在 26 个运营城市中位于前列，其中关键战略材料占比最高。

如图 7-4-14 所示，三种新材料专利申请法律状态中，授权和处于实质审查中的专利申请之和占比均超过 70%，授权占比均达到 25% 以上，共 3376 件，其中申请量最多的关键战略材料中，授权占比为 31.73%，共 2139 件，目前处于实质审查中的专利申请共 4752 件，表明广州市在新材料领域的专利申请目前较为活跃。

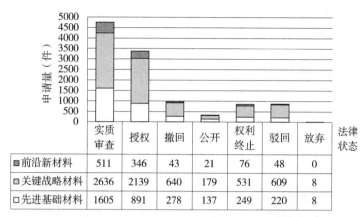

| 法律状态 | 实质审查 | 授权 | 撤回 | 公开 | 权利终止 | 驳回 | 放弃 |
|---|---|---|---|---|---|---|---|
| ■前沿新材料 | 511 | 346 | 43 | 21 | 76 | 48 | 0 |
| □关键战略材料 | 2636 | 2139 | 640 | 179 | 531 | 609 | 8 |
| □先进基础材料 | 1605 | 891 | 278 | 137 | 249 | 220 | 8 |

**图7-4-14　广州市三种新材料专利申请法律状态**

### （十五）海口市

海口市可供运营的客体数量在 26 个运营城市中最少，这也与海口市创新主体数量较少有关。

如图 7-4-15 所示，三种新材料专利申请法律状态中，授权占比均达到 25% 以上，但由于申请量仅 300 余件，因此开展专利运营工作较困难。

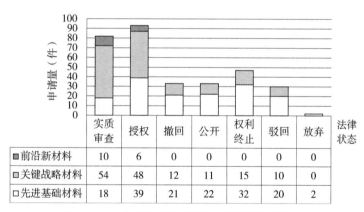

| 法律状态 | 实质审查 | 授权 | 撤回 | 公开 | 权利终止 | 驳回 | 放弃 |
|---|---|---|---|---|---|---|---|
| ■前沿新材料 | 10 | 6 | 0 | 0 | 0 | 0 | 0 |
| □关键战略材料 | 54 | 48 | 12 | 11 | 15 | 10 | 0 |
| □先进基础材料 | 18 | 39 | 21 | 22 | 32 | 20 | 2 |

**图7-4-15　海口市三种新材料专利申请法律状态**

### （十六）深圳市

深圳市高科技产业云集，创新氛围浓厚，建立了南方知识产权运营中心，培育了 5 家国家级知识产权运营机构，知识产权运营基础实力雄厚，深圳市三种新材料专利申请量较大，可供运营的客体数量在 26 个运营城市中位于第二。其中关键战略材料占比最高，先进基础材料次之。

如图 7-4-16 所示，三种新材料专利申请法律状态中，授权和处于实质审查中的专利申请之和占比均超过 60%，授权占比均达到 29% 以上，共 6089 件，其中前沿新材料授权占比最高，达55%，共1431件，表明深圳市在专利运营客体方面优势较为明显。

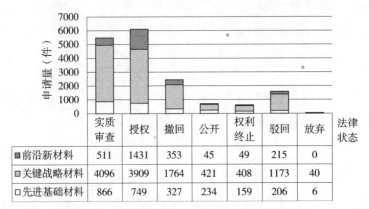

| | 实质审查 | 授权 | 撤回 | 公开 | 权利终止 | 驳回 | 放弃 | 法律状态 |
|---|---|---|---|---|---|---|---|---|
| ■前沿新材料 | 511 | 1431 | 353 | 45 | 49 | 215 | 0 | |
| ▨关键战略材料 | 4096 | 3909 | 1764 | 421 | 408 | 1173 | 40 | |
| □先进基础材料 | 866 | 749 | 327 | 234 | 159 | 206 | 6 | |

图7-4-16 深圳市三种新材料专利申请法律状态

（十七）台州市

台州市三种新材料专利申请量共1071件，可供运营的客体数量在26个运营城市中较少。如图7-4-17所示，三种新材料专利申请法律状态中，授权占比均达到20%以上，其中前沿新材料授权占比达到41%，但由于申请量不高，因此在运营客体方面力量较为薄弱。

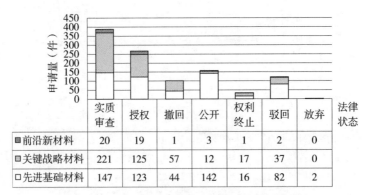

| | 实质审查 | 授权 | 撤回 | 公开 | 权利终止 | 驳回 | 放弃 | 法律状态 |
|---|---|---|---|---|---|---|---|---|
| ■前沿新材料 | 20 | 19 | 1 | 3 | 1 | 2 | 0 | |
| ▨关键战略材料 | 221 | 125 | 57 | 12 | 17 | 37 | 0 | |
| □先进基础材料 | 147 | 123 | 44 | 142 | 16 | 82 | 2 | |

图7-4-17 台州市三种新材料专利申请法律状态

（十八）济南市

2019年，济南入选国家知识产权运营服务体系建设重点城市。济南市高度重视新材料产业发展，2006年建立济南新材料产业园区，该园区以国家鼓励发展的新材料产业为主导产业，同时重视发展新能源、生物医药、节能环保等战略新兴产业，是山东省唯一的专业新材料产业园区。

济南市在新材料领域专利申请量较多，2000年1月1日至2019年8月1日先进基础材料申请量达2073件，关键战略材料申请量达2611件，前沿新材料申请量为

352 件。

如图 7-4-18 所示，从当前法律状态来看，济南市在先进基础材料领域，国内专利申请中授权专利 662 件，占比达 32%，实质审查及公开的在审专利共 691 件，占比达 33%，其无效专利累计 720 件；在关键战略材料领域，国内专利申请中授权专利 827 件，占比达 32%，实质审查及公开的在审专利共 952 件，占比达 36%，其无效专利累计 832 件；在前沿新材料领域，国内专利申请中授权专利 112 件，占比达 32%，实质审查及公开的在审专利共 168 件，占比达 48%，其无效专利累计 72 件；整体来说，授权率和在审率合计占比均较为突出，专利质量较为良好，创新进程的持续发展态势较为稳定。

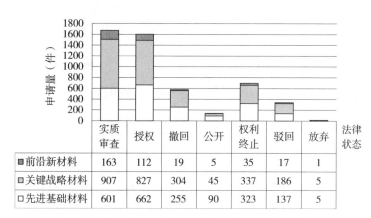

| 法律状态 | 实质审查 | 授权 | 撤回 | 公开 | 权利终止 | 驳回 | 放弃 |
|---|---|---|---|---|---|---|---|
| ■前沿新材料 | 163 | 112 | 19 | 5 | 35 | 17 | 1 |
| ▨关键战略材料 | 907 | 827 | 304 | 45 | 337 | 186 | 5 |
| □先进基础材料 | 601 | 662 | 255 | 90 | 323 | 137 | 5 |

图7-4-18　济南市三种新材料专利申请法律状态

**（十九）上海市徐汇区**

2019 年，上海徐汇区入选国家知识产权运营服务体系建设重点城市。上海徐汇区的新材料产业主要集中在石油加工及炼焦业、化学原料及化学品制造业、化学纤维制造业和非金属矿物制造业等领域，逐步形成以上海市漕河泾新兴技术开发区东区、华泾工业区、关港工业区和功能产业园等园区为基础的错位发展、特色鲜明的产业布局。

上海徐汇区在新材料领域专利申请量较多，2000 年 1 月 1 日至 2019 年 8 月 1 日先进基础材料申请量 633 件，关键战略材料申请量 2131 件，前沿新材料申请量 207 件，关键战略材料占比达 72%。

从当前法律状态来看，如图 7-4-19 所示，上海徐汇区在先进基础材料领域，国内专利申请中授权专利 105 件，占比 16.59%，实质审查及公开的在审专利共 345 件，占比达 54.50%，其无效专利累计 183 件；在关键战略材料领域，国内专利申请中授权专利 537 件，占比 25.20%，实质审查及公开的在审专利共 657 件，占比达 30.83%，其无效专利累计 937 件；在前沿新材料领域，国内专利申请中授权专利 64 件，占比达 30.92%，实质审查及公开的在审专利共 82 件，占比达 39.61%，其无效专利累计 61 件；整体来说，上海徐汇区在先进基础材料领域专利授权率较低，该领域创新高度有待提升，在审专利较多，创新进程持续发展态势较为良好；在关键战略材料领域，虽然其专利申请量最多，但无效专利过多，占比近44%，还是存在"大而不强"的问题，专利质量不高。前沿新材料领域授权率较为可观，整体发展态势较为良好。

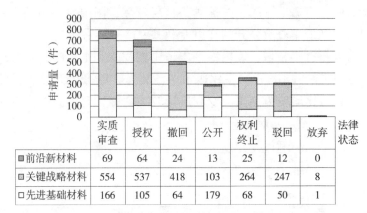

| 法律状态 | 实质审查 | 授权 | 撤回 | 公开 | 权利终止 | 驳回 | 放弃 |
|---|---|---|---|---|---|---|---|
| ■前沿新材料 | 69 | 64 | 24 | 13 | 25 | 12 | 0 |
| □关键战略材料 | 554 | 537 | 418 | 103 | 264 | 247 | 8 |
| □先进基础材料 | 166 | 105 | 64 | 179 | 68 | 50 | 1 |

图7-4-19　上海徐汇区三种新材料专利申请法律状态

### （二十）无锡市

无锡市是国家知识产权示范城市，是世界知识产权组织和江苏省人民政府确定的马德里商标国际注册和保护试点城市，2019年获批知识产权运营服务体系建设重点城市。

无锡市在新材料领域专利申请量较多，2000年1月1日至2019年8月1日先进基础材料申请量7737件，关键战略材料申请量4366件，前沿新材料申请量315件，先进基础材料占比达62.30%。

如图7-4-20所示，从当前法律状态来看，无锡市在先进基础材料领域，国内专利申请中授权专利986件，占比12.74%，实质审查及公开的在审专利共2171件，占比达28.06%，其无效专利累计4580件，占比高达59.20%；在关键战略材料领域，国内专利申请中授权专利898件，占比20.57%，实质审查及公开的在审专利共1458件，占比33.40%，其无效专利累计2010件；在前沿新材料领域，国内专利申请中授权专利83件，占比达26.35%，实质审查及公开的在审专利共100件，占比达31.75%，其无效专利累计132件，占比41.90%。整体来说，无锡市在新材料领域专利申请量较多，但无效专利过多，无效专利中撤回占比超过一半，专利质量不高。

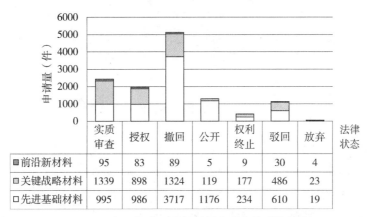

| 法律状态 | 实质审查 | 授权 | 撤回 | 公开 | 权利终止 | 驳回 | 放弃 |
|---|---|---|---|---|---|---|---|
| ■前沿新材料 | 95 | 83 | 89 | 5 | 9 | 30 | 4 |
| □关键战略材料 | 1339 | 898 | 1324 | 119 | 177 | 486 | 23 |
| □先进基础材料 | 995 | 986 | 3717 | 1176 | 234 | 610 | 19 |

**图7-4-20　无锡市三种新材料专利申请法律状态**

### （二十一）东莞市

东莞市 2019 年获批知识产权运营服务体系建设重点城市，东莞市电子信息产业规模在国内城市中位居前列，2017 年出台的《东莞市战略性新兴产业发展"十三五"规划》中，新材料被列为 7 大重点发展方向，并提出在 2020 年，东莞市战略性新兴产业规模突破 5000 亿元。东莞市产业发展重点集中在高端新型电子信息、新能源汽车、半导体照明三大产业赖以发展的新材料。

东莞市在新材料领域专利申请量较多，2000 年 1 月 1 日至 2019 年 8 月 1 日先进基础材料申请量 1241 件，关键战略材料申请量 3453 件，前沿新材料申请量 277 件，关键战略材料占比达 69.97%。

如图 7-4-21 所示，从当前法律状态来看，东莞市在先进基础材料领域国内专利申请中授权专利 344 件，占比 27.72%，实质审查及公开的在审专利共 496 件，占比达 39.97%，其无效专利累计 401 件；在关键战略材料领域，国内专利申请中授权专利 1129 件，占比 32.70%，实质审查及公开的在审专利共 1483 件，占比达 42.95%，其无效专利累计 841 件；在前沿新材料领域，国内专利申请中授权专利 84 件，占比达 30.32%，实质审查及公开的在审专利共 136 件，占比达 49.10%，其无效专利累计 57 件；整体来说，东莞市在新材料领域，授权率和在审率合计占比均较为突出，专利质量较为良好，创新进程的持续发展态势较为稳定。

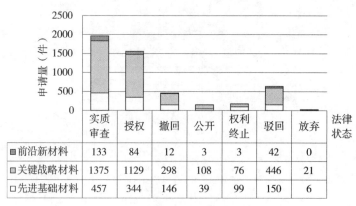

| 法律状态 | 实质审查 | 授权 | 撤回 | 公开 | 权利终止 | 驳回 | 放弃 |
|---|---|---|---|---|---|---|---|
| ■ 前沿新材料 | 133 | 84 | 12 | 3 | 3 | 42 | 0 |
| ■ 关键战略材料 | 1375 | 1129 | 298 | 108 | 76 | 446 | 21 |
| □ 先进基础材料 | 457 | 344 | 146 | 39 | 99 | 150 | 6 |

图7-4-21　东莞市三种新材料专利申请法律状态

### （二十二）石家庄市

石家庄市2019年获批知识产权运营服务体系建设重点城市，新材料产业方面大力发展新型功能材料、先进结构材料、高性能复合材料。石家庄市在新材料领域整体申请量不高，2000年1月1日至2019年8月1日先进基础材料申请量701件，关键战略材料申请量1045件，前沿新材料申请量74件。

如图7-4-22所示，从当前法律状态来看，石家庄市在先进基础材料领域国内专利申请中授权专利205件，占比29.24%，实质审查及公开的在审专利共285件，占比达40.66%，其无效专利累计211件；在关键战略材料领域，国内专利申请中授权专利353件，占比36.84%，实质审查及公开的在审专利共385件，占比达36.84%，其无效专利累计307件；在前沿新材料领域，国内专利申请中授权专利22件，占比达29.73%，实质审查及公开的在审专利共31件，占比达41.89%，其无效专利累计21件。整体来说，石家庄市在新材料领域，授权率一般，在审率较高，表明其创新进程的持续发展态势较为稳定。

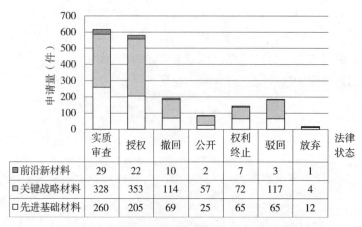

| 法律状态 | 实质审查 | 授权 | 撤回 | 公开 | 权利终止 | 驳回 | 放弃 |
|---|---|---|---|---|---|---|---|
| ■ 前沿新材料 | 29 | 22 | 10 | 2 | 7 | 3 | 1 |
| ■ 关键战略材料 | 328 | 353 | 114 | 57 | 72 | 117 | 4 |
| □ 先进基础材料 | 260 | 205 | 69 | 25 | 65 | 65 | 12 |

图7-4-22　石家庄市三种新材料专利申请法律状态

（二十三）天津市东丽区

天津市东丽区 2019 年获批知识产权运营服务体系建设重点城市，天津市东丽区在新材料领域整体申请量不高。

如图 7-4-23 所示，从当前法律状态来看，天津市东丽区在先进基础材料领域国内专利申请中授权专利 73 件，占比 42.44%，实质审查及公开的在审专利共 26 件，无效专利累计 73 件；在关键战略材料领域，国内专利申请中授权专利 67 件，占比 26.80%，实质审查及公开的在审专利共 99 件，占比达 39.60%，无效专利累计 84 件；在前沿新材料领域，国内专利申请中授权专利 2 件，实质审查及公开的在审专利共 10 件，其无效专利累计 1 件。由于天津市东丽区在新材料领域专利申请量不高，其供专利运营的客体数量有限。

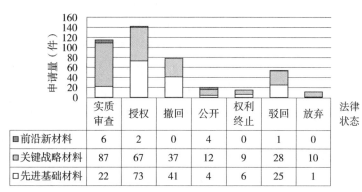

| 法律状态 | 实质审查 | 授权 | 撤回 | 公开 | 权利终止 | 驳回 | 放弃 |
|---|---|---|---|---|---|---|---|
| ■前沿新材料 | 6 | 2 | 0 | 4 | 0 | 1 | 0 |
| ▢关键战略材料 | 87 | 67 | 37 | 12 | 9 | 28 | 10 |
| □先进基础材料 | 22 | 73 | 41 | 4 | 6 | 25 | 1 |

图7-4-23　天津市东丽区三种新材料专利申请法律状态

（二十四）重庆市江北区

重庆市江北区 2019 年获批知识产权运营服务体系建设重点城市，重庆市江北区在新材料领域整体申请量不高，2000 年 1 月 1 日至 2019 年 8 月 1 日先进基础材料申请量 236 件，关键战略材料申请量 499 件，前沿新材料申请量 8 件。

如图 7-4-24 所示，从当前法律状态来看，重庆市江北区在先进基础材料领域国内专利申请中授权专利 71 件，占比 30.08%，实质审查及公开的在审专利共 59 件，无效专利累计 106 件；在关键战略材料领域，国内专利申请中授权专利 144 件，占比 28.86%，实质审查及公开的在审专利共 223 件，占比达 44.69%，其无效专利累计 132 件；在前沿新材料领域，国内专利申请中授权专利 2 件，实质审查及公开的在审专利共 3 件，其无效专利累计 3 件。由于重庆市江北区在新材料领域专利申请量不高，其供专利运营的客体数量有限。

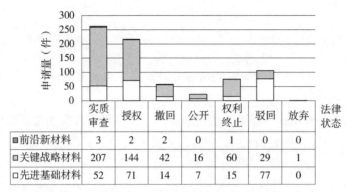

图7-4-24 重庆市江北区三种新材料专利申请法律状态

**（二十五）大连市**

大连市2019年获批知识产权运营服务体系建设重点城市，大连市以花园口为新材料产业发展的核心区域，以旅顺北路为中心、以金普新区和高新区为两翼，建立新材料专业孵化器，加速新材料产业化进程，加快推进新材料产业的集群化发展。

大连市在新材料领域整体申请量较高，2000年1月1日至2019年8月1日先进基础材料申请量1185件，关键战略材料申请量3818件，前沿新材料申请量261件。

如图7-4-25所示，从当前法律状态来看，大连市在先进基础材料领域国内专利申请中授权专利289件，占比24.39%，实质审查及公开的在审专利共321件，无效专利累计575件，占比达48.52%；在关键战略材料领域，国内专利申请中授权专利1241件，占比32.50%，实质审查及公开的在审专利共1214件，占比达31.80%，其无效专利累计1363件，占比35.70%；在前沿新材料领域，国内专利申请中授权专利80件，实质审查及公开的在审专利共107件，占比达41.00%，无效专利累计74件。整体来说，大连市在先进基础材料领域专利授权率较低，且无效专利占比较大，该领域创新高度有待提升；在关键战略材料和前沿新材料领域，授权率和在审率较高，创新进程持续发展态势较为良好。

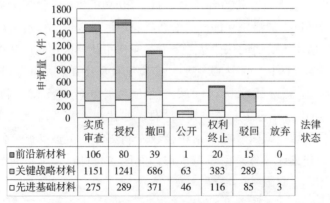

图7-4-25 大连市三种新材料专利申请法律状态

### (二十六) 泉州市

泉州市 2019 年获批知识产权运营服务体系建设重点城市，泉州市政府出台《泉州市新材料产业转型升级路线图》以来，成立新材料科技支撑平台 22 个，技术创新战略联盟 5 家，新材料领域相关企业 150 家。泉州市新材料产业主要集中于 6 大领域，分别为先进高分子材料、先进纺织材料、高性能陶瓷材料、新型光电材料、石墨烯材料、新型建筑材料。

泉州市在新材料领域整体申请量较高，2000 年 1 月 1 日至 2019 年 8 月 1 日先进基础材料申请量 1232 件，关键战略材料申请量 686 件，前沿新材料申请量 145 件。

如图 7-4-26 所示，从当前法律状态来看，泉州市在先进基础材料领域国内专利申请中授权专利 289 件，占比 23.46%，实质审查及公开的在审专利共 586 件，无效专利累计 357 件；在关键战略材料领域，国内专利申请中授权专利 164 件，实质审查及公开的在审专利共 374 件，其无效专利累计 148 件；在前沿新材料领域，国内专利申请中授权专利 30 件，实质审查及公开的在审专利共 94 件，占比达 64.83%，无效专利累计 21 件；整体来说，泉州市在审率较高，创新进程持续发展态势较为良好。

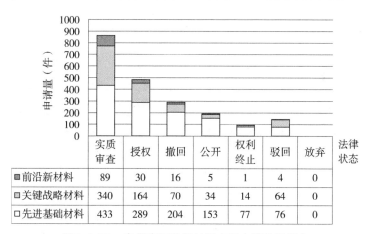

| 法律状态 | 实质审查 | 授权 | 撤回 | 公开 | 权利终止 | 驳回 | 放弃 |
|---|---|---|---|---|---|---|---|
| 前沿新材料 | 89 | 30 | 16 | 5 | 1 | 4 | 0 |
| 关键战略材料 | 340 | 164 | 70 | 34 | 14 | 64 | 0 |
| 先进基础材料 | 433 | 289 | 204 | 153 | 77 | 76 | 0 |

图7-4-26　泉州市三种新材料专利申请法律状态

## 二、知识产权运营服务体系建设城市专利运营潜力分析

对 2017 年入选国家知识产权运营服务体系建设的城市运营情况进行进一步分析，如表 7-4-1 所示，在专利运营方面，各重点城市其专利运营主要方式是转让，其次是许可、质押。从技术分布情况来看，各城市其专利运营的技术分布情况有所不同，苏州、宁波、西安以合金材料为主，长沙以建筑相关材料为主，成都、西安、厦门以特种陶瓷材料为主，青岛则以高分子材料为主。分领域来看，先进基础材料主要以先进钢铁、先进有色金属材料为主，关键战略材料则是电磁材料，前沿新材料则是非金属材料；在各运营模式中，先进基础材料均占据较大的比例，其次是关键战略材料、前

沿新材料。

表7-4-1　2017年入选国家知识产权运营服务体系建设的城市运营潜力分析

单位：件

| 城市 | 先进基础材料 | | | | 关键战略材料 | | | | 前沿新材料 | | | |
|---|---|---|---|---|---|---|---|---|---|---|---|---|
| 苏州 | 转让 | C22C | C08L | C04B | 转让 | H01M | C08L | C22C | 转让 | C01B | C04B | C08L |
| | 809 | 224 | 153 | 92 | 703 | 137 | 76 | 72 | 71 | 20 | 8 | 7 |
| | 许可 | C22C | C04B | C08L | 许可 | H01M | C08L | C09K | 许可 | C02F | C10M | C08F |
| | 28 | 5 | 4 | 4 | 43 | 14 | 4 | 3 | 5 | 1 | 1 | 1 |
| | 质押 | C22C | C08L | D02G | 质押 | C22C | C08L | A61L | 质押 | | | |
| | 17 | 6 | 3 | 3 | 12 | 4 | 3 | 2 | 0 | | | |
| 宁波 | 转让 | C22C | C08L | C04B | 转让 | H01M | C22C | F03D | 转让 | C01B | C22C | H01M |
| | 395 | 140 | 55 | 39 | 347 | 96 | 45 | 20 | 21 | 8 | 4 | 2 |
| | 许可 | C22C | C08L | C04B | 许可 | H01M | F03D | C08L | 许可 | C01B | | |
| | 36 | 11 | 5 | 4 | 25 | 6 | 5 | 4 | 2 | 2 | | |
| | 质押 | C22C | C22F | C08F | 质押 | B01J | F03D | H01F | 质押 | C22C | | |
| | 21 | 9 | 5 | 1 | 6 | 2 | 1 | 1 | 1 | 1 | | |
| 成都 | 转让 | C04B | C08L | C22C | 转让 | H01M | G21C | A61L | 转让 | C01B | C08L | H01F |
| | 245 | 54 | 32 | 30 | 466 | 193 | 25 | 21 | 77 | 24 | 16 | 6 |
| | 许可 | C22C | C08L | C04B | 许可 | A61L | C08G | C10L | 许可 | C08F | A61K | C08L |
| | 37 | 11 | 7 | 5 | 31 | 3 | 3 | 2 | 3 | 1 | 1 | 1 |
| | 质押 | C08G | C22C | E04B | 质押 | B01J | C09K | C22C | 质押 | | | |
| | 23 | 6 | 5 | 2 | 25 | 10 | 4 | 2 | 0 | | | |
| 长沙 | 转让 | E04B | E04C | E04G | 转让 | H01M | C01B | C22C | 转让 | C01B | H01B | C01G |
| | 1487 | 806 | 380 | 165 | 198 | 77 | 12 | 8 | 16 | 8 | 2 | 1 |
| | 许可 | C22C | C04B | E04B | 许可 | H01M | C22C | C01B | 许可 | B02C | A61L | B23P |
| | 39 | 14 | 5 | 4 | 35 | 9 | 8 | 4 | 4 | 1 | 1 | 1 |
| | 质押 | C04B | C22C | B22C | 质押 | H01M | B29C | D01F | 质押 | | | |
| | 8 | 3 | 2 | 1 | 23 | 12 | 3 | 2 | 0 | | | |
| 西安 | 转让 | C22C | C04B | C08L | 转让 | H01L | C22C | A61L | 转让 | C01B | C08J | C04B |
| | 148 | 51 | 39 | 9 | 219 | 45 | 21 | 14 | 35 | 7 | 4 | 3 |
| | 许可 | C22C | C04B | B21B | 许可 | H01M | H01L | C22C | 许可 | H01M | C04B | C08J |
| | 43 | 19 | 12 | 2 | 34 | 8 | 7 | 4 | 8 | 3 | 2 | 1 |
| | 质押 | C22C | D01F | C04B | 质押 | A61L | C22C | D01F | 质押 | D06M | | |
| | 15 | 8 | 2 | 1 | 21 | 5 | 2 | 2 | 1 | 1 | | |

续表

| 城市 | 先进基础材料 | | | | 关键战略材料 | | | | 前沿新材料 | | | |
|---|---|---|---|---|---|---|---|---|---|---|---|---|
| 郑州 | 转让 | C04B | C22C | C08L | 转让 | H01M | F03D | B01J | 转让 | C08L | | |
| | 80 | 23 | 14 | 6 | 102 | 11 | 10 | 9 | 1 | 1 | | |
| | 许可 | E04B | D01F | C22C | 许可 | C04B | H01M | G01N | 许可 | | | |
| | 14 | 2 | 2 | 2 | 6 | 2 | 1 | 1 | 0 | | | |
| | 质押 | B65G | E04B | | 质押 | | | | 质押 | | | |
| | 2 | 1 | 1 | | 0 | | | | 0 | | | |
| 厦门 | 转让 | C04B | C23C | D01F | 转让 | B22D | | | 转让 | H01M | C12Q | C04B |
| | 65 | 23 | 7 | 7 | 146 | 146 | | | 7 | 1 | 1 | 1 |
| | 许可 | C04B | C22C | C08L | 许可 | H01L | C08L | B01J | 许可 | | | |
| | 6 | 2 | 2 | 1 | 14 | 5 | 2 | 2 | 0 | | | |
| | 质押 | C04B | D02G | C08L | 质押 | H01M | H01B | H01L | 质押 | C01B | H01M | |
| | 5 | 2 | 1 | 1 | 7 | 2 | 1 | 1 | 3 | 2 | 1 | |
| 青岛 | 转让 | C08L | D01F | C04B | 转让 | H01M | B01J | C08L | 转让 | C01B | C09D | C08G |
| | 171 | 41 | 29 | 19 | 156 | 23 | 17 | 15 | 12 | 3 | 2 | 2 |
| | 许可 | D01F | F16L | C08B | 许可 | C08B | C09K | C08L | 许可 | C08L | C08F | |
| | 13 | 3 | 2 | 2 | 6 | 1 | 1 | 1 | 2 | 1 | 1 | |
| | 质押 | E04B | C08L | D01F | 质押 | B66C | B01J | F16H | 质押 | C01B | | |
| | 19 | 6 | 3 | 2 | 9 | 3 | 2 | 1 | 2 | 2 | | |

2018年入选国家知识产权运营服务体系建设的城市运营情况见表7-4-2。运营实力方面,深圳市和北京市海淀区实力较强,海口市实力较为薄弱。由于地域基础实力不同,8个城市的申请人类型出现较大差别,例如北京市海淀区大专院校和科研单位集中,申请人也以上述两种类型为主,而深圳市高新技术企业云集,申请人以企业为主。由此可见,北京市海淀区和深圳市可运营的客体较多,研发能力、企业技术转化方面优势明显,知识产权运营环境优异,地方政策支持力度大,运营基础实力雄厚。运营潜力方面,8个城市均有提升的空间。从运营量相对于申请量的占比来看,8个城市均较低,其中上海市浦东新区运营占比最高,但由于其申请量不高,因此运营总量不高,专利授权后,大部分专利尚未进入运营阶段。从运营模式来看,8个城市均是以专利转让为主,其他模式的专利运营较少,可见在专利运营模式方面还有较大的潜力可挖掘,尤其是利用专利质押进行融资方面还有一定提升空间。三种新材料中,前沿新材料运营均较少,这也与前沿新材料产业化比率低相关,相比其他城市,深圳市的前沿新材料运营比例略高,主要是由于深圳光启的超导材料相关运营较多。

表7-4-2　2018年入选国家知识产权运营服务体系建设的城市运营情况

单位：件

| 城市 | 运营 | 先进基础材料 | 关键战略材料 | 前沿新材料 |
|---|---|---|---|---|
| 北京市海淀区 | 转让 | 332 | 67 | 65 |
|  | 许可 | 69 | 109 | 19 |
| 上海市浦东区 | 转让 | 117 | 327 | 10 |
|  | 许可 | 3 | 21 | 1 |
| 南京 | 转让 | 295 | 37 | 46 |
|  | 许可 | 79 | 93 | 25 |
| 杭州 | 转让 | 250 | 32 | 49 |
|  | 许可 | 56 | 70 | 5 |
| 武汉 | 转让 | 701 | 33 | 43 |
|  | 许可 | 28 | 23 | 8 |
| 广州 | 转让 | 324 | 49 | 34 |
|  | 许可 | 54 | 60 | 5 |
| 海口 | 转让 | 7 | 8 | 1 |
|  | 许可 | 2 | 2 |  |
| 深圳 | 转让 | 279 | 985 | 379 |
|  | 许可 | 39 | 135 | 7 |

2019年入选国家知识产权运营服务体系建设的10个城市专利运营情况见表7-4-3。在专利运营活跃度方面，无锡、东莞、济南在新材料领域发生专利许可、转让、质押的专利数量较多；在发生专利运营的数量与总申请量占比方面，天津东丽区、石家庄、东莞、泉州的占比较高。在三类运营模式上，专利转让是各城市主要的运营模式，专利许可和专利质押数量较少。

表7-4-3　2019年入选国家知识产权运营服务体系建设的城市运营潜力分析

单位：件

| 城市 | 运营 | 先进基础材料 | 关键战略材料 | 前沿新材料 |
|---|---|---|---|---|
| 台州 | 转让 | 55 | 26 | 8 |
|  | 许可 | 0 | 1 | 0 |
| 济南 | 转让 | 125 | 166 | 6 |
|  | 许可 | 31 | 29 | 2 |
| 上海徐汇区 | 转让 | 46 | 11 | 5 |
|  | 许可 | 11 | 25 | 1 |

续表

| 城市 | 运营 | 先进基础材料 | 关键战略材料 | 前沿新材料 |
|---|---|---|---|---|
| 无锡 | 转让 | 313 | 249 | 51 |
| | 许可 | 44 | 14 | 7 |
| 东莞 | 转让 | 201 | 312 | 19 |
| | 许可 | 9 | 5 | 3 |
| 石家庄 | 转让 | 63 | 123 | 1 |
| | 许可 | 7 | 8 | 0 |
| 天津东丽区 | 转让 | 46 | 2 | 1 |
| | 许可 | 0 | 0 | 0 |
| 重庆市江北区 | 转让 | 14 | 15 | 0 |
| | 许可 | 1 | 2 | 0 |
| 大连 | 转让 | 67 | 195 | 6 |
| | 许可 | 9 | 12 | 2 |
| 泉州 | 转让 | 129 | 55 | 5 |
| | 许可 | 5 | 2 | 2 |

# 第五节　小　结

1）新材料产业主要的专利运营模式较为单一，专利运营模式有待进一步丰富。

目前，新材料领域专利运营模式相对单一，尚处在专利整合前的基本运营阶段，以专利转让、专利许可、专利质押等为主，企业运营工作经验需进一步积累。其中专利转让是新材料领域专利运营最主要的表现形式，关键战略材料专利转让次数明显多于先进基础材料和前沿新材料。专利转让数量的增加一方面是由于专利申请数量的大幅增长，另一方面也是由于我国各级政府和创新主体对知识产权运用和保护的日益重视，专利运营的发展模式逐渐完善。在专利许可方面，先进基础材料、关键战略材料专利许可态势基本一致，前沿新材料整体专利许可数量不多。相对于专利转让、专利许可，新材料领域专利质押数量较少，新材料领域企业对于利用专利质押进行担保借贷债务、融资投资等方面的运营参与较少。通过对新材料产业重点城市专利运营情况进行分析，各省市专利运营数量情况整体呈不断增加趋势，专利运营手段也不断丰富；排名靠前的城市均为经济表现相对较好的城市，这也体现了经济发达省市对专利运营的重视。

2）新材料专利运营客体数量不断增加，专利运营客体质量有待进一步提高。

我国新材料领域国内专利申请量稳步提升，先进基础材料与关键战略材料整体申请量远高于前沿新材料，我国新材料领域专利申请量处于世界领先地位，足够的专利申请量为专利运营提供了基础保障。然而目前国内专利申请中先进基础材料、关键战略材料以及前沿新材料的有效专利占比较低，无效原因包括驳回、视撤、专利权放弃等，无效专利比例高也说明我国新材料产业还存在多而不优、创新高度不高的问题。专利运营客体的数量与质量是其运营的基础，我国目前的新材料专利还是处于由数量逐步过渡到数量与质量并重的阶段，距离以质量取胜的新阶段存在一定距离。然而随着推动培育高价值专利、培育新材料产业核心技术组合等措施的逐步实施，涌现出越来越多的高价值专利运营客体，新材料产业的专利质量也大幅提升，专利运营在新材料产业结构升级和企业创新中也会发挥更大的作用。

3）新材料产业重点省市整体情况差异较大，江苏省、湖南省、北京市表现突出。

江苏省和北京市是新材料领域专利申请量最多的两个省市，从已获授权专利数量来看，北京市的专利申请量虽然不如江苏省，但北京市获得授权的专利数量最多，北京市在新材料领域专利质量较为领先。而从申请人类型来看，虽然各个城市中各个创新主体的占比有差异，但是总的来说，企业、高校、科研单位都是最为活跃的创新主体。单从运营数量看，江苏省专利运营数量最多；而从运营数量与申请量的比值来看，湖南省是运营率最高的城市；而从运营次数占比已授权专利来看，湖南省、江苏省、安徽省是对现有有效专利运营较充分的省市。同时也说明各个省市在专利运营上都还存在较大的可挖掘空间。从运营模式来看，各个省市都集中在专利转让、专利许可、专利质押这三种模式上，其中专利转让最为活跃，而专利质押数量较少。从运营情况来看，运营主要涉及先进基础材料和关键战略材料，而前沿新材料占比较少，各个省市在先进钢铁材料、先进化工材料、新能源材料、特种陶瓷、合金等领域运营较为频繁。

4）知识产权运营服务体系建设城市新材料产业发展情况各不相同，第一批知识产权运营服务体系建设城市中苏州、长沙、西安、成都表现较好，第二批知识产权运营服务体系建设城市中北京市海淀区和深圳市遥遥领先，第三批知识产权运营服务体系建设城市中东莞、大连、济南表现良好。

2017年入选国家知识产权运营服务体系建设的8个城市中，苏州、成都、西安在新材料领域申请量较多，均超过万件，苏州在先进基础材料、关键战略材料两个技术领域申请量均排名第一，前沿新材料领域则是西安排名第一。新材料领域专利授权率最高的城市为厦门市，其次是西安和宁波；各城市整体专利授权率均不高，这与其均有大量的公开和在审的专利有关。苏州、宁波、成都、青岛主要以企业申请人为主；长沙、西安则以大专院校申请人为主；郑州、厦门其企业申请人和大专院校申请人数量相当。各重点城市其专利运营主要方式是转让，其次是许可、质押。苏州以总计1688件排名第一，其次是成都、西安；从技术分布情况来看，各城市其专利运营的技术分布情况有所不同，苏州、宁波、西安以合金材料为主，长沙以建筑相关材料为主，成都、西安、厦门以特种陶瓷材料为主，青岛则以高分子材料为主，从其专利运营技术分布也侧面反映了各重点城市专利所具有的技术领域优势。

　　2018 年入选国家知识产权运营服务体系建设的 8 个城市中，深圳市在新材料领域申请量最高，北京市海淀区次之，授权专利中，北京市海淀区授权专利最多，深圳市紧随其后，在运营客体方面北京市海淀区和深圳市优势明显。北京市海淀区大专院校和科研单位集中，申请人也以上述两种类型为主，而深圳市高新技术企业云集，申请人以企业为主。北京市海淀区和深圳市可运营的客体较多，研发能力、企业技术转化方面优势明显，知识产权运营环境优异，地方政策支持力度大，运营基础实力雄厚。从运营模式来看，8 个城市均是以专利转让为主，其他模式的专利运营较少，可见在专利运营模式方面还有较大的潜力可挖掘，尤其是利用专利质押进行融资方面还有一定提升空间。三种新材料中，前沿新材料运营均较少，这与前沿新材料产业化比率低相关，相比其他城市，深圳市的前沿新材料运营比例略高，主要是由于深圳光启的超导材料相关专利运营较多。

　　2019 年入选国家知识产权运营服务体系建设的 10 个城市中，新材料领域中无锡市专利申请量最高，但专利无效率也最高，尚存在"多而不优"的问题，专利质量水平有待提高。总体来说，东莞市、大连市、济南市在专利申请量和授权量方面均呈现良好态势，专利质量较为良好，东莞市、济南市的专利在审率也较高，创新进程持续发展态势较为良好。东莞市的创新主体以企业为主，这与东莞市新材料产业构成一致，东莞市的新材料产业以三资企业为主，外向型特点明显；大连市在新材料领域的创新主体以大专院校和科研单位为主，占比达 60%，这也与大连新材料产业方向高校及科研单位密集度较高有直接关系。在专利运营活跃度方面，其中无锡、东莞、济南在新材料领域发生专利许可、转让、质押的专利数量较多；在发生专利运营的数量与总申请量占比方面，天津东丽区、石家庄、东莞、泉州的占比较高，在三类运营模式上，专利转让是各城市主要的运营模式，专利许可和专利质押数量较少。

# 第八章 总 结

## 第一节 新材料产业领域专利布局发展态势分析

### 一、先进基础材料

从专利申请量来看，我国在各个领域均处于优势地位。我国专利申请起步虽然较晚，但进入 21 世纪后，随着我国知识产权制度的完善以及创新主体专利保护意识的增强，我国的专利申请增长非常迅速。具体到各技术分支而言，先进化工材料专利技术主要来源于中国，其占比高达 57.7%，特种陶瓷领域占比为 55.86%，先进钢铁材料、先进有色金属材料、先进建筑材料、先进轻纺材料领域均超过 40%，占比最低的特种玻璃领域也达到 35.7%。从我国申请人省市分布可以看出，东部沿海地区专利申请量处于领先地位，其中江苏引领先进基础材料领域。整体而言，东部沿海地区普遍较内陆地区的专利申请量大。

先进基础材料已经形成以企业为主体的创新体系，企业申请量占比 65%，高校和科研院所占比 22%，但是从申请量排名靠前的主要申请人来看则是高校和科研院所占比较大，说明领军企业的研发投入、研发实力还有待进一步提高。国外申请人的共同申请数量更多，共同申请人类型也更多元化，国内申请人的共同申请人则主要为相关领域高校和科研院所，且申请数量明显少于国外申请人。专利许可方面，整体不够活跃，许可和被许可发生频次较低，大多数是高校和科研院所许可至相关生产企业。专利转让方面，各个领域的专利转让主要发生在 2005 年之后，整体呈逐年增长趋势，同时在不同领域专利转让又呈现不同的领域特点。以先进钢铁材料领域为例，排名前 10 位的转让人主要是集团公司内部之间的专利转让，比如武钢集团内部专利转让多达 400 余件，其他企业或科研机构之间的专利技术转让较少。而在有色金属材料领域，转让人以科研院所和个人居多，其中北京有色金属研究院数量最大，转让对象多为企业。

### 二、关键战略材料

关键战略材料领域的专利申请量近几年增速加快，创新主体逐渐增多，企业创新热情高涨，政策优惠以及专利保护带来的行业优势日益凸显。2000 年仅占全球总量的5.6%。进入 2010 年以后，随着世界对新型能源材料、稀土材料、新型显示材料等领域重视程度的增强，我国专利申请量快速增长，并在 2017 年超过 67390 项，2017 年占全球总量的 58%。

我国高端装备用特种合金的申请量和申请人均自 2010 年开始快速增长，从技术生命周期分析预测，高端装备用特种合金相关专利仍然处在较快的增长期，具有较好的发展前景。高性能分离膜材料 2016—2018 年这三年国内专利申请量占据了同期全球申请总量的 60%，形成了一定的产业集聚。高性能纤维及复合材料近年的申请量占全球申请总量的 3/4。稀土功能材料，在 2011 年国务院出台了《关于促进稀土行业持续健康发展的若干意见》后，申请量整体保持了较快的增长，但我国在海外布局上需要进一步加强。宽禁带半导体材料行业的准入条件相对较高并且需要技术积累，《2019 年中国第三代半导体材料产业演进及投资价值研究》白皮书预计未来三年中国第三代半导体材料市场规模仍将保持 20% 以上的平均增长速度。我国新型显示材料的专利申请量从 2000 年的 151 项增长到 2017 年的 3933 项，处于快速发展阶段。2005 年我国公布的《"十一五"规划建议》中明确指出"加快发展风能、太阳能、生物质能等可再生能源"，将新能源产业确定为战略性新兴产业之后，我国新能源产业相关企业出现迅猛增长。生物医用材料领域起步较晚，我国专利申请量和全球申请量相比明显处于较低水平，一系列的政策出台之后，我国生物医用材料相关专利申请数量急剧增长，呈现快速发展态势。

横向对比我国各省市专利布局情况，江苏、广东、北京在关键战略材料领域全面领跑。江苏在高端装备用特种合金、高性能纤维及复合材料、生物医用材料领域远超第二名。广东在高性能分离膜材料、新型显示材料、新型能源材料领域排名第一。北京在稀土功能材料、宽禁带半导体材料领域排名第一。上海优势领域有新型显示材料、新型能源材料、生物医用材料和稀土功能材料。浙江优势领域有高性能分离膜材料、新型能源材料、生物医用材料和高性能纤维及复合材料。山东优势领域有高性能分离膜材料、高性能纤维及复合材料和生物医用材料。安徽优势领域有高性能纤维及复合材料、高端装备用特种合金。辽宁优势领域有高端装备用特种合金。

### 三、前沿新材料

我国前沿新材料产业起步较晚，2000 年仅占全球总量的 10%，但我国专利申请量的增速远远高于全球平均增速，在 2010 年的时候申请量已达到 1000 余件，占全球总量的 41%。进入 2011 年以后，随着我国创新主体对知识产权的日益重视和国内科技创新体系的不断完善，申请量进入迅速增长阶段，2017 年申请量占全球总量的 67%。

我国的石墨烯专利申请量居全球首位。在全球前 10 位石墨烯专利申请机构中，浙江大学、清华大学等 5 所中国高校入围，但在应用研究方面还比较落后。深圳光启为全球超材料领域龙头企业，专利申请量达到千余项，远超其他企业，已经建立全球首个超材料产业基地。我国的液态金属具有全球领先的技术原创性，目前已形成了云南液态金属产业集群并具有一定的产业规模。在增材制造材料方面，我国的基础研究、材料的制备工艺以及产业化方面与国外相比还有相当大的差距，存在产业规模化程度较低、专用材料发展滞后、高端材料需要进口和行业标准体系不健全等问题。在超导材料方面，低温超导材料、超导电子学应用以及超导电工学应用领域的研究已达到或接近国际先进水平，但在实际应用方面的研究进展与发达国家还存在一定差距，目前国内超导材料主要从美国和日本进口，成本昂贵。

专利申请地区分布表明我国的前沿新材料产业在北京、天津、山东、辽宁的环渤海区域，上海、浙江、江苏的长三角区域以及广东的珠三角地区分布密集。同时，中西部地区的一些省市依托当地丰富的自然资源、人才资源和政策支持也获得了良好的发展，如安徽的3D打印产业，重庆的石墨烯和增材制造产业，云南的液态金属产业，陕西的超导材料等。

## 第二节　我国新材料产业布局现存问题及面临的风险

### 一、"卡脖子"技术突破不足，专利壁垒阻碍产品出口

1）先进基础材料领域。先进钢铁材料方面，日本和韩国的技术和全球市场占有率均处于领先地位，并且在目标市场积极进行专利布局。而国内几大钢企仅在本土进行专利布局，海外布局还相对薄弱，且高端产品相关专利较少，与新日铁住金等国际巨头存在一定差距。有色金属材料方面，中国申请量虽然最大，但核心技术专利、高价值专利拥有量较少，国内申请人向国外技术输出落后于美国、日本，要开拓国际市场存在一定阻碍。航空航天、集成电路、新能源用先进有色金属材料的性能无法满足产业需求；先进化工材料中聚乙烯和聚丙烯用催化剂、高气密性溴化丁基橡胶等存在技术短板，高性能聚酰亚胺依赖日本、美国进口。特种玻璃领域，我国在制备高硼硅防火玻璃的微型浮法工艺技术领域仍然落后于国外先进厂商，生产稳定性和产品性能上仍然有显著不足，产品难以获得广泛的市场认可。我国防火玻璃产业集中度较低，生产企业以中小型为主，过低的产业集中度造成了企业间的发展不均衡，过度竞争严重。我国在特种陶瓷材料开发上取得了长足的进步，与国际特种陶瓷领域领先国家的距离进一步缩小，但仍然缺乏批量化、低成本、高效制备优质特种陶瓷材料的先进技术，高品质陶瓷粉体及高附加值的特种陶瓷产品如手机中使用的片式压电陶瓷滤波器等仍需进口。

2）关键战略材料领域。高性能分离膜材料方面，日本和美国在水处理膜领域领跑，我国在提高水通量、脱盐率、耐化学性、抗污染性等方面存在不足。相比较而言，我国在高性能分离膜研究领域的起步较晚，且中低端产品居多，应用层次偏低，应用

领域偏窄，技术水平和产业规模较国外企业都有着较大差距。高性能纤维及复合材料方面，日本在碳纤维领域拥有绝对优势，东丽、三菱化学以及帝人贡献了全球碳纤维产能的一半；美国则拥有在芳纶产业的龙头企业杜邦公司，垄断高端产品技术的同时还能对低端产品形成价格控制；欧洲则在超高分子量聚乙烯纤维领域拥有处于优势地位的荷兰帝斯曼集团，产能远超其他企业。稀土功能材料方面，日本的日立金属在全球申请了 600 余项钕铁硼专利，我国虽然有着丰富的钕铁硼储存和大量产能，但是由于没有日立金属的授权，产品出口受到阻滞。稀土功能材料产业原始创新不足，高端产品受制于人，尽管在产品数量上居于主导地位，但大部分为中低端产品，与国外有较大差距。新能源材料方面，核心技术专利以及大部分的先进技术还是掌握在国外企业手中。生物医用材料方面，美国占据绝对的优势，几大跨国公司诸如波士顿科学集团、美敦力公司、雅培公司等早早地占领各国市场，对核心技术专利进行了大量布局。

3）前沿新材料领域。石墨烯领域，包括粉体分散、大面积薄膜、应用和环保等关键技术都与国外先进水平存在差距，在规模化、低成本、高品质和大尺寸的宏量制备技术上尚未取得突破性进展，难以满足工业化量产的需求。在增材制造材料方面，材料品种少、高性能材料严重依赖进口，企业选择受到较大限制，严重影响产品的更新换代和品质升级。智能发光材料、超导材料的基础研究虽然居于全球前列，但产业化应用和规模生产与日本、美国差距明显。

## 二、海外专利布局不足，企业缺乏参与全球竞争的意识

美、日、韩等国的大型企业非常重视海外专利布局，其技术创新成果除在本国进行专利保护外，还会根据目标市场、竞争对手、发展策略等因素在海外进行专利布局，一方面为自身产品获得专利保护、提升产品竞争力，另一方面还可用于防御竞争对手的未来发展，巩固自身的优势地位。

我国新材料产业处于快速发展期，已有部分产品达到国际先进水平并出口海外市场。随着我国创新主体知识产权保护意识的日益增强，国内企业也开始重视在海外进行专利布局。如新型显示材料方面，京东方和 TCL 在美、日、韩、欧等国家和地区进行了专利布局；生物医用材料方面，微创医疗、先健科技、重庆润泽等进行了海外专利布局。但是总体来说，我国申请人的海外专利布局还非常薄弱，目前仍以国内专利申请为主。以稀土功能材料为例，日本非常重视在目标市场、竞争对手所在地进行海外布局，海外专利布局数量是其本土布局数量的 1.15 倍，20 年来仅在中国的申请数量就达到 2000 多件，而我国作为全球最大的稀土消费国和稀土出口国，海外申请数量仅为国内申请数量的 4.4%，在日本的专利申请仅为 100 余件。

海外专利布局的不足对我国企业的产品销售、投资都形成了潜在的威胁。与国外跨国公司所执行的"市场未动、专利先行"的策略相比明显具有不利因素。一方面是由于我国企业对专利保护的重要性认识不够，专利布局意识不足，部分企业对专利的认识还停留在完成指标任务、评定高新技术企业层面；另一方面也反映了我国企业处

于缺乏核心技术和自主知识产权的尴尬境地。

### 三、产业集聚及领军企业情况分析

#### (一) 先进基础材料领域

先进钢铁材料领域，专利申请集中于我国几大国有钢铁企业，如宝钢、鞍钢、河北钢铁等。宝钢作为龙头企业，专利申请量在国内申请人中同样排名第一，鞍钢、河北钢铁位居其后。有色金属材料专利申请量排名前10位的申请人中，仅两位是中国申请人，分别为中南大学和中科院，无中国企业上榜。国内该领域领军企业均为矿产冶炼企业，而有色金属材料合金工艺的金属冶炼和加工领域形成了五矿集团、中国铝业集团、江西铜业集团等领军企业。先进化工材料领域，国内专利申请前10名申请人分别为中国石化、中科院所、金发科技、住友公司、北京化工大学、北欧化工、中国石油、四川大学、普利特和东华大学。其中，前10名申请人的中国企业占据了4席。作为先进化工材料领军企业的中国石化在专利申请数量上同样位于领先地位。而特种玻璃、特种陶瓷、先进建筑、先进纺织领域专利申请人排名靠前的均为国内高校研究院或国外大型企业。Low-E和中空玻璃的主要生产企业有中国南玻集团股份有限公司、中国耀华玻璃集团有限公司，其中，中国南玻集团股份有限公司在天津、东莞等地区设有建筑节能玻璃加工基地，其产品基本涵盖了建筑玻璃的全部种类。国内特种陶瓷产业主要集中在山东、江西、广东、江苏、浙江、河北、福建等省份。特种陶瓷领域华东地区较大的特种陶瓷产业基地有山东淄博、江苏宜兴，华中地区较大的特种陶瓷产业基地有江西萍乡，华南地区较大的特种陶瓷产业基地有广东佛山，江西萍乡在石油化工陶瓷和高压电瓷领域聚集度高。先进建筑材料领域产业布局大体与区域工程发展重点相一致。例如，四川、云南等省份具有较多水利资源和水电工程，当地布局了大量的水工水泥企业；沿海城市布局了大量的海工水泥企业；核电站规划地附近城市布局了大量的核电水泥企业；高性能混凝土则重点分布在重大工程聚集、中东部等经济发达地区。先进纺织材料领域中，我国功能纤维材料的重点集聚区为长三角、珠三角和福建等地区，生物基纤维材料的重点集聚区为长三角和华北地区。

#### (二) 关键战略材料领域

##### 1. 宽禁带半导体材料初步形成区域性行业领军

在规模化应用示范方面，我国已基本形成宽禁带半导体材料研发、生产及应用的全产业链条，形成了围绕京津冀、长三角、闽三角、珠三角等地的特色集聚区。

1) 京津冀区域。以北京为代表的京津冀区域拥有我国最丰富的宽禁带半导体科研资源和众多的产业技术创新联盟。北京拥有全国第三代半导体领域一半以上的科技资源，在研发领域聚集了半导体照明联合创新国家重点实验室、中科院半导体所、北京大学、中科院物理所、中科院微电子所、清华大学、北京工业大学多家国内从事第三代半导体相关研究的高校和科研机构，以及河北同光、世纪金光、天科合达、泰科天润、燕东微电子等从事单晶衬底、芯片设计和制造的优势企业和北方华创、中电科装备等科技型装备制造企业。

2）长三角区域。目前已经形成了非常完整的产业链结构，在上游原材料、LED 外延片及芯片、下游封装领域形成了巨大的产业规模，拥有华灿光电（张家港）、晶能光电（常州）、聚灿光电（苏州）、江苏璨扬（扬州）等多家企业。

3）闽三角区域。厦门是我国重要的 LED 产业集中地，是全国 14 个国家半导体照明产业化基地的发展样本之一。厦门的 LED 产业覆盖上中下游，在外延片、芯片领域，连续 13 年成为我国规模最大、技术最强、品种最全的 LED 外延芯片生产基地；在应用成品领域，中国 LED 球泡灯出口前 10 名企业中，厦门独占 5 席。

4）珠三角区域。半导体照明逐步形成了广东经济增长的新亮点，是我国半导体照明产业最集中的区域之一，广东也已经先行启动了印刷显示及材料的科技专项，组建了"印刷显示技术创新联盟"，获批了显示领域国内第一家制造业创新中心"柔性显示创新中心"。同时珠三角也是我国半导体产业的重要生产基地和贸易中心，形成了围绕半导体照明从衬底材料、外延片、芯片、封装到应用较完整的 CaN 产业链，具备了发展宽禁带半导体功能材料及器件的良好基础。广东省半导体照明产业规模占我国半导体照明产业规模的一半。在新兴的宽禁带半导体产业中，拥有南方科技大学、中山大学、北京大学东莞光电研究院、华南理工大学等优势研究单位，以及东莞中镓半导体（与北京大学合作）、深圳方正微电子、广东晶科电子、佛山国星光电、深圳华为、中兴通讯、比亚迪等大型骨干企业，具备发展宽禁带半导体的技术和产业基础。

2. 生物医用材料初步形成区域性产业集聚区

从产业园区分布区域角度来看，我国生物医药产业布局呈现地理选择性，产业布局主要集中在自然资源丰富、科技水平高、人才聚集度高的地区。我国生物医药产业起初主要集中在北京、上海和珠三角地区，由于上述地区经济水平较高、研发创新能力较强、投融资环境较好等因素吸引了众多生物医药企业聚集形成产业园区。随着我国生物医药产业的稳步发展，长沙、成都等内地省会城市以及东北地区生物医药产业也先后步入了成长期。我国生物医药产业形成了以北京、上海为核心，以珠三角、东北地区为重点，中西部地区点状发展的空间格局。中国生物技术发展中心正式发布《2018 年中国生物医药产业园区发展现状分析报告》，报告中公布了 2017 年国内各大生物医药产业园区按各项竞争实力进行排名的榜单，其中中关村国家自主创新示范区的综合竞争力、产业、龙头竞争力均位列第一，领跑全国生物医药产业园区；上海张江高新区的技术竞争力位列第一，产业、人才、环境和龙头实力强劲；深圳市高新区的环境竞争力位列第一。

3. 稀土功能材料、高性能分离膜初步形成区域性产业集群

1）稀土高新技术以稀土钕铁硼、永磁电机、稀土储氢合金粉、镍氢电池、三基色

荧光粉、单一稀土化合物、单一稀土金属、稀土超磁致伸缩材料、抛光粉、塑料用稀土颜料、稀土高温电热元器件等为主。稀土功能材料在北京、宁波等地形成了产业聚集，形成了包括中科三环、有研稀土、宁波韵升等领军企业；高性能纤维材料在江苏连云港、山东烟台等地形成产业聚集，中复神鹰、泰和新材等企业的产能规模居于全国前列。

2）膜企业主要分布于北京、天津、江苏、上海、浙江及广东等沿海发达省市及地区，上述地区的膜企业数量占 80% 以上。从地区特点来看，环渤海地区成为我国规模最大的水处理膜及气体分离膜生产基地，蒸发、制造及应用等各个产业链环节均走在全国前列；长三角地区则形成了规模最大的分离膜生产基地及膜应用产业集群，龙头企业辐射带动加强；中关村知名膜企业以内资（特别是民营资本）为主，上海知名膜企业则以外资为主。目前，我国具有较强科研实力或产业化规模的研发及生产机构主要包括中国科学院、清华大学、浙江大学、南京工业大学、天津工业大学、浙江工业大学、中国科技大学、天津大学、西北有色金属研究院等高校院所，以及中信环保、博天环保、碧水源、时代沃顿、海南立升、杭州水处理中心、津膜科技、北京赛诺、宁波沁园、江苏久吾高科、山东天维、南京九思、江苏九天等产业化公司。

4. 其他产业集群

常州高新技术产业开发区目前涉及新医药及新能源汽车领域，宁波新材料科技城涉及关键战略材料领域。京津科技股产业园涉及的关键战略材料包括特种金属功能材料、高性能结构材料和先进复合材料等。威海市碳纤维产业园涉及的关键战略材料领域有高性能纤维等。新能源产业联盟作为长三角 G60 科创走廊的第四个产业联盟，已建成涵盖正极材料、负极材料、隔膜、电解液、终端的锂电池全产业链，产业集群效应逐步显现。

5. 领军企业

京东方 2012 年点亮了融合氧化物 TFT 背板和高分子喷墨打印技术的 17in AMOLED 屏，也完成了 31in 打印 OLED 屏的样机，2015 年在合肥打造第 10.5 代 TFT-LCD 生产线建设，目前正着力在苏州打造智造服务产业园项目，推动智造服务产业转型升级，满足物联网智慧终端市场需求。

TCL 集团与深圳华星光电技术有限公司在 2014 年第三季度，成功点亮 31in FHD 印刷显示样机，该样机使用氧化物 TFT 背板。TCL 集团与天津市签署全面战略合作框架协议，双方将在智能制造、工业互联网、云计算、大数据等方面开展全面战略合作，为打造工业互联网生态圈，实现区域经济产业集聚，给天津制造向"天津智造"转型升级提供有力支撑。双方还将设立工业互联网及智能制造创新中心，集展示、孵化、培训、交流等功能于一体，助力天津地区科研创新；共同发起成立智能装备基金，通过金融支撑吸引工业制造业进行产业聚集和升级，形成新时代工业的高效产业氛围；联合建立智能制造教育学院，利用双方优势资源，以远程网络教育和线下实践相结合的方式开展制造业相关培训，助力天津打造以实践应用为导向的智能制造教育体系。

东莞中镓公司先后孵化了北京燕园中镓半导体工程研发中心有限公司、东莞市中实创半导体照明有限公司和东莞市中图半导体科技有限公司，促使企业向上下游技术延伸发展，逐步覆盖产业链的各环节。目前，中镓公司使东莞市在氮化镓单晶衬底、复合衬底 LED 产业链与电子功率器件等细分领域形成了独具特色的产业技术，围绕衬底领域形成特色鲜明、具有极强竞争力的产业集聚区。

### (三) 前沿新材料领域

石墨烯、增材制造、液态金属、超材料等领域初步形成区域性产业集群和行业领军企业。截至 2018 年 6 月，我国各地成立了 20 余家石墨烯产业园/创新中心/生产基地，包括环渤海区域的北京石墨烯产业创新中心、青岛石墨烯产业园；长三角区域的江苏常州石墨烯科技产业园、无锡石墨烯产业发展示范区、南京石墨烯创新中心暨产业园、宁波石墨烯产业园，另外还有重庆石墨烯产业园、哈尔滨石墨烯产业基地等区域性产业集群。涌现出常州第六元素、常州二维碳素、重庆墨希等一批领军企业，其中常州第六元素已建成 100t/a 的石墨烯粉体生产线，常州二维碳素建成 3 万 $m^2$/a 的石墨烯薄膜生产线。增材制造领域，在《国家增材制造产业发展推动计划》等相关政策的引导和支持下，我国增材制造产业规模不断扩大，目前已建成了环渤海地区的北京丰台 3D 打印孵化器、辽宁增材制造产业技术研究院；长三角地区的浙江杭州萧山 3D 小镇、上海松江 3D 新兴产业园、安徽春谷 3D 打印智能装备产业园；珠三角地区的广州 3D 打印产业园、粤港澳 3D 打印产业创新中心；以及中部地区的陕西渭南 3D 打印产业园、长沙 3D 打印产业园等产业集群。上述产业园具有良好的配套措施，华曙高科作为增材制造材料的领军企业崭露头角，但增材制造材料普遍还存在着技术分散的问题，缺乏大型领军企业。2014 年，云南宣威市政府与中国科学院理化技术研究所签订"科技入滇"重点项目，与中国科学院理化技术研究所、清华大学联合打造云南液态金属谷产业集群，建立宣威虹桥液态金属产业园。目前园区已建成年产 120t 的液态金属生产线，液态金属 LED 灯具已量产开工。云南科威液态金属谷研发有限公司成为液态金属领域的领军企业，北京梦之墨公司也入驻园区，建设液态金属电子电路打印机、3D 打印机等项目。

总体来说，我国的石墨烯、增材制造产业已初步形成了以长三角、珠三角、环渤海地区为核心，中西部地区为纽带的空间发展格局。云南依托其独特的自然资源优势在液态金属领域获得了快速的发展。珠三角地区的深圳在光启公司这一全球龙头企业的带动下，建立了超材料产业园区，带动产业升级与优化，建立完整的超材料关键电子信息器件及其应用产品上下游产业链。自修复材料、仿生材料、智能材料等领域尚处于基础研究阶段，目前仅有少量产品产业化生产，行业内未形成产业集聚，缺乏领军企业，技术集中度很低，产业化进程发展缓慢。

## 四、高校知识产权转化运用不足

基础材料和关键战略材料领域中，企业申请占据了大部分，已经形成了以企业为主体的创新体系。前沿新材料中高校和科研院所的申请占据了53%，企业申请占比只有40%，说明前沿新材料目前整体处于研发阶段，尚未形成以企业为主体的创新体系，见表8-2-1。

表8-2-1　新材料产业各技术分支的申请人类型占比

| 技术领域 | 企业 | 高校及科研院所 | 个人 | 其他 |
|---|---|---|---|---|
| 先进基础材料 | 65% | 22% | 12% | 1% |
| 关键战略材料 | 61% | 29% | 9% | 1% |
| 前沿新材料 | 40% | 53% | 6% | 1% |

企业的创新活动以市场需求为出发点，企业创新主体地位的强化将使越来越多的创新活动面向市场，从而促进科技成果的转移转化，达到优化创新资源配置、促进产业技术提升和产业发展的目的。而高校和科研院所自身不具备技术转化的条件，只有通过与企业合作或技术转让，才能实现技术成果利用。

高校和科研院所实现专利成果转化运用的方式包括专利许可、专利转让、专利质押等形式。另外通过与企业的联合申请数量也能在一定程度上反映专利技术转化运用的可能性。高校、科研院所与企业的联合申请占比、专利运营占比情况，见表8-2-2。

表8-2-2　高校和科研院所在不同领域的联合申请及专利运营情况

| 技术领域 | 申请总量（件） | 联合申请 | | 专利运营 | | | |
|---|---|---|---|---|---|---|---|
| | | 联合申请数量（件） | 联合申请占比 | 转让（件） | 许可（件） | 质押（件） | 专利运营占比 |
| 先进基础材料 | 52943 | 4658 | 8.8% | 2426 | 646 | 35 | 5.9% |
| 关键战略材料 | 95449 | 6557 | 6.9% | 3388 | 682 | 64 | 4.3% |
| 前沿新材料 | 21084 | 921 | 4.4% | 649 | 124 | 4 | 3.7% |

由该表可以看出，我国高校和科研院所与企业的联合申请占比总体较少，最高的先进基础材料仅为8.8%，前沿新材料的相应占比仅为3.7%。从专利运营数据来看，我国高校和科研院所主要通过专利转让的方式实现专利运营，而专利许可数量远低于专利转让数量，专利质押数量则微乎其微。

不同技术领域之间横向对比也有显著差别。从先进基础材料、关键战略材料到前沿新材料，高校、科研院所与企业的联合申请占比、专利运营占比都呈现下降的趋势。这从一定程度上说明了，在不同的技术领域，高校和科研院所的技术转化程度是不同的。在产业化程度最高的先进基础材料领域，高校和科研院所与企业的联合申请占比和专利运营占比都是最高的，而在产业化程度较低的前沿新材料领域，两个占比都显著较低。

在前沿新材料领域，高校和科研院所的专利申请占比达到该领域总量的 53%，即说明高校和科研院所是该领域创新体系中的主要力量，拥有大量的专利技术成果；但另一方面，前沿新材料中高校和科研院所的专利技术转化程度在三个领域中又是最低的。这种情况出现的原因与前沿新材料产业技术发展不成熟、产业化程度较低有关。从整个新材料领域来说，我国高校、科研机构和企业间的合作相比发达国家存在差距，这也一定程度上阻碍了先进专利技术成果的顺利转化。因此，如何进一步促进高校与企业间的合作，使高校的研究更贴近市场需求，进而提高其专利成果的转化、促进产业发展也是亟须解决的问题。

### 五、专利维持时间短，与国外企业差距大

通过对授权后权利终止的专利寿命进行分析发现，我国专利的寿命普遍偏短。如表 8-2-3 所示，国内高校和科研院所 5 年以内无效的专利占比都在 60% 以上，维持时间 6~10 年的专利在 30% 以上，有效期 10 年以上的专利微乎其微。国内企业方面，先进基础材料领域 5 年以内无效的专利占比达到 70% 以上，关键战略材料和前沿新材料 5 年以内无效的专利占比半数左右。而国外企业的专利维持状况普遍较好，专利寿命在 6 年以上的超过 90%，10 年以上的在 30% 左右。

表8-2-3　中国授权后无效专利的专利寿命分析

| 技术领域 | 申请人类型 | 专利寿命 | | |
|---|---|---|---|---|
| | | 5 年以内 | 6~10 年 | 超过 10 年 |
| 先进基础材料 | 国内高校和科研院所 | 60.4% | 35.9% | 3.7% |
| | 国内企业 | 72.3% | 25.4% | 2.3% |
| | 国外企业 | 5.5% | 59.7% | 34.8% |
| 关键战略材料 | 国内高校和科研院所 | 60.7% | 35.9% | 3.4% |
| | 国内企业 | 47.6% | 43.8% | 8.6% |
| | 国外企业 | 9.6% | 62.1% | 28.3% |
| 前沿新材料 | 国内高校和科研院所 | 66.3% | 31.5% | 2.2% |
| | 国内企业 | 54.0% | 39.4% | 6.6% |
| | 国外企业 | 8.4% | 63.3% | 28.3% |

### 六、不同城市专利运营水平差异大，发展不均衡

2017 年入选国家知识产权运营服务体系建设的 8 个城市中，苏州、长沙、西安、成都表现较好。其中苏州、成都、西安在新材料领域申请量均超过万件；长沙以专利

运营总计 1810 件排名第一，其次是苏州、西安。2018 年入选国家知识产权运营服务体系建设的 8 个城市中北京市海淀区和深圳市遥遥领先，深圳市在新材料领域申请量最高，北京市海淀区次之。专利运营上，深圳市以总计 1935 件排名第一，北京市海淀区以 1258 件位居第二。2019 年入选国家知识产权运营服务体系建设的 10 个城市中东莞、大连、济南表现良好，虽然无锡市专利申请量最高，但授权比例较低；专利运营上，东莞以 592 件排名第一，其次为济南、大连。新材料产业重点省市整体情况差异较大，江苏省、湖南省、北京市表现突出。江苏省和北京市是新材料领域专利申请量最多的两个省市，从已获授权专利数量来看，北京市的专利申请量虽然不如江苏省，但北京市获得授权的专利数量最多。单从运营次数看，江苏省是专利运营次数最多的；而从运营次数与申请量的比值来，湖南省是运营率最高的省份；而从运营次数占比已授权专利来看，湖南省、江苏省、安徽省是对现有有效专利运营较充分的省份。可以看出，各个省市在专利运营上都还存在较大的可挖掘空间。

## 第三节　新材料产业发展建议

### 一、政策及产业层面

#### （一）加强产业政策引导，实现区域合理布局

通过分析发现，我国新材料产业形成了"东部沿海聚集+中西部特色发展"的空间布局。在此基础上，政府要统筹规划目前已发展成熟的产业集群，根据区域分布及资源优势合理定位和差异化布局。例如，珠三角地区的新材料产业主要集中在广州、深圳、东莞等，上述城市在半导体材料、先进化工材料、特种陶瓷材料等领域产业集中度高、具有规模优势，中小企业在进行相关领域发展时可以向上述地区聚拢。此外，政府可通过专利导航等方式帮助企业寻找各自的发力点，避免出现盲目跟风式的投入现象，以防重复建设和产能过剩，为新材料产业可持续性发展创造良好环境，保障良好的资源配置。

#### （二）构建政企产学研用协同促进的新材料产业应用体系，推动产业链全面发展

针对我国创新主体的联合研发模式单一、领军企业创新能力不足、高校专利技术转化率低、生产和研发脱节、国产新材料的推广应用空间被进口材料挤压等问题，政府应发挥引导作用，组织国内新材料上中游生产企业、下游应用企业与高校学科带头人团队进行联合攻关、形成合力，通过产业链上下游协同、企业与高校协同的创新模式，摸准市场需求、找准研发方向，提高专利技术转化效率，推动基础型研究向应用型研究的转变。同时，地方政府近日设置关键技术突破的专业化产业引导基金，对具

有战略性、突破性的新材料企业予以重点支持；针对新材料产业特点完善专利价值评估体系，扩大专利质押融资对科技型中小企业的支持力度，为企业从金融机构获取低成本、较长周期的融资提供帮助。

### （三）完善新材料产业专利数据服务平台，提高专利信息运用水平

新材料产业专利的创造、运用、保护都需要依托专利信息的高效利用，要建立能够实现新材料产业高价值专利上下游产业有效对接、信息统一汇聚的综合性作用的专利数据平台。根据新材料产业不同类别形成不同技术分支的专题专利数据库，通过数据库快速掌握我国该技术的主要研发方向，同时便于发现某些应用领域的潜在替代材料，激发高校和科研院所中"沉睡的创新成果"。充分发挥"互联网+"的优势，建立市场导向的专利运营模式，搭建起供需双方沟通的桥梁，保证专利运营的顺利、高效运行。

### （四）成立新材料产业知识产权保护联盟，建立协作机制

地方政府通过成立行业或区域内的新材料产业知识产权保护联盟，帮助企业解决在技术创新、专利申请、专利权保护等方面的问题。由于新材料产业的特殊性，专利申请在权利要求的类型、产品权利要求的保护范围、方法权利要求侵权判定、专利运营的可实施性等方面与其他产业存在较大差异，因此知识产权保护联盟可以针对新材料产业的专利特性和不同创新主体所处的不同发展阶段开展定制培训，提高新材料产业创新主体的专利保护意识。进一步加强知识产权宣传与指导，根据企业研发内容，向创新主体定制推送专利信息服务，保证创新主体了解最新的技术发展态势。

## 二、企业层面

### （一）培育高价值核心专利，形成特定的专利布局模式

鉴于我国材料领域普遍存在关键技术突破不足、专利壁垒严重的问题，企业应结合自身研发特点，加大创新研发投入。从核心组分设计、制备工艺参数优化、配套加工设备完善等方面实现技术突破，围绕新材料产品、制备工艺及高附加值利用制定专利战略。根据各领域所处的竞争态势布局不同的专利模式。对于企业已有核心产品的关键战略材料研发实施保护式专利布局模式；对于尚处于研发阶段且未来有广阔市场需求的前沿新材料专利形成储备式专利布局模式；对于产品成熟度较高、竞争激烈的先进基础材料领域形成对抗式专利布局模式。

### （二）积极进行海外专利布局，提高国际市场竞争力

我国新材料产业的很多企业对专利国际规则的理解和把握能力较弱，需要加大海外目标市场的专利布局，在国外市场开发时要监控国外专利技术动向，提高专利风险

预警能力，并通过规避设计形成保护，有效防范海外专利侵权风险；"引进来"的国外大型企业在国内专利布局相对完善，特别是在半导体材料、稀土功能材料、锂电池材料等领域，国内企业面临跨国公司关键技术封锁和专利壁垒，实现完全突围难度很大，企业可以针对产业链进行分析，从某一关键点突破攻关，形成制衡，从而达到交叉许可的目的。

（三）丰富专利运营模式，搭建知识产权运营生态圈

我国新材料领域专利运营数量少且模式单一，尚处在专利整合前的基本运营阶段，企业运营工作经验有待进一步提高。对于新材料产业，特别是关键战略材料，其产业化需求明显，通过高价值专利的质押融资可以有效缓解企业资金不足的问题。企业需要对现有专利情况进行综合评估，有效掌握企业专利的总体质量情况，从技术稳定性、技术先进性、保护范围等维度对新材料产业相关专利的整体价值进行分析。运营是实现专利价值最大化的有效手段，各企业根据自身可运营专利情况，依托知识产权运营服务体系建设城市和地方知识产权交易平台，实现专利价值资本化。

# 参考文献

[1] 2017 年中国新材料行业发展现状及发展前景分析 [EB/OL]. [2019-11-11]. http//www. chyxx. com/industry/201712/598058. html.

[2] 崔成, 牛建国. 日本新材料产业发展政策及启示 [J]. 中国科技投资, 2010 (9): 31-33.

[3] 国家发展和改革委员会创新和高技术发展司, 工业和信息化部原材料工业司, 中国材料研究学会. 中国新材料产业发展报告 (2018) [M]. 北京: 化学工业出版社, 2019.

[4] 国家发展和改革委员会高技术产业司, 工业和信息化部原材料工业司, 中国材料研究学会. 中国新材料产业发展报告 (2017) [M]. 北京: 化学工业出版社, 2018.

[5] 胡伯平, 等. 稀土永磁材料的技术进步和产业发展 [J]. 中国材料进展, 2018 (9): 653-661.

[6] 李强, 周少雄, 曾宏. 全球新材料产业发展态势 [J]. 中国经济报告, 2018 (7).

[7] 李思源. 新材料企业金融支持政策的中美比较与启示 [J]. 产业经济评论, 2015 (1): 105-115.

[8] 李婷婷, 崔艳. 钕铁硼永磁材料专利技术综述 [J]. 河南科技, 2017 (12): 50-51+54.

[9] 梁树勇, 等. 中国烧结钕铁硼磁体产业的历史、现状及未来 [J]. 磁性材料及器件, 2005 (6): 1-6.

[10] 屠海令, 等. 新材料产业培育与发展研究报告 [M]. 北京: 科学出版社, 2015.

[11] 王方. 钕铁硼永磁材料发展探究 [J]. 稀土信息, 2018 (11).

[12] 王根富. 尽瞰业界博展: 我国磁性材料工业发展走势 [J]. 世界产品与技术, 2000 (1).

[13] 张丽娟, 李斐斐. 俄罗斯高技术领域联邦专项计划综述 [J]. 全球科技经济瞭望, 2015 (3): 25-31+42.

[14] 周寿增, 董清飞. 超强永磁体: 稀土铁系永磁材料 [M]. 北京: 冶金工业出版社, 2004.